高等院校风景园林类专业系列教材·应用类

U0461268

主　编　　赵九洲　李　赵

副主编　　吉文丽　邢春艳　苏晓娜

　　　　　彭金根　庄静静　汪　霖

主　审　　汤庚国

风景园林树木学

（第2版）

FENGJING YUANLIN SHUMUXUE

重庆大学出版社

内容提要

本书是高等院校风景园林类专业系列教材之一,由总论、各论、实训3篇组成。总论包括园林树木的概念、园林树木的资源、树木在园林中的作用、园林树木的分类、植物种及种下变异类型、树木的命名与拉丁学名、树木的生物学特性和生态学特性、树木的地理分布、园林树木的配置、树木形态术语与形态示意图、园林树木的分科检索表等;各论含有常见园林树木101科,1 150种(含变种、变型和品种),内容深入浅出,大部分树种附有形态特征图。园林树木枝叶检索表使用方便,可以快捷地鉴定和识别园林树种;教材中有大量的练习题;还有配套的电子教案(扫描封底二维码查看,并在计算机上进入重庆大学出版社官网下载),教案包含园林树木形态和园林植物造景等彩色图片600余张,具有知识性和趣味性,信息量大,难点和重点突出。书中含有91个二维码,扫码即可观看彩色图片视频,方便学生学习。

本书适合作高等院校风景园林、园林、环境艺术设计、园艺、观赏园艺和城市规划等专业教材,也可作为风景园林专业硕士辅修教材及风景园林类专业高等教育自学考试的教材,还可供广大园林工作者参考。

图书在版编目(CIP)数据

风景园林树木学 / 赵九洲,李赵主编. -- 2 版. --
重庆 : 重庆大学出版社,2024.2
高等院校风景园林类专业系列教材. 应用类
ISBN 978-7-5689-1203-7

Ⅰ. ①风… Ⅱ. ①赵… ②李… Ⅲ. ①园林树木—高
等学校—教材 Ⅳ. ①S68

中国国家版本馆 CIP 数据核字(2024)第 004249 号

风景园林树木学
第 2 版

主编　赵九洲　李　赵
副主编　吉文丽　邢春艳　苏晓娜
　　　　彭金根　庄静静　汪　霖
主审　汤庚国
策划编辑:何　明
责任编辑:何　明　　版式设计:黄俊棚　莫　西　何　明
责任校对:刘志刚　　责任印制:赵　晟

*

重庆大学出版社出版发行
出版人:陈晓阳
社址:重庆市沙坪坝区大学城西路 21 号
邮编:401331
电话:(023)88617190　88617185(中小学)
传真:(023)88617186　88617166
网址:http://www.cqup.com.cn
邮箱:fxk@ cqup.com.cn(营销中心)
全国新华书店经销
重庆长虹印务有限公司印刷

*

开本:787mm×1092mm　1/16　印张:21.75　字数:558 千
2019 年 8 月第 1 版　2024 年 2 月第 2 版　2024 年 2 月第 3 次印刷
印数:4 001—7 000
ISBN 978-7-5689-1203-7　定价:53.00 元

·编写人员·

主　编　赵九洲　江西财经大学

　　　　李　赵　南昌职业大学

副主编　吉文丽　西北农林科技大学

　　　　邢春艳　江西农业大学南昌商学院

　　　　苏晓娜　江西农业大学南昌商学院

　　　　彭金根　深圳职业技术大学

　　　　庄静静　新乡学院

　　　　汪　霖　江西财经大学

参　编　母洪娜　长江大学

　　　　廖煜鑫　南昌职业大学

　　　　邱艳芬　南昌职业大学

　　　　蔺　芳　新乡学院

　　　　徐红孟　江西八人景观设计工程有限公司

　　　　徐佳晶　江西八人景观设计工程有限公司

主　审　汤庚国　南京林业大学

PREFACE /前言

　　风景园林树木学是园林专业和风景园林专业的主干课程之一。在进行园林设计、风景区规划设计、园林工程施工、园林苗圃和园林树木的养护管理中,都会涉及风景园林树木学的知识。

　　本书包含常见园林树木 101 科 1 150 种(含变种、变型和品种),内容深入浅出,大部分树种附有形态特征图。

　　本书由 3 篇组成。第 1 篇总论着重介绍园林树木的概念、资源、作用、分类和配置,加入了园林树木分科枝叶检索表,以方便园林树木的鉴定和分类。

　　使用园林树木枝叶检索表方便、简捷,易于掌握园林树种的识别与关键特征。

　　第 2 篇各论中的裸子植物部分按郑万钧系统(1978),被子植物部分按哈钦松系统(1959);第 3 篇为园林树木实训指导。教材中所采用的形态术语来源于中国科学院植物研究所主编的《中国高等植物图鉴》中所附的形态术语。

　　各科中附有我国常见园林树木枝叶检索表,方便查找树种的科属和名称。

　　书中还有大量的练习题。

　　本书配套的电子教案具有知识性和趣味性,有园林树木彩色图片 600 余张。

　　此外,在书中增加了 91 个二维码,扫码即可观看园林树木彩色图片视频,方便学生学习。

　　赵九洲负责全书的统稿工作。李赵负责编写第 1 篇总论,第 2 篇各论中樟科、蔷薇科、毛茛科、芍药科、竹亚科。

　　汪霖负责编写第 3 篇实训及各章园林树木枝叶检索表。

　　李赵、苏晓娜负责编写杜鹃花科、越橘科。李赵负责编写桃金娘科、石榴科、冬青科、卫矛科、胡颓子科、鼠李科、葡萄科、紫金牛科、柿树科、芸香科、楝科、苦木科、无患子科、漆树科、槭树科、七叶树科、醉鱼草科、木犀科、夹竹桃科、茜草科、紫葳科、千屈菜科、马鞭草科、木通科、小檗科、玄参科。

　　邢春艳负责编写连香树科、防己科、金粟兰科、山矾科、八角枫科、旌节花科、荨麻科、杜仲科、柽柳科、木棉科、铁青树科、伯乐树科、清风藤科、省沽油科、杠柳科、萝藦科、厚壳树科、金丝桃科、假叶树科和菝葜科。

　　徐红孟、彭金根负责编写总论中园林树木的配置。徐佳晶负责编写第 2 篇各论中裸子植物(1.1—1.5),被子植物中棕榈科。

　　彭金根、庄静静负责编写第 2 篇各论中裸子植物(1.6—1.9)。

吉文丽、廖煜鑫负责编写木兰科、五味子科、蜡梅科、苏木科、山梅花科、绣球科、野茉莉科、山茱萸科、蓝果树科、珙桐科、五加科、八角科、含羞草科、蝶形花科、龙舌兰科、瑞香科、紫茉莉科、山龙眼科。

母洪娜、邱艳芬负责编写忍冬科、金缕梅科、悬铃木科、黄杨科、杨柳科、桦木科、榛科、壳斗科、胡桃科、榆科、桑科。

李赵负责教材配套的 PPT 制作和视频的制作剪辑。

庄静静、蔺芳负责编写大风子科、海桐花科、椴树科、杜英科、梧桐科、锦葵科、大戟科、山茶科、猕猴桃科。

江西九江森林植物标本馆总工程师(教授级高工)谭策铭、南昌市园林局总工程师(教授级高工)汤伟忠对教材编写提出了许多宝贵意见。江西财经大学葛星延、曹庆龄、向泓兴、成忠蔚、关秀云等研究生在文稿校对和图片处理等方面给予了大力帮助,在此一并致谢。

此外,根据植物智中最近公布的树木拉丁文学名的订正,对全书的树木学名进行校对。

对本书的不足之处,恳请同行专家和读者提出宝贵意见,以便修订时进一步完善。

编　者

2023 年 12 月

CONTENTS 目录

第1篇 总 论

0 绪 论

0.1 园林树木的概念

园林树木的概念

园林树木通常是指人工栽培的树木,是供观赏、改善和美化环境,增添情趣的植物的总称,其中的木本植物称观赏树木或园林树木。园林树木包含栽培种、野生和半野生观赏木本植物,它是植物造景的重要素材。

园林树木有观根、观茎、观芽、观叶、观花、观果之分,也有欣赏其姿态(如雪松)或闻其气味的,如月季、蜡梅、梅花、结香、茉莉、栀子花、桂花等。园林树木是园林植物资源的一部分,除用于公园、花园、庭园以外,还用于风景区、旅游区、城市绿化、公路绿化以及机关、学校、厂矿的建设和家庭的装饰,也包括自然保护区,各种专类园,如野趣园(原野)、百草园、岩石园、沼泽园、海滨园等以及以单一树种建立的专类园,如梅花园、樱花园、杜鹃园、月季园、山茶园、牡丹园、木兰园等。

园林树木学是一门综合性科学,主要内容有园林树木的种类识别、生物学特性、生态学特性、观赏价值、产地分布和园林用途等,学习园林树木就是为了认识复杂多样的园林树木及其特性,为更好地利用园林树木提供科学依据。

0.2 园林树木的资源

园林树木的资源

中国地域辽阔,自然条件复杂,地形、气候、土壤类型丰富,优越的自然环境造就了物种的多样性。一些古老植物经历了第四纪冰期的考验,得以保存和繁衍,中国成为第三纪古老植物的避难所,如银杏、水杉、金钱松、银杉、珙桐等孑遗植物。从下列部分统计数字可见中国园林植物的丰富程度。

杜鹃花:全世界 800 余种,中国产 600 余种。

山茶花:除中国外,全世界其他国家常见栽培的仅几种,中国已达 100 余种,其中享誉全球的金茶花,在中国有 10 余种,且其中大多是中国特产。

牡丹、蜡梅等均产于中国。

国外植物学家早就关注中国的植物宝库,16 世纪初,他们就纷纷涌入中国内地,广泛搜集植物资源。

自 1899 年起,亨利·威尔逊(E. H. Wilson)先后受英国威奇公司和美国哈佛大学的委托,5 次来中国搜集中国植物,在长达 18 年的时间里,他的足迹遍及川、鄂、滇、甘、陕、台等地,采集蜡叶标本 65 000 份,并引进种子和鳞茎交给美国哈佛大学阿诺德树木园繁殖栽培,同时分送部分种子和鳞茎至世界其他地方。在 1929 年,威尔逊出版了他的中国采集记事,书名为《中国——园林的母亲》,该书中写道:"中国的确是园林的母亲,因为一些国家中,我们的花园深深受惠于她所具有的优质首位的植物,从早春开花的连翘、玉兰,夏季的牡丹、蔷薇,直到秋天的菊花,显然都是中国贡献给园林赏花的丰富资源,还有现代月季的亲本,温室的杜鹃、樱草,吃的桃子、橘子、柠檬、柚等,老实说来,美国或欧洲的园林中无不具备中国的代表植物,而这些植物都是乔木、灌木、草本、藤本行列中最好的!"

达尔文在《动植物在家养状况下的变异》一书中写道:"牡丹在中国已经栽培 1 400 年。"

美国阿诺德树木园引种中国植物 1 500 种以上,甚至把中国产的四照花作为园徽。

美国加州的树木花草中有 70% 以上来自中国,意大利引种中国植物 1 000 余种,德国的植物中有 50% 来源于中国,荷兰 40% 的花木由中国引入,英国爱丁堡皇家植物园引种了中国植物 1 527 种,其中杜鹃花就有 400 多种,这些植物大都用于英国的庭园绿化。

目前西方庭园中许多美丽的花木,追溯其历史都是利用中国植物为亲本,经反复杂交育种而成。例如,现代月季花由于引入了中国四季开花的月季花、香水月季、野蔷薇等参与杂交,才形成繁花似锦、香气浓郁、四季开花、姿态万千的现代月季,可以说,现代月季均具有中国月季的血统。

1818 年,英国从中国引入紫藤,至 1839 年(经 21 年),在花园中已长到 180 英尺长(3.281 英尺 ≈ 1 m),覆盖了 1 800 平方英尺(约 167 m²)的墙面,开了 675 000 朵花,成为一大奇迹。

1876 年英国从中国台湾引入一种名为驳骨丹(*Buddleja asiatica*)的植物,并与产于马达加斯加的黄花醉鱼草进行杂交,培育出蜡黄醉鱼草,冬季开花,成为观赏珍品,于 1953 年荣获英国皇家园艺协会优秀奖,次年再度获得该协会"一级证书"奖。难怪英国人感叹,没有中国植物就没有英国园林。

国外的经验应该引起我们的重视,在园林植物的利用上,应着眼于开发利用自己的野生园林树木资源。

树木在园林中的作用

0.3　树木在园林中的作用

树木是园林有生命的要素之一。植物造景是世界园林发展的趋势,其中园林树木是基本物质要素。园林树木种类繁多,色彩千变万化,既具有生态环保效应,也具有综合观赏的特性,以多样的姿态组成丰富的轮廓线,以不同的色彩构成瑰丽的景观,它不但以其本身所具有的色、香、姿作为园林造景的主题,同时还可衬托其他造园题材,形成生机盎然的画面。实践证明,园林质量的优劣,很大程度上取决于园林树木的选择和配置,其作用主要体现在以下几方面:

1) 美化环境,丰富文化生活

园林树木的美不仅体现在其本身色彩、形体、令人愉快的气味等方面,而且体现在风韵美。风韵美也称内容美、象征美,是一种抽象美,它既能反映出大自然的自然美,又能反映出人类智慧的艺术美,人们常把植物人格化,从联想上产生某种情绪或意境。例如,用松柏表示坚贞,《论语·子罕篇》曰"岁寒,然后知松柏之后凋也",喻有气节之人,虽在乱世,仍能不变其节。松、竹、梅有"岁寒三友"之称,喻在寒冷中,不畏严酷的环境。桃李喻义门生,今称入门弟子众多为桃李遍天下。红豆表示思慕,唐代王维红豆诗:"红豆生南国,春来发几枝,愿君多采撷,此物最相思。"柳树表示依恋,诗《小雅·采薇》有"昔我往矣,杨柳依依",依依本表示柳条飘荡之状,寓思慕之意,今通称惜别为依依不舍等。

2) 提高环境质量,增进身心健康

栽植花草树木能改善环境,调节空气的温度和湿度,遮阴,防风固沙,保持水土;绿色植物在进行光合作用时,吸收二氧化碳放出氧气。树木也可吸收有毒气体,在一定范围内通过自身的代谢作用吸收消化有毒气体,从而净化空气,通过滞尘使空气变得清新宜人,维持大气的碳—氧循环平衡。

绿色树木能阻挡噪声污染,有些树木能抵抗有害气体,绿色可以消除疲劳。

一些树木可以成为监测环境污染的天然监测器,如丁香对臭氧敏感。

3)经济效益

园林树木的生产是一项很有前景的商品生产,经济价值较高,且由于园林树木的生产,还将带动其他工业生产,如陶瓷、塑料、玻璃、化学工业以及包装运输业等。

园林树木的经济效益还体现在许多园林花木具有观赏以外的效益,如药用、油料、香料等。

4)完善功能,弥补其他造园材料的不足

园林树木具有形体的变化、大小的变化、色彩的变化、季相的变化,甚至晨昏的变化等,这是其他无生命的造园材料所没有的。

0.4 园林树木的分类

园林树木的分类

园林树木的分类大致有以下几种方法:

1)系统分类法

园林树木以植物分类为基础,离不开分类鉴定、命名的法则,因此很多世界著名园艺学家的专著仍按一般植物分类的分科分属形式进行分类编排,这样便于检索鉴定,并有利于引种驯化及育种工作的开展。因此,园林树木分类仍以系统分类为主。

(1)分类学的产生和发展　长期以来,人们在实践中为了识别、利用、研究复杂繁多的植物资源,就必须使其条理化、科学化,这就产生了分类学。

分类学的产生和发展可追溯到久远的年代。早在16世纪,我国明代本草学家李时珍,就根据他的实践,经过26年的时间(1552—1578年)写出了《本草纲目》这部伟大的著作,对1 095种药草做了详细的描述,后来被译成多种文字,广泛流传于海内外。当时还有许多学者也在探索植物的分类,但由于科学水平的限制,那些分类仅根据各种植物的用途,如油料植物、药用植物等来进行分类,并不能反映物种之间的亲缘关系和演化关系,这时的分类称为人为分类。

近代分类学起源于林奈(C. Linnaeus),以1753年为标志,当时林奈出版了《植物种志》这本书,他根据雄蕊的数目和一些其他特征,把植物分成24纲。考虑到物种之间的进化和亲缘关系,其中影响最大的有恩格勒(A. Engler)系统、伯兰特(K. Prantl)系统和哈钦松(J. Hutchinson)系统。

(2)分类系统简介　恩格勒和伯兰特等人认为植物器官的进化遵循着从简单到复杂这样一个过程,因此把具有简单花的葇荑花序类看作被子植物原始的类群,而把其中的杨柳目作为被子植物的起点,但是他们对自然界除了从简单到复杂的进化外,还存在着退化和简化的进化过程没有认识,因此他们的分类系统不能反映自然界中各物种之间真正的进化关系。

英国人哈钦松(J. Hutchinson)于1926年在《有花植物科志》(*The Families of Flowering Plants*)中提出了被子植物的分类系统,他认为两性花,心皮分离的木兰目(Magnoliales)是被子植物中最原始的,他提出了进化的24条原则。后人的研究证实了杨柳目简单的花的构造只是进化过程中的简化,而不是原始的简单。

哈钦松的系统较好地反映了自然界的客观规律,哈钦松人为地把木本植物和草本植物分隔成演化的两大分支,这是他的系统的特点,对树木的科学研究和生产具有指导意义。

(3)分类的方法　长期以来,由于科技水平的限制,分类仅限于形态分类。形态分类就是

根据物种形态的同异进行归类,这是一种古老的分类方法。随着科学技术的发展,分类学也有了新的发展。到目前为止,人们在形态分类的基础上进行了解剖学、化学、数学、细胞学、分子生物学和实验分类等研究,这些新型的分类方法,还只能作为形态分类的补充。

(4)分类的等级　目前植物分类采用的等级有界—门—纲—目—科—属—种。在这些分类单位中,科、属、种是基本的分类单位,而种更是其中最基本的分类单位。这些分类单位不是孤立的,也不是永远不变的,彼此之间有着密切的亲缘关系和历史渊源。在系统分类的等级中,上级特性是下级的共性,下级共性是上级的特性,共性是归合物类的根据,要求反映历史的连续,特性是区分物类的根据,要求反映历史的间断,如同属的植物在外部形态和内部构造上都存在着共同的特征。

例如,木兰属 *Magnolia* 和含笑属 *Michelia* 植物的小枝都具有环状托叶痕,叶全缘,花两性,单生,心皮分离,具聚合蓇葖果等,这些都是共性,这些共性反映了上级分类等级木兰科的特性。而这两个属又都有自己的特征,木兰属花单生枝顶,雌蕊群无柄,含笑属花单生叶腋,雌蕊群有柄,这些特征就是区分它们的特性。

了解这种关系,有助于为生产实践服务,如在进行嫁接时,可以在同属的种类中进行,亲缘关系越接近,越容易嫁接成功。

2)实用分类法

以树木在园林中的栽培目的为分类的依据,侧重实用,可分为:

(1)观花树木　如月季、八仙花和杜鹃花。

(2)观果树木　如佛手、小金橘、石榴和火棘等。

(3)观叶树木　如变叶木、马褂木、菲黄竹和凤尾竹等。

3)按树木姿态分类

以树木姿态为特征进行分类,如树干之高低,树冠之色泽、形态,叶、花果之色彩、形状等。凡姿态大体相似者,就称作类型,如梧桐型、榉树型、香椿型等。树木的类型以其树形大体相同者,均可互相通用。

4)依据原产地气候特点(气候条件分类法)分类

(1)热带园林树木　热带雨林和季雨林气候、热带高原气候、热带沙漠气候。

(2)副热带园林树木　地中海气候,副热带季风气候,副热带高山、高原气候,副热带沙漠气候。

(3)暖温带园林树木　大洋东岸纯净林气候、暖温带季风气候。

(4)冷温带园林树木。

5)依据用途及栽培方式分类

(1)露地。

(2)温室。

(3)盆栽。

6)生态分类法

水生植物(如河柳、水松和池杉)、旱生植物、高山植物和温室植物等。

7)依据园林用途、树种分类

(1)独赏树种(也称公园树)　树形优美适于独赏,作园林局部的中心而形成特殊景观的树木。如著名的世界五大独赏树:雪松、南洋杉、金钱松、日本金松、巨杉。

（2）行道树种　包括针叶类、阔叶常绿类、落叶类，一般在道路两侧，遮阴又能构成街景的树种，通常枝下高（树干上最底端的枝条到地面的距离）在 3.2 m 以上，著名的世界五大行道树有银杏、悬铃木、七叶树、鹅掌楸和椴树。

（3）庭荫树种　包括针叶类、阔叶常绿类、落叶类，如樟树、榕树、槐树和银杏等。

（4）防护树种　以各种防护作用而分类，如防火、防风、固沙等。

（5）花木树种　又分为乔木、灌木、丛木、藤木，如二乔玉兰、紫薇、紫藤和杜鹃花等。

（6）观果树种　如木瓜、火棘、月季石榴、石榴、老鸦柿、油柿等。

（7）色叶树种　又分为春色类、秋色类、常年色叶类、双色叶类，如紫叶李、红枫、黄栌、美国红栌、银杏和椤木石楠等。

（8）篱垣用树种　包括整形雕塑用树种，如金叶女贞、小叶黄杨和花叶黄杨等。

（9）垂直绿化树种　包括缠绕类、攀附类及覆盖地面类，如爬山虎、络石和扶芳藤等。

（10）地被及其他类树种　包括净化杀菌类、结合生产类、室内装饰类。

0.5　植物种及种下变异类型

1）种（species）

种是植物分类中的基本单元，是指具有相同的形态特征、相同的生理学特征和一定的自然分布区的植物类群。植物种内杂交可繁育后代，种间存在生殖隔离，即物种间在自然条件下不交配，即使能交配也不能产生后代或不能产生可育性后代的隔离机制，便称为生殖隔离。若隔离发生在受精以前，就称为受精前的生殖隔离，其中包括地理隔离、生态隔离、季节隔离、生理隔离、形态隔离和行为隔离等；若隔离发生在受精以后，就称为受精后的生殖隔离，其中包括杂种不活、杂种不育和杂种衰败等，如骡子。

种以下又分为亚种、变种、变型和品种。

2）亚种（subspecies）

亚种是植物种下的分类单位，某种植物分布在不同地区的种群，由于所在地区生境的不同，在形态构造和生理机能上发生某些变化，这个种群就为某种植物的一个亚种，亚种间个体没有生殖隔离，属于同种内的两个亚种，不分布在同一地理分布区内。

3）变种（varietas）

变种是分类系统上设在种下的等级，是一个种在形态上有较大变异，且变异比较稳定，它的分布范围（或地区）比亚种小得多，并与种内其他变种有共同的分布区。

4）变型（forma）

变型常见于栽培植物之中，是一个种内有细小变异，如花冠或果的颜色、被毛有无等情况，且无一定分布区的个体。如：碧桃为桃的一个变型，花重瓣；羽衣甘蓝为甘蓝的一个变型，其叶不结球，常带彩色，叶面皱缩，观赏用。

5）品种（cultivar）

品种是栽培植物的基本分类单位。品种是为一专门目的而选择，具有一致而稳定的明显区别特征，而且采用适当的方式繁殖后，这些区别特征仍能保持下来的一个（栽培植物）分类单位。

6）品种群（cultivar group）

品种群是在一个属、种、杂交种或其他命名等级内，两个或多个相似的已命名品种的集合。

0.6　树木的命名与拉丁学名

植物的学名采用 1753 年瑞典植物学家林奈首创的"双名法"对植物命名,并通过国际植物学专门会议讨论通过而固定下来。根据这种方法命名的植物名称为"学名",学名被全世界所公认,它采用拉丁语拼读。主要规则为:

①植物的各级分类单位一律采用拉丁文或拉丁化的文字拼写。

②一种植物的学名为双名,即由"属名 + 种加词"构成,简称"双名法",比较正规的材料还要加缀命名人。譬如,国槐:*Styphnolobium japonicum*（L.）Schott,属名和种名均用斜体,以便与英文区别,命名人用正体。命名人可以省略不写。

③植物学名中属名第一个字母需大写,其余均小写,种名一般都小写。

④一个完整的学名应同时附以取名人的姓氏,当姓氏长于两个音节时可以缩写。命名人用正体。

⑤一种植物只能有一个正式学名。

⑥植物学名一经确认不能随便更改。

⑦种以下分类单位命名应在原种学名后加上变种名或变型名。如龙爪槐是国槐的变种,其学名的书写为 *Styphnolobium japonicum*（L.）Schott var. *pendula* Loud.;白丁香是丁香的变种,学名为 *Syringa oblata* Lindal var. *alba* Rehd.。

⑧变型（forma）的拉丁学名书写格式,如五叶槐是国槐的变型:*Sophora japonica* f. *oligophulla*。

⑨杂交种的拉丁学名书写格式,如:美人梅 *Prunus X bliriana* 'Meiren'。

⑩品种（cultivar)的书写格式,根据《国际栽培植物命名法规》(2006 版)规定,用单引号把品种名引起来,品种名不加命名人。如:紫花槐 *Sophora japonica* 'Violacea';品种名用正体,首字母大写,如果品种名是由两个单词组成,则每个单词的首字母均大写。

⑪品种群名称书写格式为:品种群的全名由它所归属的被接受的分类单位的植物学拉丁名称后加上品种群名构成。例如:*Hydrangea macrophylla*（Hortensia Group）'Ami Pasquier'。其中 Hortensia Group 是品种群名称,品种群名用正体书写,品种群名称可以置于圆括号内。

0.7　树木的生物学特性和生态学特性

0.7.1　树木的生物学特性

树木的生物学特性

树木的生物学特性是指树木生长发育的规律,也就是研究树木由种子→幼苗→幼树→开花结果→衰老死亡的整个生命过程的发展规律。树木的生物学特性是一种内在的特性。例如,树木的生长速度,有的速生,有的生长缓慢,如泡桐速生,银杏生长缓慢;有的树木寿命很长,有的寿命很短,如侧柏寿命可达千年以上,而桃树寿命很短;又如树木的开花结实的习性,白玉兰花早春先叶开放,而紫薇则先叶后花;再如树木的生长类型,有乔木或灌木等。树木的生物学特性决定于遗传因素,但受到生长环境的影响。例如大戟科的蓖麻,在南京地区为一年生,而在气候温暖的地区则为多年生,长成大灌木;又如某些树种在人们的精心管理下,可以提前开花结籽,银杏在自然条件下一般在 20 年左右才开始结籽,而在水肥条件优越,人为管理下可提前 5 ~ 7年结籽。这都说明树木的生物学特性是与生态学特性紧密相关的。

树木的生态学特性

0.7.2　树木的生态学特性

树木的生态学特性是指树木对环境条件的要求和适应能力。凡是对树木生长发育有影响的因素称为生态因素,其中树木生长发育必不可少的因子,称为生存因子,如光照、水分、空气等。生态因素大致可分为气候、土壤、地形和生物4大类。

1)气候因素

(1)温度　树木自种子萌发、发芽生长、开花结实,都需要一定的温度条件,凡超过了树木所能忍受的极限高温和极限低温,树木就不能生长。各种不同的树木对温度的要求是不相同的,根据对温度的要求与适应范围,可以分成最喜温树木、喜温树木、耐寒树木和最耐寒树木4类。最喜温树种如橡胶树、椰子等,喜温树种如杉木、马尾松、毛竹等,耐寒树种如油松、刺槐等,最耐寒树种如落叶松、樟子松等。各种不同的树木都有自己的适应范围,树木对于温度的要求和适应范围决定了树木的分布范围,一些树木对温度的适应范围很小,这就造成了这些树木仅具有较小的分布区,如橡胶树,在绝对低温小于10 ℃时,幼嫩组织会受轻微冻害,在5 ℃时出现爆皮流胶,在0 ℃时则严重受害,因此,橡胶树的分布范围必定是在绝对低温大于10 ℃的地区。

当然,橡胶树受害程度除绝对低温外,还与降温的性质、低温的持续时间、橡胶树的品种有关。有些耐寒树种在南移时,由于温度过高和缺乏必要的低温阶段,或者因湿度过大,而生长不良,如东北的红松移至南京栽培,虽然不至于死亡,但生长极差,呈灌木状。还有一些树木则对温度的要求不甚严格,适应范围比较广,如桑树,这就决定了这些树木具有较宽的分布区。

同一树木对温度的要求和适应范围随树龄和所处环境条件的不同而有差异。在通常情况下,树木随年龄的增加而适应性加强,而在幼苗和幼树阶段则适应性较弱。

(2)光照　树木对光的要求可分为3类,喜光树种、耐阴树种和中性树种。喜光树种又称阳性树种,这类树木幼年时期起就需要充足的光照才能正常地生长发育,不能忍耐庇荫的条件,如马尾松、落叶松、合欢等。耐阴树种是指在一定的庇荫条件下能正常生长发育的树木,这一类树木也称阴性树种,如云杉、冷杉、铁杉。中性树木界于阳性和阴性树木之间。

同一树木对光照的需要随生长环境、本身的生长发育阶段和年龄的不同而有差异,在一般情况下,在干旱瘠薄环境下生长的比在肥沃湿润环境下生长的需光性要大,有些树木在幼苗阶段需要一定的庇荫条件,随年龄的增长,需光量逐渐增加。

了解树木的需光性和所能忍耐的庇荫条件对园林树木的选择和配置是十分重要的。

(3)水分　树木的生长发育离不开水分,因此水分是决定树木的生存、影响分布和生长发育的重要条件之一。不同树木对水分的要求及适应是不同的。根据对水分的需要和适应能力树木可分成3类:

①旱生树木:即在土壤干旱、空气干燥的条件下正常生长的树木,具有极强的耐旱能力,如相思树、梭梭树、木麻黄等。这类树木由于长期生长在极为干旱的环境条件下,形成了适应这种环境条件的一些形态特征,如根系发达,叶常退化为膜质或针刺形,或者叶面具有厚的角质层、蜡质及绒毛等。

②湿生树木:是需要生长在湿润的环境中的树木,在干旱条件下常致死或生长不良,如红树、水松、落羽杉、水蜡、乌桕等,这类树木其根系短而浅,在长期水淹条件下,树干茎部膨大,具有呼吸根。

③中生树木:介于前二者之间,大多数树木都属此类。

许多树种对水分条件的适应性很强,在干旱和低湿条件下均能生长,有时在间歇性水淹的条件下也能生长,如旱柳、柽柳、紫穗槐等。一些树木则对水分的适应幅度较小,既不耐干旱,也不耐水湿,如白玉兰、杉木等。

了解树木对水分的需要和适应性对于在不同条件下选择不同树木造园是很重要的。如合欢能耐干旱瘠薄,但不耐水湿,在选择立地的时候就应该注意,不要栽植在地势低洼容易积水或地下水位较高的地方。

(4)空气 绿色树木在进行光合作用时,吸收二氧化碳,呼出氧气;在进行呼吸作用时,吸收氧气,呼出二氧化碳。树木有净化空气的功用,近年来由于工业的迅速发展,大气污染日趋严重,给人类和树木造成的危害也日趋严重。树木对大气污染的抵抗能力是不同的,了解树木对烟尘、有害气体的抗性,将可以帮助我们正确地选择城市和工矿企业的绿化树木,特别是一些化工厂和排放有害气体较多的工厂,必须选择抗性强的树木,如臭椿、杨树、冷杉、悬铃木等,而不能选择抗性弱的树木,如雪松、梅等。

(5)风 风对树木的直接影响主要表现在大风或台风对树木的机械损伤,吹折主干,长期生长在风口的树种形成偏冠、偏心材。风对树木有利的方面表现在:风媒树木以风为传粉的媒介,风播的果实靠风力传播。风对树木的影响主要是通过间接的方式影响的,如长时间的旱风,使空气变得干燥,增强蒸腾作用使树木枯萎等。

风对树木虽然有不利的影响,但人们却又利用树木来防止风对树木的危害,如营造防风林,一些树种在孤立的状态下抗风力是很差的,但成片营造增强了这种能力,如浅根的刺槐。

2)土壤因素

土壤的水分、肥力、通气、温度、酸碱度及微生物等条件都影响着树木的分布及其生长发育。土壤的酸碱度以 pH 值表示,pH 值等于 7 为中性,小于 7 为酸性,大于 7 则为碱性。一些树木要求生于酸性土壤上,pH 值小于 6.8 为宜,如马尾松、杜鹃花、茶树、油茶等。这些树木为酸性土壤的指示树木,这类树木在盐碱土或钙质土上生长不良或不能生长。而有些树木则在钙质土上生长最佳,成为石灰岩山地的主要树木,如侧柏、柏木等。有些树木对土壤酸碱度的适应范围较大,既能在酸性土上生长,也能在中性土、钙质土及轻盐碱土上生长,如刺槐、楝树、黄连木等,还有的树木能在盐碱土上生长,如柽柳、紫穗槐、梭梭树等。

3)地形因素

地形因素包括海拔高度、坡向、坡位、坡度等。地形的变化影响气候、土壤及生物等因素的变化,特别是在地形复杂的山区尤为明显。在这些因素中,特别是海拔高度和坡向对树木的分布影响最大,南坡(阳坡)日照时间长、温度高、湿度较低,常分布阳性旱生树木,而北坡(阴坡)日照时间短,温度相对较低,常分布耐阴湿的树木。

4)生物因素

在自然界中,树木和其他树木生长在一起,相互间关系密切,不同种类的树木之间既有有益的影响,也有不利的影响,如同为喜光树木,彼此间便因争夺光照而发生激烈的竞争。因此,在利用树木造景时,应充分考虑树木对环境的需求。

充分了解和掌握树木的生物学特性和生态学特性,用于生产实践能做到适地适树,避免造成损失和浪费。

0.8 树木的地理分布

　　树木的地理分布就是分布区。那么什么是分布区呢？每一树木的个体或群体在一定的地质时期内占有一定的空间，这一空间就是该树种的分布区。所以分布区是一个时间和空间的概念，这里一定的地质时期是时间，占有的空间就是空间，离开时间和空间，分布区就不存在。已经绝灭的物种只有在过去的地质时期才有它们的分布区，未来的新物种还不能预料它们的分布区在哪里。地球上现阶段的物种只能表示现在的分布区。分布区反映了物种产生、发展和消亡的过程。任何物种都有它产生、发展和消亡的过程，由小变大，又由大变小，直至消亡的过程，因此分布区不是一成不变的。

　　分布区的大小随着外界条件的变化而发生变化，主要受气候、土壤、地形、地史变迁和人类活动以及树木本身的传播能力和对外界环境的适应能力等综合影响而形成。树木的分布区反映了树木对环境的适应，当一个新的物种产生时，它占有较小的分布区，在它的鼎盛时期则具有较大的分布区，在衰亡阶段，它仅占有较小的分布区。

　　温度、降水是决定树木分布区的主要因素。

　　地史变迁及人类活动对树木分布区有着很大的影响，地球几经变迁使绝大部分古老的植物被新生的树木所代替，如水杉，在中生代的白垩纪和新生代第三纪的时候生长繁盛，广布于北半球，北达北极圈，后经第四纪冰川严寒的袭击而几乎灭绝，仅在中国的湖北利川和湖南的桑植保存下来。

　　人类活动对扩大和缩小树种的分布区有很大的影响。

　　分布区分成以下的类型：天然分布区、栽培分布区、水平分布区、垂直分布区、连续分布区、间断分布区。

0.9 园林树木的配置

0.9.1 树种规划

　　园林树种的规划是园林绿化工作能否顺利进行的关键环节，只有科学合理的树种规划才能体现最佳绿化效果。某地区的园林树种规划工作，应该在环境调查和树种调查的基础上，同时考虑绿化效果、绿化目的等因素。此外，树种规划本身还随着社会的发展、科学技术的进步以及人们对园林建设要求的提高而变化，因此树种规划也要随着时间的推移而做适当的修正补充，以符合新的要求。园林树木的利用应根据其观赏功能、特性等合理地进行。在应用现有的园林树木的基础上，应合理地开发利用园林树木资源。

　　(1)重视"适地适树"的原则　适地适树是指根据气候、土壤等生境条件选择能够健壮生长的树种。规划中必须考虑到该地区的各种自然因素，如气候、土壤、地理位置、自然和人工栽植等因素。通常选用"乡土树种"，可以保证树种对本地自然条件的适应性。但是并非所有的乡土树种都适合作园林绿化用，必须根据园林建设的需要选优汰劣。

　　"适地适树"在园林建设中应包括更多的含义。除了生态方面的内容以外，还应包括符合园林综合功能的要求。因此，既应注意乡土树种，又应注意已成功引种的外来树种并积极扩大外来树种，在扩大引入外来树种的同时又充分利用乡土树种。在城市的建设发展中，众多的建筑之间形成大量的小气候环境，这些小环境为引种更多的树种提供了十分有利的条件。

　　(2)注意特色的表现　地方特色的表现，通常有两种方式：一种是以当地著名的、为人们所喜爱的某些树种来表示;另一种是以某些树种的运用手法和方式来表示。在树种规划中,应根据调查结果确定几种在当地生长良好而又为广大市民所喜爱的树种作为表达当地特色的特色树种。例如,有刺槐半岛之称的青岛,可将刺槐作为特色树种之一。南昌可将香樟和杜英作为特色树种,北京可将白皮松作为特色树种之一。在确定该地的特色树种时,一般可从当地的古树、名木、乡土树种和引入树种并且在园林绿地里确实起着良好作用的树种中加以选择,而且应当具有广泛的应用基础。

(3)注意园林建设实践上的要求　在园林绿化时,人们希望在短期内就可产生效果,所以常常种植生长快、易成活的树种。随着时间的推进,就会不满足于最初的设计构想,因此曾有"先绿化后美化"和"香化、彩化""三季有花,四季常青"甚至是"四季有花"等口号。在作树种规划时必须考虑到园林实践问题,既应考虑树种的生长速度——速生树种与慢长树种的合理搭配、落叶树与常绿树的搭配,又要考虑到乔木、灌木、藤木以及具有各种特殊功能的树种的搭配,既要照顾到目前,又要考虑到长远的需要。

树种规划的目的是为园林建设服务的,必须有科学性和实用性,所以最终应按园林用途进行归类才能完成规划工作。

根据该地的树种规划,园林规划部门可按本地的园林绿地系统规划,估算出树种用量,而苗圃则可根据园林绿地系统规划,分批分期地育苗、出圃以及引种等,当然苗圃的发展计划也应有一定的弹性范围。总之,做好树种规划后就可使园林建设工作少走弯路、避免浪费、避免盲目性,可以有效地保证园林建设工作的发展和水平的提高。

0.9.2　园林树木配置

1)园林树木配置的原则

园林树木的配置,不仅是一个科学问题,同时也是一个艺术问题。如果我们把造园比作一个舞台,那么园中的主角就是树木,造园成功与否,在很大程度上决定于树木的配置,所以树木的合理配置是造园中最难的。宋代欧阳修在《谢判官幽谷种花》中写道:"浅深红白宜相间,先后仍须次第栽。我欲四时携酒去,莫教一日不花开。"明代陆绍珩在《醉古堂剑扫》中写道:"栽花种竹,全凭诗格取裁。"意思是说,园林内种植花草树木,就像诗篇一样应具韵律,并与环境相协调,不容草率从事。

中国古典园林的布置追求自我与自然之间和谐的审美意识。老子、庄子的哲学理论提倡师法自然,反映在造园艺术上讲究"虽由人作,宛自天开"。在花木的欣赏方面,除了其视觉实用功能之外,将自己的情感寄予其上,赋予植物人的情操。在园林植物的布置上主张疏密有致,高下有情。在植物选择上也十分重视植物之品格,且常与之比拟,与寓意联系在一起。如植松意岁寒经隆冬而不凋,傲霜斗雪,苍劲有力;植柳则意味情意绵绵,依依不舍。

在古典园林中的景,常常以植物命题,又以建筑为标志,如苏州拙政园的"听雨轩"、玉兰堂,狮子林的问梅阁,留园的闻木犀香轩等。由于时代的局限性,中国古典园林中园林树木的配置,还存在着一些问题,主要有两方面:

①花卉、树木的应用过于单一,常常限于几种名花名草。

②园中的建筑、假山等非生物因素的设施比例过大,成为园景中构图的中心和造景的依据,植物只是作为配角,仅起点缀的作用。

人们对植物造景的认识不再是仅仅停留在对美的欣赏和享受上,而且已经意识到植物造景对维护生态环境的重要性。中国现代园林发展较慢，为尽快跟上国际步伐，应大力提倡运用丰富的植物资源改善人类生存的环境。

因此，在树种的选择与配置上应遵循以下几项原则：

（1）多样统一的原则　指植物配置要求个体和群体、局部和整体在体形、体量、色彩、姿态方面在一定程度上有相似性，给人以统一的感觉，同时要求统一中有变化，尽量采用植物材料，但不是种类越多越好，使不同的景点具有不同的特点。

（2）主次分明的原则　植物配置无论是在平面上还是在立面上，都要根据形态、高低、大小、落叶还是常绿等景观要素合理设计，做到主次分明，疏朗有致。

（3）远期、近期相结合的原则　植物是有生命的，应充分考虑到植物的习性和物候等因素。

（4）因地、因景制宜的原则　充分考虑环境和景观的要求，以及植物本身的特性，包括生物生态学特性、季相、色相等变化。树种的色彩美在园林中的效果最为明显，在树种配置时要求四季常青，季相变化明显，并且花开不断。因为任何一个公园或居民区的绿化，总不能春季百花齐放，而其他季节则一花不放，显得十分单调、寂寞。所谓"四时花香、万壑鸟鸣"或"春风桃李、夏日榴花、秋水月桂、冬雪寒梅"就是这个道理。中国古代人民就很重视树木的季相变化和各种花期的配合。"莫教一日不花开"确实不容易做到，因为大部分树木的开花期多集中在春、夏两季，过了夏季，开花的树种就逐渐少了。因此，在园林中配置树木时，要特别注意夏季以后观花、观叶树种的配置，要掌握好各种树种的开花期，做好协调安排。为了体现强烈的四季不同特色，可采用各种配置方法来丰富每一个季相，如以白玉兰、碧桃、樱花、海棠等作为春季的重点；以荷花、玉兰、紫薇、石榴、月季花、桂花、夹竹桃等体现夏秋的特点；以银杏、鸡爪槭、七叶树、枫香树、无患子、卫矛等红叶、黄叶体现深秋景色；以黄瑞香、蜡梅、茶花、梅花、南天竹等点缀冬景，其色彩效果十分鲜明，也体现了春、夏、秋、冬四季不同的景色。实践证明，一个植物景点，以具有两季左右的鲜明色彩效果为最好。

对于植物的选择，最重要的是要考虑到植物的特性，充分利用中国野生园林植物资源丰富的优势，多用乡土植物，根据造景的需要来选择植物，合理地配置。在配置中，向大自然学习，从中汲取自然界中美的组合，加以提炼、实践，应用到园林中去。

（5）美观、实用、经济相结合的原则　园林建设的主要目的是美化、保护和改善环境，为人们创造一个优美、宁静、舒适的环境。美观应该给予较多的考虑。所谓实用，即在考虑到发挥园林综合功能时，应重点满足该树种在配置时的主要目的。如道路两侧栽植的树种，应符合行道树的树种选择条件与配置要求；在公园栽植的树种，应给人以鲜艳、愉快、具有浓郁的生活气息的感觉等。此外，有许多树种具有各种经济用途，应当对生长快、材质好的速生、珍贵、优质树种加以重视和应用。

（6）树木特性与环境条件相适应的原则　树木的特性包括生物学特性和生态学特性两个方面。

生物学特性即树种在生长过程中其形态和生长发育上所表现的特点和特性需要的综合。包括树木的外形、生长速度、寿命长短、繁殖方式及开花结实的特点等。这些特点在配置时必须与环境相协调，以增加园林的整体美。如在自然式园林中，树形应采用具有自然风格的树种。在整形式园林中则应选择较整齐或有一定几何形状的树种。在庭园中作中心植的孤植树可配置寿命较长的慢生树种。在不同的形式结构与色彩的建筑物前，应采用不同树形、体量以及色彩的树种，以便与建筑物协调或对比衬托。

生态学特性即树种同外界环境条件相互作用中所表现的不同要求和适应能力，如对气温、水分、土壤和光照等的要求。每一个树种都有它的适生条件,所以在树种选择与配置时,一定要做到适地适树,最好多采用乡土树种。在设计时要注意树种的喜光程度、耐寒程度及土层的厚度、土壤的酸碱度和干湿程度等,还要注意病虫害的预防。总之,树种选择应以树种的本身特性及其生态条件作为基本因素来考虑。

(7)色彩调和的原则 园林树木的花、果、叶都具有不同的色彩,而且同一种树的花、果、叶的色彩也不是一成不变的,是随着季节的转移做有规律的变化。如叶具有淡绿、浓绿、红叶、黄叶之分,花、果亦具有红、黄、紫、白各色。因此在树种配置时,不要在同一时期出现单一色彩的花、果、叶,而形成单调无味的感觉。要注意色彩的调和与变化,使各种景色在不同的时期交错出现。

(8)高度重视种间关系 在树木配置时要充分注意树种的种间关系,如梨、山楂和桧柏配置在一起会导致梨锈病和山楂锈病加剧,因桧柏是梨锈病病原菌的中间寄生。

2)配置实例

典型的例子很多,如北京的天坛,大片的侧柏和桧柏与皇穹宇、祈年殿的汉白玉石台栏杆和青砖石路形成强烈的烘托,充分突出了主体建筑,很好地表达了主题思想。大片柏林形成了肃静清幽的气氛,而祈年殿、皇穹宇及天坛等在建筑形式上、色彩上均与柏林互相呼应,出色地表现了"大地与天通灵"的主题。而天坛的地下水位较高,侧柏及桧柏能很好地适应这个环境,因此这是配置上既符合树种习性又能充分发挥观赏特性的优秀实例,而且这种配置在管理方面十分简便。

0.10 树木形态术语与形态示意图

叶的形态

0.10.1 叶的形态

叶是植物进行光合作用、制造养料、进行气体交换和水分蒸腾的重要器官。叶主要着生于茎节处、芽或枝的外侧,其上没有芽和花(偶有,也是由于花序轴与叶片愈合形成而不是叶片本身固有的,如百部)。通常含大量叶绿素,绿色片状。许多植物的叶,如番泻叶、大青叶、艾叶、桑叶、枇杷叶等都是常用的中药。叶的形态多种多样,其对于中草药的识别鉴定具有十分重要的意义,因此需要给予较多的注意。

1)叶的组成

一个典型的叶主要由叶片、叶柄和托叶三部分组成。同时具备这三个部分的叶称为完全叶,缺乏其中任意一个或两个组成的则称为不完全叶。叶片通常为片状;叶柄上端支持叶片,下端与茎节相连;托叶则着生于叶柄基部两侧或叶腋,在叶片幼小时,有保护叶片的作用,一般远较叶片为细小(图0.1)。

2)叶的形态

(1)叶片 叶片的形状,即叶形,类型极多,就一个叶片而言,上端称为叶端,基部称为叶基,周边称为叶缘,贯穿于叶片内部的维管束则为叶脉,这些部分也有很多变化。

①叶形:叶片的全形或基本轮廓(图0.2)。常见的有:

倒宽卵形:长宽近相等,最宽处近上部的叶形(如玉兰)。

圆形:长宽近相等,最宽处近中部的叶形(如莲)。

宽卵形:长宽近相等,最宽处近下部的叶形(如马甲子)。

倒卵形:长为宽的1.5~2倍,最宽处近上部的叶形(如栌兰)。

图 0.1　叶片形态图

椭圆形:长为宽的 1.5~2 倍,最宽处近中部的叶形(如大叶黄杨)。

卵形:长为宽的 1.5~2 倍,最宽处近下部的叶形(如女贞)。

倒披针形:长为宽的 3~4 倍,最宽处近上部的叶形(如鼠曲草)。

长椭圆形:长为宽的 3~4 倍,最宽处近中部的叶形(如金丝梅)。

披针形:长为宽的 3~4 倍,最宽处近下部的叶形(如柳)。

线形:长约为宽的 5 倍以上,最宽处近中部的叶形(如沿阶草)。

剑形:长约为宽的 5 倍以上,最宽处近下部的叶形(如石菖蒲)。

此外,还有三角形、戟形、箭形、心形、肾形、菱形、匙形、镰形、偏斜形等。

②叶端:叶片的上端(图 0.3)。常见的有:

芒尖:上端两边夹角小于 30°,先端尖细的叶端(如知母、天南星)。

骤尖:上端两边夹角为锐角,先端急骤趋于尖狭的叶端(如艾麻)。

尾尖:上端两边夹角为锐角,先端渐趋于狭长的叶端(如东北杏)。

渐尖:上端两边夹角为锐角,先端渐趋于尖狭的叶端(如乌桕)。

锐尖:上端两边夹角为锐角,先端两边平直而趋于尖狭的叶端(如慈竹)。

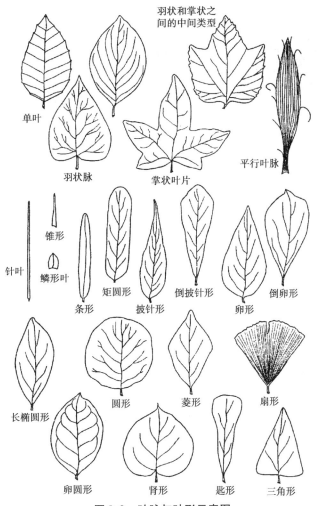

图 0.2 叶脉与叶形示意图

凸尖:上端两边夹角为钝角,而先端有短尖的叶端(如石蟾蜍)。

钝形:上端两边夹角为钝角,先端两边较平直或呈弧线的叶端(如梅花草)。

截形:上端平截,即略近于平角的叶端(如火棘)。

微凹:上端向下微凹,但不深陷的叶端(如马蹄金)。

倒心形:上端向下极度凹陷,而呈倒心形的叶端(如马鞍叶羊蹄甲)。

③叶基:叶片的基部。常见的有:

楔形:基部两边的夹角为锐角,两边较平直,叶片不下延至叶柄的叶基(如枇杷)。

渐狭:基部两边的夹角为锐角,两边弯曲,向下渐趋尖狭,但叶片不下延至叶柄的叶基(如樟树)。

下延:基部两边的夹角为锐角,两边平直或弯曲,向下渐趋狭窄,且叶片下延至叶柄下端的叶基(如鼠曲草)。

圆钝:基部两边的夹角为钝角,或下端略呈圆形的叶基(如蜡梅)。

截形:基部近于平截,或略近于平角的叶基(如金线吊乌龟)。

箭形:基部两边夹角明显大于平角,下端略呈箭形,两侧叶耳较尖细的叶基(如慈姑)。

耳形:基部两边夹角明显大于平角,下端略呈耳形,两侧叶耳较圆钝的叶基(如白英)。

戟形:基部两边的夹角明显大于平角,下端略呈戟形,两侧叶耳宽大而呈戟刃状的叶基(如打碗花)。

心形:基部两边的夹角明显大于平角,下端略呈心形,两侧叶耳宽大圆钝的叶基(如苘麻)。

偏斜形:基部两边大小形状不对称的叶基(如曼陀罗、秋海棠)。

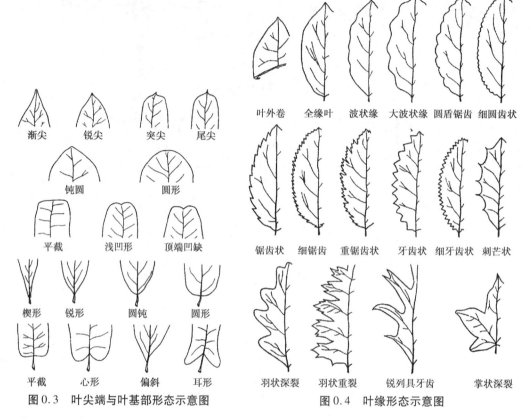

图 0.3　叶尖端与叶基部形态示意图　　　　图 0.4　叶缘形态示意图

④叶缘:叶片的周边(图 0.4)。常见的有:

全缘:周边平滑或近于平滑的叶缘(如女贞)。

睫状:缘周边齿状,齿尖两边相等,而极细锐的叶缘(如石竹)。

齿缘:周边齿状,齿尖两边相等,而较粗大的叶缘(如紫麻)。

细锯齿:缘周边锯齿状,齿尖两边不等,通常向一侧倾斜,齿尖细锐的叶缘(如茜草)。

锯齿:缘周边锯齿状,齿尖两边不等,通常向一侧倾斜,齿尖粗锐的叶缘(如茶)。

钝锯齿:缘周边锯齿状,齿尖两边不等,通常向一侧倾斜,齿尖较圆钝的叶缘(如地黄叶)。

重锯齿:缘周边锯齿状,齿尖两边不等,通常向一侧倾斜,齿尖两边亦呈锯齿状的叶缘(如刺儿菜)。

曲波:缘周边曲波状,波缘为凹凸波交互组成的叶缘(如茄)。

凸波:缘周边凸波状,波缘全为凸波组成(如连钱草)。

凹波:缘周边凹波状,波缘全为凹波组成(如曼陀罗)。

⑤叶脉:叶片维管束所在处的脉纹。常见的有:

二歧分枝脉:叶脉作二歧分枝,不呈网状亦不平行,通常自叶柄着生处发出(如银杏)。

掌状网状脉:叶脉交织呈网状,主脉数条,通常自近叶柄着生处发出(如八角莲)。

羽状网状脉:叶脉交织呈网状,主脉一条,纵长明显,侧脉自主脉两侧分出,并略呈羽状(如马兰)。

辐射平行脉:叶脉不交织成网状,主侧脉皆自叶柄着生处分出,而呈辐射状(如棕榈)。

羽状平行脉:叶脉不交织成网状,主脉一条,纵长明显,侧脉自主脉两侧分出,而彼此平行,并略呈羽状(如姜黄)。

弧状平行脉:叶脉不交织成网状,主脉一条,纵长明显,侧脉自叶片下部分出,并略呈弧状平行而直达先端(如宝铎草)。

直走平行脉:叶脉不交织成网状,主脉一条,纵长明显,侧脉自叶片下部分出,并彼此近于平行,而纵直延伸至先端(如慈竹)。

(2)叶柄 叶柄为着生于茎上,以支持叶片的柄状物。叶柄除有长、短、有、无的不同外,主要有:

①基着:叶柄上端着生于叶片基部边缘(如马兰)。

②盾着:叶柄上端着生于叶片中央或略偏下方(如莲)。

(3)托叶 托叶为叶柄基部或叶柄两侧或腋部所着生的细小绿色或膜质片状物。托叶通常先于叶片长出,并于早期起着保护幼叶和芽的作用。托叶的有无、托叶的位置与形状,常随植物种属而有不同,因此亦为树种鉴定的形态特征之一。常见的托叶有:

①侧生托叶:为着生于叶柄基部两侧,不与叶柄愈合成鞘状的托叶(如补骨脂)。

②侧生鞘状托叶:为着生于叶柄基部两侧,并与叶柄愈合形成叶鞘及叶舌等的托叶(如慈竹)。

③腋生托叶:为着生于叶柄基部的叶腋处,但不与叶柄愈合的托叶(如辛夷)。

④腋生鞘状托叶:为着生于叶柄基部的叶腋处,而托叶彼此愈合成鞘状并包茎的托叶(如何首乌)。

3)叶的缺裂

叶的叶片在演化过程中,有发生凹缺的现象,这种凹缺,称为缺裂。缺裂通常是对称的。常见的缺裂有:

(1)掌状浅裂 为叶片具掌状叶脉,并于侧脉间发生缺裂,但缺裂未及叶片宽度的1/2(如瓜木)。

(2)掌状深裂 为叶片具掌状叶脉,并于侧脉间发生缺裂,但缺裂已过叶片宽度的1/2(如黄蜀葵)。

(3)掌状全裂 为叶片具掌状叶脉,并于侧脉间发生缺裂,且缺裂已深达至叶柄着生处(如大麻)。

(4)羽状浅裂 为叶片具羽状叶脉,并于侧脉间发生缺裂,但缺裂未及主脉至叶缘间距离的1/2(如苣荬菜)。

(5)羽状深裂 为叶片具羽状叶脉,并于侧脉间发生缺裂,但缺裂已过主脉至叶缘间距离的1/2(如荠菜)。

(6)羽状全裂 为叶片具羽状叶脉,并于侧脉间发生缺裂,但缺裂已深达主脉处的基部(如水田碎米荠)。

此外,在羽状缺裂中,如缺裂后的裂片大小不一,呈间断交互排列,则为间断羽状缺裂;如缺裂后的裂片向下方倾斜,并呈倒向排列的,则为倒向羽状缺裂;如缺裂后的裂片,又再发生第二

次或第三次缺裂的,则为二回或三回羽状缺裂。

4)单叶与复叶

叶柄上只着生一个叶片的称为单叶,叶柄上着生多个叶片的称为复叶。复叶上的各个叶片,称为小叶,小叶以明显的小叶柄着生于主叶柄上,并呈平面排列,小叶柄腋部无芽,有时小叶柄一侧尚有小托叶。

复叶是由单叶经过不同程度的缺裂演化而来的(如无患子初生叶为全缘单叶,稍后为羽状缺裂单叶,最后则完全成为羽状复叶)。已发生缺裂的各个叶片部分称为裂片,此时各个裂片下尚无小叶柄的形成,所以这种尚无小叶柄的各种不同程度的缺裂叶仍是单叶而不是复叶。

复叶具有多个小叶,但对一些种类(如宜昌橙)其小叶有简化成一枚的趋向,这种只有一枚小叶的简化复叶,称为单身复叶。单身复叶是柑橘属植物的特征。

复叶的种类很多,常见的有:

(1)三出掌状复叶　由具掌状叶脉的单叶演化而来,有小叶3片(如酢浆草)。

(2)五出掌状复叶　由具掌状叶脉的单叶演化而来,有小叶5片(如牡荆)。

(3)七出掌状复叶　由具掌状叶脉的单叶演化而来,有小叶7片(如天师栗)。

(4)一回羽状复叶　由羽状叶脉的单叶演化而来,即通过普遍缺裂一次形成,依小叶的奇数或偶数,以及小叶的数目又有:

①一回偶数羽状复叶:一回羽状复叶的小叶片为偶数,也就是顶端小叶为2枚的一回羽状复叶(如决明)。

②一回奇数羽状复叶:一回羽状复叶的小叶片为奇数,也就是顶端小叶为1枚的一回羽状复叶(如月季)。

③一回三出羽状复叶:一回羽状复叶的小叶片只有3枚的一回羽状复叶(如截叶铁扫帚)。

(5)二回羽状复叶　由具羽状叶脉的单叶演化而来,即通过普遍缺裂二次形成,有偶奇之分。

①二回偶数羽状复叶:小叶片为偶数,也就是顶端小叶为2枚的二回羽状复叶(如山合欢)。

②二回奇数羽状复叶:小叶片为奇数,也就是顶端小叶为1枚的二回羽状复叶(如丹参)。

(6)三回羽状复叶　由具羽状复叶的单叶演化而来,即通过普遍缺裂三次形成(如唐松草)。

5)叶的质地

常见的有以下类型:

(1)革质　即叶片的质地坚韧而较厚(如枸骨)。

(2)纸质　即叶片的质地柔韧而较薄(如山胡椒)。

(3)肉质　即叶片的质地柔软而较厚(如马齿苋)。

(4)草质　即叶片的质地柔软而较薄(如薄荷)。

(5)膜质　即叶片的质地柔软而极薄(如麻黄)。

6)叶的变态

植物的叶因种类不同与受外界环境的影响,常产生很多变态。常见的变态有:

(1)叶柄叶　即叶片完全退化,叶柄扩大呈绿色叶片状的叶,此种变态叶,其叶脉与其同科植物的叶柄及叶鞘相似,而与其相应的叶片部分完全不同(如阿魏、柴胡)。

(2)捕虫叶　即叶片形成掌状或瓶状等捕虫结构,有感应性,遇昆虫触动能自动闭合,表面有大量能分泌消化液的腺毛或腺体(如茅膏菜)。

(3)革质鳞叶 即叶的托叶,叶柄完全不发育,叶片革质而呈鳞片状的叶,通常被覆于芽的外侧,所以又称为芽鳞(如玉兰)。

(4)肉质鳞叶 即叶的托叶、叶柄完全不发育,叶片肉质而呈鳞片状的叶(如贝母)。

(5)膜质鳞叶 即叶的托叶、叶柄完全不发育,叶片膜质而呈鳞片状的叶(如大蒜)。

(6)刺状叶 即整个叶片变态为棘刺状的叶(如豪猪刺)。

(7)刺状托叶 即叶的托叶变态为棘刺状,而叶片部分仍基本保持正常的叶(如马甲子)。

(8)苞叶 即叶仅有叶片,而着生于花轴、花柄或花托下部的叶。通常着生于花序轴上的苞叶称为总苞叶,着生于花柄或花托下部的苞叶称为小苞叶或苞片(如柴胡)。

(9)卷须叶 即叶片先端或部分小叶变成卷须状的叶(如野豌豆)。

(10)卷须托叶 即叶的托叶变态为卷须的叶(如菝葜)。

7)叶序

叶序即叶在茎或枝上着生排列的方式及规律。常见的有:

(1)互生 即叶着生的茎或枝的节间部分较长而明显,各茎节上只有叶1片着生的(如乌头)。

(2)对生 即叶着生的茎或枝的节间部分较长而明显,各茎节上有叶2片相对着生的(如薄荷)。

(3)轮生 即叶着生的茎或枝的节间部分较长而明显,各茎节上有叶3片以上轮状着生的(如夹竹桃)。

(4)簇生 即叶着生的茎或枝的节间部分较短而不明显,各茎节上着生叶片为一或数枚的(如豪猪刺)。

(5)丛生 即叶着生的茎或枝的节间部分较短而不明显,叶片2或数枚自茎节上一点发出的(如马尾松)。

0.10.2 花的形态及其术语

花是种子植物进行有性繁殖的主要器官,是种子植物固有的特征之一。从演化的观点来看,花是由枝变态而来的,花也有花茎与花叶之分。被子植物的花,花的花梗、花托相当于花茎,花的花被(包括花萼、花冠)、雄蕊、雌蕊相当于花叶(图0.5)。花的各部常随植物种属的不同而有极大的差异,其与根、茎、叶等营养器官比较,这些差异又具有相对的稳定性,故花的特征是植物分类鉴定的主要根据。

花的形态及其术语

图0.5 花形态示意图

1)花的组成

花一般由花梗、花托、花被(包括花萼、花冠)、雄蕊群、雌蕊群几个部分组成。

(1)花梗 又称为花柄,为花的支持部分,自茎或花轴长出,上端与花托相连。其上着生的叶片,称为苞叶、小苞叶或小苞片。

(2)花托 为花梗上端着生花萼、花冠、雄蕊、雌蕊的膨大部分。其下面着生的叶片称为副萼。花托常有凸起、扁平、凹陷等形状。

(3)花被 包括花萼与花冠。

①花萼:为花朵最外层着生的片状物,通常绿色,每个片状物称为萼片,分离或联合。

②花冠:为紧靠花萼内侧着生的片状物,每个片状物称为花瓣。花冠有离瓣花冠与合瓣花

冠之分。

a.离瓣花冠:花瓣彼此分离的花冠。花瓣上部宽阔部分称为瓣片,下面狭窄部分称为瓣爪。属于此种类型的花冠,从基数性划分有:三数性的花冠(如葱)、四数性的花冠(如菘兰)及五数性的花冠(如梅)。从形状上划分有:蝶形花冠(如槐)、矩形花冠(如延胡索)及兰形花冠(如白及)。

b.合瓣花冠:花瓣彼此联合的花冠。花瓣联合的下方狭窄部分称为花冠管部,上方宽阔部分称为花冠舷部,花冠管部与花冠舷部交会处称为花冠喉部,而花冠舷部外侧未联合部分则称为花冠裂片。属于此种类型的花冠,可从花瓣基数性进行划分外,主要是从外形上进行划分,这些花冠是:钟状花冠(如党参)、壶状或坛状花冠(如滇白珠树)、漏斗状花冠(如裂叶牵牛)、高脚碟状(如迎春花)、轮状或辐状花冠(如枸杞)、钉状花冠(如密蒙花)、管状花冠(如红花)、唇形花冠(如丹参)、有矩唇形或假面状花冠(如金鱼草)及舌形花冠(如蒲公英)。此外,既有花萼又有花冠的花称为重被花(如月季),仅有花萼或花冠的花称为单被花(如芫花),既无花萼又无花冠的则称为无被花(如杜仲)。

③花被的排列。

a.镊合状排列:花被片彼此互不覆盖,状如镊合的(如桔梗)。

b.包旋状排列:花被片彼此依次覆盖,状如包旋的(如木槿)。

c.覆瓦状排列:花被片中的一片或一片以上覆盖其邻近两侧被片,状如覆瓦的(如夏枯草)。基本属于此种排列方式,但较特殊的,尚有如下两种排列。真蝶形排列:即花瓣5片,上方1片宽大如旗的称为旗瓣,两侧2片稍小,附贴如翼的称为翼瓣,下方2片最小,相对着生,如船龙骨状的称为龙骨瓣,具有此种形状的花冠,且旗瓣覆盖着翼瓣,翼瓣覆盖着龙骨瓣的,为真蝶形花冠(如葛)。假蝶形排列:即花瓣5片,亦有旗瓣、翼瓣、龙骨瓣之分,但其覆盖情况则是翼瓣覆盖着旗瓣,同时也覆盖着龙骨瓣的,为假蝶形花冠(如云实)。

(4)雄蕊群 由一定数目的雄蕊组成,雄蕊为紧靠花冠内部所着生的丝状物,其下部称为花丝,花丝上部两侧有花药,花药中有花粉囊,花粉囊中贮有花粉粒,而两侧花药间的药丝延伸部分则称为药隔。

①雄蕊的类型。

a.分生雄蕊:雄蕊多数,彼此分离,长短相近(如桃)。

b.四强雄蕊:雄蕊6枚,彼此分离,4枚较长,2枚较短(如油菜)。

c.二强雄蕊:雄蕊4枚,彼此分离,2枚较长,2枚较短(如芝麻)。

d.多体雄蕊:雄蕊多数,于花丝下部彼此联合成多束(如金丝梅)。

e.二体雄蕊:雄蕊10枚,于花丝下部9枚彼此联合,另1枚单独存在,形成2束(如槐树)。

f.单体雄蕊:雄蕊多数,于花丝下部彼此联合成管状(如黄蜀葵)。

g.聚药雄蕊:雄蕊5枚,于花药甚至上部花丝彼此联合成管状(如半边莲、旋覆花)。

②花丝的着生。雄蕊花丝在药隔上的着生方式与位置有:

a.底着:花丝着生在药隔基部(如莲)。

b.背着:花丝着生在药隔近基部(如白花曼陀罗)。

c.丁着:花丝着生在药隔中部(如石蒜)。

d.个着:花丝着生在药隔顶部,花药叉开形如个字(如地黄)。

③花药的开裂。雄蕊花药开裂的方式有:

a.孔裂:花药顶部孔状开裂(如龙葵)。

苦

b.瓣裂:花药中部瓣状开裂,并能自动开启如盖(如豪猪刺)。

c.纵裂:花药由上至下纵向开裂(如蒲草)。

④雄蕊的花粉粒。花粉粒在显微镜下,具有多种不同的形态特征,并对植物种属的分类和鉴定具有一定的意义。

a.花粉粒的组成:常见的有单粒(如一般被子植物)、四分体(如石竹科植物)、花粉块(如部分兰科植物)。

b.花粉粒的形状:常见的有圆形(如月季)、椭圆形(如蜡梅)、三角形(如丁香)、五边形(如三色堇)。

c.花粉粒的表面。常见的有:

● 光滑的(如银杏)。

● 具槽的:包括单槽的(如黄精)、三槽的(如蛇莓)、多槽的(如薄荷)。

● 具萌发孔的:包括单萌发孔的(如扁豆)、三萌发孔的(如丁香)、多萌发孔的(如瞿麦)。

● 具突起的:包括细小突起的(如细辛)、刺状突起的(如旋覆花)。

● 具网纹的:包括细网纹的(如水蓼)、粗网纹的(如蒲公英)。

● 具气囊的(如马尾松)。

(5)雌蕊群　由一定数目的雌蕊所组成,雌蕊为花最中心部分的瓶状物,相当于瓶体的下部为子房,瓶颈部为花柱,瓶口部为柱头,而组成雌蕊的苞片则称为心皮。若将子房切开,则所见空间称为子房室,室的外侧为子房壁,室与室间为子房隔膜,子房壁或子房隔膜上着生的小珠或小囊状物为胚珠,胚珠着生的位置为胎座,胎座的上下延伸线为腹缝线,而腹缝线的对侧则是背缝线。

雌蕊的类型很多,有以下类型:

①依心皮的联合状况划分。

a.离生心皮:雌蕊即心皮2个以上,各自于边缘愈合成分离的雌蕊,所成子房为单子房(如乌头)。

b.合生心皮:雌蕊即心皮2个以上,彼此愈合成1个合生的雌蕊,所成子房为复子房(如藜芦、黄精、葱)。

②依子房位置划分(图0.6)。

a.子房上位:雌蕊子房着生于凸出或平坦的花托上,而侧壁不与花托愈合。由于花的其他部分的基部位于子房下面,所以又称为花下位(如白花曼陀罗)。

b.子房周(中)位:雌蕊子房着生于凹陷的花托上,而侧壁不与花托愈合。由于花的其他部分的基部位于子房四周,所以又称为花周位(如桃)。

c.子房下位:雌蕊子房着生于凹陷的花托上,而侧壁与花托愈合。由于花的其他部分的基部位于子房上面,所以又称为花上位(如丁香)。

花下位（子房上位）　　周位花（子房周位）　　花上位（子房下位）

图0.6　雌蕊依子房位置划分类型示意图

③依胎座的类型划分。

a.边缘胎座:心皮1枚,心皮边缘愈合成单室子房,胚珠着生于子房内侧壁的腹缝线上(如扁豆)。

b.侧膜胎座:心皮数枚,彼此于边缘愈合成单室子房,胚珠着生于子房内侧壁的腹缝线上

（如龙胆）。

  c.中轴胎座:心皮数枚,彼此愈合成多室子房,胚珠着生于子房的中轴上（如白花曼陀罗）。

  d.中央胎座:心皮数枚,彼此愈合成单室子房,胚珠着生于子房的中央。包括:

- 特立中央胎座为胚珠多枚着生于子房中柱上的中央胎座（如过路黄）;
- 顶生胎座为胚珠1枚着生于子房室顶上的中央胎座（如芫花）;
- 基生胎座为胚珠1枚着生于子房基部的中央胎座（如红花）。

2）花的类型

  （1）从组成划分

  ①完全花:各部组成齐全的花（如月季花）。

  ②不完全花:缺乏其中某一或数个组成部分的花（如杜仲花）。

  （2）从性别划分

  ①两性花:同时具雌蕊与雄蕊的花（如旋覆花的管状花）。

  ②单性花:只具雌或雄蕊的花（如旋覆花的舌状花）。其中又有下列3种情况:

- 雌雄同株,雌花与雄花同时着生在一株植物上（如蒲草）;
- 雌雄异株,雌花与雄花分别着生于不同株的植物上（如大麻）;
- 杂性同株,雌花、雄花、两性花同时着生在一株植物上（如番木瓜）。

  ③无性花:不具雌蕊及雄蕊的花（如矢车菊的漏斗状花）。

  （3）从对称性划分

  ①辐射对称花:具有两个以上对称面的花（如芫花）。

  ②两侧对称花:只具有1个对称面的花（如忍冬）。

  ③不对称花:没有对称面的花（如马先蒿）。

3）花序

  花在花枝（花轴）上排列的方式称为花序。花轴有主轴与侧轴之分,一般由顶芽萌发出的为主轴,由腋芽萌发出或自主轴分枝出的为侧轴。花轴又有长短之分,花轴的节间长的为花轴长,花轴的节间短的为花轴短。

  花序的类型很多,主要根据主轴顶端是否能无限生长（或花开放的顺序）、主侧轴的长短、分枝状况及质地等来划分。通常分为无限花序、有限花序及混合花序三大类:

  （1）无限花序 为花序主轴顶端能不断生长,花开放的顺序,是由下向上或由周围向中央,最先开放的花是在花序的下方或边缘。这类花序包括:

  ①总状花序（图0.7）:为主轴、侧轴皆较长,侧轴不再分枝,且长短大小相近的花序（如荠菜）。

  ②伞房花序:为主轴、侧轴皆较长,侧轴虽不再分枝,但下方侧轴远较上方侧轴为长,至顶面略近于齐平的花序（如麻叶绣球）。

  ③复总状花序:为主轴、侧轴皆较长,侧轴又再作总状分枝的花序。此种花序因形状略似一圆锥,故又称为圆锥花序（如南天竹）。

  ④穗状花序（图0.7）:为主轴长,侧轴短,侧轴不再分枝,而主轴较硬,直立,粗细较正常的花序（如车前草）。

  ⑤葇荑花序（图0.7）:为主轴长,侧轴短,侧轴不分枝或微分枝,但主轴较细软,通常弯曲下垂的花序。其上着生的花常为单性花（如杨树）。

  ⑥肉穗花序:为主轴长,侧轴短,侧轴不分枝或微分枝,但主轴较肥大的花序。由于其外常

有一极长大状如烛焰的总苞,故又称为佛焰花序(如马蹄莲)。

⑦复穗状花序:为主轴长,侧轴短,而侧轴再作穗状分枝的花序(如小麦)。

⑧伞形花序(图0.7):为主轴短,侧轴长,侧轴不再呈伞状分枝的花序(如五加)。

⑨复伞形花序:为主轴短,侧轴长,而侧轴上端又再呈伞状分枝的花序(如柴胡)。

⑩球穗花序:为主轴短,侧轴亦短,且主轴顶端较肥大凸出,而略近于球形的花序(如悬铃木)。

⑪头状花序:为主轴短,侧轴亦短,主轴顶端虽亦肥大,但较平坦或微凹的花序。由于其外形略似花篮,所以又称为篮状花序(如向日葵)。

⑫隐头状花序:为主轴短,侧轴亦短,但主轴顶端极度肥大,并明显凹陷呈坛状,花隐藏着生于坛状花轴内的花序(如无花果)。

(2)有限花序 为花序主轴顶端先开一花,因此主轴的生长受到限制,而由侧轴继续生长,但侧轴上也是顶花先开放,故其开花的顺序为由上而下或由内向外。这类花序包括:

①镰状聚伞花序:为主轴上端节上仅具一侧轴,分出侧轴又继续向同侧分出一侧轴,整体形状略似一镰刀的花序。因其常呈螺状卷曲,故又称为螺状聚伞花序(如附地菜)。

②蝎尾状聚伞花序:为主轴上端节上仅具一侧轴,所分出的侧轴又继续向两侧交互分出一侧轴,整体形状略似一蝎尾的花序(如香雪兰)。

③二歧聚伞花序(图0.7):主轴上端节上具二侧轴,所分出侧轴又继续同时向两侧分出二侧轴的花序(如繁缕)。

④多歧聚伞花序:主轴上端节上具3个以上侧轴,分出侧轴又作聚伞状分枝(如泽膝花)。

此外,尚有一种特殊的有限花序称为轮伞花序,此种花序的排列与结构为:在植物茎上端具对生叶片的各个叶腋处,分别着生有两个细小的聚伞花序,故各茎节处有4个小花序着生呈轮状,如此各节层层向上排列,即构成了此种轮伞花序。轮伞花序严格地说,不是一种独立的花序类型,而只是聚伞花序的一种特殊排列着生形式(如筋骨草)。

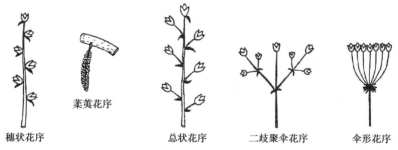

萎黄花序   穗状花序   总状花序   二歧聚伞花序   伞形花序

图0.7 部分花序形态示意图

(3)混合花序 为具有两种以上类型特征混合组成的花序。此种花序往往没有单独固定的名称,而更多的情况则是以某种类型花序呈某种方式排列来进行说明,如滇紫草的花序,即描述为镰状聚伞花序排列呈复总状或圆锥状。

0.10.3 果实的形态及其术语介绍

1)果实的组成

果实的形态及其术语

果实主要由受精后的子房发育而成;子房壁发育而成果皮,胚珠发育而成种子。这种纯由子房发育而成的果实称为真果。但有时也有花的其他部分参加,如苹果、梨等的肉质部分主要是由花托发育而成的,无花果的肉质部分是由花轴发育而成的,荔枝的肉质部分是由胎座发育而成的,等等。这种由子房和花的其他部分共同发育而成的果实称为假果。因此,果实外为果皮,内有种子。果皮通常有外果皮、中果皮、内果皮的分化。

2)果实的类型

果实有多种类型(图0.8),常随植物的种属及其对于动物、风、水等不同传播媒介的适应而有所不同。其具体划分如下:

(1)聚花果(复合果、复果)　即由花序受精形成的果实(如桑)。

(2)聚合果(聚心皮果)　即由子房上位,具多个离生雌蕊的单花受精形成的果实(如八角茴香)。

(3)蔷薇果　即由子房周位,具多个离生雌蕊的单花,于子房受精后连同花托所形成的果实(如金樱子)。

(4)单果　即由具一个雌蕊的单花受精后所形成的果实,其下又分果皮肉质多浆的肉果(液果)与果皮干燥的干果,干果中又有成熟后开裂的裂果与成熟后不开裂的闭果。常见的肉果有浆果、瓠果、梨果、核果、柑果等,常见的裂果有蓇果、角果、荚果、蓇葖果等,常见的闭果有坚果、瘦果、菊果、翅果、悬果、颖果等。

①浆果:是果皮肉质多浆,外果皮易于分离,内、中果皮肉质化的果实(如枸杞)。

②瓠果:是果皮肉质多浆,外果皮不易分离,内、中果皮肉质化,为下位子房并有花托参加形成的一种假果(如括楼)。

③梨果:是部分果皮肉质多浆,外果皮不易分离,中果皮肥厚,内果皮木化,中、内果皮难以分离,亦为由下位子房形成的假果(如木瓜)。

④核果:是部分果皮肉质多浆,外果皮不易或微可分离,中果皮肥厚,内果皮木化坚硬,但与中果皮极易分离的果实(如杏)。

⑤柑果:是果皮亦有肉质多浆部分,外果皮不易分离,中果皮肥厚松软,内果皮革质化,内有多数肉质多浆毛囊(即通常可食部分),内果皮可与中果皮分离的果实(如柑橘)。

⑥蓇果:是果皮干燥革质,成熟后开裂,心皮数枚形成复子房的果实(如马兜铃、曼陀罗)。

⑦角果:是果皮干燥革质,成熟后开裂,心皮2枚形成复子房,子房内由假隔膜分为2室的果实。果实长而狭的称为长角果(如油菜),短而宽的称为短角果(如荠菜)。

所谓假隔膜,即不是真正由子房壁,而是由胎座组织突起延伸所形成的隔膜,此处的假隔膜通常是以其上无种子着生为其主要识别特征。

⑧荚果:是果皮干燥革质,成熟后开裂,心皮1枚形成单子房,其开裂方式为自背、腹缝线同时开裂的果实(如豌豆)。

⑨蓇葖果:是果皮干燥革质(或木质),成熟后开裂,心皮1枚形成单子房,其开裂方式为仅自腹缝或背缝一线开裂的果实(如长果升麻)。

⑩坚果:是果皮干燥坚硬,通常木质或硬革质,成熟后不开裂的果实(如板栗)。

⑪瘦果:是果皮干燥革质,成熟后不开裂的果实(如天名精)。在瘦果上端延伸成喙,喙上着生有冠毛的为菊果(如蒲公英)。

⑫翅果:是果皮干燥革质,成熟后不开裂,其表面常有翅翼状附属物的果实(如榆)。

⑬悬果:是果皮干燥革质,成熟后分为2个分果,但各个分果不再开裂露出种子,每个分果称为果爿,2个分果着生于同一果柄,并呈二歧分枝状(如茴香)。

⑭颖果:是果皮干燥膜质与种皮愈合而无从区分仅有一枝种子的单果,其外常有颖片等附属物的果实(如大麦)。

瘦果　　　槭树双翅果　　白蜡单翅果　　　紫荆荚果

木兰蓇葖果　　壳斗科坚果　　核桃坚果　　蜀葵蒴果

核果　　　　　　　　浆果

梨果　　　　　　　　柑果

图0.8　果实形态示意图

0.10.4　茎的形态及常见术语介绍

茎的形态及常见术语

茎为植物的主干,一般生于地上或部分生于地下,有节与节间;生叶、芽和花。茎的主要功能是输导与支持,也有贮藏等功能。

一般正常的茎主要有下列各部分:

(1)芽　芽是未萌发的茎、枝或花。位于茎顶端的为顶芽,位于旁侧叶腋的为侧芽或腋芽。此外尚有一种不定芽,这种不定芽不是茎枝固有的,而是以后自节间等处发出的,它既可以于根上产生(如甘薯),也可以从叶上产生(如落地生根),所以不定芽不能作为辨别茎枝的形态特征。顶芽萌发成为植物的主干或顶枝,侧芽萌发成为植物的枝干或侧枝,但也有长期不萌发的休眠芽与位于主芽侧的副芽。

(2)节　节是芽与叶的着生部位,通常凸出或微凹下,为辨别茎枝的主要特征,而茎节不明显时,主要是通过其上着生的芽和叶,以及叶落后的叶痕与叶痕中的叶迹来察知其存在的。

(3)节间　节间是节与节之间的部分,表面常有许多隆起或凹陷的细小裂隙状皮孔。其形状大小亦常随植物种类而有所不同(图0.9、图0.10)。

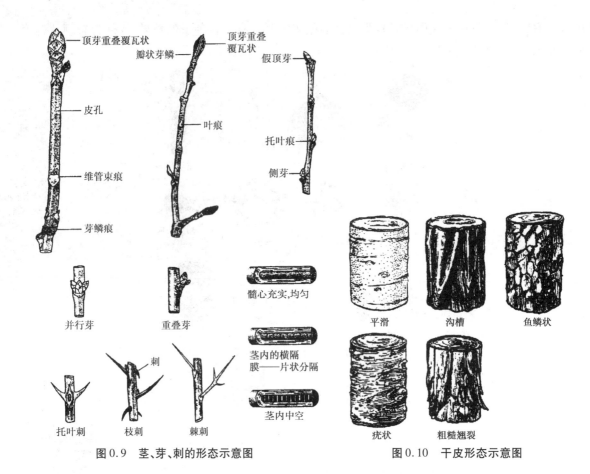

图0.9　茎、芽、刺的形态示意图　　　　图0.10　干皮形态示意图

0.11　园林树木的分科枝叶检索表

0.11.0　园林树木检索表使用说明

掌握树木的特征,识别树木种类,是开展园林规划设计、园林树木新品种选育、园林树木养护管理以及园林苗圃产业活动和科学研究的重要前提。园林树木种类繁多,要在短时间记住和识别数百种树木,的确是件十分困难的事,特别是通常野外实习或野外工作时,多数树木是看不到花和果的,这给树木的鉴定和识别带来极大的困难!不过请不要灰心,树木的枝叶检索表,是根据树木的枝叶关键性特征编写而成,是十分难得的自学工具书和教学辅助材料,颇受业内人士和自学者的欢迎!本检索表是在南京林业大学树木教研组编写的《江苏木本植物枝叶检索手册》的基础上而成,共收入树木101科,1 150种、变种及品种。

有总表和分表,可检索到科(在第1篇中);然后在第2篇各论中各科分种检索表中进行检索。

检索表是鉴定植物的索引,各种树木志的科、属、种描述之前编排有相应的检索表,可根据检索表对预鉴定的树木依次逐条查索,直至最后查出树木所属的科、属和种。

本教材采用平行式检索表,表中每一相对性状的描写紧紧并列,以便比较,在一种性状描写之末即列出所需的名称或是一个数字(码)。此数字重新列于较低的一行之首,与另一组相对性状平行排列,如此继续下去直至查出所需名称为止。

在检索时先查对1—1,再查2—2,进而查3—3,直至最终。例如检索表的第一项是子叶,那么这一项的第一条如果是双子叶,而另一条(同序号的对应条)就应是单子叶。如果是双子叶,就应该在双子叶条目下按后面对应的数字(码)号继续查下去。

使用检索表注意事项:

①应该熟悉形态学术语,掌握树木的解剖技术,特别是检索表涉及的心皮、子房、胎座等。

②尽可能收集到检索表上所需的特征资料。

③认真查对每一对对应的两条,经过比较后选择其一。

④如果没有把握选择两条之一时,可试从两条分别作试探性查对,有可能领悟到哪一条是对的。

⑤检索出答案后,应进一步核对全文描述或核对有关标本,以确保名称准确无误。

0.11.1 表1 【裸子植物】分科枝叶检索表

1. 叶大型,羽状深裂,集生树干顶端,树干粗短不分枝 ·········· 苏铁科 Cycadaceae

1. 叶小型,不为羽状,生于小枝;树干分枝 ···················· 2

2. 具长枝和短枝;叶在长枝上互生,在短枝上簇生或成束 ········· 3

2. 仅有长枝,无短枝,叶不簇生,不成束 ······················ 5

3. 叶在长枝上互生,在短枝上簇生,短枝发育成矩状 ············ 4

3. 针叶束生于不发育的短枝上 ···················· 松科 Pinaceae

4. 叶扇形,上缘有波状缺刻或深裂,叶脉叉状 ········ 银杏科 Ginkgoaceae

4. 叶不成扇形,为条形或三角状针形 ················ 松科 Pinaceae

5. 叶互生 ···························· 6

5. 叶对生或轮生 ························· 16

6. 常绿性,叶质地较厚或较硬 ······················ 7

6. 落叶或半常绿性,叶质地柔软 ·················· 杉科 Taxodiaceae

7. 小枝有隆起呈木钉状叶枕,粗糙 ················ 松科 Pinaceae

7. 小枝无木钉状叶枕 ·························· 8

8. 叶条形或条状披针形 ························ 9

8. 叶锥形、鳞形或鳞状卵形 ···················· 15

9. 叶上面中脉隆起 ·························· 10

9. 叶上面中脉凹下或平,不隆起 ···················· 13

10. 侧枝之叶排成二列 ························· 11

10. 侧枝之叶螺旋状排列,不成二列 ············· 罗汉松科 Podocarpaceae

11. 叶平直,不呈弯镰状 ························ 12

11. 叶呈弯镰状,下面具黄绿色或褐黄色气孔带 ·········· 红豆杉属 Taxus(红豆杉科)

12. 冬芽黄褐色,芽鳞紧包 ···················· 松科 Pinaceae

12. 冬芽暗绿色,芽鳞松散 ············· 粗榧科(三尖杉科)Cephalotaxaceae

13. 叶有锯齿,披针形或条状披针形 ·············· 杉科 Taxodiaceae

13. 叶全缘,条形 ·························· 14

14. 叶同型 ····························· 松科 Pinaceae

14. 叶二型,侧枝之叶条形,主枝之叶鳞形 ·········· 北美红杉属 Sequoia(杉科)

15. 枝轮生,叶异型,具棱脊 ·················· 南洋杉科 Araucariaceae

15. 枝互生,叶锥形或鳞状锥形 ················· 杉科 Taxodiaceae

16. 叶对生 ····························· 17

16. 叶 10~30 轮生,辐射状,叶条形,长 8~12 cm ·········· 金松 Sciadopitys verticellata(杉科)

0.11.2　表 2　【被子植物——叶互生或簇生】分科枝叶检索表

0.11.3　表3　【被子植物——叶对生或轮生】分科枝叶检索表

43.叶条状披针形,中脉和侧脉在上面凹下,下面密被毛 ………… 岩蔷薇 *Cistus ladaniferus*(半日花科)
43.叶长椭圆形,中脉和侧脉在上面平,下面无毛或被疏毛 ………… 芫花 *Daphne genkwa*(瑞香科)
44.叶上面有短刺毛或下面被丁字毛 ……………………………………………………… 45
44.叶无刺毛和丁字毛 ……………………………………………………………………… 46
45.叶卵形或长卵形,上面有短刺毛 …………………………………… 蜡梅科 Calycanthaceae
45.叶椭圆形,下面被丁字毛 …………………………………… 红瑞木 *Cornus alba*(山茱萸科)
46.叶大,长 8～15 cm,叶柄长 1.5 cm 以上,穗状花序有长总梗,花有苞片 … 鸭嘴花 *Adhatoda vasica*(爵床科)
46.叶较小,长 7 cm 以下,叶柄长 1 cm 以下,圆锥花序,花无苞片 ………… 木樨科 Oleaceae
47.常绿性 ……………………………………………………………………………………… 48
47.落叶性 ……………………………………………………………………………………… 51
48.二年生枝绿色 …………………………………………………………………………… 49
48.二年生枝不为绿色 ……………………………………………………………………… 50
49.小枝有纵棱,节部平,叶缘具齿牙状疏齿,上面有黄色斑点
　………………………………………… 洒金桃叶珊瑚 *Aucuba japonica* 'Variegata'(山茱萸科)
49.小枝无纵棱,节部膨大,叶缘具整齐的齿牙状锯齿,上面无黄色斑点
　…………………………………………………… 珠兰 *Chloranthus spicatus*(金粟兰科)
50.小枝通常灰白色,侧芽常叠生,叶锯齿齿牙状或刺状 ………………………… 木樨科 Oleaceae
50.小枝褐色,侧芽单生,叶缘具波状钝锯齿 ………………………… 忍冬科 Caprifoliaceae
51.叶缘具齿牙状锯齿或重锯齿 …………………………………………………………… 52
51.叶缘具单锯齿,不为齿牙状 …………………………………………………………… 55
52.叶缘具重锯齿 …………………………………… 鸡麻 *Rhodotypos scandens*(蔷薇科)
52.叶缘具单锯齿 …………………………………………………………………………… 53
53.叶狭披针形,宽 2 cm 以下,下面密被绒毛 ………………… 驳骨丹 *Buddleja asiatica*(醉鱼草科)
53.叶宽 2.5 cm 以上 ……………………………………………………………………… 54
54.小枝髓海绵状,白色,对生叶,叶柄基部相连,叶柄基部抱茎 ……… 八仙花科 Hydrangeaceae
54.小枝髓不为海绵状,对生叶,叶柄基部不相连,叶柄基部不抱茎 ……… 忍冬科 Caprifoliaceae
55.小枝先端硬化成刺,叶侧脉 3～5 对 …………………………………… 鼠李科 Rhamnaceae
55.小枝先端不硬化成刺,叶侧脉通常 6 对以上 ………………………………………… 56
56.枝叶有臭气 …………………………………………………………… 马鞭草科 Verbenaceae
56.枝叶无臭气 …………………………………………………………… 忍冬科 Caprifoliaceae

0.11.4　表4 【被子植物——复叶包括单身复叶】分科枝叶检索表

1.藤本 ……………………………………………………………………………………… 2
1.乔木或灌木 ……………………………………………………………………………… 9
2.复叶对生 ………………………………………………………………………………… 3
2.复叶互生 ………………………………………………………………………………… 4
3.茎上通常有气生根,羽状复叶,小叶 7～11 ………………………… 紫葳科 Bignoniaceae
3.茎上无气生根,一至二回,3 小叶复叶或羽状复叶(小叶 5～7) …… 毛茛科 Ranunculaceae
4.掌状复叶或 3 小叶复叶 …………………………………………………………………… 5
4.羽状复叶 …………………………………………………………… 蝶形花科 Papilionaceae
5.3 小叶复叶 ……………………………………………………………………………… 6
5.掌状复叶 ………………………………………………………………………………… 8
6.有托叶,小叶被毛 ………………………………………………… 蝶形花科 Papilionaceae
6.无托叶,小叶无毛 ……………………………………………………………………… 7
7.3 小叶近等大,两侧小叶不偏斜 ………………………………… 木通科 Lardizabalaceae

0.11.5 表5 【被子植物——单子叶植物】分科枝叶检索表

0.12 导读

园林树木是一门实践性很强的学科。在学习过程中,不仅要识别园林树木,还要认真地了解园林树木的观赏功能、物候与环境的关系、树木的文化内涵,同时要充分利用本地或外地的各种条件,加强实践性环节,做到勤学、勤问、勤练习、勤实践,不断地积累,以达到熟练应用园林树木的目的。树木分科枝叶检索表则是树种鉴定的实用工具。

复习思考题

1.名词解释

园林树木　园林树木资源　园林花卉　生物学特性　生态学特性　分布区　物种　变种变型　品种　品种群

2.举例说明园林树木的生物学特性和生态学特性。

3.举例说明分布区是变化的。

4.举例说明园林树种的配置。

5.举例说明世界五大独赏树和著名的世界五大行道树。

6.学会和掌握树木检索表的使用方法。

7.掌握树木拉丁学名命名规则。

第2篇 各论

1 裸子植物

裸子植物在全世界共有 12 科,71 属,约 800 种,中国共有 11 科,41 属,约 243 种。裸子植物中有很多重要的园林观赏树种。

1.1 苏铁科 Cycadaceae

苏铁科

本科为常绿木本,树干粗短,叶二型,雌雄异株,种子核果状,具有 3 层种皮。本科共 10 属,约 110 种,分布于热带和亚热带地区,中国 1 属 10 种。引种栽培 2 种。

1.1.0 苏铁科分种枝叶检索表

1.1.1 苏铁属 Cycas L.

1) 苏铁(铁树、凤尾蕉、凤尾松、避火蕉) *Cycas revoluta* Thunb. (图 1.1.1)

形态:常绿棕榈状木本植物,茎通常 2 m,稀达 8 m 以上。叶羽状,长 0.5~2.0 m,厚革质而坚硬,羽片条形,长达 18 cm,边缘显著反卷。雄球花长圆柱形,小孢子叶木质,密被黄褐色绒毛,背面着生多数药囊;雌球花略呈扁球形,大孢子叶宽卵形,有羽状裂,密被黄褐色绵毛,在下部两侧着生 2~4 个裸露的直生胚珠。种子卵形而微扁,长 2~4 cm。花期 6—8 月,种子 10 月成熟,熟时红色。

分布:原产中国南部,江西、福建、台湾、广东各省。

习性:喜暖热湿润气候,不耐寒,在温度低于 0 ℃时容易受冻害,生长速度缓慢,寿命可达

1 000 余年。

　　繁殖:可用播种、分蘖、埋插等法繁殖。

　　应用:苏铁树形古朴、优美,叶似羽毛,四季常青,有反映热带风光的观赏效果;应用于各类园林植物造景。常布置于花坛的中心或盆栽布置于大型会场内供装饰用;也可制作盆景观赏;羽叶是插花的良好配叶。

图 1.1.1　苏铁
1.羽叶　2.小孢子叶

2) 四川苏铁 *Cycas szechuanensis* Cheng et L. K. Hu.

　　形态:树干圆柱形,高达 2~5 m。羽叶长达 1~3 m,羽状裂片条形或披针状条形,厚革质,长 18~40 cm,宽 1.2~1.4 cm,边缘微卷曲,基部不等宽,两侧不对称,上侧较窄,接近中脉,下侧较宽,下延。大孢子叶上部的顶片倒卵形或长卵形,被黄褐色或褐红色绒毛,后渐脱落,下部柄状,密被绒毛,在其中上部每边着生胚珠 2~5 个,上部的 1~3 个胚珠的外侧常有钻形裂片,胚珠无毛。

　　分布:产于四川峨眉、乐山、雅安及福建南平等地。

　　习性:喜暖热湿润气候,不耐寒,在温度低于 0 ℃时容易受害,生长速度缓慢,寿命可达 200 余年。

　　繁殖:同苏铁。

　　应用:供庭园观赏。

3) 华南苏铁(刺叶苏铁) *Cycas rumphii* Miq.

　　形态:高 4~8 m,稀达 15 m,分枝或不分枝。羽状叶长 1~2 m,羽片宽条形,长 15~38 cm,宽 0.5~1.5 cm,叶缘扁平或微反卷,叶柄有刺。春夏开花,大孢子叶边缘细裂而短如刺齿。种子卵形或近球形。花期 5—6 月,种子 10 月成熟。

　　分布:产于印度尼西亚、澳大利亚北部、马来西亚至非洲马达加斯加等地,中国华南各地广为栽培,长江流域有盆栽。

　　习性、繁殖和应用同苏铁。

4) 云南苏铁 *Cycas siamensis* Miq.

　　形态:植株较矮小,干茎粗大。羽片薄革质而较宽,宽 1.5~2.2 cm,边缘平,基部不下延。

　　分布:产于中国广西、云南,此外缅甸、越南、泰国有分布。

　　习性、繁殖和应用同苏铁。

5) 篦齿苏铁 *Cycas pectinata* Griff.

　　形态:干茎粗大,高可达 3 m,叶长可达 1.5~2.2 m,羽片厚革质,长达 15~25 cm,宽 0.6~0.8 cm,边缘平,两面光亮无毛,叶脉两面隆起,且叶表叶脉中央有一凹槽;羽片基部下延,叶柄短,有疏刺。种子卵圆形或椭圆状倒卵圆形,熟时红褐色。

　　分布:产于尼泊尔,印度,中国云南、四川、广东有栽培。

　　习性、繁殖和应用同苏铁。

1.1.2　墨西哥苏铁属 *Ceratozamia* L.

墨西哥苏铁 *Ceratozamia mexicana* L.

形态:干高 15～50 cm,单干或罕有分枝,有时呈丛生状,粗壮,圆柱形,表面密被暗褐色的排排叶痕,在多年生的老干基部茎盘处,可由不定芽萌发而长出幼小的萌蘖。地下为肉质粗壮的须根系。叶为大型偶数羽状复叶,生于茎干顶端,革质,新长嫩叶先泛黄,后变成绿色。叶长 60～120 cm,硬革质,叶柄长 15～20 cm,疏生坚硬小刺。羽状小叶 7～12 对,小叶长椭圆形,顶部钝渐尖,边缘背卷,无中脉,叶背可见平行脉级 40 条。雌雄异株,雄花序松球状。雌花序似掌状。

分布:原产于墨西哥,中国引种栽培。

习性:喜温暖湿润的气候,不耐寒,0 ℃以下易遭冻害。喜阳光也耐半阴。喜肥沃的酸性土壤。

繁殖:可用播种、分蘖、埋插等法繁殖。

应用:株形稳定,生长缓慢,各类园林一般多作点栽,亦可布置庭院、客厅或居室,也可制成多头型的小盆景,供置几案欣赏。

1.1.3　泽米铁属 *Zamia* L.

阔叶苏铁(泽米苏铁或南美苏铁) *Zamia furfuracea* L.

形态:植物丛生,茎撑球状,叶为中型羽状复叶,簇生于茎顶,小叶为卵状椭圆形。雄雌异株,雄球花圆柱形,灰绿色,雌球花圆柱形,被淡褐色绒毛。

分布:原产于墨西哥,中国引种栽培,南亚热带地区露地栽培,亚热带以北地区温室栽培。

习性和繁殖同墨西哥苏铁。

应用:株形优美,叶片排列有序,常年青翠,给人以刚毅坚强之感。它虽喜阳,但又能耐半阴,生长速度较缓慢,株形稳定,极适合室内厅堂布置摆放,南方地区亦可庭院观赏,以及各类园林植物造景。

1.2　银杏科 Ginkgoaceae

本科现仅存 1 属 1 种,有变型和品种 10 余种,为中国特有子遗种,素有"活化石"之称。

银杏科

1.2.0　银杏科分种(品种)枝叶检索表

1. 叶扇形,叶腋叉状,叶在长枝上互生,在短枝上簇生,枝下垂 …………………… 垂枝银杏 *Ginkgo biloba* 'Pendula'
1. 叶扇形,叶腋叉状,叶在长枝上互生,在短枝上簇生,枝不下垂 …………………………………………………… 2
2. 叶小型 …… 3
2. 叶大型,缺刻深 ………………………………………………………………… 大叶银杏 *Ginkgo biloba* 'Lacinata'
3. 叶绿色 ……………………………………………………………………………………… 银杏 *Ginkgo biloba*
3. 叶不为纯绿色 ……… 4
4. 叶黄色 …………………………………………………………………………… 黄叶银杏 *Ginkgo biloba* f. *aurea*
4. 叶绿色,有黄色斑点 …………………………………………………… 斑叶银杏 *Ginkgo biloba* f. *variegata*

1.2.1　银杏属 *Ginkgo* Linn.

1)银杏(白果树、公孙树) *Ginkgo biloba* L. (图 1.2.1)

形态:落叶大乔木,高达 40 m,胸径 4 m,树冠广卵形。主枝斜出,近轮生,枝有长枝、短枝之分。叶扇形,有二叉状叶脉,顶端常 2 裂,基部楔形,有长柄,互生于长枝而簇生于短枝上。雌雄异株,雄球花 4~6 朵,无花被,长圆形,下垂,呈荑黄花序状。花期 4—5 月,风媒花。种子核果状,椭圆形,熟时呈淡黄色或橙黄色,外被白粉,种子 9—10 月成熟。

分布:浙江天目山有野生银杏,沈阳以南、广州以北各地均有栽培,而以江南一带较多。

习性、繁殖和应用同银杏。

2) 变型和品种

(1) 黄叶银杏 *Ginkgo biloba* f. *aurea*　与原种的区别:其叶鲜黄色。

(2) 塔状银杏 *Ginkgo biloba* 'Fastigiata'　与原种的区别:大枝的开展度较小,树冠呈尖塔柱形。

(3) 大叶银杏 *Ginkgo biloba* 'Lacinata'　与原种的区别:叶形大而缺刻深。

(4) 垂枝银杏 *Ginkgo biloba* 'Pendula'　与原种的区别:枝下垂。

(5) 斑叶银杏 *Ginkgo biloba* f. *variegata*　叶有黄斑。

习性:阳性树种,喜适当湿润而又排水良好的深厚砂质壤土,不耐积水,较能耐旱,耐寒性较强,能在冬季达 −32.9 ℃低温地区种植成活,但生长不良。

繁殖:可用播种、扦插、分蘖和嫁接等法繁殖。

应用:银杏树姿挺拔、雄伟、古朴,叶形秀美、奇特,秋叶及外种皮金黄色,是园林中著名的秋色叶树种。寿命长,少病虫害,适宜作庭荫树、行道树或独赏树,也可作盆景观赏。

图 1.2.1　银杏
1. 雌球花枝　2. 雄球花上端
3. 雄球花　4. 雄蕊
5. 长枝及种子　6,7. 种子

1.3　南洋杉科 Araucariaceae

中国引入 2 属 4 种。

南洋杉科

1.3.0　南洋杉科分种枝叶检索表

1. 叶形宽大 ………………………………………………………………………………………… 3
1. 叶形小,钻形或卵状鳞形 ……………………………………………………………………… 2
2. 叶卵状鳞形,三角状卵形或三角状锥形,上下扁或背部有纵脊 ………… 南洋杉 *Araucaria cunninghamii*
2. 叶钻形,有棱脊,通常两侧扁 ……………… 异叶南洋杉(诺福克南洋杉) *Araucaria heterophylla*
3. 卵状披针形;球果苞鳞先端具三角状尖头,向后反曲 ……………… 大叶南洋杉 *Araucaria bidwillii*
3. 叶对生,歪斜狭卵形,先端钝尖,全缘,厚革质,浓绿色 ……………… 贝壳杉 *Agathis dammara*

1.3.1　南洋杉属 *Araucaria* Juss.

本属共 18 种,分布于大洋洲及南美等地。中国引入 3 种。

1) 南洋杉 *Araucaria cunninghamii* Sweet. (图 1.3.1)

形态:常绿乔木,原产地高可达 70 m,胸径达 1 m 以上。幼树呈整齐的尖塔形,老树呈平顶状。主枝轮生,平展,侧枝亦平展或稍下垂。叶二型,生于侧枝及幼枝上的多呈针状,质软,开

图 1.3.1　南洋杉

1—3.枝叶　4.球果　5—9.苞鳞

展,排列疏松,长 0.7 ~ 1.7 cm;生于老枝上的叶密聚,卵形或三角状钻形,长 0.6 ~ 1.0 cm。雌雄异株。球果卵形,苞鳞刺状且尖头向后强烈弯曲,种子两侧有翅。

分布:原产大洋洲东南沿海地区,广州、厦门、云南西双版纳、海南等地露地栽培,其他城市常作盆栽观赏用。

习性:喜暖热湿润气候,不耐干燥及寒冷,喜肥沃土壤,较耐风。生长迅速,再生能力强,砍伐后易生萌蘖。

繁殖:播种繁殖,但种子发芽率低。

应用:南洋杉与雪松、日本金松、金钱松、巨杉(世界爷)等合称为世界五大公园树。树形高大,姿态优美,宜独植为园景树或作纪念树,也可作行道树用,群植作背景,又是室内盆栽装饰树种。

2)诺福克南洋杉(异叶南洋杉) *Araucaria heterophylla* (Salisb.) Franco

形态:乔木,叶钻形,两侧略扁,长 6 ~ 18 mm,端锐尖。球果近球形,苞鳞的先端向上弯曲。

分布:原产澳大利亚诺福克岛。

习性和繁殖同南洋杉。

应用:中国有引入,用于行道树、庭园绿化树。

3)大叶南洋杉 *Araucaria bidwillii* Hook.

形态:乔木,高达 50 m。叶卵状披针形,长 18 ~ 35 mm。果实球形,长约 20 cm,苞鳞的先端呈三角状突尖向后反曲,种子先端肥大、外露,两侧无翅。

分布:原产澳大利亚,中国已引入。

习性:不耐寒,北方地区盆栽观赏。

繁殖:同南洋杉。

应用:同南洋杉。

1.3.2　贝壳杉属 *Agathis* Salisb.

贝壳杉属约 21 种。中国引进栽培 1 种。

贝壳杉 *Agathis dammara* (Lamb.) Rich. et A. Rich

形态:常绿大乔木,多树脂;幼树时枝条常轮生,在成年树上则不规则着生,小枝脱落后留有圆形枝痕;冬芽小,圆球形。叶在干枝上螺旋状着生,在侧枝上对生或互生,幼时玫瑰色或带红色,后变深绿色,革质,上面具多数不明显的并列细脉,叶形及其大小在同一树上和同一枝条上有较大的变异,叶柄短而扁平,叶脱落后枝上面留有枕状叶痕。通常雌雄同株,雄球花硬直,雄蕊排列紧密,圆柱形,单生叶腋。球果单生枝顶,圆球形或宽卵圆形;苞鳞排列紧密,扇形,顶端增厚,熟时脱落;种子生于苞鳞的下部,离生,一侧具翅,另一侧具一小突起物,稀发育成翅;子叶 2 枚。

分布:菲律宾、越南南部、马来半岛和大洋洲。中国引入栽培,在福州、厦门等南方城市栽培作庭园树。

习性:同南洋杉。

繁殖:种子繁殖。习性适生于排水良好、湿润、肥沃的砂质壤土。

应用:各类园林景观树种,也可庭院观赏。木材优良,易加工,为建筑、家具、胶合板及木纤维原料等用材,树的各部分均含有丰富的树脂,供制油漆和医药等用。

1.4 松科 Pinaceae

松科

常绿或落叶乔木,稀灌木。叶条形、针形、稀四棱形。球花单性,雌雄同株。种子常有翅。球果,当年或2~3年成熟。本科共10属约230种;中国10属93种,24变种,引入栽培种及品种10余种。

1.4.0 松科分种枝叶检索表

41. 针叶纤细,径约 0.5 mm,长 15～30 cm,一年生小枝有白粉 ·············· *展松 Pinus patula*
41. 针叶粗,径 1 mm 以上 ·· 42
42. 顶芽灰白色,粗壮,针叶长 20～45 cm,径 2 mm,小枝粗壮 ·············· *北美长叶松 Pinus palustris*
42. 顶芽褐色或红褐色 ··· 43
43. 针叶较细柔,径约 1 mm,树脂管 3,边生 ································ *云南松 Pinus yunnanensis*
43. 针叶刚劲,径 1.5～2 mm,树脂管中生 ··· 44
44. 冬芽无树脂,针叶长 12～25 cm,径 1.5 mm,树干无不定芽萌发的针叶 ········ *火炬松 Pinus taeda*
44. 冬芽有树脂,针叶径 2 mm,树干有不定芽萌发的针叶 ······································ 45
45. 针叶长 7～16 cm ··· *刚松 Pinus rigida*
45. 针叶长 15～25 cm ··· *晚松 Pinus rigida var. serotina*

1.4.1 油杉属 *Keteleeria* Carr.

1) 油杉 *Keteleeria fortunei* (Murr.) Carr.（图 1.4.1）

形态:乔木,高达 30 m,胸径 1 m,树皮粗糙,暗灰色,纵裂,一年生枝红褐色或淡粉色,二年生以上褐色、黄褐色或灰褐色。叶条形,在侧枝上排成 2 列,长 1.2～3 cm,宽 2～4 mm,先端圆或钝,上面光绿色,无气孔线,下面淡绿色,有气孔线 12～17 条。球果圆柱形,成熟时淡褐色或淡栗色,长 6～18 cm。花期 3—4 月,当年 10—11 月种子成熟。

图 1.4.1　油杉

分布:长江流域以南,浙江南部,福建、广东及广西南部沿海山地。

习性:喜光和温暖,不耐寒,幼龄树不耐阴,生长较快,适生于酸性的红壤和黄壤上,生长速度中等。萌芽性弱,主根发达。

繁殖:播种繁殖,育苗较易,苗期适半遮阴,树长大后耐旱性增强。

应用:中国特有树种,树冠塔形,枝条展开,叶色常青,在我国东南部城市可用作园景树,或在山地风景区用作营造风景林的树种。

2) 黄枝油杉 *Keteleeria calcarea* Cheng et L. K. Fu.

形态:乔木,高 20 m,胸径 80 cm,树皮灰色或黑褐色,叶条形,长 2～3.5 cm,宽 3.5～4.5 mm,先端钝或微凹,基部楔形,上面光绿色,无气孔线,下面中脉两侧各有 18～21 条白色气孔线。球果圆柱形,长 11～14 cm,径 4～5.5 cm,球果 10—11 月成熟。

分布:产于广西、贵州。

繁殖:种子繁殖。

习性和应用同油杉。

3) 铁坚油杉 *Keteleeria davidiana* (Bertr.) Beissn.

形态:乔木,高达 50 m,胸径达 2.5 m。一年生枝淡黄灰色或灰色,常有毛。顶芽卵圆形,芽端微尖。叶在侧枝上排成 2 列,长 2～5 cm,叶端钝或微凹,叶两面中脉隆起。球果直立,圆柱形,长 8～21 cm;种鳞边缘有缺齿,先端反曲,苞鳞先端 3 裂。

分布:陕西南部、四川、湖北西部、贵州北部、湖南、甘肃等地。

习性:本种为油杉属中耐寒性强的种类。

繁殖和应用同油杉。

1.4.2　冷杉属 *Abies* Mill.

本属约 50 种,分布于亚、欧、北非、北美及中美高山地带。中国有 22 种及 3 变种,另引入栽培 1 种。

1)日本冷杉 *Abies firma* Sieb. et Zucc.

形态:乔木,在原产地高可达 50 m,胸径约 2 m。树冠幼时为尖塔形,老树则为广卵状圆锥形。树皮粗糙或裂成鳞片状,一年生枝淡灰黄色或暗灰黑色。叶条形,在幼树或徒长枝上叶长 2.5 ~ 3.5 cm,端成二叉状,在果枝上叶长 1.5 ~ 2.0 cm,端钝或微凹。球果圆筒形,熟时黄褐色或灰褐色。

分布:原产日本,中国北京、青岛、南京、庐山及台湾等地有栽培。

习性:耐阴性强,幼时喜阴,长大后则喜光。

繁殖:播种繁殖或扦插繁殖。

应用:树冠尖塔形,秀丽壮观,可植于大型花坛中心,对植门口,成行配植在公园、甬道两侧。成群栽植在草坪、林缘及疏林空地,葱郁优美。但对烟尘的抗性极弱,不宜用于厂矿绿化。

2)臭冷杉 *Abies nephrolepis*(Trautv.)Maxim.(图 1.4.2)

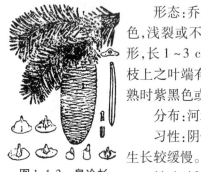

形态:乔木,高 30 m,胸径 50 cm;树冠尖塔形至圆锥形;树皮青灰白色,浅裂或不裂;一年生枝淡黄褐色或淡灰褐色,密生褐色短柔毛;叶条形,长 1 ~ 3 cm,宽约 1.5 mm,上面亮绿色,下面有两条白色气孔带,营养枝上之叶端有凹缺或两裂。球果卵状圆柱形或圆柱形,长 4.5 ~ 9.5 cm,熟时紫黑色或紫褐色,无柄,花期 4—5 月。果当年 9—10 月成熟。

分布:河北、山西、辽宁、吉林及黑龙江东部。

习性:阴性树,喜生于冷湿的气候下,喜湿润深厚土壤。浅根性树种,生长较缓慢。

图 1.4.2　臭冷杉

繁殖:播种繁殖。

应用:树冠尖圆形,宜列植或成片种植。在海拔较高的自然风景区宜与云杉等混交种植。

3)松杉(杉松、辽东冷杉)*Abies holophylla* Maxim.(图 1.4.3)

形态:乔木,高 30 m,胸径约 1 m,树冠阔圆锥形,老则为广伞形,树皮灰褐色,内皮赤色;一年生枝淡黄褐色,无毛,冬芽有树脂。叶条形,长 2 ~ 4 cm,宽 1.5 ~ 2.5 mm,端突尖或渐尖,上面深绿色,有光泽,下面有两条白色气孔带,果枝的叶上面顶端亦常有 2 ~ 5 条不很显著的气孔线。球果圆柱形,长 6 ~ 14 cm,熟时呈淡黄褐色或淡褐色,近于无柄;苞鳞短,不露出,先端有刺尖头。花期 4—5 月,果当年 10 月成熟。

分布:辽宁东部、吉林及黑龙江省。

习性:阴性树,抗寒能力较强,喜土层肥厚的阴坡,在干燥阳坡极少见,浅根性树种。

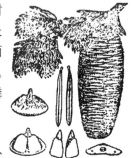

图 1.4.3　松杉

繁殖:播种繁殖。在北京引种栽培,表现良好。

应用:树姿雄伟端庄。园林中宜孤植、列植、丛植、群植、混植。材质软,但不易腐烂,为良好的造纸原料。

4) 冷杉 *Abies fabri* (Mast.) Craib.

形态：乔木，高达 40 m，胸径 1 m；树冠尖塔形；树皮深灰色，呈不规则薄片状裂纹；一年生枝淡褐黄色、淡灰黄色或淡褐色。叶长 1.5 ~ 3.0 cm，宽 2.0 ~ 2.5 mm，先端微凹或钝，叶缘反卷或微反卷，下面有两条白色气孔带；球果卵状圆柱形或短圆柱形，熟时暗蓝黑色，略被白粉，长 6 ~ 11 cm，径 3.0 ~ 4.5 cm，有短梗。花期 4 月下旬至 5 月，果当年 10 月成熟。

分布：四川西部。

习性：耐阴性强，喜温凉湿润气候，对寒冷及干燥气候抗性较弱。喜中性及微酸性土壤。根系浅，生长繁茂。可成纯林或与铁杉、七叶树等混生。

繁殖：播种繁殖。

应用：树姿古朴，冠形优美，庄严肃穆。宜丛植、群植，易形成庄严、肃静的气氛，在适生区形成美丽的风景林。

1.4.3　黄杉属 *Pseudotsuga* Carr.

本属约 18 种，分布于东亚、北美。中国产 5 种，另引入栽培 2 种。

黄杉 *Pseudotsuga sinensis* Dode. (**图 1.4.4**)

形态：乔木，高达 50 m，胸径 1 m；一年生枝淡黄色或淡黄灰色，二年生枝灰色，通常主枝无毛，侧枝被灰褐短毛。叶条形，长 1.3 ~ 3.0 cm，先端有凹缺，上面绿色或淡绿色，下面有两条白色气孔带。球果卵形或椭圆状卵形，种子三角状卵形，种翅较种子为长。花期 4 月，球果当年 10—11 月成熟。

分布：中国特有树种，分布于湖北、贵州、湖南及四川，生于针阔混交林中。

习性：适应性强，生长较快，喜温暖湿润气候和夏季多雨季节，能耐冬季和春季干旱。

繁殖：播种繁殖，然后移苗定植。

应用：树姿优美，在产区可用作风景林绿化树种。

图 1.4.4　黄杉
1.球果枝　2.雌球花枝　3.雄球花枝
4,5.种鳞　6.种子　7.叶

1.4.4　铁杉属 *Tsuga* Carr.

图 1.4.5　铁杉

本属约 16 种，产于东亚、北美。中国有 7 种 1 变种。

铁杉 *Tsuga chinensis* (Franch.) Pritz. (**图 1.4.5**)

形态：乔木，高达 50 m，胸径 1.6 m；冠塔形，树皮暗深灰色，纵裂，成块状脱落；叶枕凹槽内有短毛；叶条形，长 1.2 ~ 2.7 cm，宽 2 ~ 3 mm，先端有凹缺，多全缘，而幼树叶缘具细锯齿，幼叶下面有白粉，老则脱落。球果卵形或长卵形，种子连翅长 7 ~ 9 mm；子叶 3 ~ 4。花期 4 月，球果当年 10 月成熟。

分布：甘肃、陕西、河南、湖北、四川、贵州等。

习性：喜气候温凉湿润，酸性黄壤及黄棕壤地带。抗风雪能力强。

繁殖:播种繁殖。

应用:铁杉干直冠大,巍然挺拔,枝叶茂密整齐,壮丽可观,可用于营造风景林及作孤植树等用。

1.4.5 银杉属 *Cathaya* Chun et Kuang

本属是中国的特有属,仅银杉一种。

银杉 *Cathaya argyrophylla* Chun et Kuang(图 1.4.6)

形态:乔木,高达 20 m,胸径 40 cm 以上;树皮暗灰色,老则裂成不规则薄片,小枝节间上端生长缓慢,较粗,叶枕近条形,稍隆起,顶端具近圆形叶痕,叶螺旋状着生,在枝节间的上端排列紧密,呈簇生状,其下疏散生长,多数长 4~6 cm,宽 2.5~3.0 mm,边缘略反卷,下面沿中脉两侧具极显著粉白色气孔带,叶条形,镰状弯曲或直,端圆,基部渐窄,上面深绿色,被疏柔毛;球果熟时暗褐色,卵形,长卵形或长圆形,长 3~5 cm,下垂。种子略扁,斜倒卵形,长 5~6 cm,上端有长 10~15 mm 的翅。

图 1.4.6 银杉

分布:中国特产的稀有树种,产于广西、四川。

习性:阳性树,喜温暖、湿润气候和排水良好的酸性土壤。

繁殖:播种繁殖,也可用马尾松苗作砧木嫁接繁殖。

应用:树势如苍虬,壮丽可观,在园林上发展前景较好。

1.4.6 云杉属 *Picea* Dietr.

本属约 40 种,分布于北半球,由北极圈至温带的高山均有,中国有 20 种及 5 变种,另引种栽培两种。

1)云杉 *Picea asperata* Mast.(图 1.4.7)

形态:常绿乔木,高 45 m,胸径约 1 m,树冠圆锥形。小枝近光滑或生短柔毛,芽圆锥形,有树脂,上部芽鳞先端不反卷或略反卷,小枝基部宿存芽鳞先端反曲。叶长 1~2 cm,先端尖,横切面菱形,上面有 5~8 条气孔线,下面 4~6 条。球果圆柱状长圆形或圆柱形,成熟前种鳞全为绿色,成熟时呈灰褐色或栗褐色,长 6~10 cm。花期 4—5 月,果当年 9—10 月成熟。

分布:四川、陕西、甘肃。

习性:稍耐阴,喜冷凉湿润气候,但对干燥环境有一定抗性;浅根性,要求排水良好,微酸性深厚土壤。生长较快。

繁殖:种子繁殖,苗期须遮阴。

应用:枝叶茂密,苍翠壮丽,在园林中孤植、群植或作风景林,也可列植、对植或在草坪中栽植。

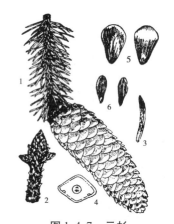

图 1.4.7 云杉
1.球果枝 2.芽 3,4.叶及横剖面
5.种鳞 6.种子

2) **红皮云杉** *Picea koraiensis* Nakai(图 1.4.8)

形态:常绿乔木,高 30 m 以上,胸径 80 cm;树冠尖塔形,大枝斜伸或平展,小枝上有明显的丁状叶枕,叶长 1.2 ~ 2.2 cm,锥形,先端尖,辐射伸展,横切面菱形,四面有气孔线。球果卵状圆柱形或圆柱状矩圆形,长 5 ~ 8 cm,熟后绿黄褐色或褐色,种鳞薄木质,三角状倒卵形,苞鳞极小,种子上端有膜质长翅。

分布:东北小兴安岭、吉林。

习性:较耐阴,浅根性,适应性较强。

繁殖:同云杉。

应用:树姿优美,可作行道树、风景林,是营造用材林和用于风景区及"四旁"绿化的优良树种。

图 1.4.8　红皮云杉

3) **鱼鳞云杉** *Picea jezoensis* carr. var. *microsperma* (Lindl.) Cheng et L. K. Fu

形态:乔木,高达 50 m,胸径约 1.5 m;树冠尖塔形,老时为圆柱形,叶扁平,长 1 ~ 2 cm,宽 1.5 ~ 2.0 mm,先端钝或尖锐,上面有两条粉白气孔带,下面绿色,有光泽,叶枕突出,与小枝近于垂直。果长圆状圆柱形或长卵形,长 4 ~ 6 cm,熟时淡黄褐色或褐色。花期 5—6 月,果 9—10 月成熟。

分布:黑龙江大兴安岭至小兴安岭南端。

习性:阴性树,喜冷凉湿润气候,耐寒性强,喜排水良好的微酸性土壤,不宜在黏土中生长。浅根性,易风倒,生长缓慢,寿命长。

繁殖:播种繁殖。

应用:同云杉,适合寒冷地区应用,材质致密。

4) **白杆** *Picea meyeri* Reihd. et Wils. (图 1.4.9)

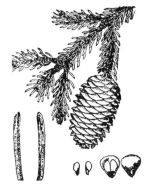

图 1.4.9　白杆

形态:乔木,高约 30 m,胸径约 60 cm;树冠狭圆锥形。树皮灰色,不规则鳞片状剥落,大枝平展,一年生枝黄褐色,当年枝近无毛。叶四棱状条形,横断面菱形,弯曲,呈粉状青绿色,四面有气孔线,叶长 1.3 ~ 3.0 cm,宽约 2 mm,螺旋状排列。球果长圆状圆柱形,长 5 ~ 9 cm,径 2.5 ~ 3.5 cm;种鳞倒卵形,先端圆而有不明显锯齿,种子倒卵形,黑褐色,长 4 ~ 5 mm,连翅长 1.2 ~ 1.6 cm;花期 4—5 月,果 9—10 月成熟。

分布:中国特产树种,在山西、河北、陕西等地均有分布。

习性:阴性树,耐寒,喜湿润气候,喜生于中性及微酸性土壤。浅根性树种,但根系有一定的可塑性,在土层厚而较干燥处根可生长稍深。

繁殖:用种子繁殖。

应用:树形端正,枝叶茂密,下枝能长期存在,适孤植,如丛植时亦能长期保持郁闭,华北城市可较多应用,庐山等南方风景区也有引种栽培。

1.4.7　落叶松属 *Larix* Mill.

本属约 18 种,分布于北半球寒冷地区。中国产 10 种 1 变种,引入栽培两种。

1) **落叶松** *Larix gmelinii* (Rupr.) Kuzen

形态:乔木,高达 35 m,胸径 90 cm;树冠卵状圆锥形。一年生长、短枝均较细,淡褐黄色,无毛或略有毛,基部有毛;短枝顶端有黄白色长毛。球果卵圆形,果长 1.2 ~ 3 cm,鳞背无毛,幼果红紫色,熟时变黄褐色或紫褐色;苞鳞不外露,但果基部苞鳞外露。

分布:东北大兴安岭、小兴安岭和辽宁。

习性:喜光,为强阳性树,极耐寒,能耐 -51 ℃的低温,对土壤的适应能力强,能生长于干旱瘠薄的石砾山地及低湿的河谷沼泽地带,生长较快。

繁殖:种子繁殖。

应用:园林绿化中常成片栽植,早春嫩叶初放,春意盎然,生机勃勃。

2)日本落叶松 *Larix kaempferi*(Lamb.) Carr.

形态:乔木,高可达 1 m;1 年生长枝淡黄或淡红褐色,有白粉。球果广卵形,长 2 ~ 3 cm;种鳞上部边缘向后反卷。

分布:原产日本,中国已引入栽培。

习性:适应性强、生长快,抗病力强。

繁殖:种子繁殖。

应用:园林中可作风景林。

3)红杉 *Larix potaninii* Batal.

形态:乔木,高可达 30 m;小枝下垂,一年生长枝红褐色或淡紫褐色。球果长圆状或圆柱形,长 3 ~ 5 cm,径 2 ~ 3.5 cm,熟时呈灰褐色,苞鳞外露。

分布:中国西南部高山,见于甘肃、四川、云南等省。

习性:喜光,为强阳性树,耐寒、耐瘠薄和湿地。

繁殖:种子繁殖。

应用:为高山地带园林绿化树种。

4)华北落叶松 *Larix principis-rupprechtii* Mayr.（图 1.4.10）

图 1.4.10　华北落叶松
1. 球果枝　2. 球果
3. 种鳞　4. 种子

形态:乔木,高达 30 m,胸径 1 m;树冠圆锥形,树皮暗灰褐色,呈不规则鳞状裂开,大枝平展,小枝不下垂或枝梢略垂,1 年生长枝淡褐黄或淡褐色,幼时有毛,后脱落,枝较粗,径 1.5 ~ 2.5 mm,2 ~ 3 年枝变为灰褐或暗灰褐色,短枝顶端有黄褐色或褐色柔毛,径亦较粗,为 2 ~ 3 mm。叶长 2 ~ 3 cm,宽约 1 cm,窄条形,扁平。球果长卵形或卵圆形,长 2 ~ 4 cm,径约 2 cm。种子灰白色,有褐色斑纹,有长翅。花期4—5 月,果熟期9—10 月。

分布:华北地区、华西地区,在河北、陕西、甘肃、宁夏、新疆等省区也有引种栽培。

习性:强阳性,极耐寒,对土壤的适应性强,喜深厚湿润而排水良好的酸性或中性土壤。耐瘠薄,但生长极慢。

繁殖:种子繁殖。

应用:树冠整齐,圆锥形,叶轻柔而潇洒,常作风景林。适合于较高海拔和较高纬度地区的植物配置。

5)黄花落叶松 *Larix olgensis* Henry.

形态:乔木,高达 30 m,胸径达 1 m。树冠尖塔形。一年生枝淡红褐色或淡褐色,具长毛或短毛。球果卵形或卵圆形,长 1.4 ~ 4.5 cm;苞鳞不外露。花期4—5 月,果 8 月中旬成熟。

分布:黑龙江东南部、吉林长白山以及辽宁省。

习性:喜光,强阳性树,幼苗不耐阴。耐严寒,对土壤要求不严。有一定的耐旱、耐水湿能力。

繁殖:种子繁殖。

应用:为东北南部地区重要造林树种和园林绿化树种。

1.4.8　金钱松属 *Pseudolarix* Gord.

本属在全世界仅有 1 种,中国特产,孑遗树种。

金钱松 *Pseudolarix amabilis* (Nelson) Rehd. (图 1.4.11)

形态:落叶乔木,高达 50 m,胸径 1.5 m;树冠阔圆锥形,树皮赤褐色,呈鳞片状剥离;大枝不规则轮生,平展,1 年生长枝黄褐色或赤褐色,无毛;叶条形,在长枝上互生,在短枝上 15 ~ 30 枚轮状簇生,叶长 2 ~ 5 cm,宽 1.5 ~ 4 mm;雄球花数个簇生于短枝顶部,雌球花单生于短枝顶部;球果卵形或倒卵形,长 6 ~ 7.5 cm,径 4 ~ 5 cm,种子卵形,白色,种翅连同种子几乎与种鳞等长;花期 4—5 月,果 10—11 月上旬成熟。子叶 4 ~ 6,发芽时出土。

图 1.4.11　金钱松
1. 枝叶　2. 球果枝
3,4. 种鳞　5. 种子

分布:长江流域及其以南地区。

习性:喜光,耐寒,幼时稍耐阴,喜温凉湿润气候和深厚肥沃排水良好的中性或酸性沙质壤土。枝条萌芽力较强。金钱松属于有真菌共生的树种,菌根利于生长。

繁殖:播种、扦插、嫁接繁殖。

应用:树姿挺拔雄伟,树干端直,入秋后叶变为金黄色,极为美丽,可孤植、丛植、对植,为珍贵观赏树种之一。

1.4.9　雪松属 *Cedrus* Trew.

本属约 4 种,中国栽培 3 种。

雪松(喜马拉雅雪松、喜马拉雅杉) *Cedrus deodara* (Roxb.) G. Don. (图 1.4.12)

图 1.4.12　雪松
1. 球果枝　2,3. 种鳞　4. 种子

形态:常绿乔木,高达 75 m,胸径达 4.3 m;树冠圆锥形。树皮灰褐色,鳞片状裂;叶针状,灰绿色,长 2.5 ~ 5 cm,宽与厚相等,各面有数条气孔线,在短枝顶端聚生 20 ~ 60 枚。雌雄异株,少数同株;雄球花椭圆状卵形,长 2 ~ 3 cm;雌球花卵圆形,长约 0.8 cm。球果椭圆状卵形,长 7 ~ 12 cm,径 5 ~ 9 cm,顶端圆钝,熟时红褐色,种鳞阔扇状倒三角形,背面密被锈色短绒毛,种子三角状,种翅宽大。花期 10—11 月,球果次年 9—10 月成熟。

分布:原产于喜马拉雅山西部,长江流域各大城市中多有栽培。

习性:阳性树,有一定耐阴能力,喜温凉气候,有一定耐寒能力,喜土层深厚而排水良好的土壤,能生长于微酸性及微碱性土壤上,浅根性树种,生长速度较快,寿命长。

繁殖:播种、扦插及嫁接法繁殖。

应用:雪松树体高大,主干耸直,侧枝平展,树形优美,是世界著名的观赏树。宜孤植于草坪、花坛中央、建筑前庭中心、广场中心或主要大建筑物的两旁及园门的入口等处。其主干下部的大枝自近地面处平展,长年不枯,能形成繁茂雄伟的树冠,这一特点更是独植树的可贵之处。而当冬季,雪片积于翠绿色的枝叶上,形成许多高大的银色金字塔,则更为引人入胜。此外,列植于园路的两旁,形成甬道,亦极为壮观。

1.4.10 松属 *Pinus* L.

本属80余种,中国产22种10变种,又自国外引入16种及2变种。

1)华山松(白松、五须松、果松、五叶松)*Pinus armandii* Franch(图1.4.13)

图1.4.13 华山松
1.雌球花枝 2.叶横剖面
3.球果 4,5.种鳞 6,7.种子

形态:乔木,高达25 m,胸径1 m,树冠广圆锥形。小枝平滑无毛,冬芽小,圆柱形,栗褐色。叶5针一束,长8～15 cm,质柔软,边缘有细锯齿,叶鞘早落。球果圆锥状长卵形,长10～20 cm,柄长2～5 cm,成熟时种鳞张开,种子脱落。花期4—5月,球果次年9—10月成熟。

分布:华中、西北、云贵及台湾地区等。

习性:阳性树种,幼苗喜半阴。喜温和凉爽湿润气候,耐寒力强,喜排水良好的土壤,适应多种土壤,在深厚、湿润、疏松的中性或微酸性壤土中生长良好,不耐盐碱土。

繁殖:播种繁殖。

应用:华山松高大挺拔,针叶苍翠,树冠优美,生长迅速,是优良的庭园绿化树种。华山松在园林中可用作园景树、庭荫树、行道树及林带树,也可用于丛植、群植,并系高山风景区之优良风景林树种。

2)海南五针松 *Pinus fenzeliana* Hend. -Mazz.

形态:乔木,高达50 m,胸径2 m;幼树树皮灰色或灰白色,大树树皮暗褐色或灰褐色。针叶5针一束,长10～18 cm,球果长卵形或椭圆状卵形,种子倒卵状椭圆形,花期4月,球果翌年10—11月成熟。

分布:产于海南、广西、贵州等地。

习性:同华山松。

繁殖:种子繁殖。

应用:可用作园景树、庭荫树和风景林。

3)日本五针松(日本五须松、五钗松)*Pinus parviflora* Sieb. et Zucc.

形态:乔木,在原产地高达25 m,胸径1 m;树冠圆锥形。树皮灰黑色,呈不规则鳞片状剥裂,内皮赤褐色。一年生小枝淡褐色,密生淡黄色柔毛。冬芽长椭圆形,黄褐色。叶较细,5针一束,长3～6 cm,内侧两面有白色气孔线,钝头,边缘有细锯齿,树脂道2,边生,在枝上生存3～4年。球果卵圆形或卵状椭圆形,长4.0～7.5 cm,径3.0～4.5 cm,熟时淡褐色。

分布:原产于日本。中国长江流域部分城市及青岛等地园林中有栽培。

习性:阳性树,但比赤松及黑松耐阴。喜生于土壤深厚、排水良好的湿润之处,在阴湿之处生长不良。虽对海风有较强的抗性,但不适于沙地生长。生长速度缓慢。

繁殖:种子、嫁接或扦插繁殖。

应用:该树为珍贵的观赏树种之一,生长慢,寿命长,可塑性强,适于作各类盆景和庭园美化,也宜与山石配置形成优美的园景。通常要整形修剪。

4) 白皮松(白骨松、三针松、蟠龙松) *Pinus bungeana* Zucc. ex Endl. (图 1.4.14)

形态:乔木,高达 30 m,胸径 3 m 余,树冠阔圆锥形、卵形或圆头形。树皮淡灰绿色或粉白色,呈不规则鳞片状剥落。1 年生小枝灰绿色,光滑无毛,大枝自近地面处斜出。冬芽卵形,赤褐色。针叶,3 针一束,长 5 ~ 10 cm,边缘有细锯齿,树脂道边生,基部叶鞘早落。雄球花序长约 10 cm,鲜黄色,球果圆锥状卵形。花期 4—5 月,果次年 9—11 月成熟。

分布:华北地区、西北地区和华中地区。

习性:阳性树,稍耐阴,幼树略耐半阴,耐寒性不如油松,喜排水良好湿润的土壤,对土壤要求不严,在中性、酸性及石灰性土壤上均能生长。

繁殖:种子繁殖。

应用:白皮松是中国特产,珍贵树种,自古以来即用于配置在宫廷、寺院及古典私家园林中。树姿优美,树皮斑驳奇特,碧叶白干,极为醒目,树冠青翠。宜孤植,或团植成林,或列植成行,或对植堂前。在北京,许多园林、古寺中都种植有白皮松,已成为北京古都园林中的特色树种。

5) 赤松(日本赤松、辽东赤松) *Pinus densiflora* Sieb. et Zucc. (图 1.4.15)

图 1.4.14　白皮松	图 1.4.15　赤松	图 1.4.16　马尾松
	1. 球果枝　2. 叶横断面	1. 雄球花枝　2. 针叶　3. 叶横剖面
	3. 种鳞　4. 种子	4. 芽鳞　5. 球果枝　6,7. 种鳞　8. 种子

形态:乔木,高达 35 m,胸径 1.5 m;树冠圆锥形或扁平伞形。树皮橙红色,呈不规则状薄片剥落。一年生小枝橙黄色,略有白粉。冬芽长圆状卵形,栗褐色。叶 2 针一束,长 5 ~ 12 cm。1 年生小球果种鳞先端的刺向外斜出;球果长圆形,长 3 ~ 5.5 cm,径 2.5 ~ 4.5 cm,有短柄。花期 4 月,果次年 9—10 月成熟。

分布:东北三省、山东半岛、辽东半岛及苏北云台山区等地,日本、朝鲜也有分布。

习性:阳性树种,耐寒,对土壤要求不严。

繁殖:种子繁殖。

应用:其垂枝者,虬枝宛垂,优雅可观。适于门庭、入口两旁对植及草坪中孤植,在瀑口、溪流、池畔及树林内群植或与红叶树混植,也可作盆景。

6) 马尾松(青松、山松) *Pinus massoniana* Lamb. (图 1.4.16)

形态:乔木,高达 45 m,胸径 1 m 余,树冠在壮年期呈狭圆锥形,老年期则开张如伞状,干皮红褐色,呈不规则裂片,一年生小枝淡黄褐色,轮生,冬芽圆柱形,端褐色。叶 2 针一束,罕 3 针一束,长 12 ~ 20 cm,质软,叶缘有细锯齿,树脂道 4 ~ 8,边生。球果长卵形,长 4 ~ 7 cm,径 2.5 ~

4 cm,有短柄,成熟时栗褐色,脱落而不宿存于树上。花期 4 月;果次年 10—12 月成熟。

分布:长江流域以南,南至两广、台湾地区,东自沿海,西至四川、贵州,遍布华中、华南各地。

习性:强阳性树,幼苗亦不耐阴。性喜温暖湿润气候,耐寒性差,喜酸性黏质壤土,对土壤要求不严,耐干旱瘠薄,在沙土、砾石土及岩缝间均能生长。

繁殖:种子繁殖。

应用:马尾松树形高大雄伟,姿态古朴。适于栽植在山涧、池畔及道旁,孤植或丛植,是江南及华南自然风景区和绿化及造林的重要树种。

7)黑松(日本黑松、白芽松)*Pinus thunbergii* Parl. (图 1.4.17)

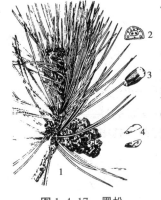

图 1.4.17 黑松
1.球果枝 2.叶横切面
3.种鳞 4.种子

形态:乔木,在原产地高达 30 m,胸径达 2 m;树冠幼时呈狭圆锥形,老时呈扁平的伞状。树皮灰黑色,枝条开展,老枝略下垂。冬芽圆筒形,银白色。叶 2 针一束,粗硬,长 6～12 cm,在枝上可存 3～5 年,树脂道 6～11,中生。雌球花 1～3,顶生。球果卵形,长 4～6 cm,径 3～4 cm,有短柄。种子倒卵形,灰褐色,略有黑斑,花期 3—5 月,果次年 10 月成熟。

分布:原产日本及朝鲜。中国山东沿海、辽东半岛、江苏、浙江、安徽等地有栽植。

习性:阳性树,但比赤松略能耐阴,幼苗期比成年树耐阴;性喜温暖湿润的海洋性气候;对土壤要求不严,喜沙壤土。

繁殖:种子繁殖。

应用:为著名的海岸绿化树种,可用作防风、防潮、防沙林带及海滨浴场附近的风景林、行道树或庭荫树。在国外也有密植成行并修剪成绿篱,围绕于建筑或住宅之外,既有美化又有防护作用。

8)湿地松 *Pinus elliottii* Engelm.

形态:乔木,在原产地高达 40 m,胸径近 1 m,树皮灰褐色,纵裂成大鳞片状剥落,枝每年可生长 3～4 轮,小枝粗壮,冬芽红褐色,粗壮,圆柱形,先端渐狭,无树脂,针叶 2～3 针一束,长 18～30 cm,深绿色,有光泽,腹背两面均有气孔线,叶缘具细锯齿,叶鞘长约 1.2 cm。球果常 2～4 个聚生,罕单生,圆锥形,有梗,种子卵圆形,略具 3 棱,长约 6 mm,黑色而有灰色斑点。花期在广州为 2 月上旬至 3 月中旬;果次年 9 月上中旬成熟。

分布:原产美国南部。中国长江以南各地栽培。

习性:喜夏雨冬旱的亚热带气候,在中性至强酸性红壤丘陵地生长良好,而在低洼沼泽地边缘生长更佳,故名湿地松。也较耐旱,在干旱贫瘠低丘陵地能旺盛生长,在海岸排水较差的固沙地也能生长正常。湿地松的抗风力较强,根系能耐海水灌溉,但针叶不能抵抗盐分的侵袭。湿地松为强阳性树种,极不耐阴,即使幼苗也不耐阴。

繁殖:播种繁殖。园林中可用 3～5 年生大苗,带土团定植。但在育苗期间应经 1～3 次移栽。

应用:在园林中孤植或丛植。

9)北美长叶松(大王松)*Pinus palustris* Mill.

形态:乔木,高达 40 m,树冠长圆形,小枝橙褐色,冬芽长圆形,银白色;叶 3 针一束,暗绿色,长 30～45 cm,叶鞘宿存;树脂道内生;球果几无柄,圆柱形,暗褐色,长 15～20 cm,鳞脐有三角形反曲的短刺。

分布:原产于美国东南沿海一带。中国杭州、上海、无锡、福州、南京有引种栽培,生长迅速。

习性:性喜暖热湿润的海洋性气候。

繁殖:种子繁殖。

应用:在美国为重要的用材树种,每年冬季由东南部向北部城市运销大量枝条作室内装饰用,主要观赏其柔美纤长的针叶。

10) 樟子松 *Pinus sylvestris* var. *mongolica* Litv. (图 1.4.18)

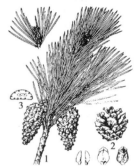

图 1.4.18 樟子松
1. 球果枝 2. 种子、种鳞
3. 叶横切面

形态:乔木,高达 30 m,胸径 1 m;树冠呈阔卵形。一年生枝淡黄褐色,无毛,2~3 年枝灰褐色。冬芽淡褐黄至赤褐色,卵状椭圆形。叶 2 针一束,较短硬而扭曲,长 4~9 cm,树脂道 6~11,边生,叶断面呈扁半圆形,两面均有气孔线,边缘有细锯齿。雌雄花同株而异枝,雄球花黄色,聚生于新梢基部,雌球花淡紫红色,有柄,授粉后向下弯曲。球果长卵形,长 3~6 cm,径 2~3 cm,果柄下弯。花期 5—6 月,果次年 9—10 月成熟。

分布:产于黑龙江大兴安岭海拔 400~900 m 山地及海拉尔以西、以南沙丘地区。内蒙古亦有分布。在沈阳以北至大兴安岭山区沙丘地带及西北可栽培。

习性:阳性树,比油松更能耐寒冷及干燥土壤,又能生于沙地及石沙地带,在大兴安岭阳坡有纯林。

繁殖:种子繁殖。

应用:树干通直、材质良好,防风固沙作用显著,城市森林与园林绿化树种。

图 1.4.19 红松

11) 红松 *Pinus koraiensis* Sieb. et Zucc. (图 1.4.19)

形态:乔木,高达 50 m,胸径 1.0~1.5 m;树冠卵状圆锥形。树皮灰褐色,呈不规则长方形裂片,内皮赤褐色。1 年生小枝密被黄褐色或红褐色柔毛;冬芽长圆形,赤褐色,略有树脂。针叶 5 针一束,长 6~12 cm,深绿色,缘有细锯齿,腹面每边有蓝白色气孔线 6~8 条,树脂道 3,中生。球果圆锥状长卵形,长 9~14 cm,熟时黄褐色,有短柄,种鳞菱形,先端钝而反卷,鳞背三角形,有淡棕色条纹,鳞脐顶生,不显著。种子大,倒卵形,无翅,长 1.5 cm,宽约 1.0 cm,有暗紫色脐痕。花期 5—6 月;果次年 9—10 月成熟,熟时种鳞不张开或略张开,但种子不脱落。

分布:东北三省。

习性:喜较凉爽气候,耐寒性强,能耐 -50 ℃左右的低温。喜温凉湿润气候。红松喜生于深厚肥沃、排水良好而又适当湿润的微酸性土壤,稍耐干燥瘠薄。

繁殖:种子繁殖。

应用:树形雄伟高大,宜作北方森林风景区材料,或配置于庭园中。

12) 油松 *Pinus tabuliformis* Carr. (图 1.4.20)

形态:乔木,高达 25 m,胸径约 1 m;树冠在壮年期呈塔形或广卵形,在老年期呈盘状或伞形。树皮灰棕色,呈鳞片状开裂,裂缝红褐色。小枝粗壮,无毛,褐黄色,冬芽长圆形,端尖,红棕色,在顶芽旁常轮生有 3~5 个侧芽。2 针一束,罕 3 针一束,长 10~15 cm,树脂道 5~8,边生;

图1.4.20 油松

叶鞘宿存。雄球花橙黄色,雌球花绿紫色。当年小球果的种鳞顶端有刺,球果卵形,长4~9 cm,无柄或有极短柄,可宿存枝上达数年,种鳞的鳞背肥厚,横脊显著,鳞脐有刺。种子卵形,长6~8 mm,淡褐色,有斑纹,翅长约1 cm,黄白色,有褐色条纹。子叶8~12。花期4—5月,果次年10月成熟。

分布:东北三省、华北、西北及甘肃、宁夏、青海、四川北部等地。

习性:强阳性树,性强健耐寒,能耐-30 ℃的低温,对土壤要求不严,能耐干旱瘠薄土壤,能生长在山岭陡崖上,只要有裂隙的岩石大都能生长油松,也能生长于沙地,但低湿处及黏重土壤生长不良,喜中性、微酸性土壤,油松属深根性树种,有菌根菌共生。

繁殖:种子繁殖。

应用:树干挺拔苍劲,四季常春,不畏风雪严寒,故象征坚贞不屈、不畏强暴的气质。树冠开展,树龄越老姿态越奇,老枝斜展,枝叶婆娑,苍翠欲滴,每当微风吹拂,有如大海波涛之声,俗称"松涛",有千军万马的气势,能鼓舞振发人们的奋斗精神。树冠青翠浓郁,庄严静肃、雄伟宏博。在园林配置中,适于作独植、丛植、纯林群植及行混交种植。油松的寿命很长,在很多名山古刹中有树龄达数百年的古树。适于作油松伴生树种的有元宝枫、栎类、桦木、侧柏等。

1.5 杉科 Taxodiaceae

常绿或落叶乔木;叶螺旋状互生,稀交互对生,叶针形、钻形、鳞形或条形;球花单性,雌雄同株;雄球花具多数雄蕊,雌球花顶生,具多数珠鳞,珠鳞与苞鳞半合生或完全合生或珠鳞甚小或苞鳞退化;种子有翅。本科10属16种,主产北温带。中国5属7种,引入栽培4属7种,主要分布于长江流域以南温暖地区。

杉科

1.5.0 杉科分种枝叶检索表

9. 同一枝条上一段叶长,一段叶短,交替而生 ················· 缩叶柳杉 *Cryptomeria japonica* 'Araucarioides'

9. 同一枝条上叶的长度无显著差异 ·· 10

10. 叶长 1～1.5 cm,微内弯 ·································· 柳杉 *Cryptomeria fortunei*

10. 叶长 0.4～2 cm,直伸,先端通常不内弯 ·············· 日本柳杉 *Cryptomeria japonica*

11. 大树之叶鳞形,长 2～5 mm,幼树之叶钻形,长 0.6～1.5 cm,两侧扁平 ··········· 秃杉 *Taiwania flousiana*

11. 主枝之叶鳞形,长 6 mm,侧枝之叶条形,长 0.8～2 cm,排成二列,下面有两条白粉带

··· 北美红杉 *Sequoia sempervirens*

12. 叶二型 ··· 13

12. 叶同型 ··· 14

13. 1～2 年生小枝绿色,有芽小枝之叶鳞形宿存,侧生无芽小枝之叶条状钻形,排成二列········· 水松 *Glyptostrobus pensilis*

13. 1～2 年生小枝褐色或红褐色,大树之叶钻形,形小,紧贴小枝,幼树及萌枝之叶条状披针形,开展 ·········

··· 池杉 *Taxodium ascendens*

14. 叶长 0.4～1 cm,半常绿性 ·············· 墨西哥落羽杉 *Taxodium mucronatum*

14. 叶长 1～1.5 cm,落叶性 ······················· 落羽杉 *Taxodium distichum*

1.5.1　秃杉属(台湾杉属) *Taiwania* Hayata

本属共 2 种,产于中国和缅甸北部。

秃杉(土杉) *Taiwania flousiana* Gaussen. **(图 1.5.1)**

形态:树高可达 75 m。树冠圆锥形,树皮灰色褐色,不规则条状剥落,内皮红褐色。叶厚革质,大树叶长 2～5 mm,幼树及萌枝叶长 6～15 mm,直伸或微向内弯。球果圆柱形,长 1.5～2.2 cm,熟时褐色,种鳞 21～39 片,背面顶端尖头的下方有明显腺点。种子倒卵形或椭圆形。

分布:云南、贵州、湖北等。

习性:喜光,适生于温凉和夏秋多雨、冬春干燥的气候,浅根性树种,生长快,寿命长。

繁殖:种子繁殖,也可扦插繁殖。

应用:树体高大,姿态雄健,枝条婉柔下垂,蔚然可观。园林中可丛植、列植或混植,优良风景林树种。国家一级保护树种。

图 1.5.1　秃杉
1.球果枝　2.枝叶
3,4.种鳞　5,6.种子

1.5.2　柳杉属 *Cryptomeria* D. Don

本属 2 种,产于中国和日本。

1) 柳杉 *Cryptomeria fortunei* Hooibrenk ex Otto et Dietr.

形态:乔木,高达 40 m,胸径达 2 m 余;树冠塔圆锥形,树皮赤棕色,纤维状裂成长条片剥落,大枝斜展或平展,小枝常下垂,绿色。叶长 1.0～1.5 cm,幼树及萌芽枝之叶长达 2.4 cm,钻形,微向内曲,先端内曲,四面有气孔线。雄球花黄色,雌球花淡绿色。球果熟时深褐色,径 1.5～2.0 cm。种鳞约 20 枚,苞鳞尖头与种鳞先端之裂齿均较短;每种鳞有种子 2 枚。花期 4 月,果 10—11 月成熟。

分布:长江流域以南,现南方地区广泛栽培,生长良好。

习性:阳性树,略耐阴,亦略耐寒。

繁殖:可用播种及扦插法繁殖。

应用:柳杉树形圆整而高大,树干粗壮,极为雄伟,适独植、对植,也宜丛植或群植。在江南

自古以来常用作墓道树,也宜作风景林栽植。

2)日本柳杉 *Cryptomeria japonica* (L f.) D. Don.

形态:乔木,在原产地高达45 m,胸径达2 m余。与柳杉之不同点主要是种鳞数多,为20~30枚,苞鳞的尖头和种鳞顶端的齿缺均较长,每种鳞具3~5粒种子。

分布:原产日本。中国有引入,在南京、上海、扬州、无锡、南通及庐山均有栽培。

习性:喜光,耐阴,喜温暖湿润气候,耐寒,忌干旱和高温干旱,适于深厚肥沃且排水良好的砂质壤土。

繁殖:种子繁殖,也可扦插繁殖。

应用:树姿优美,用于园林观赏。

1.5.3 水松属 *Glyptostrobus* Endl.

本属仅1种,在第四纪冰期后,其他地方均绝迹,现仅存于中国,成为唯一特产属,仅1种。

图 1.5.2 水松

1.球果枝 2,3.种鳞背、腹面
4,5.种子 6.线状钻形叶的小枝
7.鳞形叶和线形叶的小枝
8.雄球花枝 9.雄蕊
10.雌球花枝 11.珠鳞及胚珠

水松 *Glyptostrobus pensilis* (Staunt.) Koch. (图 1.5.2)

形态:落叶乔木,高8~10 m,径可达1.2 m;树冠圆锥形。树皮呈扭状长条浅裂,干基部膨大,有膝状呼吸根,枝条稀疏,大枝平伸或斜展。小枝绿色。叶互生,有3种类型:鳞形叶长约2 mm,宿存,螺旋状着生于主枝上;在1年生短枝及萌生枝上,有条状钻形叶及条形叶,长0.4~3 cm,常排成2~3列之假羽状,冬季均与小枝同落;雌雄同株,单性花单生枝顶,雄球花圆球形,雌球花卵圆形。球果倒卵形,长2.0~2.5 cm,径1.3~1.5 cm。种子椭圆形而微扁,褐色,基部有尾状长翅,子叶4~5,发芽时出土。花期1—2月,果10—11月成熟。

分布:广东、福建、广西、江西、四川、云南等地。长江流域以南公园中有栽培。

习性:强阳性树,喜暖热多湿气候,不耐低温。喜湿润土壤,耐涝,根系发达,在沼泽地呼吸根发达,在排水良好土地上则呼吸根不发达,干基也不膨大。

繁殖:用种子及扦插法繁殖。

应用:叶入秋变褐色,颇为美丽,宜河边湖畔绿化用,根系强大,可作防风护堤树。国家二级保护树种。

1.5.4 落羽杉属 *Taxodium* Rich.

本属约3种,原产北美及墨西哥;中国已引入栽培。

1)落羽杉 *Taxodium distichum* (L.) Rich. (图 1.5.3)

形态:落叶乔木,高达50 m,胸径达2 m以上,树冠在幼年期呈圆锥形,老树则开展成伞形,树干尖削度大,基部常膨大而有屈膝状之呼吸根;树皮呈长条状剥落,枝条平展,大树的小枝略下垂;1年生小枝褐色,生叶的侧生小枝排成2列。叶条形,扁平,先端尖,排成羽状2列,上面中脉凹下,淡绿色,秋季凋落前变暗红褐色。球果圆球

图 1.5.3 落羽杉和池杉

1,2.落羽杉 3—6.池杉

形或卵圆形,熟时淡褐黄色;种子褐色,花期5月,球果次年10月成熟。

分布:原产美国东南部,有一定耐寒力,中国已引入栽培达半个世纪以上,在长江流域及华南大城市的园林中常有栽培,北界已达河南南部鸡公山一带。

习性:强阳性树,喜暖热湿润气候,极耐水湿,能生长于浅沼泽中,亦能生长于排水良好的陆地上。在湿地上生长的,树干基部可形成板状根,土壤以湿润而富含腐殖质者佳。

繁殖:可用播种及扦插法繁殖。

应用:树形整齐美观,近羽毛状的叶丛极为秀丽,入秋叶变成古铜色,是良好的秋色叶树种。适水旁配植又有防风护岸之效。落羽杉与水杉、水松、巨杉、红杉同为孑遗树种,是世界著名的园林树木。

2) 墨西哥落羽杉(尖叶落羽杉) *Taxodium mucronatum* Tenore.

形态:半常绿或常绿乔木,高达50 m,胸径4 m;树干尖削,基部膨大;树皮裂成长条片;大枝近平展。叶条形,羽状二列。球果卵状球形。

分布:原产墨西哥及美国西南部,生于温湿的沼泽地。中国江苏南京引种栽培,生长良好。

习性:喜光,喜温暖湿润气候,耐水湿,耐寒,耐盐碱。

繁殖:播种和扦插繁殖。

应用:园林观赏。

3) 池杉(池柏、沼落羽) *Taxodium ascendens* Brongn. (图1.5.3)

形态:落叶乔木,高达25 m;树干基部膨大,常有屈膝状的呼吸根,树皮褐色,纵裂,呈长条片脱落;枝向上展,树冠常较窄,呈尖塔形;当年生小枝绿色,细长,常略向下弯垂,2年生小枝褐红色。叶多钻形,略内曲,常在枝上螺旋状伸展,下部多贴近小枝,基部下延,长4~10 mm,先端渐尖,上面中脉略隆起,下面有棱脊。球果圆球形或长圆状球形,种子不规则三角形,略扁,红褐色。花期3—4月,球果10—11月成熟。

分布:中国自21世纪初引至南京、南通及鸡公山等地,后又引至杭州、武汉、庐山、广州等地。池杉常见的品种有4种:

(1)垂枝池杉 *Taxodium ascendens* 'Nutans' 一、二年生小枝柔软下垂。

(2)锥叶池杉 *Taxodium ascendens* 'Zhuiyechisha' 叶绿色,锥形,散展,螺旋状排列,树皮灰色。

(3)线叶池杉 *Taxodium ascendens* 'Xianyechisha' 叶深绿色,条状披针形,紧贴小枝。

(4)羽叶池杉 *Taxodium ascendens* 'Yuyechisha' 叶草绿色,枝叶浓密,凋落性小枝再分枝多。

习性:喜温暖湿润和深厚疏松的酸性、微酸性土。强阳性,不耐阴,耐涝又较耐旱。对碱性土颇敏感,pH值达7.2以上时,即可发生叶片黄化现象。萌芽力强,速生树种,自3~4龄起至20年生以前,高和粗生长均快。7~9年生树始结实。

繁殖:播种和扦插繁殖。

应用:池杉树形优美,枝条秀丽婆娑,秋叶棕褐色,是观赏价值很高的园林树种,特别适于水滨湿地成片栽植,孤植或丛植为园景树,也可构成园林佳景。此树生长快,抗性强,适应地区广,材质优良,加之树冠狭窄,枝叶稀疏,萌蔽面积小,耐水湿,抗风力强,故适于长江流域及珠江三角洲等农田水网地区、水库附近以及"四旁"造林绿化树种,以供防风、防浪并生产木材等用。

1.5.5 水杉属 *Metasequoia* Miki ex Hu et Cheng

本属现仅1种,产于中国。为孑遗树种,有"活化石"之称。

水杉 *Metasequoia glyptostroboides* Hu et Cheng(图1.5.4)

图1.5.4 水杉
1.球果枝 2.球果 3.种子
4.雄球花枝 5.雌球花
6,7.雄蕊

形态:落叶乔木,树高达35 m,胸径2.5 m,干基常膨大,幼树树冠尖塔形,老树则为广圆头形。树皮灰褐色,大枝近轮生,小枝对生。叶交互对生,叶基扭转排成2列,呈羽状,条形,扁平,长0.8~3.5 cm,冬季与无芽小枝一同脱落。雌雄同株。果近球形,长1.8~2.5 cm,熟时深褐色,下垂,种子扁平,倒卵形,有狭翅,子叶2,发芽时出土。花期2月,果当年11月成熟。

分布:四川、湖北、湖南。已在国内南北各地及国外50个国家引种栽培。

习性:阳性树,喜温暖湿润气候,耐盐碱能力强,对二氧化硫、氯气、氟化氢等有害气体的抗性较弱。

繁殖:播种和扦插繁殖。

应用:水杉树冠呈圆锥形,姿态优美。叶色秀丽,秋叶转棕褐色,均甚美观。园林中丛植、列植或孤植,也可成片栽植。水杉生长迅速,是郊区、风景区绿化中的重要树种。

1.6 柏科 Cupressaceae

本科共22属,约150种,分布于全世界,中国产8属30种6变种,另有引入栽培的5属约15种。常绿乔木或灌木。叶鳞形或刺形,鳞形叶交互对生,刺形叶3叶轮生。球花单生,雄花和珠鳞对生或3枚轮生。雌球花具珠鳞3~18,珠鳞各具1至数个直生胚珠,苞鳞与珠鳞合生。

柏科

1.6.0 柏科分种枝叶检索表

1.6.1　侧柏属 *Platycladus* Spach

本属仅1种,为中国特产。

侧柏 *Platycladus orientalis*（L.）Franco（图 1.6.1）

形态：常绿乔木，高可达 20 m 以上，胸径 1 m。幼树树冠尖塔形，老树广圆形，树皮薄，浅褐色，呈薄片状剥离。叶为鳞片状。雌雄同株，单性，球花单生小枝顶端。种子长卵形，无翅或有翅，子叶 2，发芽时出土。花期 3—4 月，果 10—11 月成熟。

本种培育出的栽培品种，国内外应用较广泛的有：

金叶千头侧柏（金黄球柏）*Platycladus orientalis* ‘Semperaurescens’

形态：矮型紧密灌木，树冠近于球形，高达 3 m。叶全年呈金黄色。

分布：原产华北、东北，目前中国各地均有栽培。

习性：喜光，但有一定耐阴力，喜温暖湿润气候，较耐寒，在沈阳以南生长良好，能耐 −25 ℃低温，在哈尔滨市仅能在背风向阳地点露地保护过冬。喜排水良好而湿润的深厚土壤，但对土壤要求不严格，在土壤瘠薄处和干燥的山岩石路旁亦可见有生长。

图 1.6.1　侧柏
1. 球果枝　2. 雄球花

繁殖：用播种法繁殖。

应用：侧柏是我国普遍应用的园林树种之一，自古以来常栽植于寺庙、陵墓地和庭园中。侧柏成林种植时，从生长的角度而言，以与桧柏、油松、黄栌、臭椿等混交比纯林为佳。但从风景艺术效果而言，以与圆柏混交为佳，如此则能形成宛若纯林并优于纯林的艺术效果，在管理上有防止病虫蔓延的功效。

1.6.2　罗汉柏属 *Thujopsis* Sieb. et Zucc.

罗汉柏（蜈蚣柏） *Thujopsis dolabrata*（L. f.）Sieb. et Zucc.

形态：常绿乔木，高达 15 m；树冠广圆锥形，大枝平展，不整齐状轮生，枝端常下垂，小枝扁平。叶鳞片状，对生，在侧方的叶略开展，卵状披针形，略弯曲，叶端尖，在中央的叶卵状长圆形，叶端钝。球果近圆形，木质，扁平，每种鳞有种子 3~5 粒，种子椭圆形，灰黄色，两边有翅，子叶 2。

分布：原产日本的本州及九州，中国已引入栽培。

习性：阳性树，喜生于冷凉湿润之处（年平均气温 8 ℃左右）。

繁殖：可用播种、扦插或嫁接法。

应用：本树通常多盆栽供观赏用，也可栽于园林中作园景树。

1.6.3　柏木属 *Cupressus* L.

本属约 20 种，中国产 5 种，另引入栽培 4 种。

1）柏木（垂丝柏、扫帚柏、柏香树、柏树）*Cupressus funebris* Endl.（图 1.6.2）

形态：常绿乔木，高 35 m，胸径 2 m，树冠狭圆锥形；干皮淡褐灰色，成长条状剥离，小枝下垂，圆柱形，生叶的小枝扁平。鳞叶端尖，叶背中部有纵腺点。球果次年成熟，形小，径 8~12 mm，木质，种鳞 4 对，盾形，有尖头，每种鳞内含 5~6 粒种子。种子两侧有狭翅，子叶 2 枚。花期 3—5 月，球果次年 5—6 月成熟。

分布：很广，浙江、江西、四川、湖北、贵州、湖南、福建、云南、广东、广西、甘肃南部、陕西南部等地均有生长。

图 1.6.2　柏木
1. 球果枝　2. 鳞叶

习性:柏木为阳性树,能稍耐侧方庇荫。喜暖热湿润气候,不耐寒,是亚热带地区具有代表性的针叶树种,分布区内年均温为 13~19 ℃,年雨量在 1 000 mm 以上。对土壤适应力强,以在石灰质土上生长好,也能在微酸性土上生长。耐干旱瘠薄,又略耐水湿。在南方自然界的各种石灰质土及钙质紫色土上常成纯林,是亚热带针叶树中的钙质土指示植物。柏木的根系较浅,但侧根十分发达,能沿岩缝伸展。生长较快,20 年生高达 12 m,干径 16 cm。柏木的天然播种更新能力很强,但幼苗在过于郁闭的条件下生长不良。

繁殖:用种子繁殖。

应用:为庭园常见的观赏树木,树姿秀丽清雅,可孤植、丛植、群植,宜于作公园、建筑前、陵墓、古迹和自然风景区绿化用。

2)墨西哥柏(葡萄牙柏) *Cupressus lusitanica* Mill.

形态:乔木,高达 30 m,胸径 1 m;树皮红褐色。鳞叶蓝绿色,被蜡质白粉,先端尖。球果球形,径 1~1.5 cm,褐色,被白粉;种鳞 3~4 对,顶部有一尖头,发育种鳞具多数种子。

分布:原产墨西哥。中国南京等地引种,生长良好。

习性:同柏木。

繁殖和应用同柏木。

1.6.4　扁柏属 *Chamaecyparis* Spach

本属共 5 种及 1 变种,中国有 1 种及 1 变种,并引入栽培 4 种。

1)日本花柏 *Chamaecyparis pisifera* (Sieb. et Zucc.) Endl.(图 1.6.3)

形态:常绿乔木,在原产地高达 50 m,胸径 1 m;树冠圆锥形。叶表暗绿色,下面有白色线纹,鳞叶端锐尖,略开展。球果圆球形,径约 6 mm。种子三角状卵形,两侧有宽翅。

分布:原产日本。中国华北、华东、华中及西南地区城市园林中有栽培。

习性:中性而略耐阴;喜温凉湿润气候,喜湿润土壤。

繁殖:用播种及扦插法繁殖。

应用:适于各类公园和风景区园林绿化。

图 1.6.3　日本花柏

1.球果枝　2.鳞叶

3.球果　4.种子

本种培育出的栽培品种有 3 种:

(1)绒柏 *Chamaecyparis pisifera* ‘Squarrosa’

形态:树冠塔形,大枝近平展,小枝不规则着生,非扁平,灌木或小乔木,高 5 m。叶条状刺形,柔软,长 6~8 mm,下面有两条白色气孔线。

分布:原产日本。中国庐山、黄山、南京、杭州、长沙等地有栽培,供观赏。

习性:喜光,亦耐半阴。喜温凉湿润气候,不喜干燥土壤。

繁殖:种子繁殖。

应用:在园林中可孤植、丛植或作绿篱用。枝条纤细优美秀丽,具有独特的姿态,观赏价值很高。

(2)羽叶花柏 *Chamaecyparis pisifera* ‘Plumosa’

形态:灌木或小乔木,树冠圆锥形,枝叶浓密;鳞叶钻形,长 3~4 mm,柔软,开展,呈羽毛状。

分布、习性和繁殖同日本花柏。

应用:长江流域以南城市庭园栽培为观赏树。

(3)线柏 *Chamaecyparis pisifera* 'Filifera'

形态:常绿灌木或小乔木,小枝细长而下垂,华北多盆栽观赏,江南有露地栽培者。

繁殖:用侧柏作砧木行嫁接法繁殖。

分布、习性和应用同日本花柏。

2)日本扁柏 *Chamaecyparis obtusa*(sieb. et Zucc.)Endl.(图 1.6.4)

形态:常绿乔木,高达 40 m,胸径 1.5 m,树冠尖塔形;树皮赤褐色。鳞叶尖端较钝。球果球形,径 0.8~1 cm,种鳞常为 4 对,子叶 2 枚。花期 4 月,球果 10—11 月成熟。

分布:原产日本。中国青岛、南京、上海、杭州、河南、江西、台湾、浙江、云南等地均有栽培。

习性:对阳光要求中等而略耐阴,喜凉爽而温暖湿润气候,喜生于排水良好的山地。

繁殖:扦插法繁殖。

应用:树形挺秀,枝叶多姿,许多品种具有特殊的枝形和树形,故常用于庭园配植用。可作园景树、行道树、树丛、风景林及绿篱用。材质坚韧,耐腐,芳香,宜供建筑及造纸用。

图 1.6.4　日本扁柏
1. 球果枝　2. 鳞叶
3. 球果　4. 种子

本种培育出著名的观赏品种有 4 种:

(1)云片柏 *Chamaecyparis obtusa* 'Breviramea'

形态:小乔木,高达 5 m,生鳞叶的小枝呈云片状。

分布:原产日本。

习性和繁殖同日本扁柏。

应用:中国南京、上海、庐山、杭州等地引种栽培为观赏树。

(2)孔雀柏 *Chamaecyparis obtusa* 'Tetragona'

形态:灌木或小乔木;枝近直展,生鳞叶的小枝辐射状排列,或微排成平面;鳞叶背部有纵脊,光绿色。

分布:原产日本,中国南京、庐山、杭州等地引种栽培为观赏树,生长较慢。

习性:同日本扁柏。

繁殖:种子繁殖,也可扦插繁殖。

应用:各类园林绿地,也可做盆景观赏。

(3)金孔雀柏 *Chamaecyparis obtusa* 'Tetragona Aurea'

形态:矮生,圆锥形,紧密,生长慢,枝近直展;生鳞叶的小枝呈辐射状排成云片形,较短,枝梢鳞叶小枝四棱状,鳞叶背部有纵脊,亮金黄色。

分布:庐山、昆明等地有栽培。

习性、繁殖和应用同孔雀柏。

(4)凤尾柏 *Chamaecyparis obtusa* 'Filicoides'

形态:灌木,较矮生,生长缓慢,小枝短,扁平而密集,外形如凤尾蕨状,鳞叶小而厚,顶端钝,背具脊,极深亮绿色,为日本品种。

分布:在杭州、上海等地有引种栽培。

习性和繁殖同孔雀柏。

应用:为著名观赏树种。可用于公园、风景区绿化。

1.6.5　福建柏属 *Fokienia* Henry et Thomas

图 1.6.5　福建柏

1.球果枝　2.鳞叶

福建柏 *Fokienia hodginsii*（Dunn）Henry et Thomas（图1.6.5）

形态:树高达 20 m。树皮紫褐色,浅纵裂;幼树及萌枝中央的鳞叶呈楔状倒披针形,两侧的鳞叶近长椭圆形,先端急尖,较中央的叶为长,成龄树及果枝的叶较小。上面绿色,下面被白粉。球果径 2~2.5 cm,熟时褐色。花期 3—4 月,果熟期 10—11 月。

分布:浙江、福建、江西、湖南、广东、广西、贵州、四川、云南等地。

习性:喜光、稍耐阴,适生于温暖湿润气候;在肥沃、湿润的酸性或强酸性黄壤或红壤上生长良好,较耐干旱瘠薄。浅根性,侧根发达。

繁殖:种子繁殖和扦插繁殖。

应用:树干挺拔雄伟,鳞叶紧密、蓝白相间,奇特可爱。在园林中常片植、列植、混植或孤植于草坪上,也可盆栽作桩景。国家二级重点保护树种。

1.6.6　圆柏属 *Sabina* Mill.

本属约 50 种,我国约产 17 种,3 变种。引入栽培 2 种。

1)圆柏(桧、桧柏、红心柏) *Sabina chinensis*（L.）Ant.（图1.6.6）

形态:乔木,高达 20 m,胸径达 3.5 m,树冠尖塔形或圆锥形,老树则呈广卵形、球形或钟形。树皮灰褐色,呈浅纵条剥离,有时呈扭转状。老枝常呈扭曲状,小枝直立或斜生,亦有略下垂的。冬芽不显著。叶有两种,鳞叶交互对生,多见于老树或老枝上,刺叶常 3 枚轮生,长 0.6~1.2 cm,叶上面微凹,有 2 条白色气孔带。雌雄异株,极少同株;雄球花黄色;有雄蕊 5~7 对,对生;雌球花有珠鳞 6~8,对生或轮生。球果径 6~8 mm,球形,次年或第三年成熟,熟时暗褐色,被白粉,果有 1~4 粒种子,卵圆形。子叶 2,发芽时出土。花期 4 月下旬,种子多次年 10—11 月成熟。

图 1.6.6　圆柏

1.雄球花枝　2.球果枝　3.鳞叶

4.刺叶枝　5.刺叶横切面　6.种子

分布:东北南部、华北,南至两广北部、东部沿海,西至四川、云南均有分布。朝鲜和日本也有分布。

习性:喜光,幼树耐阴。耐寒、耐热,对土壤要求不严,能生于酸性、中性及石灰质土壤上,对土壤的干旱及潮湿均有一定的抗性。但以在中性、深厚而排水良好处生长佳。深根性,侧根也很发达。寿命极长,各地可见到千百余年的古树。对多种有害气体有一定抗性,是针叶树中对氯气和氟化氢抗性较强的树种。对二氧化硫的抗性显著胜过油松。能吸收一定数量的硫和汞,阻尘和隔音效果良好。

繁殖:用播种法繁殖。

应用:圆柏在庭园中用途极广,耐修剪又有很强的耐阴性,故作绿篱比侧柏优良,中国自古多配置于庙宇陵墓作墓道树或柏林。树形优美,老树干枝扭曲,奇姿古态,可谓古典民族形式庭园中不可缺少的观赏树,宜与宫殿式建筑相配合。山东菏泽等地尚习于用本种作盘扎整形之材料;又宜作桩景、盆景材料。

本种培育出的观赏品种常见的有3种:

(1)龙柏 *Sabina chinensis* 'Kaizuca'

形态:树形呈圆柱状,小枝略扭曲上伸,小枝密,在枝端呈几个等长的密簇状,全为鳞叶,密生,幼叶淡黄绿色,后呈翠绿色;球果蓝黑色,略有白粉。

分布:华北南部及华东各城市常见栽培。

习性:同圆柏。

繁殖:用枝插繁殖或嫁接于侧柏砧木上。

应用:树形优美,老树干枝扭曲,奇姿古态,可谓古典庭园中不可缺少的观赏树,宜与宫殿式建筑相配合,又宜作桩景和盆景材料。

(2)塔柏 *Sabina chinensis* 'Pyramidalis'

形态:树冠圆柱形,枝向上直伸,密生,叶全为刺形。

分布:华北及长江流域有栽培。

习性和繁殖同圆柏。

应用:供绿化观赏。

(3)鹿角柏(鹿角桧)*Sabina chinensis* 'Pfitzeriana'

形态:丛生灌木。

分布:黄河流域至长江流域有栽培。

习性:同圆柏。

繁殖:种子繁殖,亦可扦插繁殖。

应用:干枝自地面向四周斜展、上伸,风姿优美,适应自然式园林配植等用。

2)铅笔柏(北美圆柏)*Sabina virginiana* (Linn.) Ant.

形态:树高可达 30 m,树皮红褐色,树冠柱状圆锥形。刺叶交互对生,不等长,上面凹,被白粉;鳞叶先端急尖或渐尖。球果当年成熟,种子 1~2 粒。花期 3 月,种子 10 月成熟。

分布:原产北美,华东地区引种栽培。

习性:喜温暖,适应性强。

繁殖:种子繁殖,也可扦插繁殖。

应用:树形挺拔,枝叶清秀。宜在草坪中群植、孤植,或列植甬道两侧。木材是生产高级铅笔的原料。

3)铺地柏(匍地柏、矮桧、偃柏)*Sabina procumbens* Iwata et Kusaka (图 1.6.7)

形态:匍匐小灌木;高达 75 cm,冠幅逾 2 m,贴近地面伏生,叶全为刺叶,3 叶交叉轮生,叶上面有 2 条白色气孔线,下面基部有 2 个白色斑点,叶基下延生长,叶长 6~8 mm;球果球形,内含种子 2~3 粒。

分布:原产日本。中国各地园林中常见栽培,也是良好的桩景材料。

图 1.6.7 铺地柏
1.球果枝 2.枝叶
3.叶 4.球果

习性:喜光,能在干燥的沙地上生长良好,喜石灰质的肥沃土壤,忌低湿地点。

繁殖:扦插法繁殖。

应用:姿态蜿蜒匍匐,色彩苍翠葱郁,在园林中可配植于岩石园或草坪角隅,又为缓土坡的良好地被植物,各地亦经常盆栽观赏。

4)砂地柏(沙地柏) *Sabina vulgaris* Ant.

形态:匍匐性灌木,高不及 1 m。刺叶常生于幼树上,鳞叶交互对生,斜方形,先端微钝或急尖,背面中部有明显腺体。多雌雄异株,球果熟时褐色、紫蓝色或黑色,多少有白粉,种子 1～5 粒,多为 2～3 粒。

分布:产于西北及内蒙古,南欧至中亚蒙古也有分布,北京、西安等地有引种栽培。

习性:耐旱性强,生于石山坡及沙地、林下。

繁殖:种子繁殖,也可扦插繁殖。

应用:可作园林绿化中的护坡、地被及固沙树种用。

1.6.7 刺柏属 *Juniperus* L.

本属有 10 余种,分布于北温带及北寒带。中国产 3 种,另引入栽培 1 种。

1)刺柏(山刺柏、台桧、山杉、刺松) *Juniperus formosana* Hayata(图 1.6.8)

图 1.6.8 刺柏
1.球果枝 2.雄球花 3.刺形

形态:常绿乔木,高达 12 m,胸径 2.5 m,树冠狭圆锥形,小枝下垂,树皮灰褐色,叶全刺形,长 2～3 cm,表面略凹,有 2 条白色气孔带或在尖端处合二为一,下面有钝纵脊,叶基不下延。球果球形或卵状球形,径 6～10 mm,果顶有 3 条辐状纵纹或略开裂,每果有 3 粒种子,2 年成熟,熟时淡红褐色,种子三角状椭圆形。

分布:江苏、安徽、浙江、福建、江西、湖北、湖南、陕西、甘肃、青海、四川、贵州、云南、西藏、台湾地区等高山区,常出现于石灰岩上或石灰质土壤中。

习性:喜光,适应性广,耐干旱瘠薄。在自然界常散见于海拔 1 300～3 400 m 地区,但不成大片森林。

繁殖:种子或嫁接繁殖,以侧柏为砧木。

应用:适于庭园和公园中对植、列植、孤植、群植。在园林中观赏其长而下垂之枝,株形甚是秀丽。

2)杜松(崩松、棒儿松) *Juniperus rigida* Sieb. et Zucc.

形态:常绿乔木,高达 12 m,胸径 1.3 m;树冠圆柱形,老则圆头状。大枝直立,小枝下垂。叶为刺形,坚硬,长 1.2～1.7 cm,上面有深槽,内有一条狭窄的白色气孔带,叶下有明显纵脊,无腺体。球果球形,径 6～8 mm,2 年成熟,熟时淡褐黑或蓝黑色,每球果内有 2～4 粒种子。花期 5 月,种子次年 10 月成熟。

分布:东北三省、内蒙古 500 m 以下之低山区,以及河北小五台山、华山、山西北部以及西北地区海拔 1 400～2 200 m 之高山。

习性:为强阳性树,有一定的耐阴性。喜冷凉气候,比圆柏的耐寒性要强得多,主根长而侧根发达,对土壤要求不严。

繁殖:播种和扦插繁殖。

应用:在北方园林中可搭配应用。此树对海潮风有相当强的抗性,是良好的海岸庭园树种之一。

1.7　三尖杉科(粗榧科)Cephalotaxaceae

三尖杉科

常绿乔木或灌木,髓心具有树脂道,叶条形或条状披针形,螺旋状着生。球花单性,异株。种子翌年成熟,核果状,具有假种皮。本科1属9种,中国有7种,3变种。

1.7.0　三尖杉科(粗榧科)分种枝叶检索表

1. 叶披针状条形,微弯,长5~10 cm,宽3.5~4.5 mm ………………… 三尖杉 *Cephalotaxus fortunei*

1. 叶条形,长2~5 cm,宽约3 mm ………………………………………… 粗榧 *Cephalotaxus sinensis*

1.7.1　三尖杉属 *Cephalotaxus* Sieb. et Zucc. ex Endl.

1)三尖杉 *Cephalotaxus fortunei* Hook. f. (图1.7.1)

形态:常绿乔木,高达20 m,胸径40 cm,小枝对生,叶在小枝上排列较稀疏,螺旋状着生成二列,披针状条形,长4~13 cm,宽3~4.5 mm,微弯曲,叶端尖,叶基楔形,叶背有2条白色气孔线,比绿色边缘宽3~5倍。雄球花8~10聚生成头状,单生于叶腋,每雄球花有6~16雄蕊,基部有1苞片,雌球花生于枝基部的苞片腋下,有梗,而稀生于枝端,胚珠常4~8个发育成种子。种子椭圆状卵形,长约2.5 cm,成熟时假种皮紫色或紫红色,柄长1.5~2 cm。

图1.7.1　三尖杉

1,2.种子及雌球花枝　3.雄球花枝
4.雌球花　5.苞片与胚珠

分布:长江流域及其以南地区,华东、华中、云贵、两广等。

习性:喜温暖湿润气候,耐阴,不耐寒。

繁殖:用种子及扦插繁殖。

应用:可作蔽荫树、背景树及绿篱,可修剪成各种形状供观赏。

2)粗榧 *Cephalotaxus sinensis* (Rehd. et Wils.) Li. (图1.7.2)

形态:灌木或小乔木,高达12 m,树皮灰色或灰褐色,呈薄片状脱落。叶条形,通常直,很少微弯,端渐尖,长2~5 cm,宽约3 mm,先端有微急尖或渐尖的短尖头,基部近圆或广楔形,几无柄,上面绿色,下面气孔带白色,较绿色边带宽3~4倍。4月开花,种子次年10月成熟,种子2~5个着生于总梗上部,圆形、卵圆或椭圆状卵形。

分布:中国特有树种,产于长江以南地区,云贵、西北、两广广大地区。

习性:阳性树种,喜温暖,生于富含有机质的壤土内,抗虫害能力很强。

繁殖:生长缓慢,但有较强的萌芽力,耐修剪,但不耐移植。种子繁殖,层积处理后春播。

应用:通常多宜与他树配植,作基础种植用,或在草坪边缘植于大乔木之下。其园艺品种又宜供做切花装饰材料。

图1.7.2　粗榧

罗汉松科

1.8 罗汉松科 Podocarpaceae

常绿乔木或灌木。叶螺旋状着生,稀对生或近对生,针状、鳞状、线状或阔长椭圆形。雌雄异株,稀同株;雄球花穗状,单生或簇生叶腋,稀顶生。种子核果状或坚果状,具假种皮。本科共含7属,130种以上。中国产2属14种3变种。

1.8.0 罗汉松科分种枝叶检索表

1. 叶对生,椭圆形或椭卵形,长4~9 cm,有多数并列细脉,无中脉 ·············· 竹柏 Podocarpus nagi
1. 叶螺旋状互生,条形或条状披针形,有中脉 ·· 2
  2. 叶先端渐长尖,条状披针形,长7~15 cm ·················· 百日青 Podocarpus neriifolius
  2. 叶先端钝或尖,不为渐长尖 ·· 3
    3. 叶条形 ·· 4
    3. 叶倒披针状条形,长1.3~3.5 cm,树冠柱状 ········ 柱冠罗汉松 Podocarpus macrophyllus var. chingii
      4. 叶长7~12 cm,宽7~10 mm ························ 罗汉松 Podocarpus macrophyllus
      4. 叶长3~7 cm,宽3~7 mm ················ 短叶罗汉松 Podocarpus macrophyllus var. maki

1.8.1 罗汉松属(竹柏属) Podocarpus L. Her. ex Pers.

本属共约100种,中国有13种3变种。

1) 罗汉松 *Podocarpus macrophyllus* (Thunb.) D. Don. (图1.8.1)

图1.8.1 罗汉松
1. 种子枝　2. 雄球花枝

形态:常绿乔木,高达20 m,胸径达60 cm;树冠广卵形。树皮灰色,浅裂,呈薄鳞片状脱落。枝较短而横斜密生。叶条状披针形,长7~12 cm,宽7~10 mm,叶端尖,两面中脉显著而缺侧脉,叶表暗绿色,有光泽,叶背淡绿或粉绿色,叶螺旋状互生。雄球花3~5簇生叶腋,圆柱形,雌球花单生于叶腋。种子卵形,未熟时绿色,熟时紫色,外被白粉,着生于膨大的种托上;种托肉质,可食。花期4—5月,种子8—11月成熟。

分布:在长江以南各省均有栽培。

习性:喜光,喜温暖湿润气候,抗空气污染能力较强。

繁殖:种子繁殖,也可扦插繁殖。

应用:树姿秀丽葱郁,绿色的种子下有比其大的红色种托,好似许多披着红色袈裟正在打坐参禅的罗汉,故得名。满树上紫红点点,颇富奇趣。适用于各类园林绿化,亦可盆景观赏。

2) 短叶罗汉松(小叶罗汉松) *Podocarpus macrophyllus* (Thunb.) D. Don. var. *maki* Endl.

形态:小乔木或灌木,枝直上着生。叶密生,长2~7 cm,较窄,两端钝圆。

分布:原产日本。中国江南各地园林中常有栽培。

习性:喜光,喜排水良好而湿润的沙质壤土,又耐潮风,在海边也能生长良好;耐寒性较弱,在华北只能盆栽,培养土可用沙和腐质土等量配合;本种抗病虫害能力较强;对多种有毒气体抗性较强;寿命很长。

繁殖:播种及扦插繁殖。

应用:宜孤植作庭荫树,或对植、散植于厅、堂之前。也可做盆景观赏。

3) 竹柏(罗汉柴、椰树、糖鸡子、船家树、宝芳、铁甲树、大果竹柏) *Podocarpus nagi* (Thunb.) Zoll. et Mor. ex Zoll. (图 1.8.2)

形态:常绿乔木,高 20 m;树冠圆锥形。叶对生,革质,形状与大小很似竹叶,故名,叶长 3.5 ~ 9 cm,宽 1.5 ~ 2.5 cm,平行脉 20 ~ 30,无明显中脉;种子球形,子叶 2 枚,种子 10 月成熟,熟时紫黑色,外被白粉,种托不膨大,木质。花期 3—5 月。

分布:产于浙江、福建、江西、四川、广东、广西、湖南等省。

习性:喜温热湿润气候,为阴性树种,对土壤要求较严,在排水好而湿润,富含腐殖质,酸性的沙壤或轻黏壤上生长良好。

繁殖:播种及扦插繁殖。

应用:竹柏的枝叶青翠而有光泽,树冠浓郁,树形美观,是南方的良好庭荫树和园林中的行道树,亦是城乡四旁绿化用优秀树种。

图 1.8.2　竹柏
1. 种子枝　2. 雌球花枝　3. 雄球花枝
4. 雄球花　5. 雄蕊

红豆杉科

1.9　红豆杉科 Taxaceae

常绿乔木或灌木,叶条形或条状披针形。球花单性,常雌雄异株;雄球花单生叶腋或排成穗状花序或头状花序,集生枝顶,雄蕊多数;雌球花单生或成对生于叶腋,珠托发育成假种皮,种子核果状或坚果状。本科共 5 属 23 种,中国产 4 属 12 种及 1 变种,另有 1 栽培种。

1.9.0　红豆杉科分种枝叶检索表

1. 叶上面中脉隆起,披针状条形或条形,显著弯镰状,长 2 ~ 3.5 cm,下面有黄绿色气孔带 ················· ··· 南方红豆杉 *Taxus chinensis* var. *mairei*
1. 叶上面中脉不明显,有两条浅纵槽,叶革质,先端尖刺状,平直不呈弯镰状 ················· 2
2. 叶先端有刺状短尖头,基部圆或微圆,长 1.1 ~ 2.5 cm ················· 榧树 *Torreya grandis*
2. 叶先端有较长的刺尖头,基部微圆或楔形,长 2 ~ 3 cm ················· 日本榧树 *Torreya nucifera*

1.9.1　红豆杉属 *Taxus* L.

本属共 11 种,分布于北半球,中国产 4 种及 1 变种。

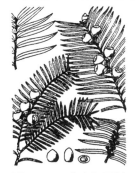

图 1.9.1　南方红豆杉

1) 南方红豆杉(美丽红豆杉、杉公子、海罗松) *Taxus chinensis* (Pilger) Rehd. var. *mairei* Cheng et L. K. Fu. (图 1.9.1)

形态:常绿乔木,高 30 m,干径达 1 m。叶螺旋状互生,基部扭转为二列,条形,略微弯曲,长 1 ~ 2.5 cm,宽 2 ~ 2.5 mm,叶缘微反曲,叶端渐尖,叶背有两条宽黄绿色或灰绿色气孔带,中脉上密生有细小凸点,叶缘绿带极窄。雌雄异株,种子扁卵圆形,有 2 棱,种脐卵圆形,假种皮杯状,红色。

分布:甘肃南部、陕西南部、湖北西部及四川等地。

习性:生于海拔 1 500 ~ 2 000 m 的山地,喜温湿气候。

繁殖:播种或扦插繁殖。

应用:园林绿化用于庭园、公园、草地上孤植或群植。

2)矮紫杉 *Taxus cuspidata* 'Nana'

形态:半球状密丛灌木。

分布:大连等地有栽培。

习性:耐寒、耐阴。

繁殖:软材扦插易成活,北京可推广栽培。

应用:用于公园、风景区绿化,也用作盆景观赏。

1.9.2 榧树属 *Torreya* Arn.

本属共 7 种,中国产 4 种。

香榧(榧树)*Torreya grandis* 'Merrillii'.(图 1.9.2)

图 1.9.2 香榧

形态:乔木,高达 25 m,胸径 1 m;树皮黄灰色纵裂。大枝轮生,一年生小枝绿色,对生,次年变为黄绿色。叶条形,直而不弯,长 1.1 ~ 2.5 cm,宽 2.5 ~ 3.5 mm,先端凸尖,上面绿色而有光泽,中脉不明显,下面有 2 条黄白色气孔带。雄球花生于上年生枝叶腋,雌球花群生于上年生短枝顶部,白色,4—5 月开放。种子长圆形、卵形或倒卵形,成熟时假种皮淡紫褐色,胚乳微皱,种子翌年 10 月左右成熟。发芽时子叶不出土。

分布:产于江苏南部、浙江、福建北部、安徽南部及湖南南部。

习性:榧树喜温暖湿润气候,不耐寒,喜生于酸性而肥沃深厚土壤,对自然灾害抗性较强,寿命长而生长慢,实生苗 8 ~ 9 年始结实,寿命可达 500 年。榧实第三年成熟,树上可见三代种实。

繁殖:播种繁殖。

应用:中国特有树种,树冠整齐,枝叶繁密,适于孤植、列植用。耐阴性强,可长期保持树冠外形。在针叶树种中本属植物对烟害的抗性较强,病、虫害较少。榧实味香美,可生食或炒食,亦可榨油,为园林中结合果实生产的优良树种之一。

复习思考题

1.松科、杉科、柏科有何异同点? 各科分属的主要依据是什么?

2.裸子类树种中,世界 5 大公园树种有哪些?

3.按下列要求选择适当的树种:

(1)色叶树种。

(2)耐水湿,适合在沼泽地种植的树种。

(3)适合于石灰岩山地或钙质土绿化的树种。

（4）适合于栽作行道树的树种。

（5）适合于干旱瘠薄的立地条件种植的树种。

（6）适合于烈士陵园栽植的树种。

4.列举当地的裸子类树种在园林中的应用。

2 被子植物

2.1 木兰科 Magnoliaceae

木兰科

菁葖果、浆果、蒴果，稀为带翅坚果。本科15属250种，分布于亚洲东部、南部，北美南部。中国11属90多种，是组成中亚热带和南亚热带森林的重要树种。

2.1.0 木兰科分种枝叶检索表

2.1.1 木兰属 *Magnolia* L.

乔木或灌木。单叶互生,全缘,稀叶端 2 裂,托叶与叶柄相连并包裹嫩芽,有环状托叶痕。花芳香,单生枝顶;萼片 3,花瓣状,花被多轮;雌蕊无柄。聚合蓇葖果球状。种子有红色假种皮,珠柄丝状。

本属约有 90 种,分布于东南亚、北美至中美。中国约有 30 种,多为观赏树种。

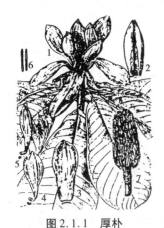

图 2.1.1 厚朴
1. 花枝　2. 花芽苞片
3—5. 三轮被片　6. 雄蕊　7. 聚合果

1) 厚朴 *Magnolia officinalis* Rehd. et Wils. (图 2.1.1)

形态:落叶乔木,高 15 m。树皮厚,紫褐色;新枝有绢状毛,幼枝淡黄色。顶芽大,有黄褐色绒毛。叶革质,倒卵形或倒卵状椭圆形,顶端圆,下面有白粉,托叶痕达叶柄中部以上。花顶生,白色,芳香。聚合果长椭圆状卵形,蓇葖木质。花期 5 月,果 9 月下旬成熟。

分布:中国特产,分布于长江流域、陕西和甘肃南部。

习性:喜光,耐侧方庇荫,喜生于温暖、湿润、土壤肥沃、排水良好的坡地。在多雨及干旱处均不适宜。

繁殖:可用播种法繁殖,播前需浸种 1 周,播后约 45 d 出土,次年移栽。亦可用分蘖法繁殖。

应用:厚朴叶大形奇、花叶同茂、花大、色洁、香浓。可作庭荫树栽培。宜成丛、成片或与常绿树混植。

2) 凹叶厚朴 *Magnolia officinalis* Rehd. et Wils. var. *biloba* Rehd. et Wils. (图 2.1.2)

形态:落叶乔木,高 15 m。是厚朴的变种,与厚朴的主要区别是树皮稍薄,色较浅,叶较小,狭倒卵形,先端有凹缺呈二钝圆浅裂片,常集生枝顶,叶柄生白色毛。花白色,芳香。聚合果圆柱状卵形。花期 4—5 月,果熟期 10—11 月。国家三级保护树种。

分布:产于福建、浙江、安徽、江苏、江西、湖南。

习性:喜温凉湿润的气候,喜肥沃、湿润、排水良好的微酸性土壤。

繁殖:种子繁殖,亦可扦插繁殖。

应用:其树姿优美,树干通直,冠形开展而枝叶稠密。花香色白,是良好的观赏树,可作行道树、营造混交林、四旁绿化的树种。

图 2.1.2　凹叶厚朴
1. 花枝　2—4. 花被瓣
5. 雄蕊　6. 聚合果

3) 星花木兰(日本毛玉兰,毛木兰) *Magnolia tomentosa* Thunb.

形态:落叶灌木或小乔木。原产日本。

分布:原产日本。我国青岛、南京、江西等地引种栽培。

习性:喜光,耐寒性强。适应性强,山地种植生长势矫健。

繁殖:嫁接繁殖。

应用:株形秀美,先花后叶,花茂且香,为优良早春花木,可作庭院绿化观赏树种。孤植或丛植于窗前、假山石边、池畔和水旁,盆栽适宜点缀古典式庭院。可制成盆景,在庭院中放置。

4) 夜合(夜香木兰) *Magnolia coco* (Lour.) DC. (图 2.1.3)

图 2.1.3　夜合

形态:常绿灌木,高 2 ~ 4 m。单叶互生,椭圆形、狭椭圆形或倒卵状椭圆形,先端尖,革质,全缘,稍反卷;托叶痕达叶柄顶端。花单生枝顶,下垂不完全开展;萼片 3,绿色;花瓣 6,白色或微黄,浓香,夜间尤甚。红色聚合果。夏至秋季开花,花期较长,以 5—8 月最为盛开。

分布:原产中国南部。

习性:耐阴,喜肥,喜生气候温湿的地方。

繁殖:采用压条和嫁接繁殖。在春季用高空压条法,秋季剪离盆栽。用靠接法进行嫁接,以一年生盆栽黄兰做砧木,2 ~ 3 个月后可从接穗下口剪离栽植。

应用:夜合树姿小巧玲珑,夏季开出绿白色球状小花,昼开夜闭,芳馨宜人,在南方常配植于公园。小型庭院近宅栽种,夏夜纳凉时幽香阵阵,暑气顿消,令人心旷神怡。也可盆栽观赏,点缀客厅和居室。

5) 广玉兰(荷花玉兰、洋玉兰) *Magnolia grandiflora* L. (图2.1.4)

形态:常绿乔木,高30 m。树冠阔圆锥形。芽及小枝有锈色柔毛。叶厚革质,椭圆形或倒卵状椭圆形;上面有光泽,下面有锈色短柔毛,叶缘微波状;叶柄粗。花大似荷而香,白色,花瓣常6枚;萼花瓣状,3枚;花丝紫色。聚合果圆柱状卵形,密被锈毛。种子红色。花期5—8月,果10月成熟。

分布:原产北美东部。中国长江流域至珠江流域的园林中常见栽培,在济南、青岛、烟台等地有栽培。

习性:喜光,亦耐阴。喜温暖湿润气候,有一定的耐寒力。喜肥沃湿润而排水良好的土壤,不耐干燥及石灰质土。

图2.1.4 广玉兰
1.花枝 2.果 3.种子

繁殖:播种繁殖,种子宜采后即播或层积沙藏。用扦插、压条、嫁接繁殖,切接于春季进行,砧木常用木兰。广玉兰移栽较难,移时要适当摘叶并行卷干措施。

应用:叶厚而有光泽,花大而香,雪白晶莹;树姿雄伟壮丽,果成熟后蓇葖开裂露出鲜红色的种子,颇为美观。宜单植在宽广开旷的草坪上或配植成观花的树丛。亦为装饰插瓶的好材料。由于其树冠庞大,花开于枝顶,故不宜植于狭小之地,否则不能充分发挥其观赏效果。木材可作装饰物、运动器具及家具等;叶入药;花、叶、嫩梢可提取挥发油及香精。

6) 窄叶广玉兰 *Magnolia grandiflora* L. var. *lanceolata* Ait.

形态:广玉兰的变种,叶长椭圆状披针形,叶缘不成波状,叶背锈色浅淡,毛较少。树形紧凑。

习性:耐寒性较强。应用同广玉兰。

分布、繁殖及应用同广玉兰。

7) 白玉兰(玉兰、望春花、木花树) *Magnolia denudata* Desr. (图2.1.5)

图2.1.5 白玉兰
1.花枝 2.花

形态:落叶乔木,高达15 m,树冠卵形或近球形。幼枝及芽均有毛。叶互生,倒卵形,先端短突尖,基部楔形或宽楔形,下面有柔毛。花大,单生枝顶,花被3轮,9片,白色,芳香。花期3—4月,先叶开放,果9—10月成熟。

分布:中国特产名花。原产中国东部山野,现为国内外庭院常见栽培树种。

习性:喜光,稍耐阴,颇耐寒。喜肥沃湿润、排水良好的弱酸性土壤。根肉质,畏水淹,不耐旱。

繁殖:用播种、扦插、压条、嫁接法繁殖。种子宜采后即播,或除去外种皮沙藏次春播种。幼苗应略遮阴,北方冬季需壅土防寒。嫁接常用木兰作砧木。玉兰不耐移植,移栽应带土团,并适当疏芽或剪叶。愈伤能力差,如无必要,宜少修剪。

应用:乔木耸立,先花后叶,花大香郁,鲜而不艳,秀而不媚,莹洁清丽,恍疑冰雪,宛如玉树,是中国著名的早春花木。适宜列植于堂前,点缀中庭。若丛植于草坪或针叶树丛之前,能形成春光明媚的景境。如在以玉兰为主的树丛,配以花期相近的茶花或杜鹃花互为衬托,更富情趣。如以常绿树或修竹作背景,或与蓝天碧水相掩映,花更明丽洁净。

8)二乔玉兰(朱砂玉兰) *Magnolia × soulangeana* Soul. —Bod.

形态:落叶小乔木或灌木,高 7~9 m。为玉兰和紫玉兰的杂交种,形态介于二者之间,花形、习性、应用等均近玉兰。叶倒卵形,下面多被毛。花大呈钟状,外轮花被片较小,内两轮红色或紫红色,芳香。花期 2—3 月,先叶开放,果期 9—10 月。

习性:阳性树,稍耐阴,最宜在酸性、肥沃而排水良好的土壤中生长,微碱性土也能生长。肉质根,不耐积水,不耐修剪。各种二乔玉兰均较玉兰和紫玉兰更为耐寒、耐旱,移栽难。

分布、繁殖同白玉兰。

应用:二乔玉兰花大色艳,观赏价值很高,是城市绿化的极好花木。广泛用于公园、绿地和庭园等孤植观赏。

9)常春二乔玉兰 *Magnolia × soulangeana* 'Semperflorens'

形态:落叶小灌木。花被片长椭圆形,淡粉红色。花密集繁盛,每年除 4 月为集中开花期外,7 月还可再次开花。该品种生长速度慢,小枝密集,株形紧凑,可与常绿树配景栽植。

习性同玉兰。

分布、繁殖和应用同白玉兰。

10)紫玉兰(木兰、辛夷、木笔) *Magnolia liliflora* Desr. (图 2.1.6)

图 2.1.6 紫玉兰
1. 花枝 2. 雄、雌蕊群
3. 雄蕊 4. 雌蕊群 5. 果枝

形态:落叶灌木,常丛生,高 5 m。小枝紫褐色。叶纸质,倒卵形或椭圆形,顶端急尖或渐尖,基部楔形,全缘;上面疏生柔毛,下面脉上有柔毛;叶柄粗短。花大,单生枝顶,花瓣 6 片,外紫内白,萼片 3,黄绿色,披针形,早落。花 3—4 月叶前开放或花叶同放,果 9—10 月成熟。

分布:原产湖北,现除严寒地区外都有栽培。

习性:喜光、稍耐阴,不耐严寒,喜肥沃、湿润而排水良好的土壤,在过于干燥及碱土、黏土上生长不良。根肉质,不耐积水。

繁殖:常用分株、压条繁殖。通常不行短剪,以免剪除花芽,根据需要可适当疏剪。紫玉兰移植需带土坨。

应用:紫玉兰观赏价值高,早春开花时,满树紫红色花朵,气味幽香,幽姿淑态,别具风情。其花蕾大如笔头,故有"木笔"之称。适用于古典园林中厅前院后配植,也可孤植或散植于庭院室前,或丛植于草地边缘。

11)天女花(小花木兰、玉兰香、玉莲、孟兰花) *Magnolia sieboldii* Koch. (图 2.1.7)

形态:落叶小乔木,高 10 m。小枝及芽有柔毛。叶膜质,宽倒卵形或倒卵状圆形,下面有白粉和短柔毛。花单生;花被片 9,外轮 3,淡粉红色,其余白色,芳香,花柄颇长;盛开时随风飘荡,芳香扑鼻,宛如天女散花,故名天女花。花期 6 月,果熟期 9 月。

分布:安徽黄山海拔 600~1600 m 有分布。大别山、天柱山也有分布。

习性:性喜凉爽湿润气候和肥沃湿润土壤。

图 2.1.7 天女花
1. 花枝 2. 聚合果

繁殖:常用扦插、播种繁殖,也可嫁接、分株。天女花是世界罕见的珍稀花卉品种,国家三级保护濒危物种。

应用:花瓣如玉,重瓣厚质,香型馥郁,沁人心脾,经久不散,有很高的观赏价值,是美化庭院、街道、公园和风景游览区的理想花卉。在山野间与其他树木混生或成纯林,能形成引人入胜的极为美丽的自然景观。

12)望春花(华中木兰) *Magnolia biondii* Pamp.

形态:落叶乔木。叶长圆状披针形或卵状披针形。花蕾着生幼枝顶端,先叶开放,芳香;花被9,外轮近条形,呈萼片状,内2轮近匙形,白色,基部紫色。花期3—4月,果熟期8—9月。

分布:产于陕西、甘肃、湖北、河南、四川、湖南等地。

习性:喜光、喜温凉湿润气候及微酸性土壤。稍耐寒、耐旱,有较强的抗逆性,苗期怕强光。

繁殖:生产上以种子繁殖为主。

应用:可孤植、对植、群植,亦可与常绿树种组合造景。

2.1.2 木莲属 *Manglietia* Bl.

常绿乔木。单叶,花顶生,花被片常9枚,排成3轮;雄蕊多数;心皮多数,螺旋状排列于延长的花托上。聚合果近球形;蓇葖成熟时木质,顶端有喙,背裂为2瓣。

本属约30种,分布于亚洲亚热带及热带。中国约20种,分布于长江以南,多数产于华南、云南。

1)木莲 *Manglietia fordiana* (Hemsl.) Oliv. (**图** 2.1.8)

形态:常绿乔木,高达20 m。树皮灰色,平滑;幼枝及嫩叶有褐色绢毛,后变无毛。小枝有皮孔和环状纹。叶厚革质,长椭圆状披针形,端急尖,基部楔形,全缘,下面苍绿色或有白粉;叶柄红褐色。花单生枝顶,白色肉质。聚合果卵形,蓇葖肉质,深红色,熟时木质,紫色,表面有小疣点。花期5月,果熟期9月。

分布:产于长江中下游各省。

习性:中性偏阴树种,常生长在酸性土上,不耐寒。

繁殖:种子繁殖。

应用:木莲为用材和观赏两用的好树种。其树姿优美,枝叶并茂,绿荫如盖,典雅清秀,初夏盛开玉色花朵,秀丽动人。于草坪、庭院或名胜古迹处孤植、群植,能起到绿荫庇夏,寒冬如春的功效。

图 2.1.8 木莲
1.花枝 2—4.三轮花被片
5.雄蕊 6.雌蕊群 7.聚合果

2)乳源木莲 *Manglietia yuyuanensis* Law.

形态:常绿乔木,高20 m。叶倒披针形或狭倒卵状椭圆形,革质;托叶痕不及叶柄长的1/3。花被3轮,9片,外轮3片带绿色,中轮与内轮纯白色。聚合果熟时褐色。花期4—5月,果期9—10月。

分布、习性和繁殖同木莲。

应用:乳源木莲树冠浓郁优美,四季翠绿,花如莲花,色白清香,适作行道树、园林风景树、庭荫树等,是优良庭园观赏和四旁绿化树种。

2.1.3 拟单性木兰属 *Parakmeria* Hu et Cheng

形态:常绿乔木。无托叶痕。花单生枝顶,单性或杂性,花被片约12,雌蕊群有短柄,成熟心皮沿背缝线开裂。

本属约 5 种,分布于中国西南部至东南部,是中国特有的寡种属。

乐东拟单性木兰 *Parakmeria lotungensis*(Chun et C. Tsoong) Law.(图 2.1.9)

图 2.1.9　乐东拟单性木兰
1. 果枝　2. 聚合果　3. 种子

形态:常绿乔木,高达 30 m。树冠近长椭圆形,树皮灰白色,平滑。叶革质,窄椭圆形。花单朵顶生,杂性,白色带乳黄色。聚合果熟时橙红色。蓇葖果 10~13,先端具短喙,种子心形黑色,垂悬于丝状珠柄上。花期 4—5 月,果期 9—10 月。

分布:产于海南、广东、湖南、福建、江西、贵州及浙江,有濒临灭绝的危险,属国家三级保护植物。

习性:喜光,幼树耐阴,较耐旱、耐寒。

繁殖:种子繁殖。

应用:树干通直,冠形端庄优美,枝叶茂密,嫩叶娇红,花大色美,果实鲜艳。可供园林绿化作庭荫树和行道树。较适宜与落叶花灌木或整形常绿植物相配植;孤植或丛植也风姿绰约。其叶难燃烧,是防火林带的良好树种。

2.1.4　含笑属(白兰花属)*Michelia* L.

花单生叶腋,开放时不全部张开,芳香;花被 6~9,排为 2~3 轮;雌蕊群具柄,胚珠一至多数。聚合蓇葖果自背部开裂;种子红色或褐色。

1) 含笑 *Michelia figo*(Lour.)Spreng.(图 2.1.10)

形态:常绿灌木或小乔木,高 2~5 m。树冠圆球形,树皮灰褐色,分枝紧密。芽、嫩枝、叶柄和花梗密生锈褐色绒毛,叶倒卵状椭圆形,革质。花单生叶腋,小而直立,淡黄色而瓣缘常带紫色,香味似香蕉。蓇葖果卵圆形,先端有短喙。花期 3—5 月,果熟期 7—9 月。

分布:原产于华南山坡杂木林中,现从华南至长江流域各省均有栽培。北方多盆栽。

图 2.1.10　含笑
1. 花枝　2. 花

习性:喜温湿半阴环境,不耐烈日暴晒,不甚耐寒,长江以南背风向阳处能露地越冬。夏季炎热时宜半阴环境,其他时间最好有充足的阳光。不耐干燥瘠薄,怕积水,要求排水良好、肥沃的微酸性壤土。

繁殖:以扦插为主,也可嫁接、播种和压条。移植须带土球,随挖随栽。

应用:花新颖别致,盛开时含而不放,模样娇羞似笑非笑而取名含笑。叶绿花香,树形、叶形俱美。它是中国著名的芳香花木,常植于江南的公园及私人庭院内。由于其抗氯气,因此也是工矿区绿化的良好树种。其性耐阴,可植于楼北、草坪边缘或疏林下组成复杂混交群落。于建筑入口对植,窗前散植一二,室内盆栽,花时芳香清雅。花蕾可供药用,亦可熏茶。

图 2.1.11　深山含笑
1. 果枝　2. 花枝

2) 深山含笑 *Michelia maudiae* Dunn.(图 2.1.11)

形态:常绿乔木,高 20 m。芽、幼枝、叶下面均有白粉。叶宽椭圆形,无托叶痕;叶表深绿色有光泽。花单生枝梢叶腋,大形,白色,芳香,花被片9;雄蕊多数,雌蕊群有柄,心皮多数。聚合果,蓇葖矩圆形,有短尖头,背缝开裂。花期2—3月,果期9—10月。

分布:原产于浙江南部、福建、湖南南部、广东北部、广西和贵州。

习性:喜弱阴,不耐暴晒和干燥,喜温暖湿润气候。

繁殖同含笑。

应用:其树形端正,花幽芳香,是优良的观赏花木,孤植、列植、群植均可,作庭荫树、行道树。

3)阔瓣白兰花(阔瓣含笑) *Michelia platypetala* Hand. —Mazz.(图2.1.12)

形态:常绿乔木,高20 m。芽、幼枝、嫩叶均被锈褐色绢毛,后渐变灰色,脱落。叶披针形至长椭圆形,稍反卷,下面被灰色柔毛。花腋生,乳黄色。聚合果长圆形。3—4月开花,8—9月果熟。阔瓣含笑主干挺秀,枝茂叶密,开花素雅,花期可长达1月之久。

应用:是早春优良的园林观赏或绿化造林用树种。孤植、丛植均佳,也可作盆栽观赏。

分布、习性、繁殖同含笑。

图2.1.12 阔瓣白兰花
1.花枝 2.聚合果

2.1.5 鹅掌楸属 *Liriodendron* L.

本属为古老的孑遗植物,现仅残存两种,分别在中国和北美。

1)鹅掌楸(马褂木) *Liriodendron chinense*(Hemsl.)Sarg.(图2.1.13)

图2.1.13 鹅掌楸
1.花枝 2.雄蕊
3.聚合果 4.小坚果

形态:落叶大乔木,高40 m,树冠圆锥形。小枝灰色或灰褐色。叶形似马褂,两侧各有一裂片,向中腰部缩入,叶下面有白粉乳头状突起。花单生枝端,花黄绿色,花被片外面绿色较多而内方黄色较多。聚合果,翅状小坚果先端钝或钝尖。花期5—6月,果10月成熟。

分布:产于长江以南各省区。属国家二级保护植物。

习性:性喜光、喜温暖凉爽湿润气候,有一定的耐寒性,在-15～-17 ℃条件下不受冻害。长江以南均能生长。喜土层深厚肥沃湿润排水良好的酸性或微酸性土壤。不耐水湿和干旱。

繁殖:以播种繁殖为主,发芽率较低,人工授粉可提高发芽率。10月采种,摊晒数日后干藏。春播,20～30 d幼苗出土,适度遮阴,注意肥水管理,不耐移植。

应用:干直挺拔,绿树浓荫,叶形奇特,花如金盏,古雅别致,为珍稀树种,是优美的庭荫树和行道树,独植、丛植、列植、片植均宜。花淡黄绿色,美而不艳,最宜种于园林的安静休息区的草坪上。秋叶黄色,与常绿树混交更增情趣。

2)北美鹅掌楸 *Liriodendron tulipifera* L.(图2.1.14)

形态:落叶大乔木,高达60 m。小枝褐色或紫褐色。叶较小,形似鹅掌,每边有1～2裂,偶有3～4裂,裂凹浅平,幼叶下面密生白色细毛,后渐脱落,老叶下面无白粉。花单生枝端,郁金香状;花被片灰绿色,内方近基部有显著的佛焰状橙黄色斑。聚合果纺锤

图2.1.14 北美鹅掌楸

形,翅状小坚果先端尖或突尖。花期5—6月,果10月成熟。

分布:原产北美东南部,现已在中国广泛栽培。

习性:阳性树,耐寒性比鹅掌楸强。喜湿润排水良好的土壤。

繁殖:播种繁殖和扦插繁殖。

应用:花朵比鹅掌楸更美丽,树形更高大,秋季叶色金黄,为著名的行道树和秋色树种之一。

3)杂种马褂木 *Liriodendron chinense* × *L. tulipifera*

杂种马褂木为本属仅有的两个自然种——鹅掌楸 *Liriodendron chinense*(Hemsl.)Sarg.和北美鹅掌楸 *Liriodendron tulipifera* L. 的杂交种,较亲本有明显的杂种优势,生长较强健。生长在华北以南。

形态:落叶大乔木,高可达50 m。叶形奇特,鹅掌形,或称马褂状,两侧各有1~3浅裂,先端近截形。花浅黄绿色,郁金香状(外形与亲本相似)。完全叶,叶全缘,叶羽状深裂。

分布:华北以南,包括青岛、烟台、日照、威海、济宁、泰安、潍坊、枣庄、郑州、洛阳、开封、新乡、焦作、安阳、西安、咸阳、盐城、淮北、蚌埠、韩城、铜川等地以南地区。

习性:性状优良,生长快、干形直、材质好、树叶奇特、花色艳丽、树姿优美、病虫危害少、抗逆性强。

繁殖:播种繁殖和扦插繁殖均可。

应用:花形花色和郁金香相似,被誉为"中国郁金香木",是极佳的园林绿化树种和工业用材树种,也适合作农田防护林造林树种。

2.2　八角科 Illiciaceae

本科常绿乔木或灌木。具油细胞,有香气。单叶互生或聚生于小枝顶部,革质或纸质,全缘。

本科只1属,约50种,分布于亚洲东南部和北美东南部。中国有30种,主产于南部、西南至东部地区。

八角科

2.2.0　八角科分种枝叶检索表

1. 叶长5.5~10.5 cm,椭圆形或椭圆状倒卵形,先端钝尖或短渐尖;心皮8 ················ 八角 *Illicium verum*
1. 叶长6~15 cm,先端渐尖或急尖 ·· 2
2. 叶倒披针形或披针形,上面中脉通常到达叶尖;心皮10~12 ················ 莽草(红毒茴)*Illicium lanceolatum*
2. 叶矩圆状倒卵形或倒披针形,上面中脉通常未达叶尖而消失,心皮8~9 ·············· 红茴香 *Illicium henryi*

图2.2.1　莽草

2.2.1　八角属 *Illicium* Linn.

本属特征与科同。

1)莽草(山木蟹、大茴)*Illicium lanceolatum* A. C. Smith(图2.2.1)

形态:常绿灌木或小乔木,高3~10 m。树皮灰褐色。单叶互生,偶聚生节部,革质,倒披针形或披针形,叶端渐尖或短尾状,基部窄楔形。花单生或2~3朵簇生叶腋,花红色或深红色,花被片10~15,心皮10~13枚。聚合果蓇葖10~13枚,星状,顶端有长而弯曲的尖头。

分布:产于长江下游中游及以南各省,多生于阴湿的林中。叶厚翠绿,树形优美,叶与果美丽奇特,极耐阴。有强烈香气。

习性:喜温暖湿润的环境,耐半阴。

繁殖:种子繁殖。

应用:可在水岸、湖石、建筑物旁群植或丛植。莽草作为园林绿化及生态林树种配置时,只宜作为第二层林冠。造林应选择有西晒的山谷阴坡,土壤肥沃湿润处。果实种子有剧毒,不能作为八角的香料代用品。

2)红茴香 *Illicium henryi* Diels(图 2.2.2)

形态:常绿乔木,高 7 m。树皮灰白色。单叶互生,革质,矩圆状披针形、披针形或倒卵状椭圆形,顶端长渐尖,基部楔形,全缘,稍内卷,上面深绿色,有光泽,下面淡绿色;全株散发浓郁的香气。花亮红色,单生或 2 ~ 3 朵聚生叶腋或枝顶;花被片 10 ~ 14,覆瓦状排列;雄蕊 8 ~ 14,心皮 7 ~ 8。聚合果星状,红褐色,具有特异香气。花期 4—7 月。

属国家二级保护树种。

分布:长江流域以南地区。

习性:喜温暖湿润环境,耐半阴,不耐寒。

繁殖:种子繁殖。

图 2.2.2　红茴香
1. 花枝　2. 花

应用:树形可随意修剪,花似塑料制品,十分优美。红茴香耐贫瘠、干旱,耐寒性不强。适宜作家庭盆景、城市色块、花墙及高速公路隔离带。种子和果皮毒性很强,不能食用或作香料。

2.3　五味子科 Schisandraceae

五味子科

单叶互生,常有透明腺点,具细长叶柄。本科共有 2 属,约 50 种,分布于亚洲东南部及北美东南部。中国 2 属,约 30 余种,产于中南部和西南部,北部及东北部较少见。

2.3.0　五味子科分种枝叶检索表

1. 常绿木质藤本;叶椭圆形或椭圆状披针形,革质或厚纸质,侧脉和网脉不明显 ⋯⋯⋯⋯⋯⋯⋯⋯⋯⋯⋯⋯⋯⋯⋯⋯⋯⋯⋯⋯⋯ 南五味子 *Kadsura longipedunculata*

1. 落叶木质藤本,叶椭圆形,倒卵形或卵状披针形,纸质,侧脉和网脉在叶两面均明显 ⋯⋯⋯⋯⋯⋯⋯⋯⋯⋯⋯⋯⋯⋯⋯⋯⋯⋯⋯ 华中五味子 *Schisandra sphenanthera*

2.3.1　南五味子属 Kadsura Kaempf. ex Juss.

常绿半常绿藤本。叶全缘或有齿。花单性异株或同株,单生叶腋,有长柄;雄蕊多数,离生或集为头状;心皮多数,集为头状。聚合浆果近球形。

本属约 24 种,分布于亚热带至热带。中国产 10 种,分布于长江以南各省区。

南五味子(红木香)*Kadsura longipedunculata* Finet et Gagnep.(图 2.3.1)

形态:常绿藤本,长达 4 m。叶互生,薄革质,椭圆形或椭圆状披针形,先端渐尖,基部楔形;缘疏生锯齿,有光泽。雌雄异株,花单生叶腋,淡黄色,芳香;花梗细长,花后下垂;花被片 8 ~ 17。聚合果近球形,浆果深红色至暗蓝色,肉质。花期 5—6 月,果熟期 9—10 月。

分布:产于华中、华南及西南部,生于山野杂木林中。

习性:喜温暖湿润气候,不耐寒。对土壤要求不严,在湿润而排水良好的酸性、中性土中均生长良好。

图 2.3.1　南五味子
1. 花枝　2. 聚合果

繁殖:播种为主,也可压条、扦插繁殖。

应用:枝叶繁茂,夏有香花,秋有红果,是庭院和公园垂直绿化美化的好材料,也可作地被材料或植为篱垣,还可与岩石配置。果甜可食,根茎果均药用,又可提取芳香油。

2.3.2　北五味子属 *Schisandra* Michx.

落叶或常绿藤本。芽有覆瓦状鳞片。雌雄异株。花数朵腋生于当年嫩枝;萼瓣不易区别,共 7～12;雄蕊 5～15,略连合;心皮多数,在花内密覆瓦状排列。浆果排列于伸长的花托上,成下垂的穗状。

本属约 25 种,产于亚洲东南部及美国东南部,中国约有 20 种,南北各地均有分布,多产于长江以南。

华中五味子 *Schisandra sphenanthera* Rehd. et Wils. (图 2.3.2)

形态:落叶藤本。枝细长,圆柱形,红褐色,有皮孔。叶互生,倒卵形、卵状披针形或椭圆形,先端短尖或渐尖,基部楔形或圆形,边缘有锯齿。花单性异株,橙黄色,单生或 2 朵生于叶腋。花被片 5～9,2～3 轮。浆果球形,鲜红色,肉质。花期 4—6 月,果熟期 8—9 月。

分布:主产于山西、陕西、甘肃、华中和西南。多生于较湿润的阔叶林或灌丛中。

习性:喜温暖湿润气候,耐寒,不耐水涝,耐半阴。

繁殖:种子繁殖、压条繁殖和扦插繁殖。

图 2.3.2　华中五味子

应用:树形优美,秋转红叶,果穗红艳下垂,可将其挂于花架,或用于棚架、园林建筑的屋顶上,垂挂下来,挂果时能创造出很好的景观效果。也可用于山石绿化或盆栽观赏。果实可入药。

2.4　连香树科 Cercidiphyllaceae

连香树科仅连香树属 1 属 1 种。

2.4.0　连香树属 *Cercidiphyllum* Sieb. et Zucc.

图 2.4.1　连香树

连香树 *Cercidiphyllum japonicum* Sieb. et Zucc. (图 2.4.1)

形态:落叶乔木,高 10～20(40)m,胸径达 1 m;树皮灰色,纵裂,呈薄片剥落;小枝无毛,有长枝和矩状短枝,短枝在长枝上对生;无顶芽,侧芽卵圆形,芽鳞 2。叶在长枝上对生,在短枝上单生,近卵形或宽卵形,长 4～7 cm,宽 3.5～6 cm,先端圆或尖锐,基部心形、圆形或宽楔形,边缘具圆钝锯齿。齿端具腺体,上面深绿色,下面粉红色,具 5～7 条掌状脉;叶柄长 1～2.5 cm,花雌雄异株,先叶开放或与叶同放,腋生;每花有一苞片,花萼 4 裂,膜质,无花瓣;雄花常 4 朵簇生,近无梗,雄蕊 15～20,花丝纤细,花药红色;雄花具梗;种子卵圆形,顶端有长圆形透明刺。花于 4 月中旬开放,至 5 月上旬为凋谢期;果实于 9—10 月成熟。

分布:产于山西西南部、河南、陕西、甘肃、安徽、浙江、江西、湖北及四川。

习性:生长在山谷边缘或林中开阔地的杂木林中,海拔650~2 700 m。耐阴性较强,幼树须长在林下弱光处,成年树要求一定的光照条件。深根性、抗风、耐湿,生长缓慢,结实稀少。

繁殖:种子繁殖。

应用:连香树树体高大,树姿优美,叶形奇特,为圆形,大小与银杏(白果)叶相似,因而得名山白果;叶色季相变化也很丰富,即春天为紫红色、夏天为翠绿色、秋天为金黄色、冬天为深红色,是典型的彩叶树种;而且落叶迟,到农历腊月末才开始落叶,发芽又早,次年正月即开始发芽,极具观赏性价值,是园林绿化、景观配置的优良树种。

2.5 樟科 Lauraceae

樟科

本科乔木或灌木,具油细胞,枝叶有香气。单叶互生,稀对生或簇生,全缘,稀分裂,无托叶。花小,两性、单性或杂性,排成各种花序。

本科45属,2 500余种,主产于热带和亚热带。中国20属,400余种,分布于长江以南温暖地区,以西南和华南地区为最多。

2.5.0 樟科分种枝叶检索表

2.5.1 樟属 *Cinnamomum* Trew

常绿乔木或灌木。叶互生或对生,全缘,三出脉或羽状脉,脉腋腺体有或无。花两性,圆锥花序,花被片 6 枚,早落,花药 4 室,花丝中部有腺体。浆果,果托盘状。

本属约 250 种,分布于东亚,东南亚,澳大利亚热带、亚热带地区。中国约 46 种,主产长江以南各地。

本属树种多数为常绿乔木,树形高大,树冠开展,枝叶浓密,色泽深绿,气味清新,可作庭荫树、行道树、风景林及防护林使用;为著名木材、药材和工业原料。

1)樟树 *Cinnamomum camphora*(L.) Presl(图 2.5.1)

图 2.5.1　樟树

形态:乔木,高 20 ~ 30 m,最高可达 50 m,胸径 4 ~ 5 m,树冠卵球形。树皮灰褐色,纵裂。叶互生,卵状椭圆形,长 5 ~ 8 cm,离基羽状三出脉,脉腋有腺体,背面灰绿色,无毛。花被淡黄绿色。果球形,成熟时黑紫色,果托盘状。花期 5 月,果期 9—11 月。

分布:长江流域以南,以华南为最多。

习性:喜光,稍耐阴;喜暖热湿润气候,耐寒性差,在 - 18 ℃ 低温时受冻害。喜深厚、肥沃而湿润的黏性土,能耐短期水淹,不耐干旱瘠薄之土。主根发达,深根性,能抗风。萌芽力强,耐修剪。生长速度中等,幼年生长较快,中年后转慢,10 年生高约 6 m,50 年生高约 15 m。寿命长达千年以上。

繁殖:种子繁殖,也可扦插繁殖。

应用:樟树树姿雄伟,冠大浓密,气味清新,广泛用作庭荫树、行道树、防护林及风景林。孤植、丛植或群植都很合适。

2)浙江桂 *Cinnamomum chekiangense* Naikai

形态:乔木,高达 10 m。树皮光滑不裂;小枝无毛。叶对生或近对生,椭圆状披针形,长 5 ~ 12 cm,离基三出脉,脉腋无腺体,背面有白粉和毛。

分布:浙江、安徽、湖南、江西等地。

习性:多生于阴湿山谷杂木林中。

繁殖:同樟树。

应用:树皮供药用及作香料使用;枝、叶、果可提取芳香油。可用于各类园林绿地。

2.5.2　润楠属 *Machilus* Nees

常绿乔木。叶互生,全缘,羽状脉。花两性,圆锥花序,花被片薄而长,宿存并开展或反曲。浆果状核果,果柄顶端肥大。

本属约 100 种,产东南亚之热带和亚热带。中国约 70 种,分布于长江以南。

本属树种树形优美,枝叶浓密,叶大而深绿,可作庭荫树及行道树栽培,也可片植作风景林及背景树使用。

1)红楠 *Machilus thunbergii* Sieb. et Zucc.(图 2.5.2)

图 2.5.2　红楠

形态:常绿乔木,高达 20 m,胸径 1 m。小枝无毛。叶椭圆状倒卵形,长 5 ~ 10 cm,基部楔形,先端突钝尖,两面无毛,背面有白粉,侧脉 7 ~ 10 对。果球形,成熟时蓝黑色。花期 4 月,果期 9—10 月。

分布:长江以南各省区,朝鲜和日本也有分布。

习性:稍耐阴,喜温暖湿润气候,有一定的耐寒能力,是本属中最耐寒者。喜肥沃湿润的中性土或微酸性土壤。生长较快,寿命长达 600 年以上。

繁殖:同樟树。

应用:庭荫树,也可作行道树及风景林。

2) 大叶楠 *Machilus kusanoi* Hay.

形态:高 30 m;树皮灰褐色,老时剥落。叶坚纸质,常集生枝顶,倒卵状长圆形,长 14~24 cm,宽 3.5~7 cm,先端短渐尖,基部渐狭,幼时叶下部密被银白色绢状毛,老时粉白色,微被毛,中脉下陷,侧脉 14~24 对;叶柄长 1~3 cm。花序生当年生小枝基部,长 8~13 cm,微被柔毛。果球形,熟时由红变黑,果序梗鲜红色。

分布:长江以南各地;生于海拔 300~1 200 m 的山地和沟谷。

习性:性耐阴,喜湿润肥沃微酸性黄壤。

繁殖:同樟树。

应用:本种叶大荫浓,为良好的庭荫树。

2.5.3 楠木属 *Phoebe* Nees

常绿乔木。叶互生,羽状脉,全缘。花两性,圆锥花序;浆果,花被片短而厚,果时宿存,直立或紧包果实基部。果实通常为卵形或椭圆形。

本属约 94 种,分布于亚洲、美洲热带、亚热带。中国产 34 种,产于长江流域以南。多为珍贵用材树种。

图 2.5.3 紫楠
1. 花枝 2. 花 3. 雄蕊

1) 紫楠 *Phoebe sheareri*(Hesml.) Gamble(图 2.5.3)

形态:常绿乔木,高达 20 m,胸径 50 cm。小枝密生锈色绒毛。叶倒卵状椭圆形,长 8~22 cm,先端突短尖,基部楔形,背面密被锈色绒毛。花被片较大。果梗较粗。花期 5~6 月,果期 10—11 月。

分布:中国长江流域及其以南广泛分布,生于 1 000 m 以下阴湿山谷和杂木林中。

习性:耐阴,喜温暖湿润的气候及深厚肥沃湿润的土壤,耐寒力较强。

繁殖:种子繁殖。

应用:树形美观,可作庭荫树及绿化风景树。

2) 浙江楠 *Phoebe chekiangensis* C. B. Shang

形态:与紫楠的区别在于本种叶较小,长 8~13 cm,先端短渐尖;花被片紧贴果实基部;果椭圆状卵形,长 1.5 cm;种子两侧不对称,多胚。

分布:华东各省。

习性、繁殖和应用同紫楠。

2.5.4 檫木属 *Sassafras* Trew

落叶乔木。叶互生,全缘或 2~3 裂。花两性或杂性,花序总状,花药 4 室或 2 室。核果,果梗增厚膨大。

本属共 3 种,美国 1 种,中国 2 种。

檫木 *Sassafras tzumu* Hemsl. (图 2.5.4)

形态:乔木,高达 35 m。树皮幼时不裂,老后深灰色纵裂。小枝绿色无毛。叶集生枝顶,卵形,长 8 ~ 20 cm,不裂或 2 ~ 3 裂,背面有白粉。花两性或杂性。果近球形,成熟时蓝黑色,外被白粉;果梗上部肥大成棒状,红色。花期 3 月,果期 8 月。

分布:中国长江流域至华南及西南均有分布;垂直分布于海拔 700 ~ 1 600 m 地区。

习性:喜光,喜温暖湿润的气候及深厚而排水良好的酸性土。怕积水。深根性,萌芽力强,生长快。

繁殖:种子繁殖。

图 2.5.4 檫木
1. 花枝 2. 花 3. 雄蕊

应用:本种树干通直,叶片宽大,叶形秀美,常分裂,秋季叶色变红,是优美的色叶树种;果期果梗膨大,橘红色,十分美观,可孤植或片植,景观效果明显。也是中国南方山区主要的速生造林树种。

2.5.5 山胡椒属 *Lindera* Thunb.

落叶或常绿,乔木或灌木。叶互生,全缘,稀三裂。花单性异株或杂性,伞形花序,或数朵簇生;花药 2 室。浆果状核果球形,果托盘状。

图 2.5.5 山胡椒和狭叶山胡椒
1—4.山胡椒 5—9.狭叶山胡椒

本属约 100 种,产于亚洲、北美温带及亚热带。中国产 50 种,分布于长江流域及其以南地区。

1) 山胡椒 *Lindera glauca* (Sieb. et Zucc.) Bl(图 2.5.5)

形态:落叶灌木或小乔木,高达 8 m。树皮平滑,灰白色;小枝具灰色毛,后脱落。叶椭圆形或倒卵状椭圆形,长 4 ~ 9 cm,全缘,羽状脉,背面灰白色,有毛。花单性异株,淡黄色,伞形花序腋生。果球形,熟时黑色,有香气。花期 4 月,果期 9—10 月。

分布:中国各地皆产;日本、朝鲜、越南也有分布。

习性:喜光,性强健,生于山坡丘陵灌木丛中。

繁殖:种子繁殖。

应用:本种叶秋季变为黄色或红色,经冬不落,形成特殊景观,可孤植于庭院或群植、片植搭配于风景林中。

2) **狭叶山胡椒** *Lindera angustifolia* Cheng(图 2.5.5)

形态:与山胡椒的主要区别在于本种叶狭长椭圆形或披针形,长 6 ~ 14 cm,宽 1.5 ~ 3.5 cm;枝叶无毛;三芽并生。

分布、习性、繁殖及应用同山胡椒。

3) **乌药** *Lindera aggregata* (Sims.) Kosterm(图 2.5.6)

形态:常绿灌木,高 1.5 ~ 5 m。小枝黄绿色,老枝无毛。叶互生,薄革质,卵圆形,长 3 ~ 5 cm,宽 1.5 ~ 4 cm,基部圆,上面亮绿,下面苍白色,密被灰黄色柔毛,三出脉,叶柄长 3 ~ 7 mm。花序无

图 2.5.6 乌药

总梗,6~8 朵簇生于短枝上。果椭圆形。花期 3—4 月,果期 6—9 月。

分布:秦岭以南,生于海拔 100~1 000 m 山地。

习性:喜光,对土壤要求不严。

繁殖:种子繁殖。

应用:本种树形低矮,呈球状,枝条浓密丛生,叶常绿,形秀美,常孤植或列植于庭院或绿地边缘。

4)钓樟 *Lindera reflexa* Hemsl.(图 2.5.7)

形态:与山胡椒的区别在于叶较大,长 9~12 cm,宽 5~8 cm,先端短渐尖,基部圆形或楔形,下面初被毛,后脱落;叶柄较长,5~20 mm。果熟时红色。

分布:淮河,大别山,长江以南各地;生于海拔 1 000 m 以下疏林及溪谷。

习性:喜湿润,不耐干旱瘠薄。

繁殖:种子繁殖。

应用:伞形果序,果色鲜红,可配置于庭院作观果树种。

图 2.5.7 钓樟

5)红果钓樟(红果山胡椒) *Lindera erythrocarpa* Makino(图 2.5.8)

形态:落叶灌木或小乔木。小枝具皮孔。叶纸质,倒披针形,基部楔形,下延,下面苍白色,具贴伏柔毛,侧脉 4~5 对;叶柄长 5~10 mm。伞形花序对生于叶腋,具花 15 朵;花被片两面有毛。果球形,熟时红色;果梗长 1.5~1.7 cm,上端略粗。

分布:秦岭,大别山以南;生于海拔 500~1 500 m 的山地。日本和朝鲜也有分布。

习性:喜温暖湿润气候,耐半阴。

繁殖:播种繁殖。

应用:入秋时,叶与叶柄均变为红色,果熟时红色,可配置于庭院观果,也可配置于风景林中。

图 2.5.8 红果钓樟

2.5.6 木姜子属 *Litsea* Lam.

常绿或落叶,乔木或灌木。叶互生,稀对生或近对生,全缘,羽状脉,稀三出羽状脉。花单性异株,伞形花序;花药 4 室。浆果球形或卵形,果托杯状或盘状。

本属约 200 种,分布于亚洲热带和亚热带,大洋洲也有分布。中国产 72 种,主产于南方及西南地区。

1)豺皮樟(豹皮樟) *Litsea coreana* Levl. var. *sinensis*(Allen)Yang et P. H. Huang

形态:常绿乔木;树皮鳞片状剥落。叶革质,椭圆状披针形,长 3~5.5 cm,先端尖,下面被白粉,叶柄长 1 cm。花序无梗,簇生叶腋,苞片 4,被柔毛,有花 3~4 朵。果球形,果梗极短。

分布:长江以南,生于海拔 1 000 m 以下。

习性:耐阴。

繁殖:种子繁殖。

应用:本种树形高大,树冠开展,枝叶浓密,树皮斑驳奇特,适宜孤植于宽阔的庭院或绿地、草坪,作庭荫树,形成稀树景观,也可片植作风景林或背景树。

2) 山苍子 Litsea cubeba (Lour.) Pers. (图 2.5.9)

形态:落叶灌木或小乔木,高约 8 m。裸芽,密被粗毛;小枝无毛。叶纸质,互生,椭圆状披针形,长 6 ~ 12 cm。伞形花序有总柄,花 4 ~ 6 朵,单生或簇生。幼果黄绿色,有白斑,后为红褐色,熟时黑色,球形,径 4 ~ 7 mm,果托不明显。花期 2—3 月,7—8 月果实成熟。

分布:长江流域以南各地。

习性:喜光,稍耐阴,萌芽性强。

繁殖:种子繁殖。

图 2.5.9 山苍子

应用:树形开展,枝条纤细,叶形美观,花期早,先叶开放,花繁多,色彩艳黄,可丛植或群植于庭院及绿地或风景林边缘。果、叶可提取山苍子油,为重要的香料;种子油可制皂或作润滑剂;果实可入药。

3) 天目木姜子 Litsea auriculata Chien et Cheng

形态:落叶乔木,高达 20 m,胸径 60 cm。叶倒卵状椭圆形、椭圆形或近圆形,长 8 ~ 23 cm,先端钝或钝尖,基部耳形,上面无毛或微被毛,下面网脉明显,有毛,侧脉 8 ~ 15 对;叶柄红色,无毛。花先叶开放,伞形花序。果椭圆形,果托盘状。

分布:安徽南部、浙江天目山等地。

习性、繁殖及应用同山苍子。

2.6 防己科 Menispermaceae

木质藤本,很少直立灌木或乔木;叶互生,无托叶,单叶,有时掌状分裂;聚伞花序或圆锥花序;花单性,雌雄异株,常双被,较少单被,萼片和花瓣通常轮生,较少螺旋状着生;雄蕊 2 至多数,通常 6 ~ 8,分离或各式的合生;心皮 3 ~ 6,较少 1 ~ 2 或多数,分离;子房 1 室,有胚珠 2,但其中一颗退化;果为核果或核果状。我国有 19 属 78 种 1 亚种 5 变种 1 变型,主产于长江流域及其以南各省区,尤以南部和西南部各省区为多。园林常见有 4 种。

2.6.0 防己科检索表

1. 叶不为盾状;卵形或长卵形,不裂或 3 浅裂 ……………………………… 木防己 Cocculus orbiculatus
1. 叶为盾状 ………………………………………………………………………………………………… 2
2. 叶 3 ~ 7 浅裂或近全缘,基部近心形或截形 ………………………… 蝙蝠葛 Menispermum dauricum
2. 叶通常全缘,基部圆或近平截 ……………………………………………………………………………… 3
3. 叶宽卵形,先端钝 ………………………………………………………… 千金藤 Stephania japonica
3. 叶三角状宽卵形或近圆形,先端有小突尖 ……………………… 金线吊乌龟 Stephania cepharantha

2.6.1 木防己属 Cocculus DC.

木防己 Cocculus orbiculatus (L.) DC. (图 2.6.1)

形态:木质缠绕藤本。幼枝密生柔毛。叶形状多变,卵形或卵状长圆形,长 3 ~ 10 cm,宽 2 ~ 8 cm,全缘或微波状,有时 3 裂,基部圆或近截形,顶端渐尖、钝或微缺,有小短尖头,两面均有柔毛。

分布:全国大部分地区均有分布。

习性:生于山坡、灌丛、林缘、路边或疏林中。

繁殖:种子繁殖,也可扦插繁殖。

应用:园林绿化,藤架、花架应用。种子繁殖,用育苗移栽法。4月初条播或撒播。茎藤高30 cm,应搭支架,以利攀援生长。

2.6.2 蝙蝠葛属 *Menispermum* L.

蝙蝠葛 *Menispermum dauricum* DC. (**图2.6.2**)

形态:落叶藤本,小枝绿色,叶互生,肾形或卵圆形,长5~12 cm,全缘或3~7浅裂,叶柄盾状着生。花单性异株,短圆锥花序腋生,花小,淡绿色,花期5—6月。核果近球形,紫黑色,果期7—9月。

分布:中国东北、华北和华东;朝鲜、日本、苏联西伯利亚地区也有。

习性:耐寒,多生于海拔200~1 500 m山地林缘、灌丛沟谷或缠绕在岩石上。

繁殖:种子繁殖,也可扦插繁殖。

应用:观叶观花,垂直绿化观花,亦可盆栽观赏。根和茎入药。

图2.6.1 木防己　　　　　图2.6.2 蝙蝠葛　　　　　图2.6.3 千金藤

2.6.3 千金藤属 *Stephania* Lour.

1)千金藤(粉防己、山乌龟) *Stephania japonica* (Thunb.) Miers. (**图2.6.3**)

形态:多年生落叶藤本,长可达5 m。全株无毛。根圆柱状,外皮暗褐色,内面黄白色。老茎木质化,小枝纤细,有直条纹。叶互生;叶柄长5~10 cm,盾状着生;叶片阔卵形或卵圆形,长4~8 cm,宽3~7 cm,先端钝或微缺,基部近圆形或近平截,全缘,上面绿色,有光泽,下面粉白色,两面无毛,掌状脉7~9条。花小,单性,雌雄异株;雄株为复伞形聚伞花序,总花序梗通常短于叶柄,小聚伞花序近无梗,集于假伞梗的末端,假伞梗挺直;雄花萼片6,排成2轮,卵形或倒卵形;花瓣3;雄蕊6,花丝合生成柱状。雌株也为复伞形聚伞花序,总花序梗通常短于叶柄,小聚伞花序和花均近无梗,紧密集于假伞梗的顶端;核果近球形红色。花期6—7月,果期8—9月。

分布:江苏、安徽、浙江、江西、福建、台湾、河南、湖北、湖南、四川等地。

习性:生于山坡、溪畔或路旁。

繁殖:种子繁殖,也可扦插繁殖。

应用:可藤架栽培观赏。亦可入药。

2)金线吊乌龟 *Stephania cepharantha* Hayata(图2.6.4)

形态:落叶藤本,高通常1~2 m或过之;块根团块状或近圆锥状,有时不规则,褐色,生有许多突起的皮孔;小枝紫红色,纤细。叶纸质,三角状扁圆形至近圆形,长通常2~6 cm,宽2.5~6.5 cm,顶端具小凸尖,基部圆或近截平,边全缘或浅波状;掌状脉7~9条;叶柄长1.5~7 cm,纤细。雌、雄花序同形,均为头状花序,具盘状花托,雄花序总梗丝状,常于腋生、具小型叶的小枝上作总状花序式排列,雌花序总梗粗壮,单个腋生,雄花萼片6片,较少8片(或偶有4),匙形或近楔形,长1~1.5 mm;花瓣3或4(很少6),近圆形或阔倒卵形,长约0.5 mm;聚药雄蕊很短;雌花萼片1片,偶有2~3(5),长约0.8 mm;花瓣2(4),肉质,比萼片小。核果阔倒卵圆形,长约6.5 mm,成熟时红色。花期4—5月,果期6—7月。

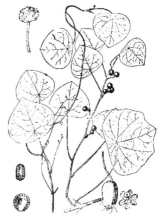

图2.6.4 金线吊乌龟

分布:西北至陕西汉中地区,东至浙江、江苏和台湾,西南至四川东部和东南部,贵州东部和南部,南至广西和广东。

习性:喜半阴环境和温暖气候。多生于村边、林缘、石缝、石灰岩地区、旷野和石砾中,适应性较强。越冬温度为-5 ℃以上。适宜生长于肥沃、疏松的土壤中。

繁殖:种子繁殖,也可扦插繁殖。

应用:金线吊乌龟是极好的垂直绿化材料,适宜在公园、庭院中作矮篱,也可盆栽作室内装饰。块根可入药及酿酒。

2.7 金粟兰科 Chloranthaceae

草本、灌木,稀为乔木;叶对生,单叶;托叶小;花小,两性或单性,排成穗状花序、头状花序或圆锥花序;无花被或有时在雌花中有浅杯状而具3齿的花被(萼);雄蕊1~3,合生成一体;子房1室,胚珠单生;果为核果。本科多为草本,金粟兰属有木本类。

2.7.0 金粟兰属检索表

1.半灌木;茎分枝;叶常多对,不集生茎顶。药隔合生成一卵状体,上部3裂或5裂。 ⋯⋯⋯⋯⋯⋯⋯⋯⋯ 2

1.多年生草本;茎通常不分枝;叶通常4片(稀6~10片),集生茎顶或上部;药隔不合生成卵状体。⋯⋯⋯⋯⋯⋯⋯⋯⋯⋯⋯⋯⋯⋯⋯⋯⋯⋯⋯⋯⋯⋯⋯⋯⋯(草本部分省略)

2.叶小,长5~11 cm,宽2.5~5 cm,顶端钝,边缘具圆齿状锯齿;药隔中央裂片3浅裂。⋯ 珠兰 *Chloranthus spicatus*

2.叶大,长11~20 cm,宽4~8 cm,顶端渐窄成长尖,边缘具腺头锯齿;药隔中央裂片全缘。⋯⋯⋯⋯⋯⋯⋯⋯⋯⋯⋯⋯⋯⋯⋯⋯⋯⋯⋯⋯⋯⋯⋯⋯⋯⋯⋯⋯⋯⋯⋯⋯⋯⋯⋯⋯⋯ 鱼子兰 *Chloranthus erectus*

2.7.1 金粟兰属 *Chloranthus* Sw.

1)珠兰(金粟兰、鸡爪兰) *Chloranthus spicatus*(Thunb.)Makino(图2.7.1)

形态:半灌木,直立或稍伏地,高30~60 cm。叶对生,倒卵状椭圆形,长4~10 cm,宽2~5 cm,边缘有钝齿,齿尖有一腺体;叶柄长1~2 cm,基部多为合生;托叶微小。穗状花序通常顶生,成圆锥花序式排列;花小,两性,无花被,黄绿色,极香;苞片近三角形;雄蕊3,下部合生成一体,中间1个卵形,较大,长约1 mm,有一个2室花药,侧生的2个各有1个1室的花药;子房倒卵形。核果球形、倒卵形。

分布:热带和亚热带地区。但野生者较少见,多为栽培。

图 2.7.1 珠兰

习性:喜温暖,忌严寒,喜光稍耐阴,宜肥沃富有腐殖质、排水良好的壤土。1~2年换盆一次,生长时期1~2周施肥。

繁殖:压条和扦插繁殖。

应用:庭园、公园栽培供观赏,也可盆栽观赏。鲜花极香,掺入茶叶,称珠兰茶;花和根状茎可提取芳香油;根状茎捣烂可治疗疮。

2)鱼子兰(野珠兰、九节风) *Chloranthus erectus*(Buchanan~Hamilton) V.

形态:直立或披散亚灌木,高达2m;茎圆柱形。叶对生、无毛、纸质、椭圆形或倒卵状椭圆形,倒披针形或倒卵形,倒卵状披针形,长11~22 cm,宽4~8 cm,顶端渐尖,基部楔形;边缘具腺头锯齿;叶脉两面明显;叶柄长5~10 mm。穗状花序形成顶生常具2~3或更多分枝的圆锥花序,总花梗长达9 cm;花小、黄绿色、极芳香;花无柄,疏离地排列在序轴上,相距约5 mm;苞片宽卵圆形;雄蕊3枚,药隔合生,卵圆形,不等大的3齿裂,顶全缘,中间花药2室,侧生1室;子房卵圆形,核果,果实成熟时白色。花期6月。

分布:亚热带,我国西部和中南半岛,云、贵、川常见。马来西亚、印度尼西亚也有。

习性:生于海拔350~2 400 m的疏林或密林下,或山坡、溪边。

繁殖:压条和扦插繁殖。

应用:常作为绿化、美化、香化植物。鱼子兰叶形开张、叶色亮丽、花香芬芳,常作为盆栽植物或庭院栽培,亦作为园林绿化植物。鱼子兰是宝贵的中药材。

2.8 蔷薇科 Rosaceae

蔷薇科

本科约124属,3 300余种,广布于全世界,北温带较多,中国约51属1 000余种,分布于全国各地。

本科植物是最重要的观赏植物,且品种繁多,花色缤纷,终年不断,或具美丽可爱的枝叶和花朵,或具鲜艳多彩的果实。且多为香花植物,玫瑰、香水月季等的花可以提取芳香挥发油。

各种之间的差别、性状不同,所以园林用途十分广泛,或庭院孤植,或作绿篱,亦可作盆景等,在世界各地庭院中均占重要位置。

2.8.0 蔷薇科分种枝叶检索表

按照果实和花的构造,本科分为以下 4 个亚科:

2.8.1 绣线菊亚科 Spiraeoideae

落叶灌木,单叶或羽状复叶,通常无托叶。离心皮雌蕊,聚合蓇葖果,稀为蒴果。

1)绣线菊属 *Spiraea* Linn.

落叶灌木;冬芽小。单叶互生,叶缘有齿或分裂,无托叶,花小,一般只有几毫米,伞形、伞形总状、复伞房或圆锥花序,直径 3～5 cm,心皮 5,聚合蓇葖果,种子细小无翅。

本属约 100 种,广布于北温带。中国 50 余种。多数种类具美丽的花朵及细致的叶片,可栽于庭园观赏。

本属植物大都株丛丰满叶茂,盛花时如雪球压枝,洁白串串,素雅清丽,亦有粉红色或其他颜色,素静可爱。花期大都在春、夏,配以同花期的草花,如红花酢浆草、鸢尾、七里黄等,色彩更丰富。适宜配置于路旁、草坪、角隅、房前窗下,犹如六月飞雪,千树万树梨花开,带来一阵清凉。

习性:喜光、耐旱、耐瘠薄、性健,适应性普遍较强。

(1)绣线菊(柳叶绣线菊、珍珠梅、空心柳) *Spiraea salicifolia* Linn. **(图 2.8.1)**

形态:直立灌木,高 1～2 m,枝条密、嫩枝有柔毛;叶片长圆披针形至披针形,4～8 cm,宽 1～2.5 cm。花序着生在当年生具叶长枝的顶端,长枝自灌木基部或老枝上发生,或自去年生的

图 2.8.1　绣线菊

枝上发生。花序为长圆形或金字塔形的圆锥花序,花粉红色、花朵密集,萼筒钟状、萼片三角形、花盘圆环形、蓇葖果直立。花期6—8月,果期8—9月。

分布:东北三省和华北地区。

习性:生长于河流沿岸、湿草原空旷地和山沟中,海拔200~900 m。

繁殖:种子繁殖,也可扦插繁殖。

应用:用于花坛、花径等,亦可用于各种植物配植的下木。

(2)**粉花绣线菊(日本绣线菊、蚂蟥梢、火烧尖)** Spiraea japonica L. f.

形态:直立灌木,高达1.5 m,枝细开展,叶上面暗绿色,下面色浅或有白霜,复伞房花序,花朵密集,粉红色,花盘圆盘状,蓇葖果半开裂,花期6—7月,果期8—9月。

分布:原产日本、朝鲜,本种变异性强。

习性:喜光、耐旱、耐瘠薄,适应性强。

繁殖、应用同绣线菊。

(3)**狭叶绣线菊** Spiraea japonica var. acuminata Franch. (图2.8.2)

形态:叶片先端渐尖,复伞房花序10~14 cm,有时达18 cm。

分布:河南、陕西、甘肃、湖北、湖南、江西、浙江、安徽、贵州、四川、云南、广西。

习性、繁殖、应用同粉花绣线菊。

(4)**麻叶绣线菊(麻叶绣球、粤绣线菊)** Spiraea cantoniensis Lour. (图2.8.3)

形态:灌木,高2 m,长枝呈半圆状下垂,叶缘缺刻锯齿状,叶面暗绿色,背面粉青绿色,羽状叶脉。10月开始落叶,12月进入休眠。花白色,伞形花序,花蕊绿色,蓇葖果平行状,花期4—5月,果期7—9月。

图 2.8.2　狭叶绣线菊

分布:广东、广西、福建、浙江、江西、河北、河南、山东、陕西、安徽、江苏、四川。

习性:喜温暖气候和湿润土壤,适应性强和生长势强,喜光,耐半阴。

繁殖:种子繁殖,也可扦插繁殖。

应用:株丛丰满叶茂,玉花攒聚,宛如积雪,可丛植于池畔、小坡、径旁或草坪角隅,也可在建筑物或大路边沿列植成花篱。

(5)**绣球绣线菊(补氏绣线菊、珍珠梅)** Spiraea blumei G. Don (图2.8.4)

形态:灌木,高1~2 m,小枝细,开张,稍弯曲,无毛,叶片菱状。叶缘近中部以上有少数钝缺刻锯齿,伞形花序,花白色。花期4—6月,果期8—10月。

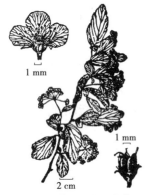

1 mm

1 mm

2 cm

图 2.8.3　麻叶绣线菊

分布:辽宁和华北、西北地区以南至两广和福建。

习性:生于向阳山坡杂木林内或路旁,海拔500~2 000 m。

繁殖、应用同绣线菊。

（6）中华绣线菊（铁黑汉条、华绣线菊）*Spiraea chinensis* Maxim（图2.8.5）

形态：灌木，高1.5～3 m，小枝呈拱形弯曲，叶片菱状卵形，叶缘有粗锯齿，上面暗绿色，被毛，脉纹深陷，下面密被黄毛，脉纹突起，伞形花序，花白色。花期3—6月，果期6—10月。

分布：华北地区以南至云、贵、两广等广大地区。

习性：生于山坡、山谷溪边、田野路旁，海拔500～2 040 m。

繁殖、应用同绣线菊。

（7）李叶绣线菊（笑靥花）*Spiraea prunifolia* Sied. et Zucc.（图2.8.6）

形态：灌木，高3 m，小枝细长，叶先端急尖，边缘具细锯齿。伞形花序无总梗，具花3～6朵，花重瓣，白色，花期3—5月。

分布：华北地区以南的广大地区。

习性：喜光，也耐半阴，抗寒、抗旱、喜温暖湿润气候和肥沃的土壤。

繁殖、应用同绣线菊。

（8）珍珠绣线菊（雪柳、喷雪花、珍珠花）*Spiraea thunbergii* BI.（图2.8.7）

形态：灌木，高1.5 m，枝条细长开张，弧形弯曲，小枝有棱角，叶片无毛，线状披针形。伞形花序无总梗，花白色。蓇葖果开张，花期4—5月，果期7月。

分布：原产华东，现山东、陕西、辽宁等地亦有栽培。

习性同李叶绣线菊。

繁殖：种子繁殖，也可扦插繁殖。

应用：供观赏，花期早，花朵密集如雪，叶片薄如鸟羽，秋季转为橘红色，美不胜收。

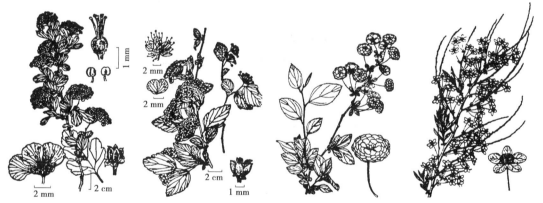

图2.8.4　绣球绣线菊　　图2.8.5　中华绣线菊　　图2.8.6　李叶绣线菊　　图2.8.7　珍珠绣线菊

2）珍珠梅属 *Sorbaria*（Ser.）A. Br.

形态：落叶灌木；冬芽卵形，羽状复叶，互生，小叶有锯齿，具托叶。花小型成顶生圆锥花序；萼筒钟状，萼片5，反折，花瓣5，白色，覆瓦状排列；雄蕊20～50；心皮5，基部合生，与萼片对生，蓇葖果沿腹缝线开裂，含种子数枚。

分布：本属约9种，分布于亚洲，中国约4种，产东北、华北至西南各省区。

习性：喜光、耐阴、耐寒、性健，花叶清丽，花期极长，且正值夏季少花季节，可植于四旁，或作绿篱。花白色，花蕾宛如一串串珍珠，晶莹剔透。

繁殖和应用同绣线菊。

（1）**华北珍珠梅（吉氏珍珠梅、珍珠梅）** *Sorbaria kirilowii* (Regel) Maxim. （**图 2.8.8**）

形态：灌木，高达 3 m，小枝弯曲，顶生大型密集圆锥花序，花白色，花期 6—7 月，果期 9—10 月。

分布：河北、河南、山东、山西、陕西、青海、甘肃、内蒙古，海拔 200 ~ 1 300 m。

习性：喜光，也耐半阴，耐寒，对土壤要求不严。

繁殖：种子繁殖，也可分株繁殖和扦插繁殖。

图 2.8.8　华北珍珠梅

应用：华北各地均栽培观赏，树姿秀丽，夏日开花，花蕾白亮如珠，花期很长，植于草地、角隅、窗前、屋后，亦可做切花。

（2）**高丛珍珠梅（野生珍珠梅）** *Sorbaria arborea* Schneid（**图 2.8.9**）

形态：落叶灌木，高可达 6 m，枝条开展，羽状复叶，顶生大型圆锥花序，花白色，果实下垂。花期 6—7 月，果期 9—10 月。

分布：陕西、甘肃、新疆、湖北、江西、四川、云南、贵州、西藏。

习性：山坡林边、山溪、沟边，海拔 2 500 ~ 3 500 m。

繁殖：种子繁殖，也可扦插繁殖。

应用：用于各类园林观赏，也可做切花。

3）白鹃梅属 *Exochorda* Lindi.

形态：落叶灌木，冬芽无毛，单叶互生，全缘或有锯齿，两性花，多大型，顶生总状花序，花瓣 5，白色，有爪，覆瓦状排列，花丝较短，合生心皮 5，蒴果具 5 脊，种子有翅。

图 2.8.9　高丛珍珠梅

产于亚洲中部到东部，本属共 4 种，中国有 3 种。

白鹃梅（茧子花、九活头、金爪果） *Exochorda racemosa* (Lindl.) Rehd. （**图 2.8.10**）

形态：灌木，高 3 ~ 5 m，枝条细弱开展，叶常全缘，极少数顶端有锯齿，无毛，不具托叶，总状花序，花白色。花期 5 月，果期 6 ~ 8 月。

分布：河南、江西、江苏、浙江。

习性：生于山坡阳地，海拔 250 ~ 500 m。

繁殖：种子繁殖，也可扦插繁殖。

应用：美丽灌木，花白，径大，每朵直径 2.5 ~ 3.5 cm，春季开花，洁白如雪，清丽动人。在园林中适于在草坪、林缘、路边及假山岩石间配植；若在常绿树丛边缘群植，宛若层林点雪，饶有雅趣；如散植林间或庭院建筑物旁，也

图 2.8.10　白鹃梅

极适宜。其老树古桩，又是制作树桩盆景的优良素材。用于各类园林观赏，也可做切花。

2.8.2　蔷薇亚科 Rosoideae Focke

灌木或草本，复叶，稀单叶，具托叶；离生心皮多数，各有 1 ~ 2 直立或悬垂的胚珠；上位子房；稀下位；具聚合瘦果或聚合核果，花托杯状或坛状，扁平或隆起，成熟时肉质或干硬。本科约 35 属，中国产 21 属。

1）蔷薇属 *Rosa* L.

常绿或落叶灌木，茎直立或攀援，具皮刺或刺毛，罕无刺；奇数羽状复叶，稀单叶，互生，托与

叶柄连合或分离,少无托叶,花两性,辐射对称,单生或成花序,花托坛状或杯状,花瓣及萼片5 (4),或重瓣,雄蕊多数,离心皮雌蕊多数,胚珠单生下垂,聚合瘦果包于花托内,称为蔷薇果。

本属约200~250种,产于北半球温带及亚热带,中国约70多种,分布于南北各地。

(1)**黄刺玫(黄刺莓)**Rosa xanthina Lindl.(图2.8.11)

形态:直立灌木,高2~3 m,枝密集披散;小枝散生皮刺,小叶7~ 13枚,宽卵形或近圆形,先端圆钝,叶缘具圆锯齿,花单生于叶腋,重瓣或半重瓣,黄色,无苞片,花径3~4(5)cm。花柱离生,被长柔毛,稍伸出萼筒外部,短于雄蕊,果近球形或倒卵形,紫褐色或黑褐色,无毛,萼片反折。花期4—6月,果期7—8月。

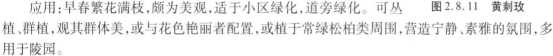

图2.8.11 黄刺玫

分布:东北、华北各地。

习性:喜光,稍耐阴,耐寒力强,耐干旱瘠薄,但不耐水涝。

繁殖:种子繁殖,也可扦插和嫁接繁殖。

应用:早春繁花满枝,颇为美观,适于小区绿化,道旁绿化。可丛植、群植,观其群体美,或与花色艳丽者配置,或植于常绿松柏类周围,营造宁静、素雅的氛围,多用于陵园。

(2)**玫瑰** Rosa rugosa Thunb.

形态:落叶直立灌木,高2 m,枝干多刺。小枝被绒毛,小叶5~9,椭圆形或椭圆状倒卵形,叶缘具尖锯齿,上表面多皱,下面网脉明显,托叶与叶柄合生,皆密被绒毛腺毛。花单生或簇生,花径6~8 cm。花梗密被绒毛、腺毛,萼片常羽裂成叶状,花瓣倒卵形,重瓣至半重瓣。紫红色至白色,芳香,蔷薇果扁球形,砖红色,肉质,萼片宿存。花期5—6月,果期8—9月。

分布:原产中国华北及日本、朝鲜,中国各地均栽培。

习性:喜光、耐寒、耐旱,喜肥,在背风向阳、排水良好处生长良好,不耐水涝。

繁殖:种子繁殖,也可扦插和嫁接繁殖。

应用:为世界著名观花植物,园艺品种很多,有粉红单瓣、白花单瓣、紫花重瓣、白花重瓣等,供庭园观赏。花开时姹紫嫣红,馨香芬芳,可孤植墙边,是蔷薇园中重要的色、香、形俱佳的种。可培育作鲜切花。鲜花可以蒸制芳香油,花瓣可制玫瑰糖浆,干制后泡茶,花蕾可入药。

(3)**银粉蔷薇(银莲长蔷薇、红枝蔷薇)**Rosa anemoniflora Fort. ex Lindl.

形态:攀援小灌木,枝紫褐色,小枝细,散生钩状皮刺及腺毛。小叶3(5),卵状披针形,先端渐尖,叶缘细锐锯齿,上面中脉下陷,托叶狭,大部分贴生于叶柄,顶端分离。花单生或伞房花序,花径2~2.5 cm,萼片披针形,花后反折,花瓣粉红色,花柱成束,蔷薇果卵球形,紫褐色。花期3—5月,果期6—8月。

分布:福建。多生于山坡、荒地、路旁、河边海拔400~1 000 m处。

习性:耐干旱瘠薄,不太耐寒。

繁殖:种子繁殖,也可扦插和嫁接繁殖。

应用:常用于绿篱、护坡和各类花架、园门和园墙等垂直绿化,其藤性茎干具耐修剪性,可塑性极强,可用作各种植物造型,或为动物,或为各类几何造型,如利用不同花色的各类藤本营造各种疏密有致、高矮错落的花柱。

(4)**木香花(木香、七里香)**Rosa banksiae Ait.(图2.8.12)

形态:攀援小灌木,小枝具短皮刺,老枝皮刺大而硬或无皮刺。小叶3~5(7),椭圆状卵形或长圆披针形,叶缘有细锯齿,托叶线状披针形,膜质,离生,早落,花小,排成伞形花序,萼片卵形,无毛,全缘,花重瓣至半重瓣,白色,花柱离生,密被柔毛,短于雄蕊,花期4—5月。

分布:中国各地均有栽培。

习性:耐干旱,不耐寒,可生长于稍湿润地,生于溪边、路旁、山坡灌木丛。

繁殖:种子繁殖,也可扦插繁殖。

应用:同银粉蔷薇,花含芳香油,可配制香精。

(5)小果蔷薇(倒钩筋、山木香、明目茶、红根)*Rosa cymosa* Tratt.(图2.8.13)

形态:常绿攀援小灌木,小枝细,具钩刺,小叶3~5(7),卵状披针形,或椭圆形,先端渐尖,基部近圆形,具细锯齿,托叶条形与叶柄分离,早落;复伞房花序,花径2 cm,萼片羽裂,卵状披针形,花柱分离,有毛,果近球形,红色。花期4—5月,果期6—10月。

分布:华东、中南、西南。

习性:喜光,喜温暖气候。

繁殖:种子繁殖,也可扦插繁殖。

应用:同银粉蔷薇。

(6)金樱子(刺梨子、山石榴、唐樱筋、油饼果子)*Rosa laevigata* Michx.(图2.8.14)

形态:攀援灌木,常绿,茎有钩刺及刺毛,小叶3(5),椭圆形或卵状披针形,先端急尖或圆钝,具细尖锯齿,下面网脉明显,叶柄和叶轴具小皮刺及腺毛,托叶条形与叶柄分离,早落;花单生,萼筒直立,花白色芳香,柱头塞于花托口,梗及萼筒密被刺毛,果近球形,与果梗均被刺,成熟时红色,萼片宿存。花期4—6月,果期7—11月。

分布:陕西南部、华中、华东、华南、西南。

习性:喜光,喜温暖湿润气候,生于向阳坡、溪畔,海拔200~1 600 m。

繁殖:种子繁殖,也可扦插繁殖。

应用:同银粉蔷薇,果实可熬糖、酿酒,根、叶、果入药。

(7)缫丝花(刺蘼、刺梨花、文光果)*Rosa roxburghii* Tratt.(图2.8.15)

形态:灌木,树皮灰色,剥落,托叶下常有成对扁刺微弯,小叶9~13(15),椭圆形或椭圆状圆形,圆形网脉明显,叶轴和叶柄散生小皮刺,托叶具腺毛,大部与叶柄连合,花1~3朵生于枝顶,径5~6 cm,梗短,被刺毛,萼片亦被刺毛,花柱离生,柱头微突,果扁球形,红色被刺毛。花期5—7月,果期9—10月。花朵美丽,微具清香,枝干多刺,可为绿篱,果味甘甜酸,可食或入药,亦可熬糖、酿酒。

分布:华东、西南、华南。

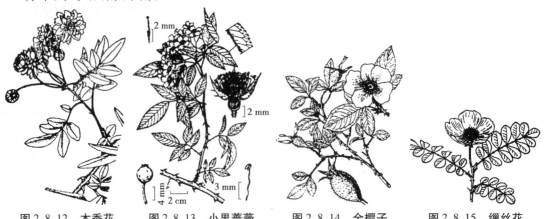

图2.8.12 木香花　　　图2.8.13 小果蔷薇　　　图2.8.14 金樱子　　　图2.8.15 缫丝花

习性:喜光,适应性强,生于山区、溪边灌木丛中。

繁殖:种子繁殖,也可扦插繁殖。

应用:同蔷薇。

(8)香水月季(黄酴、芳香月季) *Rosa odorata* (Andr.) Sweet. (图2.8.16)

形态:攀援灌木,高2 m,常绿有长匍匐枝、散生粗短钩状皮刺,小叶5～9,椭圆形、卵形、革质,先端渐尖,基部楔形,叶缘锐锯齿,托叶贴生于叶柄。花单生或2～3朵聚生。萼片披针形,全缘,稀羽裂,花白色,带粉红色,芳香,果扁球形或梨形,花期6—9月。

分布:云南、江苏、浙江、四川。

习性:抗性差,对环境要求高,不耐寒,怕热。

繁殖:种子繁殖,也可扦插和嫁接繁殖。

应用:花蕾秀美,雅致,花色丰富,芳香,连续开花,是现代杂交月季的重要亲本之一。

应用:同玫瑰,但抗性差。

图2.8.16　香水月季

(9)野蔷薇(蔷蘼、刺花、多花蔷薇、蔷薇) *Rosa multiflora* Thunb.

形态:攀援灌木;枝具短粗弯曲皮刺,小叶5～9,倒卵形或长圆形,基部近圆形,叶缘具尖锐单锯齿,稀复锯齿,托叶篦齿状,贴生于叶柄,花多朵组成圆锥状花序,花径1.5～2 cm,花瓣白色,具红晕,先端微凹,芳香,花柱呈束,稍长于雄蕊,果近球形紫红褐色,萼片脱落。

分布:江苏、山东、河南。

习性:喜光,耐干旱瘠薄。

繁殖:种子繁殖,也可扦插和嫁接繁殖。

应用:同银粉蔷薇,鲜花含芳香油,根、叶、花、种子入药。

(10)月季(月月红、月月花) *Rosa chinensis* Jacq. (图2.8.17)

形态:直立灌木,高1～2 m,小枝粗壮,圆柱形无毛,有短粗钩状皮刺或无刺,小叶3～5(7),宽卵形至卵状长圆形,先端渐尖,基部近圆形,叶缘锐锯齿,两面无毛,上面暗绿,带光泽,下面颜色稍浅,花单生,稀数朵,花径4～5 cm,花重瓣或半重瓣,红色至白色,花柱离生,伸出萼筒口外,与雄蕊等长。花期4—9月,果期6—11月。

分布:中国。中国各地普遍栽培。

图2.8.17　月季

习性:喜光,耐干旱瘠薄,不耐水涝。

繁殖:种子繁殖,也可扦插和嫁接繁殖。

应用:花色丰富,花期长,抗性强,是现代月季最重要的亲本。在园林上用途极广,居极其重要地位,是蔷薇园中重要的主角,且可充当花篱,枝叶茂密,花色鲜艳。亦可配置于草坪中、花坛中、道旁、墙边,总以鲜艳的花显示顽强的生命力。园艺品种极多,现代月季中有四季开花、小型花、大型花和微型花的品种。花期长,花型大,色艳,栽培广泛,宜于作鲜切花。

2)棣棠花属 *Kerria* DC.

落叶灌木,小枝纤细,绿色;单叶互生,具重锯齿;托叶早落,花两性,单生侧枝顶,黄色,花瓣5,萼筒碟形,短,萼片5,雄蕊多数,成数组,花盘环状;心皮5～8分离,生于萼筒内,花柱顶生,细长直立;瘦果,侧扁,无毛。

图 2.8.18　棣棠花
1. 花枝　2. 果

本属仅 1 种,产于中国、日本。

棣棠花(金棣棠、麻叶棣棠) *Kerria japonica* (L.) DC. (**图 2.8.18**)

形态:落叶灌木,小枝绿色,无毛,常拱垂,嫩枝有棱角,叶卵形或三角状卵形,先端渐尖,基部圆形,或微心形,具尖锐重锯齿,两面绿色,下面微被柔毛,花瓣黄色,单瓣或重瓣,瘦果倒卵形或扁球形,褐黑色,无毛,萼宿存,花期 3—4 月。

分布:西北、华东、华北,南至广东,西至四川、云南。

习性:喜温暖湿润气候,不耐寒,稍耐阴,华北须种于向阳避风处。

繁殖:种子繁殖,也可扦插和嫁接繁殖。

应用:枝叶青翠,缀以黄花,小巧可爱,尤以重瓣者鲜亮夺目,常丛栽篱边、水旁、草坪边缘、路旁及花坛中、墙隅,无不适宜,可与红叶李、绣球花等配置。

2.8.3　苹果亚科 Maloideae Weber.

1)火棘属 *Pyracantha* Roem.

常绿灌木;枝常有棘刺。单叶互生,有短柄;托叶小,早落。花白色,小而多,成复伞房花序;雄蕊 20;心皮 5,腹面离生,背有 1/2 连于萼筒。梨果形小,红色或橘红色,内含 5 小硬核。

本属有 10 种,分布于亚洲东部至欧洲南部;中国 7 种,分布于西南地区。

火棘 *Pyracantha fortuneana* (Maxim) Li. (**图 2.8.19**)

形态:常绿灌木,高约 3 m。枝拱形下垂,幼时有锈色短柔毛,短侧枝常成刺状。叶倒卵形至倒卵状长椭圆形,长 1.5 ~ 6 cm,先端圆钝微凹,有时有短尖头,基部楔形,具圆钝锯齿,近基部全缘,两面无毛。花白色。径约 1 cm,复伞房花序。果近球形,红色,径约 5 mm。花期 5 月,果熟期 9—10 月。

分布:西北、华北南部、华中,至两广、云贵。

习性:喜光,不耐寒,要求土壤排水良好。

繁殖:种子繁殖,也可扦插和嫁接繁殖。

图 2.8.19　火棘

应用:本种枝叶茂盛,初夏白花繁密,入秋果红如火,在庭园中常作绿篱及基础种植材料,也可丛植或孤植草地边缘或园路转角处。

图 2.8.20　山楂

2)山楂属 *Crataegus* L.

落叶乔木或灌木,稀半常绿,常具枝刺,单叶互生,有粗锯齿或缺裂,托叶大。花白色,稀淡红色,伞房花序顶生;子房半下位,每室 1 胚珠,梨果具明显的皮孔,内果皮硬化形成 1 ~ 5 骨质小核,每小核 1 种子,花萼在果时宿存,反曲。

本属约 1 000 种,主产北美温带地区,中国约 17 种。

暮春开白花,果在秋冬成熟时为红色、黄色或蓝黑色,供观赏或食用。

（1）**山楂** *Crataegus pinnatifida* Bunge (**图 2.8.20**)

形态:小乔木,高达 6 m。叶三角状卵形或菱状卵形,长 5 ~ 10 cm,4 ~ 9 羽状深裂,下部开裂有时几近中脉,基部宽楔形或近截形,裂片具不规则尖锐重锯齿,上、下两面沿中脉疏生毛;叶柄长2～6 cm,花序有毛,梨果近球形,径约1.5 cm,成熟时红色,皮孔白色。花期5—6月,果熟期8—11月。

分布:华北、西北等地,多栽培。朝鲜、俄罗斯远东地区也产。

习性:喜光、耐寒、耐旱,多生于砂岩、石灰岩山地,叶在秋季变黄,后脱落。

繁殖:种子繁殖,也可扦插和嫁接繁殖。

应用:暮春开白花,具一定观赏价值,耐修剪,可片植、孤植或修剪成绿篱。

(2)**湖北山楂** *Crataegus hupehensis* Sarg(图2.8.21)

形态:小乔木,高达8 m。叶卵形或菱状卵形,长3.5～10 cm,宽2.5～8 m,中上部有3～5不规则羽状浅裂,有时中部深裂,基部宽楔形、截形或近圆形,下面脉腋有簇生毛;叶柄长1～4 cm,梨果成熟时暗红色,花期5月。

图2.8.21　湖北山楂

分布:西北地区和长江流域。

习性:耐寒,耐半阴,耐干旱,喜土壤肥沃。

繁殖:种子繁殖,也可扦插和嫁接繁殖。

应用:同山楂。

3)**石楠属** *Photinia* Lindl.

落叶或常绿,乔木或灌木。芽小,芽鳞覆瓦状排列。叶互生,具锯齿,稀全缘;有托叶。花两性;伞形、伞房或复伞房花序,稀聚伞花序、顶生。

梨果小,微肉质,顶部或上部与萼筒分离。种子直立,子叶平凹。花萼宿存。

本属约60种,分布于亚洲东部、南部。中国约40种。

花序密集,夏季开白花,秋季结多数红色小果,供观赏。木材坚韧,可作伞柄、秤杆、算盘珠、家具、农具等用。

图2.8.22　石楠

(1)**石楠** *Photinia serrulata* Lindl.(图2.8.22)

形态:常绿小乔木,高达6(12)m。小枝无毛。叶革质,长椭圆形、长倒卵形或倒卵状椭圆形,长9～22 cm,先端渐尖,基部圆或宽楔形,具细腺齿,幼时中脉被绒毛,后脱落;侧脉25～30对;叶柄粗,长2～4 cm,幼时被绒毛,后脱落,复伞房花序,径10～16 cm;总梗及花梗无毛,花梗长3～5 mm;萼无毛;花瓣近圆形;花柱2(3),基部连合,子房顶部被柔毛。果球形,径5～6 mm,红色。种子1,卵形,长2 mm,棕色,平滑。花期4—5月,果期10月。

分布:陕西秦岭、甘肃南部、河南大别山、安徽淮河流域以南,江苏、浙江、江西、福建、台湾、湖南、湖北、四川、贵州、云南、广西、广东。

习性:稍耐阴,喜温暖湿润气候,能耐-15 ℃低温。耐干旱瘠薄,能生于石缝中,不耐水湿。

繁殖:种子繁殖,也可扦插和嫁接繁殖。

应用:树冠球形,枝叶浓密苍翠,老叶变红后脱落,新叶嫩红或绿,春华秋实,为美丽观赏树,宜于草坪中央孤植,形成大球冠类树。也可根据需要修剪成不同冠径的石楠球,植于建筑物前,或与其他树种配置形成不同层次。

(2)**光叶石楠** *Photinia glabra*(Thunb.)Maxim.(图2.8.23)

形态:常绿乔木,高达10 m;小枝灰黑色,无毛。叶革质,椭圆形、矩圆形或矩圆状倒卵形,

图 2.8.23　光叶石楠

长 5~9 cm,宽 2~4 cm,边缘有浅钝的细锯齿,两面无毛。复伞房花序生于枝顶,均无毛,花白色。梨果卵形,长约 5 mm,成熟时鲜红色,无毛。

分布:安徽、江苏、浙江、江西、湖南、湖北、福建、广东、广西、四川、云南、贵州等地;越南、缅甸、泰国和日本也有分布。

习性:通常生于常绿阔叶林中。

繁殖:种子繁殖,也可扦插和嫁接繁殖。

应用:该种叶在脱落前变成鲜红色,美丽;果在秋季红色,且宿存时间较长,为优良的观花、观果树种。在园林中适合群植、片植、孤植,也可修剪作绿篱。

(3)红叶石楠 Photinia fraseri 'Red Robinsion'

形态:为常绿小乔木,高达 12 m,株形紧凑,叶革质,长椭圆至倒卵状椭圆形,有锯齿,新叶亮红色,复伞房花序,仲夏至夏末开白色小花。浆果红色。喜温暖、湿润气候及微酸性土壤,不耐水湿,稍耐寒,短期可耐 -25 ℃以上(地栽苗)低温,耐土壤贫瘠,在微酸、微碱土壤中均生长良好,抗逆性强,适生范围广,从黄河以南至广东均可正常生长,病虫害较少,与中国的原生石楠相比表现出较强的杂交生长优势。生长速度快,萌发率高,枝多叶茂,极耐修剪。

分布:长江以南地区,在青岛市也有栽培。

习性:红叶石楠一年中基本上萌发 3~4 次,新芽萌发时,新梢及嫩叶均鲜红夺目,且红得极富光泽和亮度。春至夏,一般抽枝 2 次,新叶从淡象牙红至鲜亮红再至淡红、再转绿,第一次历时近月余,夏前一次历时稍短;至盛夏,叶色则转深绿(夏季高温期较长,则绿叶期延长);至初秋,可萌芽 1~2 次,至 10 月下旬停止发芽抽枝,叶子从 11 月下旬开始转绿。如果在 10 月中旬再次修剪一次,则发出的新芽红叶期可保持整个冬天;至次年春暖花开时才逐渐转成绿色。

繁殖:种子繁殖、扦插繁殖及嫁接繁殖。

应用:红叶石楠枝叶疏密有致,可自然形成散球状小乔木,如修剪则可成高球形、柱形、绿篱形、矮拼球形等,均仪态万千,鲜艳夺目。

4)枇杷属 Eriobotrya Lindl.

常绿乔灌木。叶革质,具粗锯齿,羽状侧脉直至锯齿之先端;叶柄短。圆锥花序,顶生,密被绒毛;花萼裂片先端尖,花瓣 5,白色,内果皮质薄;种子形大。

本属约 18 种,产东亚。中国各地均产。

枇杷 Eriobotrya joponica(Thunb.) Lindl.(图 2.8.24)

形态:小乔木。小枝粗壮,被锈色绒毛。叶倒卵状披针形、矩圆状椭圆形,长 9~22 cm,先端尖,基部窄楔形,疏生粗锯齿,下面密被灰黄色或锈黄色绒毛;叶柄甚短。花序密被锈黄色绒毛,花有香味。梨果倒卵形或近球形,黄色或橙色,长 3~4 cm。花期 9—12 月,翌年 4—6 月果熟。

图 2.8.24　枇杷

分布:长江流域以南,安徽南部、江苏(洞庭山名产)、浙江(塘栖名产)、福建(莆田名产),西至四川、陕西南部、贵州,南至广东、广西,在低山丘陵及平原地区栽培。

习性:稍耐阴,深根性,较耐盐碱,喜温暖湿润的气候,年平均气温 15 ℃以上,年降雨量 1 000 mm 以上,以排水良好、富腐殖质的中性或酸性土壤为宜,生长快。品种颇多,以"白沙枇杷"为最优良。

繁殖:种子繁殖、扦插繁殖及嫁接繁殖。

应用:木材结构细,有韧性,比重0.69～0.81,果食用,甜美多汁,或酿酒;叶、种仁含氰化物(有毒),可入药止咳。绿叶常青,供园林观赏。

5)苹果属 *Malus* Mill.

落叶乔木或灌木,稀半常绿。叶缘有锯齿或缺裂。有限花序呈伞形总状;花瓣红色,或近白色;花柱2～5,基部连合,花药通常黄色。梨果,果肉内无或微有石细胞;种子褐色。

本属约35种,产于北温带。中国有20种。多为果树、观赏树或果树砧木。

(1)苹果 *Malus pumila* Mill.(图2.8.25)

形态:乔木,高达15 m,栽培品种之主干短,树冠球形。冬芽形扁,贴近小枝;幼枝密被灰白色绒毛。叶两面有毛,老叶上面无毛,暗绿色,花梗、花萼密被灰白色绒毛,花萼裂片较萼筒长,先端渐尖。梨果扁球形或近球形,两端均凹陷,顶端有脊,花萼宿存;果柄较短,肥厚隆起。

分布:东北南部、黄河流域、长江流域及西南各地普遍栽培,华北栽培最盛;河北西部山区海拔1 600 m以下野生。

习性:喜生于肥沃砂质土。

繁殖:嫁接繁殖。

应用:果食用或酿酒。可观果和做盆景观赏。

(2)海棠 *Malus spectabilis* Ait. Borkh.(图2.8.26)

形态:小乔木。叶椭圆形、矩圆状椭圆形,长5～8 cm,先端渐短尖,基部宽楔形或近圆形,锯齿贴近叶缘,上面有光泽,幼叶下面有毛,后渐无毛;叶柄长1～3 cm,有毛。花萼裂片三角状卵形,先端尖,较萼筒为短,花柄长2～3 cm。果黄色,近球形,径约2 cm,基部不凹陷,花萼宿存。

分布:华北、华东习见栽培。

习性:喜光,耐寒,不耐干旱和水涝,对土壤要求不严。

繁殖:种子繁殖,也可扦插繁殖。

应用:花艳丽,果成熟时红色,为优美观赏树。

(3)野海棠(湖北海棠) *Malus hupehensis*(Pamp)Rehd(图2.8.27)

形态:小乔木。幼枝有毛,后渐无毛。叶卵形或矩圆状卵形,长3.5～11 cm,先端渐尖,基部宽楔形或近圆形,锯齿细尖,下面沿中脉微被毛;叶柄长1～3 cm,微被毛。花柄长3～4 cm,花萼裂片三角状卵形,较萼筒为短或等长,尖或渐尖,紫色,无毛;花蕾粉红色,盛开时近白色;花柱3～4。果球形或椭圆形,径约1 cm,绿黄色,有红晕;花萼早落。

分布:长江流域各地,陕西、甘肃,西至四川、云南,南至福建;山区习见,海拔2 000 m以下,生长在山坡林中,以东南坡较多。

习性、繁殖同海棠。

应用:果酿酒,嫩叶干后可代茶叶,味微苦涩,俗称"海棠茶";花芳香、艳丽,供观赏。长江流域以南,可为花红之砧木。

(4)垂丝海棠 *Malus halliana* Koehne

形态:与野海棠接近,花红艳。

分布:长江流域至西南各地均有栽培。

习性、繁殖同海棠。

应用:各类园林绿地观赏。

(5)裂叶海棠(三叶海棠)*Malus sieboldii* (Reg.) Rehd. (图 2.8.28)

图 2.8.25　苹果　　　　图 2.8.26　海棠花　　　　图 2.8.27　野海棠　　　图 2.8.28　裂叶海棠

1. 花枝　2. 果枝

形态:小乔木或灌木,幼枝密被毛,后渐脱落无毛。叶椭圆状矩圆形,长 3 ~ 8 cm,先端渐尖,基部圆形或楔形,不规则尖锯齿,长枝及萌芽枝之叶 3(5) 裂,短枝之叶不裂,下面沿叶脉有毛;叶柄长 1 ~ 2 cm,有毛。花白色。果球形,径 6 ~ 8 mm,红色或褐黄色;果柄长 2 ~ 3 cm。

分布:辽宁以南、长江流域,南至广西海拔 1 000 m 以下,西至四川。日本亦产。

习性:喜阳光充足,耐寒性较强,不耐干旱和水涝,对土壤要求不严。

繁殖:播种繁殖,亦可用扦插和嫁接繁殖。

应用:供观赏,可为苹果之砧木。海棠类植物花色丰富,或艳丽或洁白,果成熟时通常红色,均极富观赏性。在园林中常作观花观果树种栽培。

6) 木瓜属 *Chaenomeles* Lindl.

落叶或半常绿灌木、小乔木。常具枝刺;冬芽形小,芽鳞 2。单叶互生或簇生,锯齿尖或钝,花单生或簇生,花萼 5 裂,花瓣形大;果形大,种子多数,褐色。

本属 4 种,日本 1 种,中国 3 种。

用播种、压条、嫁接繁殖;供观赏。果可食。

图 2.8.29　贴梗海棠

1. 花枝　2. 枝叶　3. 果枝

4. 花纵剖　5. 果横切

(1)贴梗海棠(皱皮木瓜)*Chaenomeles speciosa* (Nakai) (图 2.8.29)

形态:灌木,具枝刺。叶卵形或矩圆形,长 3 ~ 8 cm,先端尖,基部窄楔形,锯齿锐尖,托叶近圆形或肾形。花簇生于无叶之短枝上,深红色、粉红色或白色。果球形或卵圆形,长 3 ~ 5 cm,黄色或黄绿色,有香味。花期 3—4 月,10 月果熟。

分布:南北各地栽培。

习性:喜阳光充足,耐寒性较强,不耐干旱和水涝,对土壤要求不严。

繁殖:春秋时节用老枝扦插,易成活,分根亦可。

应用:供观赏。

(2)木瓜 *Chaenomeles sinensis* (Thovm) Koehne(图 2.8.30)

形态:落叶小乔木,高达 10 m;树皮成不规则薄片剥落,内皮橙黄色或褐黄色,光滑。托叶披针形,具毛齿,其尖端有腺点,早落。叶卵状椭圆形或卵圆形,长 5～10 cm,先端短尖,基部楔形或宽楔形,锯齿细尖,尖端有腺点,幼叶下面密被绒毛,老叶无毛。花单生,淡粉红色;花萼裂片具细齿,反曲。果矩圆形,长6.5～15 cm,近木质。花期4—5月,8—10月果熟。

分布:华东、华中地区习见栽培,广州亦有栽培。

习性:同贴梗海棠。

繁殖:播种繁殖,亦可用扦插和嫁接繁殖。

应用:春花红艳,供观赏;果鲜黄或深黄,有浓香,为室内陈设,可食及入药;种子可榨油,种仁含油量66%,可食。

图 2.8.30 木瓜
1. 花枝 2. 叶缘 3. 去花瓣的花
4. 花瓣 5. 雄蕊 6. 雌蕊
7. 果 8. 种子

7) 梨属 *Pyrus* L.

落叶稀半常绿乔木,稀灌木,有时具枝刺。芽通常圆锥形,先端尖。叶具锯齿或全缘,稀浅裂,伞形总状或伞房花序;花白色,稀粉红色,花瓣有爪;花药通常红色,花柱 2～5,分离,子房 2～5心皮,合生,2～5 室,每室 2 胚珠。梨果具显著的皮孔,果肉多石细胞。

本属约 30 种,主产于北温带,中国有 16 种。

抗盐性和耐湿性均较强。

春花如雪,秋叶美丽,供观赏,木材细致坚硬,供家具及工艺品用。

图 2.8.31 豆梨

(1) 豆梨 *Pyrus calleryana* Decne. (图 2.8.31)

形态:小乔木,高 10 m。具枝刺。叶卵圆形、宽卵形,长 3.8～10 cm,宽 2.5～7.6 cm,先端短渐尖,基部圆形成宽楔形,具圆钝锯齿,无毛,花柱 2～3。梨果球形,褐色,径约 1 cm,果柄细,长 1.5～3 cm,花萼脱落。花期3—4月。

分布:长江流域各地、河南,南至海南。山野习见。

习性:喜阳光充足,耐寒性较强,对土壤要求不严。

繁殖:种子繁殖,亦可用扦插和嫁接繁殖。

应用:抗病虫害和繁殖能力强,常用作栽培梨树品种的砧木。

(2) 杜梨(棠梨) *Pyrus betulifolia* Bunge. (图 2.8.32)

形态:小乔木,高达 10 m,有枝刺。幼枝、幼叶、花序均密被白色绒毛,后渐脱落。叶菱状卵形,长 2.6～8 cm,先端渐尖,基部宽楔形,粗锯齿锐尖;叶柄长 1.5～4 cm。花柱 2～3。梨果近球形,径 1～1.5 cm,褐色,有淡色皮孔;果柄长 1.1～2.2 cm;花萼早落。花期4月,果熟期9月。

分布:东北南部、内蒙古、黄河流域、长江流域各地,山野习见。

习性:喜光,深根性,耐干旱瘠薄,抗寒性、抗盐碱性亦强,生于阳坡、沟谷或林缘。

繁殖:用种子或分根繁殖。

应用:木材红褐色,坚硬致密,纹理直,供家具、细木工用材;为白梨等栽培树之砧木,可促进提早结实,并连年丰产;树皮可提制栲胶;又可为华北地区防护林及沙荒造林树种。

（3）沙梨 *Pyrus pyrifolia* Nakai.（图2.8.33）

图2.8.32　杜梨

图2.8.33　沙梨

形态：乔木，高达15 m。2年生枝紫褐色或暗褐色。叶矩圆形，稀心形，无毛，芒状锯齿贴近叶缘；叶柄长3～4.5 cm。花萼裂片渐长尖，较萼筒长1倍；花柱5，稀4，无毛。果近球形，径约4 cm，褐色，有淡色皮孔；果肉较脆；花萼脱落。花期4月，果熟期9月。

分布：长江流域各地，西至四川、云南，南至广东、广西。多优良变种及品种，栽培于南方温暖多雨地区，形成南方梨或沙梨系统；如浙江台州之箬包梨，湖州之鹅蛋白，安徽南部之雪梨，砀山之紫酥梨，广东惠阳之酥梨。

习性：喜阳光充足，喜温暖湿润气候，对土壤要求不严。

繁殖：种子繁殖，亦可用扦插和嫁接繁殖。

应用：用于各类园林绿化。果实甜美可食。

2.8.4　李亚科 Prunoideae Focke

子房上位，单雌蕊，核果。

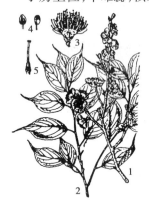

图2.8.34　梅花
1.花枝　2.枝叶　3.花纵剖
4.雄蕊　5.雌蕊

1）梅花 *Prunus mume* Sieb. et Zucc.（图2.8.34）

形态：落叶小乔木，高达10 m。当年生小枝绿色，无毛，叶宽卵形或卵形，长4～10 cm，先端渐长尖或尾尖，基部宽楔形或近圆形，两面无毛，或仅在下面脉上有毛，锯齿细尖，叶柄有腺体。花单生或2朵并生，白色，或淡粉红色。核果球形，成熟时黄色或黄绿色，密被细毛。果核有凹点，与果肉粘着，花期12月至翌年3月。

分布：于黄河流域以南各地栽培，野生于西南山区。

习性：喜温，对土壤要求不严，在排水良好的沙壤土生长良好。

繁殖：种子繁殖，也可用扦插和嫁接繁殖。

应用：寿命长，花色丰富，在隆冬春寒时节，先叶开花，为冷寂园林平添一片春色，为优良的观花树种。

梅花品种分类：

陈俊愉和陈瑞丹（2009）根据品种来源以及枝、花的特征，把梅花品种分为11个品种群，分别为：

（1）单瓣品种群（Single Flowered Group）　如品种'江梅'（*Prunus mume* 'Jiang Mei'）。

（2）宫粉品种群（Pink Double Group）　如品种'小宫粉'（*P. mume* 'Xiao Gongfen'）。

（3）玉蝶品种群（Alboplena Group）　如品种'素白台阁'（*P. mume* 'Subai Taige'）。

（4）绿萼品种群（Green Calyx Group）　如品种'小绿萼'（*P. mume* 'Xiao Lüe'）。

（5）黄香品种群（Flavescans Group）　如品种'曹王黄香'（*P. mume* 'Caowang Huang-xiang'）。

（6）跳枝品种群（洒金品种群，Versicolor Group）　如品种'晚跳枝'（*P. mume* 'Wan Tiaozhi'）。

（7）朱砂品种群（Cinnabar Purple Group）　如品种'水朱砂'（*P. mume* 'Shui Zhusha'）。

（8）垂枝品种群（Pendulous Group）　如品种'粉皮垂枝'（*P. mume* 'Fenpi Chuizhi'）。

（9）龙游品种群（Tortuosa Group）　如品种'龙游'（*P. mume* 'Long You'）。

（10）杏梅品种群（Apricot Group）　如品种'燕杏'（*P. mume* 'Yan Xing'）。

（11）美人品种群（Meiren Group）　如品种'美人梅'（*P. mume* 'Meiren Mei'）。

2）桃花 *Prunus persica*（Linn.）Batsch（图 2.8.35）

形态：落叶小乔木，高达 8 m，小枝红褐色或向阳面为红褐色。下面为绿色。侧芽 3，中间为叶芽，两侧为花芽。叶椭圆状披针形，长 7～15 cm。先端渐尖，基部宽楔形，叶柄长 1～1.5 cm，有腺体。花并生或单生，粉红色，单瓣，花梗甚短，或近无梗。核果近球形，淡黄色，有红晕或淡绿白色，外果皮被绒毛，内果皮坚硬；有深凹或条槽。花期 3—4 月。花叶同放，果期 6—9 月。

分布：华北、华中、华东、西南等地区均有野生桃树，东北南部及内蒙古以南地区，西至陕西、甘肃、四川、云南，南至福建、广东等地均有栽培。

图 2.8.35　桃花
1. 花枝　2. 花纵剖　3. 雄蕊
4. 果枝　5. 果核　6. 种子

习性：喜光，较耐旱。喜排水良好之沙质土壤。可耐水湿，在重黏土上生长者，果实味劣。华南高温高湿地区果实品质差，寿命短，10 余龄后渐衰老。寿命通常为 20～25 年。

繁殖：种子繁殖，也可用扦插和嫁接繁殖。

应用：栽培历史悠久，根据果实品质，早期形状及花、叶的观赏价值可分为食用品种和观赏品种两大类。优良食用品种如水蜜桃、肥城桃（佛桃）、玉器桃等。

3）榆叶梅 *Prunus triloba* Lindl.（图 2.8.36）

图 2.8.36　榆叶梅
1. 花枝　2. 花剖面
3,4. 雄蕊　5. 果枝

形态：灌木稀小乔木，高 2～3 m；枝条开展，具多数短小枝；小枝灰色，一年生枝灰褐色，无毛或幼时微被短柔毛；冬芽短小，长 2～3 mm。短枝上的叶常簇生；一年生枝上的叶互生；叶片宽椭圆形至倒卵形，长 2～6 mm，宽 1.5～3（4）mm，先端短渐尖，常 3 裂，基部宽楔形，上面具有疏柔毛或无毛，下面被短柔毛，叶缘具粗锯齿或重锯齿，叶柄长 5～10 mm，被短柔毛。花 1～2 朵，先于叶开放，直径 2～3 cm；花梗长 4～8 mm；萼筒宽钟形，长 3～5 mm，无毛或幼时微具毛；萼片卵形或卵状披针形，无毛，近先端疏生小锯齿；花瓣近圆形或宽倒卵形，长 6～10 mm，先端圆钝，有时微凹，粉红色；雄蕊 25～30 mm，短于花瓣；子房密被短柔毛，花柱稍长于雄蕊。果实近球形，直径 1～1.8 mm，顶端具短小尖头,红色,外被短柔毛;果梗长 5~10 mm;果肉薄,成熟时开裂;核近球形,具厚硬壳,直径 1~1.6 mm,两侧几不压扁,顶端圆钝,表面具不整齐的网纹。花期 4—5 月,果期 5—7 月。

分布:黑龙江、吉林、辽宁、内蒙古、河北、山西、陕西、甘肃、江西、江苏、浙江等省区。

习性:生于低至中海拔的坡地或沟旁,乔、灌木林下或林缘。目前全国各地多数公园内均有栽植。

繁殖:种子繁殖,亦可扦插和嫁接繁殖。

应用:各类园林绿化。

本种开花早,主要供观赏,常见栽培变种、变型如下:

(1)半重瓣榆叶梅 *Prunus triloba* f. *multiples*(Bge.)Rehd. 花重瓣,粉红色;萼片通常 10 枚。

(2)弯枝(群芳谱),俗称兰枝 *Prunus triloba* var. *Atropurpurea* Hort. 花瓣与萼片各 10 枚,花粉红色;叶片下面无毛。

4)李 *Prunus salicina* Lindl.(图 2.8.37)

图 2.8.37 李
1. 花枝　2. 果枝

形态:落叶乔木,高达 10 m,或有枝刺。小枝红褐色,无毛,有光泽。叶椭圆状倒卵形,长 6~10 cm,先端突渐尖,基部楔形,复锯齿细钝,下面脉腋有簇生毛;叶柄长 0.7~2 cm,有腺体。花白色,常 3 朵簇生,花梗长 1~1.5 cm。核果圆卵形,成熟时淡红色、黄色、深紫色或青绿色,先端钝尖,基部深凹,外果皮无毛,有白粉。花期 3—4 月,7 月果熟。

分布:东北、华北、华东、华中各地,黄河流域以南和地低山区习见栽培。

习性:酸性和钙质土均能生长,以湿润的粗黏土最为适宜,不耐水湿,稍耐旱。

繁殖、应用同榆叶梅。

5)杏 *Prunus armeniaea* Linn.(图 2.8.38)

形态:落叶乔木,高达 10 m。小枝红褐色。叶宽卵形或圆卵形,长 5~10 cm,先端突渐短尖,基部圆形或近心形,边缘具细钝锯齿,下面微被毛或脉腋有簇生毛或无毛;叶柄长 2~3 cm,带红色,有腺体。花单生,春天先叶开花,粉红色,具短梗。核果球形,径约 3 cm,黄色带红晕,外果皮被毛,核平滑,具厚边。花期 3—4 月,6 月果熟。

分布:新疆、东北、河北、山西、河南、山东、江苏、浙江、福建、湖南、湖北、陕西、甘肃等地。

习性:喜光、耐干旱瘠薄,深根性,抗寒性强,并能耐一定盐碱,在土层深厚,排水良好的地方生长良好,在黏重土中生长不良。

图 2.8.38 杏

繁殖:播种和扦插繁殖,也可嫁接繁殖。

应用:为温带水果。春日开花,花较美丽,可栽作观赏,片植或与梅花等混植均可。

6)日本樱花(东京樱花)*Prunus yedoensis* Matsum.(图 2.8.39)

形态:落叶乔木。叶片椭圆形或倒卵形,边有尖锐重锯齿,齿端渐尖,有小腺体,上面无毛,下面沿叶脉被稀疏柔毛;叶柄密被柔毛。有花。3~4朵,花序伞形总状,先叶开放,总梗极短,苞片匙状长圆形,边有腺体;花梗长2~2.5 cm,被短柔毛,萼筒管状,被疏柔毛,萼片三角状长卵形,先端渐尖,边有腺齿;花柱基部有疏柔毛。核果近球形,黑色,核表面略具棱纹。花期3月,先叶开花,果期5月。

图2.8.39 日本樱花

分布:原产日本,中国引种栽培。

习性:喜光,耐寒。

繁殖:种子繁殖,也可用扦插和嫁接繁殖。

应用:本种在日本栽培广泛,也是中国目前引种最多的种类,花期早,先叶开放,着花繁密,花色粉红,可孤植或群植于庭院、公园、草坪、湖边或居住小区等处,远观似一片云霞,绚丽多彩,也可列植或与其他花灌木合理配置于道路两旁,或片植作专类园。

7) **山樱花** *Prunus serrulata* Lindl. (图2.8.40)

1 mm

5 cm   6 mm

图2.8.40 山樱花

形态:落叶乔木。幼叶绿色,叶片卵状椭圆形或倒卵状椭圆形,先端渐尖,基部圆形,边有渐尖短锯齿及重锯齿,齿尖有小腺体,两面无毛;托叶线形,缘有腺齿,早落;叶柄无毛。花序伞房总状或近伞形,具花2~3朵,花梗长1.5~2.5 cm,萼筒管状,萼片三角披针形,先端渐尖或急尖,全缘,全体无毛。核果球形或卵球形,紫黑色。花期4—5月,果期6—7月。

分布:东北三省以南至福建的广大地区。生于海拔500~1 500 m的山谷林中,生长普遍。

习性:喜光,喜排水良好的肥沃壤土,不耐盐碱土。喜空气湿度较大的环境条件,野生于山谷、溪旁、杂木林中。

繁殖:种子繁殖,也可用扦插和嫁接繁殖。

应用:本种树形高大,性强健,适应性强;花叶同放,花较大,白色,绿叶白花,十分雅致,常孤植于庭院或列植于道路两旁、水池畔,亦可群植造景。

各地栽培广泛,有多种色彩及花瓣的变化,变种很多。

8) **大叶早樱** *Prunus subhirtella* (Miq.) Sok.

形态:小乔木,高3~5 m。叶片卵形至长圆形,长3~6 cm,宽1.5~3 cm,先端渐尖,基部宽楔形,边有细锐单锯齿和重锯齿,上面无毛或中脉伏生疏柔毛,下面伏生白色疏柔毛,脉上尤甚,后脱落;托叶褐色,线形,边缘有稀疏腺齿;叶柄被白色短柔毛。伞形花序,有花1~3朵,先叶开放,无总梗;花梗长1~2 cm,被疏柔毛;萼筒壶形,外面伏生白色疏柔毛,萼片长圆形,先端急尖,具疏齿,与萼筒近等长;花柱基部具疏毛。核果卵球形,黑色;核表面微有纵棱。花期3月底至4月,果期6月。

分布:为日本栽培树种,中国引种于青岛、武汉、北京、南京、无锡等地。有较多的栽培变种和品种。

习性:喜光,耐寒,用于各类园林景观,可孤植、群植和列植。

繁殖:种子繁殖,也可扦插与嫁接繁殖。

应用:本种树形高大优美,性健壮,抗性强;枝条细密,花大,多而繁,早春开花,花色粉红,后期近于白色,萼筒为优美的壶形,花期具有日本樱花相同的景观效果,且长势旺,具有较强的抗病虫害能力,可大力开发。

9) 高盆樱(冬樱花) *Prunus cerasoides* D. Don.

形态:乔木。叶片卵状披针形,先端长渐尖,基部圆钝,叶边有尖锐重锯齿或单锯齿,齿端腺体小型头状,两面无毛,近革质。伞形花序,有花1~3朵,花叶同放,总梗长1~1.5 cm,无毛,苞片圆形,边有腺齿,革质,花后宿存或脱落,花梗长1~2 cm,无毛;萼筒钟状,深红色;萼片三角形,先端急尖,全缘,常带红色;花瓣卵圆形,先端圆钝或微凹,淡粉至白色。核果卵圆形,紫黑色;核圆形,顶端圆钝,边有深沟和孔穴。花期10—12月,果期6—7月。

分布:云南、西藏南部。

习性:生于海拔1 300~2 200 m的沟谷密林中。

繁殖:种子繁殖,也可扦插与嫁接繁殖。

应用:适用于各类园林绿地,可孤植、对植、列植和群植。

10) 福建山樱花 *Prunus cerasoides* var. *campanulata*(图2.8.41)

形态:与原变种的主要区别在于本种叶较小,长4~7 cm,宽2~3.5 cm,下面无毛或脉腋有簇毛,叶柄较短,长8~13 mm,无毛。伞形花序具2~4朵花,先叶开放。总梗短,长2~4 mm;萼片长圆形,先端圆钝,全缘,花瓣倒卵状长圆形,深红色,先端下凹,稀全缘。果卵球形,较小,顶端尖;核表面微具棱纹。花期2—3月,果期4—5月。

分布:浙江、福建、台湾、广东、广西,生于海拔100~800 m的山谷林中及林缘。日本、越南也有分布。

习性:喜温暖湿润环境,喜光照充足,喜微酸性土壤。

繁殖:种子繁殖,也可扦插与嫁接繁殖。

应用:本种早春先叶开花,花大而密,颜色似桃花般艳红,绚丽美艳,满树红花,景色动人,在野生樱花中极具个性。园林景观中孤植、群植、列植均很适宜。

图2.8.41 福建山樱花

2.9 蜡梅科 Calycanthaceae

蜡梅科

落叶或常绿灌木。单叶对生,全缘,无托叶。花两性,单生,芳香,花被片多数,无花萼花瓣之分,螺旋状排列;雄蕊5~30,心皮离生多数,着生于杯状花托内;花托发育为坛状果托,小瘦果着生其中。

本科2属7种,产于东亚和北美。中国有2属4种。

2.9.0 蜡梅科分种检索表

1. 柄上芽;叶椭圆状卵形或卵状披针形,上面粗糙 ························· 蜡梅 *Chimonanthus praecox*

1. 柄下芽;叶卵形至宽椭圆形,卵圆形 ·· 2

2. 叶椭圆形或卵形,长6~15 cm ·· 美国蜡梅 *Calycanthus floridus*

2. 叶宽椭圆形或卵形,长18~26 cm ································· 夏蜡梅 *Calycanthus chinensis*

2.9.1　蜡梅属 *Chimonanthus* Lindl.

灌木;鳞芽。叶前开花;雄蕊5~6。果托坛状。

本属共3种,中国特产。

蜡梅(黄梅花、香梅) *Chimonanthus praecox* (L.) Link. (图 2.9.1)

形态:落叶丛生灌木,暖地半常绿,高3 m。小枝近四棱形。叶半革质,椭圆状卵形至卵状披针形,先端渐尖,基部圆形或宽楔形;叶表有硬毛,叶背光滑。花单生,浓香,花被片多数,黄色,有光泽,分为外中内3轮,中轮较大,蜡质,内轮渐小,具紫红色条纹或斑块;外轮渐小。果托坛状,瘦果栗褐色,有光泽。花期11月下旬至翌年3月,叶前开放,7—8月果熟。

图2.9.1　蜡梅
1. 花枝　2. 花　3. 雄蕊
4. 去雄雌蕊　5. 果枝　6. 果托　7. 种子

蜡梅的栽培变种有:

(1)狗蝇蜡梅(狗牙蜡梅) *Chimonanthus praecox* (Linn.) Link. var. *intermedius* Mak.　是蜡梅的变种,但株型较矮,叶比原种狭长而尖。花小瓣尖似狗牙,质薄像蝇翅。内轮花被片具紫红斑或全为紫红色,香味淡薄,花期早。应用同蜡梅。

(2)磬口蜡梅 *Chimonanthus praecox* (Linn.) Link. var. *grandiflora* Mak.　是蜡梅的变种,但花和叶片较大,外轮花被片淡黄色,内轮有紫红色边缘和条斑,盛开时花被片内抱,花期早,花期长,香味清雅,但花较稀疏。

(3)素心蜡梅(鄢陵蜡梅) *Chimonanthus praecox* (Linn.) Link. var. *concolor* Mak.　是蜡梅的变种,但因花心洁白,花色纯黄而得名。花形大,盛开时花瓣尖端向外翻卷,内外轮花瓣均为蜡黄色,香味浓,花开时不全开张,多出现倒挂如钟状。被认为蜡梅上品。应用同蜡梅。

(4)小花蜡梅 *Chimonanthus praecox* (Linn.) Link. var. *parviflorus* Turrill.　是蜡梅的变种,但花小,径不足1 cm,外轮花被片黄白色,内轮具浓红紫色条纹。栽培较少。应用同蜡梅。

分布:是中国特色花卉,原产于江苏、浙江、湖北、四川和陕西等省,现各地有栽培。

习性:喜光,稍耐阴,较耐寒,耐旱,忌水湿,怕风。宜深厚肥沃、湿润、排水良好的微酸性土壤,黏性土及碱土上生长不良。寿命长,可达百年。

繁殖:通常以播种、分株、嫁接繁殖为主。蜡梅耐修剪,花谢后及时修剪,枝条长度控制在15~20 cm,则枝粗花繁,观赏价值高。及时摘除残花,防止结果。为使蜡梅多开花,应采取多次摘心,促其多分枝,形成丰满的良好树形。

应用:蜡梅花色明快而不艳,香淡雅而不浓。在元旦、春节前开放,尤为可贵。孤植、对植、列植、丛植、群植均可。适宜植于建筑物附近、房前屋后、坡上、水边、林缘、林间,又适作古桩盆景和盆栽。中国传统喜将蜡梅与南天竹配植,黄花、红果、绿叶相映成趣,配以山石,成为江南园林冬令的特色。在自然界常沿溪沟两岸分布,上有苍松翠柏,构成极为优美的景色。切花更是冬令上品,瓶插期长,满室生香。花中含有挥发油,是植物香料中的上品。花、茎、根入药。

2.9.2 夏蜡梅属 *Calycanthus* Lindl. nom. cons

形态:灌木;冬芽为叶柄基部所包围。花直径 5~7 cm;雄蕊多数。仅夏蜡梅一种。

图 2.9.2 夏蜡梅
1. 花枝 2. 果枝

夏蜡梅 *Calycanthus chinensis* Cheng et S. Y. Chang. (**图 2.9.2**)

形态:落叶灌木,高 1~3 m。树皮灰白色,当年生枝黄褐色。叶对生,膜质,椭圆状卵形或卵圆形。花单生当年枝顶,花被片多数,二型,外被片大而薄,白色,缘带红晕,螺旋状排列,呈坛状;内被片乳黄色,质厚,腹面基部有淡紫色斑纹,呈副冠状。假果由花托膨大而成罄状,顶部收缩为平面。初夏开花,弥足珍贵,果熟期 10 月。是国家二级保护树种。

分布:特产浙江,仅临安、昌化、天台等山区有分布。

习性:喜阴湿,在强烈的阳光下生长不良,甚至枯萎,不耐干旱瘠薄,较耐寒,喜富含腐殖质微酸性土壤。

繁殖:同蜡梅播种繁殖。

应用:夏蜡梅花形奇特,色彩鲜艳,大而美丽,罄状果实挂满枝头,随风摇曳,为珍贵的观赏树木。在园林绿地中宜植于偏阴环境。

2.10 **苏木科** Caesalpiniaceae

苏木科

木本。单叶或 1~2 回羽状复叶。花两侧对称;花瓣 5,成上升覆瓦状排列(假蝶形花冠),最上方的 1 花瓣最小,位于最内方;雄蕊 10 或较少,分离或各式联合;荚果。

本科约 150 属 2 200 种,主产于热带和亚热带。中国有 20 属 100 余种。

2.10.0 苏木科分种枝叶检索表

10. 乔木,无刺;小叶长 2 cm 以上 ……………………………………………………………… 11
11. 柄下芽;小叶椭圆形,先端圆或微凹,两面密被毛 ……………… 肥皂荚 *Gymnocladus chinensis*
11. 柄上芽;小叶卵形或椭圆状卵形,先端尖,无毛或幼叶下面有毛 ………… 美国肥皂荚 *Gymnocladus dioicus*

2.10.1 紫荆属 *Cercis* L.

落叶乔木或灌木。芽叠生。单叶互生,全缘;脉掌状。花萼 5 齿裂,红色;花冠假蝶形,上部 1 瓣较小,下部 2 瓣较大;雄蕊 10,花丝分离。荚果扁带形,种子扁形。

本属约有 10 种,产于北美、东亚及南欧;中国有 7 种。皆为美丽的观赏植物。

图 2.10.1 紫荆
1.花枝 2.枝叶 3.花
4.花瓣 5.雌蕊 6.雄蕊
7.雌蕊托 8.果 9.种子

1)紫荆(满条红) *Cercis chinensis* Bunge(图 2.10.1)

形态:落叶灌木或小乔木,高可达 15 m。在园林绿地中多呈 3~5 m 的灌木状。叶互生,心形或近圆形,先端急尖,基部心形,全缘。花紫红色,4~10 朵簇生于 1 年生枝基部和老枝上,有时亦能在老干上着花。荚果条形,扁平,沿腹缝线有窄翅。花期 4 月,先叶或与叶同时开放;果实 9—10 月成熟。

紫荆的变型有:白花紫荆 *Cercis chinensis* f. *alba* P. S. Hsu. 花纯白色,着花较稀疏。

分布:华北、华东、西南、中南、甘肃、陕西、辽宁等地区。

习性:喜光,较耐寒;喜肥沃、排水良好的土壤,怕涝。萌蘖性强,耐修剪。

繁殖:以播种繁殖为主。一般 3 年后可开花。移栽需适当带土球。

应用:树姿优美,叶形秀丽,枝干着花繁密,且花色鲜艳,是优良的观花树种。宜丛植庭院、建筑物前及草坪边缘。因叶前开花,故宜与常绿乔木配植,对比鲜明,花色更加美丽。也可成丛布置在花园一隅或在花境内拉开距离单株栽植,或与连翘、贴梗海棠等相间搭配栽植,使红、黄、紫等花色相映成趣。

2)黄山紫荆 *Cercis chingii* Chun

形态:丛生状灌木,高达 6 m。树皮灰褐色,小枝曲折。叶近圆形或肾形,先端略尖,基部心形,全缘。花 8~10 簇生,淡紫红色,先叶开花。花期 4 月,果熟期 10 月。

分布:安徽、浙江和广东北部。

习性:喜阳光充足,畏水湿。萌蘖性强,经常修剪有利于树形丰满。

繁殖:以播种繁殖为主,也可分株。

应用:用于园林、草坪、城市绿地等栽植,对氯气有一定抗性,滞尘能力强,适于工矿厂区绿化。

3)巨紫荆 *Cercis gigantea* Cheng et Keng f.

形态:乔木,高达 20 m。小枝灰黑色,皮孔淡灰色。叶近圆形,先端短尖,基部心形。花淡红或淡紫红色,7~14 朵簇生老枝。荚果紫红色。花期 4 月,先叶开放,果期 10 月。

分布:华北地区以南各地。

习性:阳性树种,耐旱,畏水湿,较耐寒。宜栽植于肥沃、排水良好的土壤上。

繁殖:萌蘖性强,耐修剪。多以播种繁殖,也可分株。

应用:巨紫荆枝叶繁茂,叶形美丽,圆整而有光泽,光影相互掩映,颇为动人,可丛植或盆栽观赏,其生长速度快,可用于绿化公路或街道,或作庭荫树。

2.10.2 云实属 *Caesalpinia* Linn.

图 2.10.2 云实

本属约 60 种,分布于热带、亚热带地区,中国有 14 种。

云实 *Caesalpinia decapetala* (Roth.) Alston (图 2.10.2)

形态:攀援灌木,密生倒钩状刺。二回羽状复叶,羽片 3 ~ 10 对;小叶 6 ~ 12 对,长椭圆形;叶背有白粉。花黄色,顶生总状花序。荚果长圆形,木质,荚顶有短尖,沿腹缝线有窄翅。花期 5 月,果 8—10 月成熟。

分布:产长江以南各省。

习性:喜光照充足,也耐半阴。喜温暖湿润气候,喜肥沃而呈微酸性土壤。

繁殖:种子繁殖,也可扦插繁殖。

应用:花多且密集,盛开时一片黄色,可草地丛植或植为刺篱。

2.10.3 皂荚属 *Gleditsia* L.

本属约 13 种,产亚洲、美洲及热带非洲。中国产 10 种,分布很广。

1)皂荚(皂角) *Gleditsia sinensis* Lam. (图 2.10.3)

形态:落叶乔木,高达 15 ~ 30 m。树冠扁球形,枝刺圆而有分枝。羽状复叶小叶 6 ~ 14 枚,卵形至卵状长椭圆形,先端钝,具短尖头,锯齿细钝。总状花序腋生,花杂性,黄白色。荚果肥厚,黑棕色,被白粉。花期 5—6 月,果熟期 10 月。

图 2.10.3 皂荚

分布:分布较广泛,自中国北部至南部以及西南皆有种植。

习性:喜光,稍耐阴,较耐寒,喜温暖湿润气候及深厚肥沃、适当湿润的土壤,对土壤要求不严,在微酸性土、石灰质土、轻盐碱土,甚至黏土或砂土上均能正常生长。耐旱性强,忌水浸。生长较慢,寿命较长。

繁殖:播种或嫁接繁殖。播种前需浸水处理和湿沙层积催芽。裸根移植。

应用:主干通直,冠阔荫浓,潇洒多姿,适宜用作庭荫树、行道树,也是较优良的四旁绿化和造林树种。荚果煎汁代肥皂。荚、种子、刺均入药。

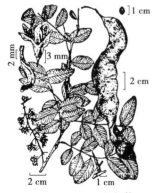

图 2.10.4 山皂荚

2)山皂荚(野皂荚) *Gleditsia microphylla* Gordon ex Y. T. Lee(图 2.10.4)

形态:落叶乔木,高 20 ~ 25 m。小枝淡紫色;枝刺扁。偶数羽状复叶,小叶 6 ~ 10 对,卵形至卵状披针形,缘有钝锯齿,稀全缘;萌芽枝上常为二回羽状复叶。花杂性异株,穗状花序。荚果扭曲或为镰刀状。花期 5—7 月,果熟期 10—11 月。

分布:辽宁、河北、山东、河南、江苏、浙江、安徽等省。

习性:喜光,在酸性土或石灰质土壤上生长良好。

繁殖及应用同皂荚。在苏北沿海轻盐碱地上可用来营造海防林,亦可截干使其萌生成灌木状作刺篱用。

2.11 含羞草科 Mimosaceae

含羞草科

本科约50属,3 000余种,分布于热带和亚热带。中国产6属,引种7属,共30余种。

2.11.0 含羞草科分种枝叶检索表

1. 单叶状,复叶退化,由叶柄发育而成,披针形,向两端渐狭 ·· 2
1. 二回羽状复叶 ··· 3
2. 叶长6~11 cm,宽5~13 mm,具纵向平行脉3~5(7)条 ·········· 台湾相思 Acacia confusa
2. 叶长10~18 cm,宽0.9~3 cm,具纵向平行脉3~6条 ·········· 大叶相思 Acacia auriculiformis
3. 枝具刺 ··· 4
3. 枝无刺 ··· 5
4. 亚灌木,枝上散生利刺及密布倒生刺毛,羽片4,掌状排列于总柄顶端,小叶多数,散生刺毛 ··········
·· 含羞草 Mimosa pudica
4. 多枝灌木,具托叶刺,羽片4~8对,小叶10~20对,长2.5~6 mm ·········· 金合欢 Acacia farnesiana
5. 小叶互生,8~18枚;羽片4~6对,小叶矩圆形或卵形 ·········· 孔雀豆(海红豆) Adenanthera pavonina
5. 小叶对生 ··· 6
6. 叶总柄上无腺体 ·· 7
6. 叶总柄上有腺体 ·· 8
7. 大乔木,羽片4~9对,小叶20~30对,小叶条状披针形,长1~1.5 cm,中脉靠近上边缘,下面粉绿色 ··········
·· 象耳豆 Enterolobium cyclocarpum
7. 灌木或小乔木,羽片4~8对,小叶10~15,小叶条状矩圆形,长7~13 mm,中脉偏于上边缘 ··········
·· 银合欢 Leucaena leucocephala
8. 叶轴上每对羽片间有1或2腺体,羽片8~20对,小叶30~60对,排列紧密,长1.5~4 mm ··········
·· 黑荆 Acacia mearnsii
8. 叶轴上羽片间腺体较少 ·· 9
9. 小叶长6~13 mm,中脉靠近上部边缘 ··· 10
9. 小叶长15~47 mm,中脉偏于上侧 ·· 11
10. 羽片4~12(20)对,小叶10~30对,镰状矩圆形,托叶条状披针形 ·········· 合欢 Albizia julibrissin
10. 羽片6~20对,小叶20~46对,长椭圆形;托叶膜质心形 ·········· 楹树 Albizia chinensis
11. 总柄上腺体被毛,羽片2~6对,小叶5~14(~18)对,矩圆形 ·········· 山合欢 Albizia macrophylla
11. 总柄上腺体无毛,羽片2~4对,小叶4~8(~12)对,矩圆形或椭圆形,无毛或下面疏生毛 ··········
··· 阔荚合欢 Albizia lebbeck

2.11.1 合欢属 Albizia Durazz.

本属约50种,产于亚洲、非洲、大洋洲的热带、亚热带地区。中国有13种。

1)合欢(绒花树、马缨花、夜合花) Albizia julibrissin Durazz. (图2.11.1)

形态:落叶乔木,高达16 m。树冠开展呈伞形。二回偶数羽状复叶,羽片4~12对,小叶10~30对;镰刀状长圆形,脉偏斜,昼开夜合。头状花序排成伞房状,腋生或顶生;萼及花瓣小,黄绿色;花丝粉红色、细长如绒缨。荚果扁条形。花期6—7月,果熟期9—10月。

分布:产于亚洲、非洲。中国分布于黄河流域至珠江流域的广大地区。

习性:阳性树,树干皮薄畏暴晒,易开裂。耐寒性较差,对土壤要求不严,耐干旱瘠薄,不耐水湿,耐轻度盐碱。树冠常偏斜,分枝点较低,萌芽力差,不耐修剪。

繁殖:播种繁殖。幼苗主干常易倾斜,育苗时应适当密植。对第一年的弱苗进行截干,促使

图2.11.1 合欢
1.花枝 2.雄蕊雌蕊
3.花萼 4.花冠 5.雄蕊
6.小叶 7.果枝 8.种子

发出粗壮通直的主干。

应用:合欢树姿优雅,叶形秀丽又昼开夜合,夏日满树绒花,既美又香,能形成轻柔舒畅的景观。为园林绿化中优美的庭荫树和行道树。植于林缘、河滨、草坪、山坡、湖池边,或公园桥头、建筑物前点植一二。抗污染能力强,也是工厂绿化、四旁绿化的优良树种。树皮及花入药,木材可供制造家具等用。

2) 山槐(山合欢)*Albizia macrophylla*(Bunge)P. C. Huang(图2.11.2)

形态:落叶乔木,树皮平滑,黄褐色,树冠伞形。偶数羽状复叶,羽片4~8对,小叶6~10对,似合欢而较大。头状花序,初为白色,后变为黄色。

分布:华北、华西、华东、华南均有分布。

习性:喜光,耐干旱,亦耐水湿,耐寒性较强。

繁殖:种子繁殖,也可扦插和嫁接繁殖。

应用:花美丽,可配植为风景林等各类园林绿化。

3) 楹树 *Albizia chinensis* Merr. (图2.11.3)

形态:落叶乔木,高20 m。小枝有灰黄色柔毛。叶柄基部及总轴上有腺体;二回羽状复叶,互生;羽片6~18对,小叶20~40对,叶背粉绿色;托叶膜质,心形,早落。头状花序3~6个排成圆锥状,顶生或腋生;花黄绿色,花丝绿白色。荚果。花期5月,果期6—12月。

分布:原产中国,分布至亚洲热带。

习性:喜高温多湿气候,喜微酸性土壤。

繁殖:种子繁殖。

应用:它是华南、西南的本地野生树木。生长迅速,树冠宽广,枝叶繁茂,是良好的庭荫树和行道树。

4) 南洋楹树 *Albizia falcataria*(L.)Baker ex Merr. (图2.11.4)

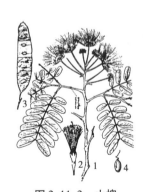

图2.11.2 山槐
1.花枝 2.花 3.果 4.种子

图2.11.3 楹树

图2.11.4 南洋楹树

形态:常绿乔木,树高可达45 m。叶柄基部及总轴上有腺体;羽片11~20对,小叶18~20对,菱状矩圆形;中脉直,基部有3小脉;托叶锥形,早落。花腋生,穗状花序或数个穗状花序再组成圆锥花序,花淡白色。荚果带状。花期4—5月,果期7—9月。

分布:是世界上著名的速生丰产树,原产南洋群岛,中国福建、广东、广西有栽培。

习性:强阳性树,不耐庇荫,喜高温多湿气候。

繁殖:种子繁殖。

应用:南洋楹树是优美的庭荫树和行道树。其干形通直,树冠伸展开阔,雄伟壮观,适宜孤植于草坪或对植于大门入口两侧,或列植于宽广街道。

5)山合欢 *Albizia macrophylla*(Bge.)P. C. Huang.

形态:乔木,高4~15 m。二回羽状复叶,羽片2~3对;小叶5~14对,小叶条状矩圆形,小叶两面及花萼花冠均密生短柔毛。头状花序2~3个生于上部叶腋或多个排成顶生的伞房状;花丝白色。荚果扁平条形。花期5—6月,果熟期8—9月。

分布:华北地区以南,华东、华南各地。

习性:耐寒性较强、耐干旱,对土壤要求不严。

繁殖:种子繁殖。

应用:可作行道树及植于山林风景区。

6)大叶合欢(阔荚合欢) *Albizia lebbeck*(L.)Benth.(图2.11.5)

形态:乔木,高可达8~12 m。叶大,叶柄近基部有1腺体,羽片2~4对,小叶4~8对,斜矩圆形,叶端圆或微浅凹。头状花序2~4排成伞房状,腋生;花丝黄绿色,入夜后清香四溢。花梗、萼、冠皆密生短柔毛。荚果较宽大,黄褐色,有光泽。花期5—7月,果期8—11月。

分布:原产亚洲及非洲热带地区,中国华南地区有栽培。

习性:喜温暖湿润气候,喜微酸性土。

繁殖:种子繁殖。

应用:可作庭荫树及行道树。花白色而芳香,是游人良好的纳凉地点。果有毒。

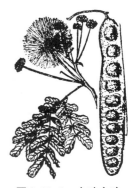

图2.11.5　大叶合欢

2.11.2　金合欢属 *Acacia* Willd.

本属约500种,全部产于热带和亚热带,尤以澳大利亚及非洲为多。中国产10种。

1)台湾相思(相思树) *Acacia confusa* Merr.(图2.11.6)

图2.11.6　台湾相思
1.花枝　2.花　3.果枝

形态:常绿乔木,树高达6~16 m。小枝无毛,无刺。苗期为羽状复叶,稍长小叶退化,叶柄呈披针形叶状,革质,全缘。头状花序1~3个腋生,花黄色,微香。荚果扁带状,种子间略缢缩。花期4—6月,果熟期7—8月。

分布:原产中国台湾。广东、海南、广西、福建、云南和江西等地均有栽培。

习性:喜光,不耐阴,为强阳性树种。喜温暖而畏寒,适生于干湿季明显的热带和亚热带气候。对土壤要求不严,耐干旱瘠薄,耐间歇性水淹。根深材韧,抗风力强,能耐12级台风。生长迅速,萌芽力强,多次砍伐仍能萌芽更新。

繁殖:用种子繁殖。8月果未开裂时采种,晒干拌以石灰或草木灰后干藏。播前浸种。主干欠直,分枝多,应注意整形修枝以培养通直主干。

应用:台湾相思姿态婆娑,叶形纤细,春夏黄花,芳香宜人,适于作公园和庭园的绿荫树,也

常植作行道树。抗逆性强,适作荒山绿化的先锋树,又可作防风林带、水土保持林及防火林带用。

2)金合欢 *Acacia farnesiana*(L.)Willd.(图2.11.7)

形态:常绿灌木,高2~4 m。多枝,有刺,枝条回折。二回羽状复叶,羽片4~8 对,小叶10~20 对,线状长圆形,托叶针刺状。头状花序球形,单生或2~3 个簇生叶腋,花金黄色,极香。荚果膨胀近圆筒状,表面密生斜纹。

分布:浙江、福建、广东、海南、广西、四川、云南、台湾等广大地区。

习性:喜温暖湿润气候,不耐寒,对土壤要求不严。

繁殖:种子繁殖,也可扦插和嫁接繁殖。

图2.11.7 金合欢

应用:金合欢多分枝,花时金黄团簇,芳香宜人,树姿典雅,宜于山坡、水际散植。植株具刺,亦可作刺篱。

2.12 蝶形花科 Fabaceae

本科为世界第三大科,约440 属,12 000 余种,分布于全世界。中国产103 属,引种11 属,共1 000 余种,全国各地均产。

蝶形花科

2.12.0 蝶形花科分种枝叶检索表

2.12.1　红豆树属 *Ormosia* Jacks.

本属 60 种以上,主产于热带、亚热带;中国产 26 种,分布于西南经中部至东部,华南为多。

图 2.12.1　花榈木

1. 果枝　2. 种子

1) 花榈木 *Ormosia henryi* Prain(图 2.12.1)

形态:小乔木,高 5～8 m;幼枝密生灰黄色绒毛。奇数羽状复叶具小叶 5～9 枚;革质,矩圆状倒披针形或矩圆形,下面密生灰黄色短柔毛,先端骤急尖,基部近圆形或阔楔形。圆锥花序顶生或腋生,稀总状花序;总花梗、序轴、花梗都有黄色绒毛;花黄白色,萼钟状,密生黄色绒毛。荚果扁平,种子鲜红色。夏季开花,荚果 9 月成熟。

分布:在华东、华中、西南、华南等地,属国家二级保护树种。

习性:喜温暖湿润气候,不耐寒,喜肥沃的酸性土壤。

繁殖:种子繁殖。

应用:树形优美,枝叶茂盛,为优质绿化树种。可于草坪中孤植、群植,或列植路旁。其材质坚硬,心材暗赤略黄,边材淡黄褐色,兼有雅致的"影纹",花纹色泽美观,为国产珍贵名材,是制作高级家具及雕刻、镶嵌等不可多得的良材。茎、根入药。

2) 红豆树 *Ormosia hosiei* Hemsl. et Wils. (图 2.12.2)

形态:常绿乔木,高 20 m;树皮灰色。奇数羽状复叶小叶 7～9,长卵形至长椭圆状卵形,先端尖。圆锥花序顶生或腋生;萼钟状,密生黄棕色毛;花冠白色或淡红色,微有香气。荚果木质,扁平,圆形或椭圆形,先端喙状。种子鲜红色,光亮,近圆形,因种皮鲜红而得名。花于 4 月开放,10—11 月荚果成熟。

分布:中国特产,四川、湖北、江苏、浙江、陕西、福建、广西等地,生长在河旁林边。

图 2.12.2　红豆树

习性:喜光,幼树耐阴,要求湿润、深厚肥沃的土壤。根系发达,易生萌蘖。

繁殖:播种繁殖。当年苗高可达 40～50 cm。管理上要注意培育主干,使之不过早分枝。

应用:树冠呈伞状开展,浓荫覆地,花、果、种子均具观赏价值,在园林中可植为片林或作园中荫道树。国家三级保护濒危种,由于经济价值很高,被砍伐利用致使分布范围日益狭窄,成年树日益减少。木材坚而重,有光泽,切面光滑,花纹别致,供作高级家具、工艺雕刻、特种装饰和镶嵌之用。种子鲜红色美观,可作装饰品。

2.12.2　香槐属 *Cladrastis* Raf.

香槐 *Cladrastis wilsonii* Takeda(图 2.12.3)

形态:乔木,高 16 m。柄下裸芽叠生。奇数羽状复叶,小叶 9 ~ 11,长椭圆形或矩圆状倒卵形,先端急尖;基部楔形。圆锥花序顶生或腋生,萼钟状,密生黄棕色短柔毛;花冠白色,花瓣近等长。荚果扁平,条形,密生短柔毛。花期 6—7 月,果熟期 10 月。

分布:浙江、湖南、贵州等地。

习性:喜光,适应性强,在深厚肥沃的酸性土壤上生长较好。

繁殖:种子繁殖。

应用:香槐花具芳香,秋季叶片鲜黄色,适宜在园林绿地中种植观赏。

图 2.12.3　香槐

2.12.3　槐树属 *Styphnolobium* Schott

本属约 30 种,分布于亚洲及北美的温带。中国产 15 种。

1)国槐(槐树) *Styphnolobium japonicum* (L.) Schott(图 2.12.4)

形态:乔木,高 25 m。树冠圆球形或倒卵形,干皮暗灰色,小枝绿色,皮孔白色,芽被青紫色毛。小叶 7 ~ 17 枚,卵形至卵状披针形,叶端尖,叶基圆形至广楔形,叶背有白粉及柔毛。花浅黄绿色,顶生圆锥花序。荚果肉质,串珠状。花期 6—9 月,果期 10—11 月。

分布:原产中国北部,全国各地多有栽植,为中国北方重要的省市绿化树种。

习性:喜光,略耐阴,喜干冷气候,在高温多湿的华南也能生长。喜深厚、排水良好的沙质壤土,在石灰性、酸性及轻盐碱土上均可正常生长。萌芽力强,耐修剪。寿命极长,各地 600 多年的古槐较多。

图 2.12.4　国槐
1.果枝　2.花序　3.花萼　4,5.旗瓣
6.翼瓣　7.龙骨瓣　8.种子

繁殖:以播种繁殖为主,也可扦插,变种用嫁接法繁殖。一年生幼苗树干易弯曲,须密植,于落叶后截干,次年培育直干壮苗,要注意剪除下层分枝,以促使向上生长。

应用:树冠宽广匀称,枝叶繁茂,树姿优美,老树尤显古老苍劲,寿命长又耐城市环境,为华北、西北城市绿化优良树种。宜作行道树、庭荫树、园景树、四旁绿化及厂矿区绿化树种。木材用途广,花蕾、果实、树皮、枝叶均可入药。花富蜜汁,是重要蜜源树种。

2)龙爪槐 *Styphnolobium japonicum* (L.) Schott var. *pendula* Loud.

形态:是国槐的变种,落叶小乔木,枝条绿色,小枝弯曲下垂,树冠呈伞状。叶为羽状复叶,互生,小叶 7 ~ 17 枚,卵形或椭圆形。对二氧化硫、氯气等有毒气体有较强抗性。

分布:华北、西北等地。

习性:喜光,对土壤要求不严,较耐瘠薄。喜湿润、肥沃、深厚壤土。

繁殖:嫁接繁殖,接穗以休眠芽为好,接于槐树的 1 ~ 2 年生新枝上。

应用:龙爪槐为中国庭院中常用的特色树种,其姿态优美,富有民族特色情调,冬季落叶后仍可欣赏其扭曲多变的枝干和树冠。宜孤植、对植、列植。常被对植于门前或庭院中,又宜植于建筑前、道路旁、草坪边缘作为装饰性树种。

3)蝴蝶槐(五叶槐) *Styphnolobium japonicum* f. *oligophylla* Franch.

形态:小叶3~5簇生,顶生小叶常3裂,侧生小叶下部常有大裂片,叶背有毛。

分布:长江流域。

习性:在石灰性、酸性及轻盐碱土上均可正常生长;耐烟尘,对二氧化硫、氯气、氯化氢均有较强的抗性。

繁殖:播种繁殖。

应用:其叶形奇特,宛若千万只绿蝶栖于树上,堪称奇观,宜独植厅前、道旁及草坪边缘,为观赏价值很高的园景树,但不宜多植。

4)金枝槐(金枝国槐) *Styphnolobium japonicum* 'Golden Stem'

形态:属于国槐的品种之一,落叶乔木。一年生枝为淡绿黄色,入冬后渐转黄色;二年生的树茎、枝为金黄色,树皮光滑;叶互生,6~16片组成羽状复叶,叶椭圆形,长2.5~5 cm,光滑,淡黄绿色。树形自然开张,树态苍劲挺拔,树繁叶茂;主侧根系发达。生长快,当年嫁接苗可长高1.5~2 m,第二年可长高2.5~3.5 m。

分布:安徽、浙江、江西、湖南、贵州等地。

习性:性耐寒,能抵抗-30 ℃的低温;抗干旱性强,耐瘠薄。

繁殖:种子繁殖、扦插繁殖和嫁接繁殖。

应用:树茎、枝为金黄色,特别是在冬季,这种金黄色更浓、更加艳丽,独具风格,颇富园林木本花卉之风采,具有很高的观赏价值,是园林绿化中常用树种之一。南北方园林绿地均引种栽培。还可用来嫁接黄茎垂枝槐、黄茎香花槐等。当黄金槐生长到1.5~2 m的高度时定干,再取垂枝槐、香花槐的接穗进行二次嫁接,这样培育出的黄茎垂枝槐、黄茎香花槐观赏价值更上档次,在国内外园林绿化中用途颇广,是道路、风景区等园林绿化的珍品。

2.12.4　刺槐属 *Robinia* L.

柄下裸芽。奇数羽状复叶互生,小叶全缘,对生或近对生;具托叶刺。

本属约20种,产北美及墨西哥,中国引进2种。

1)刺槐(洋槐) *Robinia pseudoacacia* L.

形态:落叶乔木,高10~25 m。树冠椭圆状倒卵形。树皮灰褐色,浅至深纵裂。奇数羽状复叶,互生,小叶7~19,椭圆形至卵状长圆形,先端钝或微凹,有小尖,基部圆形。总状花序腋生,花白色,芳香。荚果扁。花期4—5月,果期10—11月。

分布:原产北美,20世纪初引入中国。为北方重要的生态建设树种。

习性:强阳性树,不耐荫庇。喜较干燥而凉爽气候,耐干旱、瘠薄。在石灰性土壤、酸性土、中性土及轻盐碱土上均能生长。在肥沃湿润、排水良好的低山丘陵、河滩、渠道边生长最快,不耐涝。速生,寿命短。浅根性,在风口处易发生风倒、风折。

繁殖:播种繁殖。秋季采种,干藏,春季浸种催芽后播种。也可插根、插条及根蘖繁殖。苗期应注意抹芽,剪徒长枝,及时去根蘖,以培育通直的主干。

应用:刺槐树体高大,树荫浓密,叶色鲜绿,花期长,开花时洁白串花挂满枝头,芳香四溢,适宜庭院、道路绿化种植,是各地郊区"四旁"绿化,铁路、公路沿线绿化常用树种,也是优良的矿区绿化及水土保持、土壤改良、荒山造林树种,又是良好的蜜源植物。

该种的变型是:

无刺洋槐 *Robinia pseudoacascia* f. *inermis*(Mirbel.)Rehd.,树冠开阔,树形帚状,高 3~10 m,枝条硬挺而无托叶,是刺槐的变形之一,用作庭荫树和行道树。

2)红花洋槐 *Robinia pseudoacascia* f. *decaisneana* Voss L.

形态:小乔木,15~20 m。枝条有针刺,羽状复叶。花紫红色,总状花序呈穗状,具芳香。荚果扁平,种子肾形。花期5月,果期9月。

分布:原产北美,在黄河、淮河流域广泛栽培。

习性:阳性,适应性强,抗寒耐旱,适于肥沃深厚的沙壤土。树冠开阔,树形帚状,高 3~10 m,枝条硬挺而无托叶。是刺槐的变形之一。

繁殖:种子繁殖,也可嫁接繁殖。

应用:用于庭院绿化,可作庭荫树。

3)毛刺槐(江南槐)*Robinia hispida* Linn.

形态:灌木。高2 m。茎、小枝及花梗密被紫红色刺毛。托叶不变为刺状,小叶7~13,广椭圆形至圆形,先端钝或具短突尖。花粉红或紫红色,2~7朵成稀疏总状花序。荚果,具腺状刺毛。花期5月,果期7—10月。

分布:原产北美,中国华北及东北地区多有栽培。

习性:喜光,耐寒,喜肥沃湿润、排水良好的壤土,也耐瘠薄。

繁殖:嫁接繁殖,常用刺槐作砧木。

应用:毛刺槐花大色艳,形似彩蝶,株形优美,宜于庭院、草坪边缘、街头绿地、园路旁丛植或孤植观赏,也可作基础种植用。用高接法能培育成小乔木状,可作园内小路的行道树。

2.12.5　油麻藤属 *Mucuna* Adans.

同属植物中国约有30种。

常春油麻藤 *Mucuna sempervirens* Hemsl.（图2.12.5）

形态:藤本,长约30 m。小叶3,纸质;顶端小叶较大,卵状椭圆形或卵状矩圆形,先端渐尖,基部圆楔形;下部两小叶较小,基部斜形。总状花序生于老茎;萼宽钟形,5齿;花较大,深亮紫色。荚果扁平条状,木质,种子间缢缩。花期4~5月,果熟期7~8月。

分布:主产南方温暖地区。本种为油麻藤属分布最北的一种,产陕西、四川、贵州、云南、湖北、河南、安徽、江西、福建、浙江等地。

习性:喜温暖、半阴环境,喜湿润、疏松肥沃土壤。在石灰岩上生长更好。

图2.12.5　常春油麻藤

繁殖:扦插、压条、种子繁殖。扦插、压条春、秋季节或雨季均可进行。播种可在春、秋两季进行。

应用:常春油麻藤是棚架、栅栏、裸岩、枯树、崖壁、沟谷等处垂直绿化的良好树种,宜在自然式庭院及森林公园中栽植。枝干苍劲、叶片葱翠,每年4月老枝上绽放出一串串紫色花朵,晶莹透亮,丰腴动人。到8—9月,一根根长条状的荚果悬挂于老枝,随风摇摆,甚是壮观。杭州植物园中有株常春油麻藤,老干粗达25 cm以上,秋季长长的果实挂满枝头,十分美观,根、茎皮和种子均可入药。

2.12.6　紫藤属 *Wisteria* Nutt.

落叶灌木。奇数羽状复叶,互生;小叶互生,具小托叶。花序总状下垂,花蓝紫色或白色;萼钟形,5齿裂;花冠蝶形,旗瓣大而反卷,翼瓣镰状,基具耳垂,龙骨瓣端钝;雄蕊2体(9+1)。荚果扁而长,种子间常略缢缩。

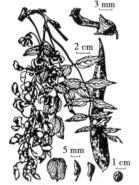

图2.12.6　紫藤

本属约9种,产东亚及北美东部;中国约3种。

紫藤 *Wisteria sinensis* (Sim.) Sweet.(图2.12.6)

形态:藤本。小叶7~13,卵状长圆形或卵状披针形,先端尖,基部阔楔形,幼叶两面密被白柔毛,成长后无毛。总状花序下垂,花蓝紫色,密集而生,有香味。荚果大,密生黄色绒毛。花期4月,果熟期10月。现有白花紫藤和粉花紫藤。

分布:原产中国,全国均有栽植。国外也有栽培。

习性:喜光,略耐阴,较耐寒。对气候和土壤适应性较强,有一定的耐干旱、瘠薄和水湿的能力,在土层深厚肥沃、排水好、避风向阳处生长最佳。不耐移植。

繁殖:扦插、压条、分株、播种、嫁接均可繁殖。苗木于3龄前移栽定植,宜多带侧根,带土定植。

应用:紫藤是中国著名观花藤本,栽培历史在千年以上。其古藤蟠曲,紫花烂漫,枝繁叶茂,庇荫效果好,春天先叶开花,穗大而美,有芳香,为优良的垂直绿化树种,适宜花架、绿廊、枯树、凉亭、大门入口处绿化,也可以修剪成灌木状,孤植、丛植于草坪、入口两侧、坡地、山石旁、湖滨。配乳白色的建筑、棚架,特别协调优美,也常作盆栽观赏或制桩景室内装饰。

2.12.7　崖豆藤属 *Millettia* Wight et Arn.

1)鸡血藤 *Millettia reticulata* Benth.(图2.12.7)

形态:藤本,茎长达10 m以上。花序和幼嫩部分有黄褐色柔毛。奇数羽状复叶互生,小叶7~9,长椭圆形、卵形或卵状椭圆形,先端钝,微凹,基部圆形;小托叶锥状。花紫色或玫瑰红色,圆锥花序顶生,下垂,花多而密集。荚果长条形,种子间缢缩。花期5~8月,果熟期10—11月。

分布:产华中、华南及西南。

习性:喜光稍耐阴,喜温暖湿润气候,不耐寒,耐瘠薄干旱,适应性强。在土壤深厚肥沃、排水良好的沙壤土生长旺盛。

繁殖:播种、扦插、分株、压条均可繁殖。种子繁殖要注意果熟期及时采种,以免荚果开裂,种子散落。

图2.12.7　鸡血藤

应用:鸡血藤枝叶稠密,夏季紫花串串生于绿叶之间。适用于花架、花廊、大型假山、叠石、墙垣及岩石的攀援绿化。也可用于坡地、林缘、堤岸等地种植,任其枝蔓自如生长,宛如绿色地毯,也可作垂吊式栽培或修剪成灌木状配植草坪、湖滨等处。用作树桩盆景,亦甚相宜。种子有剧毒,不可误食。

2)香花崖豆藤 *Millettia dielsiana* Harms ex Diels.(图2.12.8)

形态:藤本。羽状复叶,小叶5,长椭圆形、披针形或卵形,先端钝,基部圆形,下面疏生短柔毛或无毛;叶柄叶轴有短柔毛;小托叶锥状,与小叶柄几等长。圆锥花序顶生,密生黄褐色柔毛;萼钟状,密生锈色毛;花冠紫色,旗瓣外面白色,密生锈色毛。荚果条形,近木质,密生黄褐色绒毛。

图2.12.8　香花崖豆藤
1.花枝　2.花瓣
3.花萼　4.雄蕊　5.果

分布:产华东、华南、西南等地区。

习性:喜温暖湿润气候,喜半阴环境,喜微酸性土壤。

繁殖:种子繁殖。

应用:常用作树桩盆景。

2.12.8　锦鸡儿属 *Caragana* Lam.

本属约60种,产亚洲东部及中部;中国约产50种,主要分布于黄河流域。

1)锦鸡儿 *Caragana sinica* Rehd.(图2.12.9)

图2.12.9　锦鸡儿

形态:灌木,高约2 m。小枝细长,有棱。托叶三角形针刺状;小叶2对,倒卵形,羽状排列,上面1对通常较大。花单生,花梗中部有关节;花黄色带红晕,旗瓣狭长倒卵形。荚果稍扁。花期4—5月,果期7月。

分布:主产中国北部及中部,西南、华东也有分布。

习性:适应性强,喜光,耐寒,耐干旱瘠薄,忌湿涝,对土壤要求不严。

繁殖:多用播种繁殖,也可用分株、压条和根插繁殖。

应用:锦鸡儿枝叶秀丽,花色鲜艳,盛开似金雀。在园林绿化中可植于草地、路边、假山岩石旁,或作绿篱,亦可作盆景材料或做切花,又是良好的蜜源和水土保持树种。

2)金雀儿(红花锦鸡儿)*Caragana rosea* Turcz.

形态:灌木,枝直生,高1 m。小叶2对簇生,长圆状倒卵形;托叶硬化为细针刺状。花总梗单生,中部有关节;花冠黄色,龙骨瓣白色,或全为粉红色,凋谢时变红色。荚果圆筒形。花期4—5月,果期6—8月。

分布:中国可在黄河以南地区种植。

习性:喜光,喜干燥沙土,耐寒、耐旱、耐瘠薄。

繁殖:春、秋扦插为主,也可播种。易生萌蘖枝,可自行繁衍成片。

应用:株型紧凑,叶片亮绿,金黄色小花密集,花期长,鲜艳。常作庭院绿化,地被植物,也可在路边、墙边群植,适合作为高速公路两旁的绿化带。

2.12.9　刺桐属 *Erythrina* L.

图 2.12.10　刺桐

乔木或灌木,很少草本。茎叶常有刺。叶互生,小叶 3 枚。花大,红色,2～3 朵成束,排成总状花序;萼偏斜,佛焰状,或钟形,2 唇状;花瓣不等大;雄蕊 1 束或 2 束。荚果线形,肿胀,种子间收缩成念珠状。

刺桐 *Erythrina orientalis*(L.) Murr.(图 2.12.10)

形态:乔木,高 20 m。干皮灰色,具圆锥形皮刺。叶大,小叶 3,阔卵形或斜方状卵形;小托叶变为宿存腺体。总状花序,萼佛焰状,花冠鲜红色。荚果念珠状。种子暗红色。花期 3 月,果熟期 9 月。

分布:福建、广东、广西、海南、台湾、浙江、贵州、四川、江苏、江西等省。

习性:喜阳光充足,要求温暖湿润的环境,喜肥沃排水良好的沙质壤土。不耐寒,需 4 ℃以上越冬。

繁殖:种子繁殖,也可扦插繁殖。

应用:刺桐花繁且艳丽,适合单植于草地或建筑物旁,可供公园、绿地及风景区美化,又是公路及市街的优良行道树,或作四旁绿化,北方可盆栽观赏。

2.13　山梅花科 Philadelphaceae

山梅花科

木本。叶对生。花同型,均发育。萼片、花瓣为 4 或 5,雄蕊 10 或多数。植物体有或无星状毛。蒴果。

2.13.0　山梅花科分种枝叶检索表

1.叶基部 3～5 出脉,小枝实心,覆被物为单毛 ·· 2
1.叶羽状脉,小枝中空,覆被物为星状毛 ·· 4
2.叶两面无毛 ······································ 太平花 *Philadelphus pekinensis*
2.叶两面有毛 ·· 3
3.叶下面沿叶脉被毛,有时脉腋有毛,余无毛 ········ 建德山梅花 *Philadelphus sericanthus*
3.叶下面密被毛 ······································ 山梅花 *Philadelphus incanus*
4.小枝红褐色,叶下面淡绿色,星状毛较疏 ·········· 溲疏 *Deutzia scabra*
4.小枝灰褐色,叶下面灰白色,星状毛层密 ········ 华北溲疏 *Deutzia grandiflora*

2.13.1　山梅花属 *Philadelphus* L.

落叶灌木。枝具白髓;茎皮常剥落。单叶对生,基部 3～5 主脉,全缘或有齿;无托叶。花白色,总状或聚伞状花序,稀为圆锥状;萼片、花瓣各 4,雄蕊 20～40;蒴果,4 瓣裂。

本属约 100 种,产北温带;中国约产 15 种,自西南、长江流域至东北广布。多为美丽芳香的观赏花木。

1) 建德山梅花 *Philadelphus sericanthus* Koehne(图 2.13.1)

形态:灌木,高 1～3 m,枝条对生。单叶对生,有短柄;叶卵形至卵状披针形,缘具小齿,上面疏被短伏毛或几无毛,下面沿脉有短伏

图 2.13.1　建德山梅花

毛。花序有 7 ~ 15 花;花梗被短伏毛;萼 4 裂片,外有短柔毛,宿存;花瓣 4;雄蕊多数。花期 6 月,果期 7—8 月。

分布:中国浙江、湖南、江西、湖北、贵州、四川东部、云南东北部。

习性:喜光,耐半阴,较耐寒,耐旱、忌水涝,对土壤要求不严。

繁殖:种子繁殖,也可分株和扦插繁殖。

应用:花美丽,栽培供观赏。

2) 西洋山梅花 *Philadelphus coronarius* L.

形态:丛生灌木,高 3 m。树皮栗褐色,片状剥落。叶卵形至卵状长椭圆形,缘具疏齿,叶背脉腋有毛。花乳白色,较大,芳香,5 ~ 7 朵成总状花序。花期 5—6 月,果期 8—9 月。

分布:原产意大利至高加索。上海和青岛市最先引种栽培。亚热带以南地区均可栽培。

习性、繁殖、应用与太平花相近,但生长旺盛花朵较大,色香均胜过太平花。

3) 山梅花 *Philadelphus incanus* Koehne

形态:灌木,高 3 ~ 5 m。树皮褐色,薄片状剥落,小枝幼时密生柔毛,后渐脱落。叶卵形或狭卵形,缘生细尖齿,表面疏生短毛,背面密生柔毛,脉上毛尤多。花白色;总状花序具花 5 ~ 11 朵。花期 5—7 月,果期 8—9 月。

分布:山西、陕西、甘肃、河南、四川、湖北和安徽等地。

习性:山梅花喜光,较耐寒,耐旱,怕水湿,不择土壤。

繁殖:用播种、分株、扦插繁殖。适时剪除枯老枝可强壮树势,开花更好。

应用:其花洁白如雪,多朵聚集,花期长,经久不谢,为优良的观赏花木。可栽植于庭园、风景区。成丛、成片栽植于草地、山坡、林缘,与建筑、山石等配植也很合适。亦可做切花材料。

4) 太平花(东北山梅花、京山梅花) *Philadelphus pekinensis* Rupr.

形态:丛生灌木,高 2 m。树皮栗褐色,薄片状剥落;枝对生,小枝紫褐色。叶卵状椭圆形,缘疏生小齿,叶柄带紫色。花 5 ~ 9 朵组成总状花序;萼宿存,花瓣 4,乳黄色,微香。蒴果陀螺形。花期 6 月,果熟期 9—10 月。

分布:产于中国北部及西部,各地庭院常有栽培。

习性:喜光,耐寒,喜肥沃湿润、排水良好的土壤,耐旱,不耐积水。

繁殖:播种、扦插、分株繁殖。小枝易枯,应及时修剪枯老枝及残花,以保证植株整齐繁茂。

应用:太平花枝叶茂密,花乳黄而淡香,多朵聚集,花期长,是北方初夏优良的花灌木。宜丛植草地、林缘、园路拐角和建筑物前,亦可作自然式花篱或大型花坛中心栽植材料。在古典园林中于假山石旁点缀,尤为得体。

2.13.2　溲疏属 *Deutzia* Thunb

落叶灌木,稀常绿。通常有星状毛,小枝中空。单叶对生,有锯齿;无托叶。圆锥或聚伞花序;萼、瓣各 5,雄蕊 10,很少更多,花丝顶端常有 2 尖齿;蒴果 3 ~ 5 瓣裂。中国约有 50 种,各省均有分布,以西南最多。许多种可作观赏花木种植。

溲疏 *Deutzia scabra* Thunb. (图 2.13.2)

形态:灌木,高 2.5 m。树皮薄片状剥落。小枝赤褐色,幼时有星状柔毛。叶长卵状椭圆形,缘有不明显小齿,两面有星状毛。圆锥花序,有星状毛;萼外密被锈色星状毛;花瓣 5,白色

图 2.13.2　溲疏

或略带粉红色。蒴果近球形。花期 5—6 月,果熟期 10—11 月。

分布:产于中国长江流域各省,野生山坡灌木丛中。

习性:喜光,略耐阴。喜温暖湿润气候,有一定的耐旱抗寒力。对土壤要求不严,喜肥沃的微酸性和中性土壤。性强健,萌芽力强,耐修剪。

繁殖:扦插、播种、压条、分株繁殖,每年落叶后对老枝进行分期更新,以保持植株繁茂。

应用:溲疏夏季开白花,花繁素雅,花期较长。常丛植草坪一角、建筑旁、林缘、山坡、路边,若与花期稍晚的山梅花配置,则次第开花,可延长树丛的观花期,也可植花篱、作岩石园种植材料。花枝可切花插瓶。

本种的变型为:白花重瓣溲疏 Deutzia scabra f. candidissima,落叶灌木。小枝中空,红褐色。花重瓣,纯白色,清雅秀丽,比溲疏更加美丽。应用同溲疏。

2.14　绣球科(八仙花科)Hydrangeaceae

绣球科

本科约 85 种,产东亚及南北美洲。中国约产 45 种,西南、华南至华北广布,多数种类分布于西南、华南。

2.14.0　八仙花科(绣球科)分种枝叶检索表

1. 直立灌木或小乔木 ·· 2
1. 木质藤本 ·· 4
2. 小枝有毛,叶卵状披针形至矩圆形,下面有粗伏毛,叶柄长 1.5～3.5 cm ······　蜡莲绣球 Hydrangea strigosa
2. 小枝无毛,叶柄短 ·· 3
3. 叶对生或 3 叶轮生卵形或椭圆形,长 5～12 cm,锯齿较细,下面疏生短刺毛或仅脉上有毛圆锥花序顶生　···
　·· 圆锥八仙花 Hydrangea paniculata
3. 叶对生 ·· 8
4. 常绿灌木,常具小气生根,小枝无毛,叶椭圆状矩圆形至披针状椭圆形,无毛或下面散生极疏的星状毛 ······
　·· 冠盖藤 Pileostegia viburnoides
4. 落叶藤本 ·· 5
5. 叶两面绿色,卵形至椭圆形 ··· 6
5. 叶下面粉绿色 ·· 7
6. 叶全缘或有极疏小齿 ·································· 钻地风 Schizophragma intergrifolium
6. 叶上部边缘有明显而规则的小锯齿,有气生根,小枝中空;叶卵状椭圆形,长 10～15 cm,宽 5～12 cm;叶柄长
　3～9 cm ······················· 小齿钻地风 Schizophragma integrifolium f. denticulatum
7. 叶卵圆形或长方圆形,长 10～14 cm,宽 6～9 cm,先端短渐尖 ········ 白背钻地风 Schizophragma hypoglaucum
7. 叶片近圆形或宽倒卵形,长 7～9 cm,宽 4～5 cm,先端渐狭成镰状 ······ 秦榛钻地风 Schizophragma corylifolium
8. 小枝无毛,叶多为椭圆形,长 7～15 cm,粗锯齿,叶近无毛 ········· 八仙花(绣球)Hydrangea macrophylla
8. 叶倒卵状矩圆形,上面中脉有疏生柔毛,下面有毛,脉腋内簇生毛,伞形状聚伞花序,无总梗 ···············
　·· 伞八仙花 Hydrangea umbellata

2.14.1　绣球属(八仙花)Hydrangea L.

1)绣球(八仙花)Hydrangea macrophylla(Thunb.)Seringe(图 2.14.1)

形态:落叶灌木,高 3～4 m。小枝粗壮,皮孔、叶迹明显。叶对生,椭圆形或倒卵形,大而稍

厚有光泽,缘有粗锯齿,无毛或仅背脉有粗毛。伞房花序顶生,多为不孕花,密集成球状,径达20 cm,不孕花具 4 枚花瓣状萼片,白色、蓝色或粉红色。花期5—7 月,果期8—9 月。

分布:原产中国及日本,中国各地园林与民间常有栽培。变种很多。

习性:喜温暖气候,阴湿环境,不耐寒。喜肥沃湿润、排水良好的酸性土壤。栽培土壤酸碱度直接影响花色,pH 值为 4～6 时,花色多呈蓝色,pH 值为 7.5 以上时则呈红色。

繁殖:扦插繁殖为主,也可压条和分株繁殖。栽培宜选择半阴环境,不宜浇水过多,防止烂根。花后及时修剪,以促发新枝。

应用:花球大而美丽,花期长,耐阴,栽培容易。开花时,花团锦簇,色彩多变,极富观赏价值。常配置在池畔、林荫道旁、树丛下、庭园的荫蔽处,建筑北面,亦可配置于假山,列植作花篱、花境及工矿区绿化,还可盆栽布置厅堂会场,同时也是窗台绿化和家庭养花的好材料。

2) 圆锥八仙 *Hydrangea paniculata* Sieb. (图 2.14.2)

形态:小乔木或灌木,高 8 m。小枝粗壮略方形,有短柔毛。叶对生,有时枝上部 3 叶轮生,椭圆形或卵形,缘有内弯细锯齿,表面幼时有毛,背面有刚毛及短柔毛,脉上尤多。圆锥花序顶生;不育花具 4 萼片,全缘,白色,后变淡紫色;可育花白色,芳香。花期8—9 月,果期9—10 月。

分布:福建、浙江、江西、安徽、湖南、湖北、广东、广西、贵州、云南等省。

习性:多生于溪边或湿地,耐寒性不强。

繁殖:扦插和分株繁殖。

应用:常栽于庭院观赏。根可制烟斗,为著名土特产原料。

3) 伞八仙(伞形绣球、绣球八仙) *Hydrangea umbellata* Rehd. (图 2.14.3)

图 2.14.1 绣球   图 2.14.2 圆锥八仙   图 2.14.3 伞八仙
                                                        1. 花枝 2. 可育花 3. 果实

形态:落叶灌木,高 1 m。小枝暗紫色。叶对生,倒卵状矩圆形至椭圆形,两面均生毛,脉腋间有硬毛;叶柄也有毛。伞形花序式聚伞花序,放射花具 4 枚萼瓣,缘有齿;可育花黄色;萼筒疏生粗平伏毛,裂片5,花瓣5,离生;雄蕊 7～10,蒴果近椭圆形。

分布:浙江、福建、江西、安徽、湖北、湖南、广西。

习性:生于溪边灌丛或林下阴湿处。

繁殖:种子繁殖,也可扦插和分株繁殖。

应用:可供园林观赏。根和叶入药。

4) 蜡莲绣球 *Hydrangea strigosa* Rehd. (图 2.14.4)

形态:落叶灌木,高 2～3 m。幼枝有平伏毛。叶对生,卵状披针形至矩圆形,缘有小锯齿,齿端有硬尖,上面疏生平伏毛或近无毛,下面全部或仅脉上有粗毛。伞房状聚伞花序顶生;花序

图 2.14.4 蜡莲绣球

四周是几朵不孕花,花萼白色花瓣状 4 枚;中间是蓝紫色的能育花。雄蕊 10。蒴果半球形,除宿存花柱外,全部藏于萼筒内。花期 8—9 月,果期 9—10 月。

分布:产于长江以南各地。

习性:生于林下。

繁殖:种子繁殖,也可扦插和分株繁殖。

应用:花序大,不孕性花白色或淡红色,十分艳丽,适合园林中栽培观赏。叶和根入药。

2.15　野茉莉科 Styracaceae

野茉莉科

本科 12 属 130 多种,多分布于美洲和亚洲的热带和亚热带地区,以及欧洲南部。中国有 9 属,约 60 种,多在长江以南地区。本科植物大部分可供观赏用。

2.15.0　野茉莉科分种枝叶检索表

1. 小枝、叶下面密被星状毛,芽通常单生叶腋,偶有 2 芽叠生 ······································· 2
1. 小枝、叶下面疏生星状毛或无毛,芽通常叠生 ·· 3
2. 叶椭圆形至矩圆状椭圆形 ···································· 拟赤杨 Alniphyllum fortunei
2. 叶宽卵形或宽倒卵形 ······························· 小叶白辛树 Pterostyrax corymbosus
3. 老叶两面无毛或仅在下面脉腋内有簇生毛 ·· 4
3. 老叶被稀疏星状毛 ·· 5
4. 叶椭圆形至椭圆状倒卵形,膜质 ························ 秤锤树 Sinojackia xylocarpa
4. 叶宽椭圆形至椭圆状长圆形,两面无毛或在下面脉腋内有簇生毛 ········· 野茉莉 Styrax japonicus
5. 叶柄长 5 ~ 10 mm,叶纸质,长椭圆形,先端渐尖或尾尖 ········· 郁香野茉莉 Styrax odoratissima
5. 叶柄长 1 ~ 3 mm,叶厚纸质,卵形或倒卵形,先端急尖 ············· 白花龙 Styrax faberi

2.15.1　野茉莉属 Styrax L.

乔木或灌木。叶全缘或稍有锯齿,被星状毛,叶柄较短。总状或圆锥花序腋生或顶生;萼钟状 5 裂,宿存;花冠 5 深裂;雄蕊 10 枚,花丝基部合生。核果球形或椭圆形。

本属约 100 种,分布于亚洲、北美洲及欧洲的热带或亚热带地区。中国约 30 种,主产长江以南各地,大多为观赏树木。

图 2.15.1　野茉莉

1) 野茉莉(安息香) *Styrax japonicus* Sieb. et Zucc. **(图 2.15.1)**

形态:落叶小乔木,高可达 10 m。树皮灰褐色或黑褐色;嫩枝及叶有星状毛,后渐脱落;叶椭圆形或倒卵状椭圆形,背面脉腋有簇生星状毛。花单生于叶腋或 2 ~ 4 朵组成总状花序,下垂;花萼钟状,花冠白色,雄蕊 10,等长。核果近球形。花期 6—7 月,果期 9—10 月。

分布:北自秦岭和黄河以南,东起山东、福建,西至云南、四川,南至广东和广西。

习性:喜光,稍耐阴,耐贫瘠土壤。

繁殖:播种繁殖。

应用:树形优美,花果下垂,盛开时繁花似雪。园林中可作庭园观赏树,也可作行道树。若用于水滨湖畔或阴坡谷地,溪流两旁,在常绿树丛边缘群植,白花映于绿叶中,风景独好。

2）郁香野茉莉 *Styrax odoratissima* Champ.

形态:灌木或小乔木,高 10 m。树皮灰褐色。叶两侧多少不对称。花单生或 2～6 朵成总状花序,或因小枝上部叶片退化而呈狭长的圆锥花序;花冠裂片 5,在花蕾中覆瓦状排列;果近球形,顶具凸尖;种子被褐色星状鳞片。花期 4—5 月,果期 7—8 月。

分布:江苏、安徽、浙江、江西、湖北、福建、广东、广西、贵州。

习性:喜温暖湿润的气候,喜半阴环境,对土壤要求不严。

繁殖:种子繁殖。

应用:花朵素雅芳香,应用于园林丛植,也可植于池畔和假山旁。

3）玉铃花 *Styrax obassia* Sieb. et Zucc. (**图 2.15.2**)

形态:小乔木或灌木,高可达 10 m。树皮灰褐色。叶两型,小枝下部的两叶近对生,形略小,叶柄不膨大;上部的叶互生,椭圆形至宽倒卵形,叶柄基部膨大成鞘状而包着冬芽,下面生灰白色星状绒毛。花白色或略带粉红色,单生上部叶腋和 10 余朵成顶生总状花序;花冠覆瓦状排列。核果卵形至球状卵形,顶具凸尖。花期 5—6 月,果期 8 月。

图 2.15.2　玉铃花

分布:辽宁、安徽、浙江、湖北、江西等省。

习性:生于背阴山坡、沟谷的杂木林内。

繁殖:播种繁殖。

应用:花美丽、芳香,可供观赏及提取芳香油。

2.15.2　秤锤树属 *Sinojackia* Hu

本属为中国特产,3 种。

秤锤树 *Sinojackia xylocarpa* Hu(**图 2.15.3**)

图 2.15.3　秤锤树

形态:落叶乔木,高达 6 m。叶椭圆形至椭圆状卵形。聚伞花序腋生,具 3～5 朵花,形似总状花序;花白色,花梗长,顶有关节;花冠裂片 6～7,雄蕊 12～14 被星状毛和短柔毛;果卵形木质,红褐色有白色斑纹,具钝或尖的圆锥状喙,形似秤锤。花期 4—5 月,果期 8—9 月。

分布:中国特产种,仅产于江苏南京及附近地区。江苏、浙江、湖北、山东等地有栽培。国家二级保护濒危种。

习性:阳性树,喜深厚、肥沃和排水良好的沙质壤土。稍耐旱,忌水淹。

繁殖:常用播种和扦插繁殖。以嫩枝扦插成活率较高。

应用:秤锤树枝叶浓密,色泽苍翠,初夏盛开白色小花,似片片雪花覆盖树梢,秋季叶落后宿存的悬挂果实,粒粒下垂,似秤锤挂满树枝,蔚为奇观。是一种优良而新奇的观花、观果树种和造林树种,适合于山坡、林缘和窗前栽植。

2.16　**山矾科** Symplocaceae

灌木或乔木,单叶,互生,无托叶。花辐射对称,两性,稀杂性,排成穗状花序、总状花序、圆锥花序或团伞花序,很少单生;萼通常 5 裂,宿存;花冠通常 5 裂,裂片分裂至近基部或中部;雄蕊多数,着生于花冠筒上;子房下位或半下位,顶端常具花盘和腺体,通常 3 室,花柱 1 枚,胚珠每室2~4颗。果为核果,顶端冠以宿存的萼裂片,通常具薄的中果皮和木质的核(内果皮);核光滑或具棱,1~5室,每室有种子1颗,具丰富的胚乳。

山矾科仅1属。中国产77种。分布于西南、华南、东南,其中以西南的种类较多,东北仅有白檀1种,多生长在海拔400~2 600 m的常绿雨林地带,从不生长于干燥地带。

2.16.0 山矾科分种枝叶检索表

1. 落叶灌木或小乔木,一年生枝和叶下面被毛,叶纸质,卵状椭圆形或倒卵状椭圆形 ············
·· 白檀 *Symplocos paniculata*
1. 常绿灌木或乔木,叶革质或薄革质 ································· 2
2. 叶全缘,芽、嫩枝,叶柄及幼叶下面脉上均被锈褐色毛,叶厚革质 ········ 老鼠矢 *Symplocos stellaris*
2. 叶缘有锯齿 ·· 3
3. 枝有棱角,光滑;叶革质,长椭圆形或倒卵状椭圆形 ······· 四川山矾 *Symplocos setchuensis*
3. 枝圆柱形,无棱角,叶薄革质 ·· 4
4. 中脉在叶上面隆起 ··································· 薄叶山矾 *Symplocos anomala*
4. 中脉在叶上面凹下 ··································· 山矾 *Symplocos sumutia*

2.16.1 山矾属 *Symplocos* Jacq.

1)白檀(灰木、碎籽树、栅柴) *Symplocos paniculata* (Thunb.) Miq. (图2.16.1)

形态:落叶灌木或小乔木,高达5 m,嫩枝被毛。叶互生,椭圆形,长4~9.5 cm,宽2~5.5 cm,边缘细锐锯齿。圆锥花序生枝顶,花白色。核果卵形,黑色。

分布:中国东北部及黄河以南地区,尤以长江流域以南诸省区更为普遍。多生于海拔200~1 000 m丘陵山地疏林、灌木中和第四纪红土光坡。

习性:以向阳坡地及沟谷区生长较好,具有耐干旱瘠薄,根系发达、萌发力强,易繁殖等优点。

繁殖:种子繁殖,也可扦插繁殖。

应用:可作器具,亦可入药。优良的水土保持树种。适于各类园林绿化,宜作风景林。可作行道树。

图2.16.1 白檀

图2.16.2 老鼠矢

2)老鼠矢 *Symplocos stellaris* Brand (图2.16.2)

形态:常绿乔木,高5~10 m。叶厚革质,长披针形,互生,全缘。叶面有光泽,叶背粉褐色,披针状椭圆形或狭长圆状椭圆形,先端急尖或短渐尖,基部阔楔形或圆,中脉在叶面凹下,在叶背明显凸起,侧脉和网脉在叶面均凹下,在叶背不明显;叶柄有纵沟,长 1.5 ～ 2.5 cm。小枝粗,髓心中空,具横隔;芽、嫩枝、嫩叶柄、苞片和小苞片均被红褐色绒毛。密伞花序着生于叶腋,花白色,苞片圆形,直径 3 ～ 4 mm,有缘毛;花萼长约 3 mm,裂片半圆形,长不到 1 mm,有长缘毛;花冠白色,长 7 ～ 8 mm,5 深裂几达基部,裂片椭圆形,顶端有缘毛,雄蕊 18 ～ 25 枚。核果长椭圆形,长 1 cm,具 6 ～ 8 条纵棱。种子含油,油脂植物。

分布:分布于长江以南各省区。生于海拔 1 600 m 以下的林中。

习性:沟谷区生长较好,喜温暖湿润气候。

繁殖:种子繁殖,也可扦插繁殖。

应用:用于各类园林绿化。

3)四川山矾 *Symplocos setchuensis* Brand.

形态:常绿小乔木,高达 7 m。嫩枝有棱,黄绿色,无毛。叶片革质,长椭圆形或倒卵状长椭圆形,长 5 ～ 13 cm,宽 2 ～ 4 cm,先端尾状渐尖,基部楔形,边缘疏生锯齿,两面无毛,中脉在两面凸起。叶柄长 0.5 ～ 1 cm。密伞花序有花多朵,生于叶腋;花萼长约 3.5 mm,萼筒长 2 mm,萼裂片宽卵形,外面被有微细柔毛;花冠白色,5 深裂,裂片倒卵状长圆形,长约 3 mm;雄蕊约 25 枚,长短不一,长者比花冠稍长,短者比花冠稍短;花柱较雄蕊为短,柱头 3 裂,子房被长柔毛。核果卵状椭圆形,熟时黑褐色,长 7 ～ 12 mm,被微柔毛,宿存,核无棱。花期 5 月,果期 10 月。

分布:产浙江各地。生于海拔 250 ～ 1 000 m 的山地林间。分布于长江流域诸省及台湾地区。

习性:喜光,耐半阴,喜湿润、凉爽的气候,较耐热也较耐寒。对土壤要求不严,酸性、中性及微碱性的沙质壤土均能适应,但在瘠薄土壤上则生长不良。对氯气、氟化氢、二氧化硫等抗性强。

繁殖:种子繁殖,也可扦插繁殖。

应用:可作园林绿化树种,木材供制器具,种子油可制肥皂用。根、茎、叶入药。

4)薄叶山矾 *Symplocos anomala* Brand (**图 2.16.3**)

形态:小乔木,高 3 ～ 7 m。幼枝与顶芽均密被红褐色的短绒毛,后变无毛。叶薄革质,多为狭椭圆状披针形,长 5 ～ 7(9)cm,宽 1.5 ～ 3 cm,先端渐尖具尾状渐尖,基部阔楔形或楔形,叶全缘或疏生浅锯齿,两面均无毛,中脉在叶面隆起,侧脉在两面均隆起;叶柄长 2 ～ 5 mm。总状花序腋生,长 1 ～ 2 cm,通常具 5 ～ 8 朵花,被柔毛,花萼长 2 ～ 2.3 mm,裂片 5,半圆形,边缘被柔毛;花冠白色,5 深裂至近基部,芳香,长 4 ～ 5 mm,筒部长约 1 mm;雄蕊约 30 枚,花丝基部稍合生,成不显著的五体雄蕊,略长于花冠,子房 3 室,顶端微被柔毛。核果褐色,矩圆形,长 7 ～ 10 mm,直径 5 ～ 6 mm,被平伏的短柔毛,顶端宿存裂片近直立,核约有 10 条显著的纵棱。花期 7—9 月,果期翌年 5 月。

分布:产于四川、江苏、安徽、浙江、江西等长江流域以南各省。

图 2.16.3　薄叶山矾

习性:生于海拔 1 000 ～ 1 700 m 的山地杂木林中。

繁殖:种子繁殖,也可扦插繁殖。

应用:可作园林绿化树种,木材供制器具,种子油可制肥皂用。

5) 山矾 *Symplocos sumutia* Buch.-Ham.ex D.Don(图 2.16.4)

图 2.16.4 山矾

形态:乔木,嫩枝褐色。叶薄革质,卵形、狭倒卵形、倒披针状椭圆形,长 3.5~8 cm,宽 1.5~3 cm,先端常呈尾状渐尖,基部楔形或圆形,边缘具浅锯齿或波状齿,有时近全缘;中脉在叶面凹下,侧脉和网脉在两面均凸起,侧脉每边 4~6 条;叶柄长 0.5~1 cm。总状花序长 2.5~4 cm,被展开的柔毛;苞片早落,阔卵形至倒卵形,长约 1 mm,密被柔毛,小苞片与苞片同形;花萼长 2~2.5 mm,萼筒倒圆锥形,无毛,裂片三角状卵形,与萼筒等长或稍短于萼筒,背面有微柔毛;花冠白色,5 深裂几达基部,长 4~4.5 mm,裂片背面有微柔毛;雄蕊 25~35 枚,花丝基部稍合生;花盘环状,无毛;子房 3 室。核果卵状坛形,长 7~10 mm,外果皮薄而脆,顶端宿萼裂片直立,有时脱落。花期 2—3 月,果期 6—7 月。

分布:产于江苏、浙江、福建、台湾、广东、海南、广西、江西、湖南、湖北、四川、贵州、云南。生于海拔 200~1 500 m 的山林间。尼泊尔、不丹、印度也有。

习性:喜光,耐阴,喜湿润、凉爽的气候,较耐热也较耐寒。对土壤要求不严,酸性、中性及微碱性的沙质壤土均能适应,但在瘠薄土壤上则生长不良。对氯气、氟化氢、二氧化硫等抗性强。

繁殖:种子繁殖,也可扦插繁殖。

应用:可作园林绿化树种,木材供制器具,种子油可制肥皂用。

山茱萸科

2.17 山茱萸科 Cornaceae

本科约 15 属,110 余种,主产北温带至热带高山地区。中国产 8 属 65 种,除新疆外,广布各省区。

2.17.0 山茱萸科分种枝叶检索表

8. 一年生小枝带褐色,无白粉,叶侧脉6~8对 ⋯⋯⋯⋯⋯⋯⋯⋯⋯⋯⋯⋯⋯⋯⋯⋯⋯⋯⋯⋯⋯ 9

9. 乔木,枝髓白色;叶下面疏生毛,叶柄长1~4 cm ⋯⋯⋯⋯⋯⋯⋯⋯⋯ 梾木 *Cornus macrophylla*

9. 灌木,枝髓褐色;叶下面密生毛,叶柄长1~1.5 cm ⋯⋯⋯⋯⋯⋯⋯ 灰叶毛梾 *Cornus poliophylla*

2.17.1　山茱萸属 *Cornus* L.

乔木或灌木,稀草本,多为落叶性。单叶对生,稀互生,全缘,常具2叉贴生柔毛;花小,两性,聚伞或伞形花序,花序下无叶状总苞片或有4总苞片;花部4数;子房下位。核果。

本属为中国产,30种,分布于东北、华南、华中及西南,主产西南。

1) 毛梾(车梁木) *Cornus walteri* Wanger. (图2.17.1)

形态:落叶乔木,高6~14 m。树皮暗灰色,常纵裂成长条。叶对生,卵形或椭圆形,先端渐尖,基部楔形,叶表有贴伏柔毛,叶背毛更密。顶生伞房状聚伞花序;花白色。核果球形,黑色。花期5—6月,果期9—10月。

分布:河北、山西及长江以南各省区。

习性:喜光、耐旱、耐寒。

繁殖:种子繁殖。

应用:毛梾枝叶茂密、白花可赏,可作行道树用和各类园林绿化。木材坚硬,可用于制作高档家具或木雕;种子榨油供食用或作高级润滑油。

图2.17.1　毛梾
1. 果枝　2. 花　3. 子房　4. 雄蕊
5. 果纵切　6. 叶局部放大

2) 光皮毛梾 *Cornus wilsoniana* Wanger.

形态:落叶乔木或灌木,高5~18 m。树皮光滑,带绿色。叶对生,狭椭圆形至阔椭圆形,顶端短渐尖,基部楔形,密被白色贴伏短柔毛及细小的乳头状凸起,侧脉弓形弯曲。圆锥状聚伞花序近于塔形,顶生;花白色,花瓣条状披针形至披针形。核果球形,蓝黑色。

分布:湖北、湖南、贵州、四川、广东、广西。

习性:喜阳光充足,也耐半阴,耐干旱,喜温暖湿润气候。

繁殖:种子繁殖,也可扦插繁殖。

应用:可作行道树和风景林等各类园林绿化。

3) 灯台树(瑞木) *Cornus controversa* Hemsl.

形态:落叶乔木,高达20 m。树皮暗灰色,枝条紫红色。叶互生,常集生枝梢,卵状椭圆形至广椭圆形,先端骤渐尖,基部圆形,叶表深绿,叶背灰绿色,疏生贴伏柔毛。伞房状聚伞花序顶生,花小,白色。核果球形,紫红色至蓝黑色。花期5—6月,果期9—10月。

分布:主要产于中国长江流域及西南地区,北达东北南部,南至两广及台湾。属珍贵稀有乡土树种。

习性:喜光,耐半阴。喜温暖湿润气候及半阴环境,有一定耐寒性。对土壤要求不高,宜在肥沃、湿润、疏松、排水良好的沙质土壤中生长。

繁殖:以播种为主。北方栽培,苗期越冬需防寒。

应用:灯台树树形整齐,树干端直,大侧枝呈层状生长宛若灯台。其以树姿优美奇特,枝条紫红,叶形秀丽,花白素雅,花后累累圆果紫红鲜艳而独具特色,为园林中绿化珍品。宜独植于庭院草坪观赏,也可作庭荫树及行道树。其木材材质好,可供建筑及雕刻之用。

4) **山茱萸** *Cornus officinalis* Sieb. et Zucc.

形态:落叶灌木或小乔木,高10 m。枝黑褐色,嫩枝绿色。叶对生,卵状椭圆形,叶端渐尖,基部楔形,两面有毛,背面脉腋密生黄褐色簇毛。伞形花序腋生;序下有4小总苞片;花黄色,花萼4裂,花瓣4。核果椭圆形,熟时红色。花期5—6月,果期8—10月。

分布:山西、陕西、甘肃、山东、江苏、江西、安徽、河南、湖南。

习性:喜光,喜温暖湿润气候,较耐寒,喜肥沃湿润而排水良好的沙质壤土。

繁殖:播种繁殖。

应用:其果似玛瑙,是很好的观花观果树种,宜在草坪、林缘、路边、亭际及庭院角隅处丛植,也适于在自然风景区成丛种植。果实(称萸肉)为重要中药。

5) **红瑞木** *Cornus alba* L. (图2.17.2)

图2.17.2 红瑞木
1. 花枝 2. 花 3. 子房

形态:落叶灌木,高3 m。树皮暗红色,小枝血红色,常被白粉,髓大白色。叶对生,卵形至椭圆形,叶端尖,叶基圆形或广楔形,全缘,叶表暗绿色,叶背粉绿色,两面散生贴伏毛。花小,黄白色,顶生伞房状聚伞花序。核果斜卵圆形,成熟时白色或稍带蓝紫色。花期5—6月,果期8—9月。

分布:分布范围广,北起黑龙江,南至江西,东自山东,西至陕西、甘肃、青海。

习性:喜光,耐寒,喜凉爽湿润气候及半阴环境。喜湿润肥沃排水良好的沙质壤土或冲积土。

繁殖:用播种、扦插和压条法繁殖。

应用:红瑞木秋叶鲜红,小果乳白带蓝,落叶后枝干红艳如珊瑚,是少有的观花、观果、观枝、观叶灌木,也是良好的切枝材料。园林中多丛植草坪、林缘及建筑物前或与常绿乔木相间种植,产生红绿相映之效果。如与绿枝棣棠、金枝瑞木配置,形成五彩的观枝效果,在冬季衬以白雪则相映成趣,色彩更为显著。又可作自然式绿篱,赏红枝白果。还可植于河边、湖畔、堤岸起护岸固土作用。

2.17.2 四照花属 *Dendrobenthamia* Hutch.

灌木至小乔木。花两性,头状花序,序下有大总苞片。核果椭圆形或卵形。

本属中国有15种,分布于长江以南。

1) **四照花** *Dendrobenthamia japonica* (DC.) Fang var. *chinensis* Fang. (图 2.17.3)

图2.17.3 四照花
1. 果枝 2. 果序 3. 花

形态:落叶灌木或小乔木,高9 m。嫩枝有白色柔毛。叶对生,卵形或卵状椭圆形,叶背粉绿色,两面有白柔毛,叶背脉腋簇生白色或黄色毛。头状花序近球形,序基有4枚白色花瓣状总苞片,卵形或卵状披针形;萼4裂;花瓣4,黄色;雄蕊4;花盘垫状。果球形,紫红色。花期5—6月,果期9—10月。

分布:原产于中国长江流域及西南各省区,陕西、甘肃、山西、河南也有分布。

习性:喜光,耐半阴,喜温暖湿润气候,有一定耐寒力,适生于湿润而排水良好的沙质土壤。

繁殖:常用分蘖、扦插及播种法繁殖。

应用:枝条疏散,树姿优美,初夏开花,白色总苞覆盖满树,光彩耀目;绿叶光亮,入秋变红;秋季红果满枝,玲珑剔透,为著名观赏花木。配植时可用常绿树为背景而丛植于草坪、路边、林缘、池畔、亭、榭旁,夏观玉花,秋赏红果和红叶。果可生食及酿酒。

2)香港四照花 *Dendrobenthamia hongkongensis*(Hemsl.)Hutch.

形态:常绿乔木或灌木。幼枝被褐色柔毛,后脱落。叶对生,厚革质,矩圆形、倒卵状矩圆形,顶端渐尖,基部宽楔形或钝尖,幼叶疏被褐色细毛;嫩叶粉红色或浅黄色后转绿色,冬季及早春叶紫红色。头状花序近球形,4 枚白色花瓣状总苞片宽椭圆形,顶端锐尖;花瓣 4,黄色;雄蕊4;花盘环状。果序球形,黄色或红色。花期 5—6 月,果期 11—12 月。

分布:浙、赣、湘、闽等省。

习性:抗寒抗旱,耐贫瘠耐移植。

繁殖:种子繁殖,也可扦插和嫁接繁殖。

应用:树形优美,花白色,有香味,非常雅致。果色鲜艳美观。是集观叶观花观果于一体的优良景观树木。尤其是冬季及早春全树紫红色,极其壮观。是极具开发前景的乡土彩叶、赏花、观果树种。果实可食及酿酒。

2.17.3　桃叶珊瑚属 *Aucuba* Thunb.

本属约 12 种,中国有 10 种,分布于长江以南。

1)桃叶珊瑚 *Aucuba chinensis* Benth. (图 2.17.4)

形态:常绿灌木。单叶对生,有齿或全缘。小枝被柔毛,老枝有白色皮孔。叶薄革质,矩圆形,先端具尾尖,基部楔形,全缘或中上部有疏锯齿,叶背有硬毛。花紫色,总状圆锥花序。浆果状核果,深红色,花柱宿存。花期 3—4 月,果期 10—11 月。

分布:台湾、福建、广东、广西、海南、云南、四川、湖北等省。

习性:耐阴,喜温暖湿润气候,不耐寒。在林下肥沃湿润而排水良好的土壤生长良好。

繁殖:种子繁殖,也可扦插和嫁接繁殖。

应用:桃叶珊瑚枝繁叶茂,极耐阴,为良好的耐阴观叶、观果树种,宜配植于林下及阴处。若配植于假山石边作花灌木的陪衬,或作林缘树丛的下层配植,亦甚协调得体。又可盆栽供室内观赏,枝叶可用作插瓶材料。

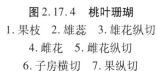

图 2.17.4　桃叶珊瑚

1.果枝　2.雄蕊　3.雄花纵切

4.雌花　5.雌花纵切

6.子房横切　7.果纵切

2)洒金桃叶珊瑚 *Aucuba japonica* ‘Variegata’

形态:常绿灌木。小枝粗圆。叶椭圆状卵圆形至长椭圆形,叶面生有不规则小黄色斑点,先端尖,边缘疏生锯齿。圆锥花序顶生,花小,紫红色或暗紫色。浆果状核果,鲜红色。花期 3—4月,果熟期 11 月至翌年 2 月。

分布:原产日本和朝鲜半岛,青岛引入栽培,南方可露地栽培,北方室内盆栽。

习性:喜湿润、排水良好、肥沃的土壤。极耐阴,夏季怕阳光暴晒。不甚耐寒。

繁殖:扦插极易成活,也可用播种繁殖。

应用:叶色青翠光亮,有黄色斑点,果实鲜艳夺目,适宜庭院、池畔、墙隅和高架桥下点缀。还可盆栽于室内、厅堂陈设。

2.18 八角枫科 Alangiaceae

常绿乔木,单叶互生,树皮光滑,淡灰色,树枝平伸;叶薄或纸质,心形至椭圆形,变化很大,长约 15 cm,宽 7.5 cm,端渐尖,基部偏斜,通常 5 脉,全缘或有阔角,叶柄长 2~3.5 cm;聚伞花序腋生,花两性,有花 8~30 朵,两两相对;花瓣 6~8 片,白色,长不及 1.5 cm,雄蕊与花瓣同数,有短花丝,花药红,花期 5—6 月,果期 7—11 月。果卵形。

本科仅 1 属。生于海拔 1 800 m 以下的山地或疏林中。

2.18.0 八角枫科分种检索表

1. 雄蕊 20~30,常为花瓣数目的 2~4 倍,花丝与花药近等长或花丝稍短;叶片革质,近矩圆形·········
·· 土坛树 Alangium salviifolium
1. 雄蕊 6~10,常与花瓣同数,花丝长仅为花药的 1/4~1/3;叶片卵形或圆形,稀线状披针形,纸质,稀革质 ······ 2
2. 花较大,花瓣长 1 cm 以上··· 3
2. 花较小,花瓣长 1 cm 以内··· 7
3. 雄蕊的药隔无毛··· 4
3. 雄蕊的药隔有毛··· 6
4. 每花序有 7~30(~50)朵花,花瓣长 1~1.5 cm;叶片近圆形、椭圆形或卵形;核果卵圆形,长 5~7 mm ·····
··· 华瓜木 Alangium chinense
4. 每花序仅有少数几朵花,花瓣长 1.8 cm 以上 ··· 5
5. 叶片卵圆形或近圆形,不分裂,叶柄长 1~4 cm;花瓣线形,长 1.8~2.3 cm;核果椭圆形,长 1.3~2 cm ·····
··· 高山八角枫 Alangium alpinum
5. 叶片近圆形,不分裂或分裂,叶柄长 3.5~5 cm;花瓣长 2.5~3.5 cm;核果长卵圆形,长 8~12 mm ·····
··· 八角枫 Alangium platanifolium
6. 直立小乔木或灌木;叶片近圆形或阔卵形,长 12~14 cm,宽 7~9 cm,下面有黄褐色丝状微绒毛,叶柄长 2.5~
4 cm;聚伞花序有 5~7 花,花瓣 6~8,长 2~2.5 cm,药隔有长柔毛;核果椭圆形,长 1.2~1.5 cm ·····
··· 毛八角枫 Alangium kurzii
6. 攀援灌木;叶片矩圆形,长 8~17 cm,宽 4~8 cm,上面有密而紧贴的淡黄色细硬毛,下面有淡黄色硬毛和丝
状毛,叶柄长 1~1.5 cm;聚伞花序有 5~12 花,花瓣 5,长 1~1.5 cm 药隔有疏柔毛;核果椭圆形,长 8~12
mm ··· 广西八角枫 Alangium kwangsiense
7. 叶片近圆形,两面有密毛,顶端 3 浅裂;花瓣长约 7 mm,花柱有疏柔毛 ······ 云南八角枫 Alangium yunnanense
7. 叶片矩圆形或阔椭圆形;花柱无毛··· 8
8. 叶不分裂者矩圆形,分裂者披针形至线状披针形,各部分幼嫩时有毛,其后近无毛,叶柄长 1~1.5 cm;花瓣长
5~6 mm,花药基部有硬毛;核果长 6.5~10 mm ····································· 小花八角枫 Alangium faberi
    8. 叶片阔椭圆形或卵状矩圆形,两面均有黄色硬毛和微绒毛,叶柄长 1.5~2
cm;花瓣长 6~7 mm,花药内面有疏柔毛;核果长 8~10 mm ··················
··· 髯毛八角枫 Alangium barbatum

2.18.1 八角枫属 Alangium Lam.

1)八角枫 Alangium platanifolium(Lour.) Harms. (图 2.18.1)

形态:落叶乔木,高达 15 m,胸径 40 cm。常成灌木状。树皮淡灰色、平滑,小枝呈"之"字形曲折,疏被毛或无毛。叶柄下芽,红色。单叶互生,卵圆形,基部偏斜。全缘或微浅裂,表面无毛,背面脉腋簇生毛,基出脉 3~5,入秋叶转为橙黄色。花为黄白色,花瓣狭带形,有芳香,花丝基部及花柱疏生粗短毛。核果卵圆形,黑色。花期 5—7 月,果期 9—10 月。

图 2.18.1 八角枫
1. 花枝 2. 叶 3. 叶下面部分
  放大示脉腋簇生毛 4. 花
5. 花柱及柱头 6. 雄蕊 7. 果

八角枫与华瓜木的区别在于八角枫叶膜质,3~5 裂,稀7 裂,基部宽楔形或圆形,幼叶两面有毛。而华瓜木叶质地较厚,不裂或2~3 浅裂,基部偏斜,下面脉腋有毛。

分布:我国长江流域以南各地均有分布。

习性:阳性树。稍耐阴,对土壤要求不严,喜肥沃、疏松、湿润的土壤,具一定耐寒性,萌芽力强,耐修剪,根系发达,适应性强。

繁殖:种子繁殖,也可扦插繁殖。

应用:良好的观赏树种,又可作为交通干道两边的防护林树种。

2)华瓜木(别名:瓜木) *Alangium chinense* (Sieb. et Zucc) Harms. (图 2.18.2)

形态:落叶灌木或小乔木,高达7 m;小枝绿色,有短柔毛。叶互生,近圆形,全缘或3~5(7)浅裂,基部广楔形或近心形,幼时两面有毛。花瓣,线形,紫红色,花丝基部及花柱无毛,聚伞花序生叶腋。核果卵形。

分布:产于中国东北南部、华北、西北及长江流域地区;朝鲜、日本也有分布。

习性:生较肥沃、疏松的向阳山地。

繁殖:种子繁殖,也可扦插繁殖。

应用:良好的观赏树种。又可作为交通干道两边的防护林树种。

图 2.18.2 华瓜木
1. 花枝 2. 花 3. 雄蕊
4. 雌蕊 5. 果

2.19 蓝果树科(紫树科)Nyssaceae

蓝果树科

落叶乔木,稀为灌木。单叶互生,全缘,稀有疏齿。花单性或杂性,异株或同株,头状、总状或伞形花序;萼小;花瓣5 或更多,覆瓦状排列。

本科共2 属11 种,分布于亚洲东南部和北美东部。中国有2 属约7 种,分布于西南和长江以南各省区。

2.19.0 紫树科(蓝果树科)分种枝叶检索表

1. 当年生枝紫绿色,被微柔毛,叶纸质;宽6~12 cm,全缘(幼树有锯齿),侧脉11~15 对 ………………………………………………………………………… 喜树 *Camptotheca acuminata*

1. 当年生枝淡绿色,叶纸质或薄革质,宽5~6 cm,边缘浅波状、侧脉6~10 对 …………… 紫树 *Nyssa sinensis*

2.19.1 紫树属 *Nyssa* Lima.

落叶乔木。花单性异株或杂性,伞房、伞形或总状花序。雄花多数,腋生;萼杯状,5 齿裂;花瓣5,着生于花盘的边缘;雄蕊5~10。雌花基部有小苞片,1 至数朵簇生于花序梗上;萼钟状,5 齿裂;花瓣小;雌蕊5~10,花盘稍不发达。核果。

本属有10 种,分布于北美和亚洲,中国有6 种。

紫树(蓝果树) *Nyssa sinensis* Oliv. (图 2.19.1)

形态:落叶乔木,高30 m。树皮灰褐色,浅纵裂;小枝紫绿色,有毛。叶互生,纸质,椭圆形或长卵形。聚伞状短总状花序,花小,绿白色。核果深紫蓝色,后转深褐色。花期4 月,果期9 月。

图 2.19.1 紫树

分布:产于长江流域及华南地区。

习性:喜温暖向阳,在土层深厚肥沃的酸性土壤上生长良好。

繁殖:播种繁殖。

应用:本树高耸挺拔,枝叶荫浓。新叶萌发及深秋落叶时均呈红色,十分鲜艳,是优良的景观绿化彩叶树种,也是中国南方著名的秋色叶树种。适宜在草地孤植、丛植,亦可作为庭荫树或行道树,也适合在森林公园和自然风景区营造风景林。应与常绿树配种种植,秋季红绿相衬,更显得格外美丽。其果实成熟时呈现紫蓝色,也非常美观。

2.19.2　喜树属 *Camptotheca* Decne.

本属仅1种,中国特产。

喜树(旱莲、千丈树) *Camptotheca acuminata* Decne. (图2.19.2)

图2.19.2　喜树
1.花枝　2.果枝　3.雄蕊
4.花瓣及雄蕊脱落后的雌蕊　5.果

形态:落叶乔木,高达30 m。单叶互生,长卵形,叶背疏生短柔毛,叶柄常带红色。花单性同株,头状花序具长柄;雌花序顶生,雄花序腋生;花小,淡绿色;萼5齿裂,花瓣5。坚果香蕉形,有窄翅,集生成球形。花期7月,果熟期11月。

分布:为国家重点保护树种。中国西南部和中南部,东部、中部习见栽培。

习性:喜光,稍耐阴。喜温暖湿润气候,不耐寒,喜深厚肥沃湿润土壤,较耐水湿,不耐干旱瘠薄土地,酸性、微碱性土都能适应。

繁殖:播种繁殖。

应用:喜树生长迅速,树姿雄伟,叶阴浓郁,花清雅,果集生,为中国阔叶树中的珍品之一,具有很高的观赏价值。可作庭荫树、行道树或供公园、庭园、居民新村绿化美化。

2.20　**珙桐科** Davidiaceae

本科仅有1属1种,中国特产。

珙桐科

2.20.0　**珙桐属** *Davidia* Baill.

珙桐(鸽子树、水梨子) *Davidia involucrata* Baill. (图2.20.0)

形态:落叶大乔木,高15~20 m。树冠圆锥形;树皮深灰褐色,呈不规则薄片状脱落。单叶互生,宽卵形,先端渐尖,基部心形,缘有粗锯齿,叶背密生短柔毛。花杂性同株;由多数雄花和一朵两性花组成顶生头状花序;花序下有2白色大苞片;核果长卵形,紫绿色,有黄色斑点。花期4—5月,果期10月。

分布:甘肃、陕西、湖北、湖南、四川、贵州和云南40多个县。

习性:喜半阴,温凉湿润气候,尤喜空气湿度高。略耐寒;宜深厚、湿润、肥沃而排水良好的酸性或中性土壤。

图2.20.0　珙桐
1.花枝　2.叶下部放大　3.花序
4.两性花　5.雄蕊　6.苞叶　7.果

繁殖:播种繁殖,播前应除去果肉,催芽处理。出苗后应搭阴棚。本种早已引入欧洲,在西欧、北欧生长良好,开花繁盛。国内目前引种至许多城市,但只能盆栽,无露地栽培的经验。

应用:珙桐为国家一级保护树种。树体高大,树形优美,花形似鸽子展翅,白色的大苞片似鸽子的翅膀,暗红色的头状花序如鸽子的头部,绿黄色的柱头像鸽子的嘴喙,盛花时节,远观似白鸽万羽栖树端,蔚为壮观,故有"中国鸽子树"之称。是世界著名的庭荫树、行道树,宜植于温暖地带较高海拔地区的庭院、山坡、池畔、溪旁及疗养所、宾馆、展览馆附近,并有和平的象征意义。

2.21　五加科 Araliaceae

五加科

本科约60属,800多种,分布于热带至温带地区。中国约20属,135余种,除新疆未发现外,分布于全国各地,以西南地区较多。

2.21.0　五加科分种枝叶检索表

2.21.1　五加属 Acanthopanax Miq.

本属约30种,主要产于亚洲东部。

图 2.21.1　细柱五加

细柱五加(五加、五加皮) *Acanthopanax gracilistylus* W. W. Smith(图 2.21.1)

形态:灌木,高 2~5 m。有时蔓生状。枝无刺或在叶柄基部有刺。掌状复叶在长枝上互生,在短枝上簇生;小叶 5,中央 1 片最大,倒卵形至披针形,缘有细齿。伞形花序腋生,或单生短枝上;花瓣 5,黄绿色。浆果紫黑色,扁球形。花期 5 月,果 10 月成熟。

分布:华东、华中、华南及西南地区。

习性:喜光、喜肥沃疏松的腐殖土。

繁殖:种子繁殖。

应用:孤植、丛植或与其他乔灌木配植于庭院路边、假山边,亦可作绿篱材料。根皮泡酒有祛风湿、强筋骨的药效。

2.21.2　刺楸属 *Kalopanax* Miq.

刺楸(刺枫树) *Kalopanax septemlobus*(Thunb.)Koidz.(图 2.21.2)

形态:落叶乔木,高达 30 m。枝具粗硬皮刺。叶在长枝互生,在短枝簇生;掌状 5~7 裂,缘有齿。复花序顶生;花白色或淡绿黄色。核果球形,蓝黑色。花期 7—8 月,果熟期 10 月。

分布:中国从东北南部、华北、长江流域至华南、西南均产。

习性:喜光,对气候适应性强。喜土层深厚湿润的酸性或中性土壤。

繁殖:种子繁殖。

应用:树冠伞形,叶大干直,树形壮观并富野趣,宜自然风景区绿化种植,也可在园林作庭荫树、孤植树。在低山区是重要造林树种。

图 2.21.2　刺楸

2.21.3　鹅掌柴属 *Schefflera* Forst.

本属约 400 种,主要产于热带及亚热带地区。中国约 37 种,广布于长江以南。

图 2.21.3　鹅掌柴

鹅掌柴(鸭脚木) *Schefflera octophylla*(Lour.)Harms(图 2.21.3)

形态:常绿乔木或灌木,高达 15 m。掌状复叶互生,小叶 6~9,长卵圆形或椭圆形,革质。花白色,芳香;伞形花序集成大圆锥花序,顶生;萼 5~6 裂;花瓣 5,肉质。果球形。花期 11—12 月,果期 12 月至翌年 1 月。

分布:广布于华南各省区和台湾。

习性:喜暖热湿润气候和肥沃的酸性土壤。

繁殖:播种繁殖。

应用:植株紧密,树冠整齐优美,可作草地丛植或盆栽室内观赏,或作园林中的掩蔽树种用。

2.21.4　常春藤属 *Hedera* L.

常绿攀援灌木,茎上具气生根。单叶互生,全缘或浅裂,有柄。花两性,单生或总状伞形花序顶生;花萼全缘或 5 裂,花瓣 5,浆果状核果。

本属约 5 种,中国野生 1 变种,引入 1 种。

常春藤(中华常春藤) *Hedera nepalensis* K. Koch var. *sinensis* (Tobl.) Rehd. (图 2.21.4)

形态:常绿藤本,长 20～30 m。茎借气生根攀援生长,嫩枝有锈色鳞片。叶互生,2 型性,不育枝上叶三角状卵形或戟形,全缘或 3 裂;花枝上叶椭圆状披针形或披针形,全缘。伞形花序单生或 2～7 顶生,花淡绿白色,芳香。核果球形,熟时红色或黄色。花期 8—9 月,果期翌年 4—5 月。

分布:华中、华南、西南及西北的甘肃、陕西。

图 2.21.4　常春藤

习性:适应性强,极耐阴,较耐寒。对土壤和水分要求不严,宜中性或微酸性土壤。

繁殖:极易生根,以扦插繁殖为主。

应用:常春藤是优美的攀援植物,叶形秀美,四季常青,极耐室内环境。在庭院中可用于攀援假山、岩石,或在建筑物阴面垂直绿化。也可盆栽供室内观叶,令其攀附或悬垂均较雅致。小型植株可作为桌饰。还可作插花切枝或作荫处地被。

2.21.5　树参属 *Dendropanax* Decne. et Planch.

本属约 80 种,分布于热带美洲和亚洲东部。中国有 14 种和 1 变种,产西南部至东南部。

树参 *Dendropanax dentiger* (Harms) Merr.

形态:乔木或灌木。叶有许多半透明红棕色腺点,二型,不裂或掌状深裂;不裂叶生于枝下部,椭圆形、椭圆状披针形至披针形;分裂叶生于枝顶,倒三角形,有 2～3 掌状深裂;全缘或有锯齿,三出脉。伞形花序顶生、单生或 2～5 聚成复伞形花序;萼 5 小齿,花瓣 5,淡绿白色;雄蕊 5,花柱 5,基部合生,顶端分离,果期离生部分向外反曲。果几球形,有 5 棱,每棱各具纵脊 3 条。花期 8—10 月,果期 10—12 月。

分布:长江流域以南地区,如浙江、安徽、湖南、湖北、四川、贵州、云南、广西、广东、江西、福建等省和台湾地区。

习性:喜温暖、潮润和适当庇荫的环境。要求酸性壤土,忌积水,畏寒冻。

繁殖:用播种繁殖。

应用:树参四季常青,可作风景区的骨干树种和林层下的辅助树种。根、树皮及叶可入药。

2.21.6　八角金盘属 *Fatsia* Decne. et Planch.

常绿灌木或小乔木。叶大,掌状 5～9 裂,叶柄基部膨大。花两性或杂性,伞形花序再集成大圆锥花序顶生;花部 5 数,花盘宽圆锥形。果近球形,黑色,肉质。

本属共 2 种,分别产于日本和中国台湾。

八角金盘 *Fatsia japonica* Decne. et Planch. (图 2.21.5)

形态:常绿灌木,高 5 m,常数干丛生。叶掌状 7～9 深裂,基部心形或截形,裂片卵状长椭圆形,缘有齿,表面有光泽;叶柄长 10～30 cm。花小白色,伞形花序集成大型圆锥花序,顶生。夏秋间开花,翌

图 2.21.5　八角金盘

年5月果熟。

分布:原产日本,现中国南方多有栽培,华北地区温室盆栽。

习性:喜阴湿或半阴环境及温暖湿润的气候,不耐旱,耐寒性不强,长江以南地区可露地越冬。

繁殖:常扦插繁殖。

应用:八角金盘是优美的观叶树种。其叶形特殊而优雅,叶色浓绿光亮,又耐阴,是美化宾馆、饭店,会场布置,家庭装饰的理想植物。江南暖地可露地栽培,布置在庭前、门旁、篱下、水边、桥侧、建筑物或山体背阴面,或大片植于草地边缘和林下,也适合工厂绿地种植。

2.22　忍冬科 Caprifoliaceae

忍冬科

本科约15属,450种,分布于温带,中国有12属,约270种,广泛分布于全国各地。

2.22.0　忍冬科分种枝叶检索表

1. 奇数羽状复叶,小叶 5～7,卵状椭圆形或卵状披针形,有粗锯齿,无毛 ················ 接骨木 *Sambucus williamsii*
1. 单叶 ·· 2
2. 叶全缘 ··· 3
2. 叶有锯齿 ·· 8
3. 枝条髓心中空 ·· 4
3. 枝条髓心充实 ·· 5
4. 攀援灌木,幼枝密生柔毛和腺毛 ··· 金银花 *Lonicera japonica*
4. 直立小乔木,幼枝被微毛 ·· 金银木 *Lonicera maackii*
5. 落叶性,幼枝具倒生刚毛 ·· 6
5. 常绿性,幼枝无毛或微有柔毛 ·· 7
6. 叶柄基部膨大,包被芽体,叶小,长 2～5 cm,基部楔形 ··················· 南方六道木 *Abelia dielsii*
6. 叶柄不包被芽,叶长 4～7 cm,基部圆形 ································· 郁香忍冬 *Lonicera fragrantissima*
7. 叶长 7～15 cm,无毛或下面脉腋有簇生毛,叶缘不反卷 ····· 珊瑚树 *Viburnum odoratissimum* var. *awabuki*
7. 叶长 5～7.5 cm,下面沿叶脉有毛,叶缘反卷 ························· 地中海绣球花 *Viburnum tinus*
8. 叶 3 出脉 ··· 9
8. 叶羽状脉 ··· 10
9. 叶通常 3 裂,裂片具不规则粗齿,叶柄顶端有 2～4 腺体,具托叶;落叶性 ···································
　　　　　　　　　　　　　　　　　　　　　　　　　　 天目琼花 *Viburnum opulus* var. *calvescens*
9. 叶不裂,疏生浅齿,叶柄无腺体;常绿性 ································ 球核荚蒾 *Viburnum propinquum*
10. 侧脉直伸至叶缘齿端 ·· 11
10. 侧脉至叶缘弧曲,不伸至齿端 ··· 17
11. 有托叶 ··· 12
11. 无托叶 ··· 13
12. 叶两面有星状毛,叶柄长 3～5 mm ·· 宜昌荚蒾 *Viburnum erosum*
12. 叶下面沿叶脉具平伏毛,无星状毛,叶柄长 5 mm 以上 ··········· 黑果荚蒾 *Viburnum melanocarpum*
13. 枝条、芽无毛或近无毛,叶下面沿叶脉有长毛 ························· 饭汤子 *Viburnum setigerum*
13. 枝条、芽密生星状毛 ·· 14
14. 叶下面有黄白色半透明腺点,侧脉 6～7 对 ······················· 荚蒾 *Viburnum dilatatum*
14. 叶下面无腺点 ··· 15
15. 叶狭,宽 1.5～3 cm,侧脉 5～6 对 ·· 陕西荚蒾 *Viburnum schensianum*
15. 叶宽 3.5～9 cm,侧脉 8～12 对,细脉甚明显 ·· 16
16. 聚伞花序边缘具不孕性花 ····································· 蝴蝶荚蒾 *Viburnum plicatum* f. *tomentosum*
16. 聚伞花序全为不孕性花 ··································· 雪球荚蒾 *Viburnum plicatum*

2.22.1　锦带花属 *Weigela* Thunb

　　落叶灌木,髓心坚实,冬芽有数片尖锐的芽鳞。单叶对生,有锯齿,无托叶。花较大,聚伞花序。花冠漏斗状钟形,两侧对称,顶端 5 裂;雄蕊 5,短于花冠;子房 2 室,伸长,每室有胚珠多数。蒴果长椭圆形,有喙,开裂为 2 果瓣,种子多数,常有翅。

　　本属约 12 种,产于亚洲东部。中国有 6 种,产于中部、东南部及东北部。

1)锦带花 *Weigela florida*(Bunge) A. DC. (图 2.22.1)

　　形态:灌木,高达 3 m。枝条开展,幼枝具 2 列短柔毛。叶椭圆形或卵状椭圆形,顶端渐尖,基部圆形至楔形,缘有锯齿,表面脉上有毛,背面毛密。花大,鲜紫玫瑰色,1 ~ 4 朵成聚伞花序;萼片 5 裂,花冠漏斗状钟形,裂片 5 片。蒴果柱形,花期 4—6 月,果熟期 10 月。

　　分布:中国东北、河北、山西、江苏北部。

　　习性:喜光,耐半阴。耐寒、忌积水。对土壤要求不严,但以深厚肥沃土壤中生长最佳。萌芽、萌蘖力强,生长迅速,对氯化氢等有毒气体抗性较强。

图 2.22.1　锦带花

　　繁殖:扦插、分株、压条,也可播种繁殖。

　　应用:枝叶繁茂,花色艳丽,花期长达两个月之久,是华北地区春季主要观花灌木之一。可丛植或群植于草坪、庭院角隅、湖畔、坡地、林缘或密植为花篱。

2)水马桑 *Weigela japonica* var. *sinica*(Rehd.) Bailey. (图 2.22.2)

　　形态:灌木至小乔木。叶卵形至椭圆形,顶端渐尖至长渐尖,基部圆形至钝,边有锯齿,上面疏生短柔毛,下面毛较密。花大,白色至红色,花冠漏斗状钟形。

　　分布:华东、华中、华南及西南地区。

　　习性和繁殖同锦带花。

图 2.22.2　水马桑

　　应用:枝叶繁茂,花色艳丽,花期长达两个月之久,是华北地区春季主要观花灌木之一。可丛植或群植于草坪、庭院角隅、湖畔、坡地、林缘或密植为花篱。

3)海仙花 *Weigela coraeensis* Thunb.

形态:灌木。小枝粗壮,无毛或近无毛,叶阔椭圆形或倒卵形,顶端尾状,基部阔楔形,边缘具钝锯齿。花冠漏斗状钟形,初时白色,后变深红色,花期5—6月,果期6—7月。

分布:华东和华中地区。

习性和繁殖同锦带花。

应用:枝叶繁茂,花色艳丽,花期长达两个月之久,是华北及其以南地区春季主要观花灌木之一。可丛植或群植于草坪、庭院角隅、湖畔、坡地、林缘或密植为花篱。

2.22.2 忍冬属 *Lonicera* L.

灌木或藤本。皮部老时呈纵裂剥落。单叶对生,全缘稀有裂,无托叶。花成对腋生,稀3朵顶生,有苞片2及小苞片4;花萼5裂,裂齿常不相等;花冠管状,基部常弯曲,唇形或近整齐5裂;雄蕊5,花柱细长,柱头头状。浆果肉质。

本属约200种,分布于温带和亚热带。中国约140种,南北各省均有分布,以西南最多。

1)金银花 *Lonicera japonica* Thunb. (图2.22.3)

形态:半常绿缠绕藤本,长可达9 m,茎皮条状剥落,枝细长中空。叶卵形或椭圆状卵形,全缘,至少幼时有毛。花成对腋生,苞片叶状;花冠唇形,上唇4裂而直立,下唇反转,花初开为白色略带紫晕,后转为黄色,芳香。浆果球形,黑色。花期5—7月,果熟期8—10月。

分布:河北、山东、陕西、河南、江西、湖北、广东等省。

习性:金银花适应性很强,喜阳、耐阴,耐寒性强,也耐干旱和水湿,对土壤要求不严,但以湿润、肥沃的深厚沙质壤上生长最佳,每年春夏两次发梢。根系繁密发达,萌蘖性强,茎蔓着地即能生根。喜阳光和温和、湿润的环境,生活力强,适应性广,耐寒,耐旱,在荫蔽处生长不良。生于山坡灌丛或疏林中、乱石堆、山坡路旁及村庄篱笆边,海拔高达1 500 m。

图2.22.3 金银花

繁殖:种子繁殖,亦可扦插繁殖。

应用:金银花,三月开花,每年开五茬,微香,蒂带红色,花初开则色白,经一、二日则色黄,故名金银花。又因为一蒂二花,两条花蕊探在外,成双成对,形影不离,状如雄雌相伴,又似鸳鸯对舞,故有鸳鸯藤之称。金银花由于匍匐生长能力比攀援生长能力强,故更适合于在林下、林缘、建筑物北侧等处作地被栽培;还可以作绿化矮墙;亦可以利用其缠绕能力制作花廊、花架、花栏、花柱以及缠绕假山石等。优点是蔓生长量大,管理粗放。金银花的变种有:

(1)白金银花 *Lonicera japonica* var. *halliana* Nichols 是金银花的变种,花开为纯白色,后转黄色,应用同金银花。

(2)黄脉金银花 *Lonicera japonica* var. *aureoreticulata* Nichols 是金银花的变种,叶较小,网脉黄色。

分布:中国南北各地均有分布。

习性:适应性强,喜光亦耐阴。耐寒、耐旱、耐水湿,对土壤要求不严,以湿润、肥沃、深厚的沙壤土生长最好。根系发达,萌蘖力强。

繁殖:播种、扦插、压条、分株均可。

应用:藤蔓缠绕,翠绿成簇,冬叶微红。作垂直绿化,也可作庭院和屋顶绿化树种,老桩作盆景。

2)金银木(金银忍冬) *Lonicera maackii*(Rupr.)Maxim.(图2.22.4)

图2.22.4　金银木

形态:落叶灌木,高达5 m,枝中空。叶多少具毛,基部常楔形。花成对腋生,苞片线形,相邻两花的萼筒分离,花先白后黄,芳香,浆果红色。花期5月,果熟期9月。

分布、习性、繁殖同金银花。

应用:树势旺盛,枝叶丰满,初夏观花闻香,秋季红果缀枝,是良好的观花、观果树种。宜丛植、孤植林缘、路边、建筑物周围。

3)郁香忍冬 *Lonicera fragrantissima* Lindl. et Paxt.

形态:半常绿灌木,高达2 m,枝髓充实,幼枝有刺刚毛。花成对腋生,苞片线状披针形,相邻两花萼筒合生达中部以上。花冠白色或带粉红色,芳香,浆果红色。

分布、习性、繁殖同金银花。

应用:用于各类园林绿地,也可盆栽观赏和做盆景,花朵芳香适于庭院栽培。

4)贯月忍冬 *Lonicera sempervirens* L.

图2.22.5　盘叶忍冬

形态:常绿缠绕藤本,全体无毛。花顶生穗状花序,花序下1~2对叶基部合生。花橘红色至深红色,浆果球形,花期晚春至秋季陆续开花。

分布:原产北美洲,我国上海、杭州、南京等地引种栽培。

习性:喜温暖湿润气候,耐半阴,喜排水良好的沙性壤土。

繁殖:播种、扦插、压条。

应用:叶青翠冬叶变红,花先白后黄白,清香宜人,是色香兼备的藤本植物。是缠绕篱垣、花架、走廊等作垂直绿化树种,也可作庭院和屋顶绿化树种。

5)盘叶忍冬 *Lonicera tragophylla* Hemsl.(图2.22.5)

形态:落叶缠绕藤本。花为头状花序,淡黄色,花序下的1~2对叶片基部合生。浆果红色。

分布、习性、繁殖与贯月忍冬相同。

应用:同贯月忍冬。

2.22.3　接骨木属 *Sambucus* L.

落叶灌木或小乔木,稀草本。奇数羽状复叶,小叶有锯齿或分裂。顶生聚伞花序或由聚伞花序组成圆锥花序;花小,辐射对称;雄蕊5,浆果状核果。

本属约20种,产于温带、亚热带。中国约5种,南北均产。

图2.22.6　接骨木

接骨木 *Sambucus williamsii* Hance.(图2.22.6)

形态:落叶灌木至小乔木,高达6 m。髓心淡黄棕色。奇数羽状复叶,小叶5~7,椭圆状披针形,基部不对称,边缘有锯齿,揉碎后有臭味。圆锥花序顶生,花小,白色至淡黄色,浆果状核果球形,黑紫色或红色。花期4—5月,果熟期6—7月。

分布:中国南北各地广泛分布。

习性:喜光,耐寒,耐旱,根系发达,萌蘖力强。

繁殖:扦插繁殖,也可用播种、分株繁殖。

应用:枝叶繁茂,春季白花满树,夏季红果累累,且经久不落,是良好的观花灌木,可配植于草坪、林缘、水溪等处。还可作防护林及落叶性花果篱。

2.22.4 荚蒾属 *Viburnum* L.

落叶或常绿,灌木,少有小乔木。单叶对生。花少,组成伞房状、圆锥状聚伞花序;花冠辐射对称,通常辐状,若为钟状或筒状,则花柱极短。浆果状核果,具种子1枚。

本属约120余种,分布于温带和亚热带地区,中国以西南地区最多。

图2.22.7 珊瑚树
1.花枝 2.花

1)珊瑚树(法国冬青) *Viburnum awabuki* K. koch(图2.22.7)

形态:常绿灌木或小乔木,树干挺直,全体无毛。叶长椭圆形,端急尖或钝,基部阔楔形,全缘或近顶部有不规则的浅波状钝齿,革质,表面暗绿有光泽,背面浅绿色。花白色,芳香,圆锥状聚伞花序顶生,核果倒卵形,先红后黑。花期5—6月,果熟期9—10月。

分布:中国长江流域以南广泛栽培。

习性:喜光亦耐阴,喜温暖、不耐寒,喜湿润肥沃土地、喜中性土。根系发达,萌发力强,耐修剪,病虫害少,抗二氧化硫等有毒气体,抗烟尘。

繁殖:扦插繁殖,也可播种繁殖。

应用:枝叶茂密,叶质厚实,四季常青,花繁芬芳。红果累累,状如珊瑚,故名珊瑚树。是叶、花、果俱美的观赏植物,园林中常作绿篱、绿墙或庭院绿化。还可作防火隔离树带,工厂绿化树。

2)木绣球(绣球荚蒾) *Viburnum macrocephalum* Fort. (图2.22.8)

形态:落叶灌木,树冠呈球形,冬芽裸露,幼树及叶背密被星状毛。叶卵形或椭圆形,叶表面羽状脉不下陷。大型聚伞花序呈球形,全由白色不孕花组成。花期4—6月,不结实。

分布:长江流域以南地区,华北地区常室内盆栽观赏。

习性:喜光,耐半阴,喜温暖湿润气候,耐旱和耐寒性较强,对土壤要求不严。

繁殖:压条和嫁接繁殖。

应用:木绣球花序硕大、色洁白,团团如球满树盛开,为中国传统珍贵观赏花木,如孤植于草坪及空旷地,可丰富园景,体现个体美;如群植一片,则其景观效果非常壮观。

图2.22.8 木绣球

3)琼花(八仙花) *Viburnum macrocephalum* f. *keteleeri* (Carr.) Rehd. (图2.22.9)

形态:同木绣球的区别是,聚伞花序,花序周边为8朵白色大型不孕花,而中部为数量众多的小型可孕花,核果椭圆形,先红后黑,果熟期10月左右。琼花花形扁圆,边缘着生洁白不孕花,宛如群蝶起舞,招人喜爱。

分布:山东、河南、四川、江苏、江西等及以南地区。

习性:耐半阴,较耐寒,对土壤要求不严。

繁殖:种子繁殖,也可嫁接繁殖。

应用:可孤植,亦可群植。

4)雪球荚蒾(粉团) *Viburnum plicatum* Thunb.

形态:落叶灌木,鳞芽,枝叶疏生星状毛;叶表面羽状脉甚凹下,花序中全为大型白色不孕花。

分布、习性、繁殖同琼花。

应用:同木绣球。

图 2.22.9　琼花

5)蝴蝶荚蒾 *Viburnum plicatum* f. *tomentosum* (Thunb.) Rehd. (图 2.22.10)

形态:与雪球荚蒾的区别是,花序外围有大型白色不孕花,中央的花可孕,形如蝴蝶。

分布:山东、河南、四川、江苏、江西等及以南地区。

习性:耐半阴,较耐寒,对土壤要求不严。

繁殖:种子繁殖,也可嫁接繁殖。

应用:同木绣球。

6)天目琼花(鸡树条) *Viburnum opulus* L. var. (Rehd.) Hara(图 2.22.11)

形态:落叶灌木,树皮暗灰色,浅纵裂,略带木栓质,叶 3 裂,裂片有不规则的齿,掌状三出脉,花药紫色。核果近球形,红色。花期 5—6 月,果熟期 8—9 月。

分布:东北三省,河北、山西、陕西、河南、山东、江西、湖北、四川等省。

习性:喜阳,稍耐阴,喜湿润环境,对土壤要求不严。耐寒性强,是北方重要的观赏树种。

繁殖:种子繁殖。

应用:花序硕大、色洁白,团团如球满树盛开,为中国传统珍贵观赏花木,如孤植于草坪及空旷地,可丰富园景,体现个体美;如群植一片,则其景观效果非常壮观。

7)南方荚蒾 *Viburnum fordiae* Hance. (图 2.22.12)

形态:灌木,叶卵形至矩圆状卵形,叶缘有齿,叶下面毛较密,近基部两侧具少数腺体,羽状脉,花序复伞形状,无大型不孕边花,花冠白色,核果红色,近圆球形,花期 4—5 月,果期 10—11 月。

分布:浙江、江西、福建、台湾、湖南、广东、广西、贵州等省。

习性:喜温暖湿润气候,耐半阴,对土壤要求不严。

繁殖:种子繁殖,也可扦插繁殖。

应用:同天目琼花。

8)欧洲琼花(欧洲荚蒾) *Viburnum opulus* L.

形态:灌木,树皮浅灰色,光滑;叶 3 裂,裂片有不规则的齿,掌状三出脉。聚伞花序,有大型白色不孕边花,花药黄色,果近球形,红色。花期 5—6 月,果熟期 8—9 月。

分布:原产欧洲、非洲北部和亚洲北部,青岛和北京等地也有栽培。

习性、繁殖同天目琼花。

应用:同天目琼花。

图 2.22.10　蝴蝶荚蒾　　　　　图 2.22.11　天目琼花　　　　　图 2.22.12　南方荚蒾

1.花枝　2.花　3.果枝　4.果

2.23　旌节花科 Stachyuraceae

东亚特有科,我国仅 1 属,旌节花属,10 种,5 变种。

2.23.0　旌节花科枝叶检索表

2.23.1 旌节花属 *Stachyurus* Sieb. et Zucc.

落叶或常绿灌木或小乔木,有时为攀援状灌木。小枝具髓。冬芽具 2~6 枚鳞片。单叶互生,具锯齿;托叶线状披针形,早落。总状花序或穗状花序腋生,直立或下垂;花小,整齐,两性或雌雄异株,具短梗或无梗;花基部具 2 小苞片,基部连合;萼片 4,覆瓦状排列;花瓣 4,覆瓦状排列,分离或靠合;雄蕊 8,2 轮,花丝钻形,花药丁字着生,内向纵裂;能结实花的雄蕊短于雌蕊,花药色浅,不含花粉,胚珠发育较大;不能结实花的雄蕊与雌蕊近等长,花药黄色,有花粉,后渐脱落;子房上位,4 室,胚珠多数,生于中轴胎座;花柱短而单一,柱头头状,4 浅裂。浆果,外果皮革质。种子小,多数,具柔软的假种皮,胚乳肉质,胚直立;子叶椭圆形,胚根短。

1) 旌节花(别名:中国旌节花) *Stachyurus chinensis* Franch. (图 2.23.1)

形态:灌木或小乔木,高 1.5~5 m;树皮暗褐色。叶互生叶有锯齿,纸质,卵形至卵状矩圆形,少有矩圆状披针形,长 6~15 cm,宽 3.5~7 cm,先端尾状渐尖,基部圆形或近心形,边缘有疏锯齿,无毛,或背面沿中脉被疏毛。穗状花序腋生,下垂,长 4~10 cm;萼片 4,覆瓦状排列,三角形。花瓣 4,倒卵形,长约 7 mm,黄色;雄蕊与花瓣近等长。浆果球形,有短柄,直径约 6 mm。

分布:安徽、浙江、江西、福建、广东、广西、湖南、湖北、陕西、甘肃、四川、贵州、云南。在国外,越南也有。

习性:常生于海拔 1 500~2 900 m 的山谷,沟边灌木丛中和林缘。

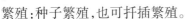

图 2.23.1　旌节花

繁殖:种子繁殖,也可扦插繁殖。

应用:旌节花观叶效果好,是墙面立体布景的好材料。茎髓供药用。

2) 阔叶旌节花(别名:宽叶旌节花) *Stachyurus chinensis* Franch var. *latus* (Li.) (图 2.23.2)

图 2.23.2　阔叶旌节花

形态:灌木或小乔木,高 1.5~5 m;树皮暗褐色。叶互生叶有锯齿,纸质,叶片卵形,近圆形,两面沿脉无毛,边缘具齿或细齿,长 5~6 mm,但不反卷,叶长 6~15 cm,宽 3.5~7 cm,先端尾状渐尖,基部圆形或近心形,穗状花序腋生,下垂,长 4~10 cm;萼片 4,覆瓦状排列,三角形。花瓣 4,倒卵形,长约 7 mm,黄色;雄蕊与花瓣近等长。浆果球形,有短柄,直径约 6 mm。

分布:江西、安徽、浙江、福建、广东、广西、湖南、湖北、陕西、甘肃、四川。

习性:常生于海拔 1 500~2 900 m 的山谷,沟边灌木丛中和林缘。

繁殖:种子繁殖,也可扦插繁殖。

应用:观叶效果好,是墙面立体布景的好材料。茎髓供药用。

2.24 金缕梅科 Hamamelidaceae

金缕梅科

本科约27属,140余种,主产于东亚温暖地区。中国有17属,约76种。

2.24.0 金缕梅科分种枝叶检索表

2.24.1 枫香属 Liquidambar L.

落叶乔木,树液芳香。叶3~5掌状分裂,缘有齿,托叶早落。花单性同株,雄花头状花序常数个排成总状,雌花常有数枚刺状萼片,头状花序单生,子房半下位,2室。果序球形,蒴果,每果有宿存花柱,针刺状,果内有1~2粒具翅膀发育种子,其余为无翅的不发育种子。

本属共6种,产于北美及亚洲,中国有2种。

枫香 Liquidambar formosana Hance. (图2.24.1)

形态:乔木,高达40 m。树干挺直,皮深灰色,不规则深裂。叶常为掌状3裂,基部心形或截形,裂片先端尖,缘有锯齿。花单性同株,雄花总状花序,雌花头状花序。果序下垂,具多数鳞片及由花柱变成的刺状物。花期3—4月,果熟期10月。

分布:中国长江流域及以南地区,日本也有分布。

习性:喜光,喜温暖湿润气候及深厚湿润土壤,耐干旱瘠薄,不耐长期水湿。萌蘖性强,对二氧化硫、氯气等有较强抗性。

繁殖:播种繁殖,也可扦插或压条繁殖。

应用:树干通直,树冠宽阔,入秋叶色红艳,是南方著名的秋色叶树种。园林中宜作庭荫树、观赏树、工厂绿化树,可孤植、丛植,或与其他常绿树混植。

图2.24.1　枫香
1. 花枝　2. 花柱及子房纵切
3. 子房纵切　4. 果

2.24.2　檵木属 *Loropetalum* R. Br.

常绿,灌木或小乔木,有锈色星状毛。叶互生,全缘。花两性,头状花序顶生,萼筒与子房愈合,子房半下位。蒴果木质,熟时2瓣裂,每瓣2浅裂,具2黑色有光泽的种子。

本属约4种,中国有3种。分布于东亚之亚热带地区。

1) 檵木 *Loropetalum chinense*（R. Br.）Oliv.（图2.24.2）

图2.24.2　檵木
1. 花枝　2. 花序　3. 花
4. 去瓣的花　5. 雄蕊侧面

形态:常绿灌木或小乔木。小枝、嫩叶及花萼均有锈色星状毛。叶革质,卵形或椭圆形,顶端锐尖,基部歪斜,不对称,全缘,下面密生星状毛。花两性,3～8朵簇生,呈顶生头状花序,花黄白色。蒴果木质,褐色。花期5月,果熟期10月。

分布:江西、浙江、江苏、安徽、四川等地及以南各省。

习性:喜阴,喜温暖湿润环境,对土壤要求不严。

繁殖:种子繁殖,也可嫁接繁殖。

应用:宜片植、丛植,也可做绿篱。

2) 红花檵木 *Loropetalum chinense* Oliver var. *rubrum* Yieh

形态:小枝被暗红色星状毛。叶革质互生,卵形,全缘,嫩叶淡红色,越冬老叶暗红色。花瓣4枚,淡紫红色,带状线形。为中国特有的珍稀花木树种。生长快,寿命长,花期4—5月,果期8月。

分布:中国长江中下游及以南地区。

习性:适应性强,喜光,耐半阴,喜温暖气候,喜土层深厚、肥沃、排水良好的酸性土,不耐瘠薄,较耐寒、耐旱,发枝力强,耐修剪。

繁殖:播种、压条繁殖。

应用:树枝优美,叶密花繁,花瓣带状奇特,初夏开花如覆雪,颇为美丽。宜片植或丛植于草坪、林缘、园路转角,亦可植为花篱。

2.24.3　蜡瓣花属 *Corylopsis* Sieb. et Zucc.

落叶灌木,单叶互生,有锯齿;具托叶。花两性,先叶开放,黄色,总状花序,基部有数枚大形刀鞘状苞片,花瓣5,倒卵形,雄蕊5,蒴果木质,2或4瓣裂,内有2黑色种子。

本属约30种,主产东亚。中国约20余种,分布于西南至东南部。

蜡瓣花 *Corylopsis sinensis* Hemsl.（图 2.24.3）

形态:落叶灌木或小乔木,高 2～5 m。小枝密被短柔毛。叶倒卵形至倒卵状椭圆形,先端短尖或稍钝,基部斜心形,边缘锐锯齿,背面有星状毛。花为下垂的总状花序,黄色,具芳香,先叶开放。蒴果卵圆形。花期 3 月,果熟期 9—10 月。

分布:中国长江流域及以南各地。

习性:喜光,耐半阴,较耐寒。喜温暖湿润气候及肥沃、湿润、排水良好的酸性土壤,萌蘖力强。

繁殖:播种、扦插、分株、压条等方法繁殖。

应用:春天先花后叶,花序下垂,色如黄蜡而芳香、清丽,为优美的园景花木。宜丛植于草地、林缘、路边,或作基础种植,也宜盆栽和切枝插瓶。

图 2.24.3　蜡瓣花

2.24.4　金缕梅属 *Hamamelis* Gronov. ex Linn.

落叶灌木或小乔木,有星状毛。叶互生,叶缘有波状齿,基部心形,两侧不等;托叶大而早落。花两性,花萼 4 裂;雄蕊 4,花药 2 室,药隔不突出;蒴果 2 瓣裂,花萼宿存。

本属约 8 种,产于北美和东亚。中国有 2 种,多早春开花,秋叶常变黄或红色,常作观赏树。

金缕梅 *Hamamelis mollis* Oliv.（图 2.24.4）

形态:落叶灌木或小乔木,高可达 9 m。小枝有星状毛。叶宽倒卵形,先端急尖,基部歪心形,边缘有波状齿,上面略粗糙,下面密生绒毛。穗状花序,花瓣金黄色,狭长如带,基部带红色,有香味。花期 1—3 月,先叶开花,果熟期 10 月。

分布:广西、湖南、湖北、安徽、江西、浙江等地。

习性:喜光,耐半阴。喜温暖湿润气候,较耐寒,畏炎热,对土壤要求不严,以肥沃、湿润、排水良好而富含腐殖质土壤最好。

繁殖:播种,也可压条、嫁接繁殖。

图 2.24.4　金缕梅
1.花序　2.花枝　3.花
4—5.雄蕊　6.雌蕊

应用:花期早,早春先叶开放,花瓣金黄色,有香味,为园林中重要早春观花树种。适宜孤植庭园角隅、溪畔、山石旁以及树丛边缘。也可盆栽或制作切花。

2.24.5　阿丁枫属(蕈树属)*Altingia* Noronha

细柄蕈树 *Altingia gracilipes* Hemsl.

形态:乔木,高 20 m。叶革质,披针形或狭卵形,顶端尾状渐尖,基部楔形,全缘。雄蕊无花被,多数雄花排成穗状花序,生于枝顶。雌花头状花序有花 5～6 朵,单生或聚成总状,雌花无瓣,萼齿不存在,子房近下位,2 室。头状果序,蒴果,不具宿存花柱。

分布:广东、福建、浙江等地,杭州植物园有栽培。

习性:喜温暖湿润气候,不耐寒。

繁殖:种子繁殖,也可扦插繁殖。

应用:园林观赏,也可用于水土保持树种。

2.25　悬铃木科 Platanaceae

本科仅1属,6~7种,分布于北温带和亚热带地区,中国引入栽培3种。

2.25.0　悬铃木科分种枝叶检索表

1.叶之缺刻浅,不及叶片的三分之一,叶宽大于长,树皮小鳞状开裂,固着树干不脱落,褐色 ……………………………………………………………………………… 一球悬铃木 Platanus occidentalis
1.叶之缺刻较深,裂至叶片上部的三分之一以上,树皮不规则大鳞片状开裂,剥落,内皮灰绿色 …………… 2
2.叶之缺刻裂至叶片上部的三分之一,叶长宽近相等 ……………… 二球悬铃木 Platanus acerifolia
2.叶之缺刻深,裂至叶片的二分之一,叶长大于宽 ……………… 三球悬铃木 Platanus orientalis

2.25.1　悬铃木属 *Platanus* L.

属的形态特征同科。

1)二球悬铃木 *Platanus acerifolia* Willd.(图 2.25.1)

形态:乔木,高达35 m,树皮光滑,常成不规则大薄片状剥落。叶片广卵形至三角状广卵形,掌状3~5裂,中部裂片长宽近相等,裂片三角形、卵形或宽三角形,叶柄长3~10 cm,球果通常2个球一串。花期4—5月,果熟期9—10月。

图 2.25.1　二球悬铃木

分布:在长江中下游各城市普遍栽培。

习性:喜光,喜温暖气候,较耐寒,在北京可露地栽培,对土壤适应性强,耐旱、耐瘠薄。萌芽力强,耐修剪,抗烟尘、抗有毒气体能力强。

繁殖:播种和扦插繁殖。

图 2.25.2　美桐和法桐
1.法桐　2.美桐

应用:树体雄伟挺拔,叶大荫浓,生长迅速,耐修剪,具有极强的抗烟、抗尘能力,是理想的行道树和工厂绿化树种,有"行道树之王"的美称。

2)一球悬铃木(美桐)*Platanus occidentalis* L.(图 2.25.2)

形态:大乔木,树冠圆形或卵圆形,叶3~5浅裂,球果多数单生,无刺毛。

分布、习性、繁殖、应用同二球悬铃木。

3)三球悬铃木(法桐)*Platanus orientalis* L.(图 2.25.2)

形态:乔木,高20~30 m,树冠阔钟形,叶掌状5~7裂,果球3~6个一串。

分布、习性、繁殖、应用同二球悬铃木。

2.26　黄杨科 Buxaceae

常绿灌木或小乔木。单叶,对生或互生,无托叶。花单性,整齐,萼片4~5裂或无,无花瓣;雄蕊4~6,子房上位,多3室,每室1~2胚珠。蒴果或核果,种子黑色。

本科共6属100余种,分布于热带至温带,中国产3属20余种,主产于西南至东南部。

2.26.0　黄杨科分种枝叶检索表

1. 小枝有毛;叶倒卵形或椭圆形,宽 7 ~ 15 mm,基部楔形 ·················· 黄杨 *Buxus sinica*
1. 小枝无毛;叶倒披针形或匙形,宽 5 ~ 10 mm,基部窄楔形 ·············· 雀舌黄杨 *Buxus bodinieri*

2.26.1　黄杨属 *Buxus* L.

常绿灌木或小乔木。多分枝,单叶对生,羽状脉,全缘,革质且有光泽。花单性同株,无花瓣,簇生叶腋或枝顶,顶端生一雌花,其余为雄花;蒴果,3 瓣裂,每室种子 2 粒。

本属共约 70 种,以东南亚最多。中国 17 种,主产于长江流域以南。

1) 黄杨 *Buxus sinica* (Rehd. et Wils.) Cheng. (图 2.26.1)

形态:常绿灌木或小乔木,高可达 7 m,枝叶较疏散,小枝有四棱,微有柔毛。叶倒卵形或椭圆形,先端圆或微凹,叶柄及叶背中脉基部有毛。花簇生叶腋或枝端,黄绿色,蒴果球形。花期 4 月,果熟期 7 月。

分布:原产中国中部,现各地有栽培。

习性:喜温暖湿润气候,耐半阴,畏强光,在肥沃湿润、排水良好的土壤及庇荫环境下枝茂叶繁,生长缓慢,人称"千年矮",萌芽力强,耐修剪,寿命长。

繁殖:扦插和播种繁殖。

应用:枝条繁密,四季常青,是中国传统的观叶配置材料。多植为矮篱,用于花坛镶边、行道树下、建筑物周围,也可植于草坪、花坛中心等处,或作盆栽。

图 2.26.1　黄杨

2) 小叶黄杨(鱼鳞黄杨、鱼鳞木) *Buxus parvifolia* var. *parvifolia* M. Cheng.

形态:常绿灌木。分枝密集,节间短。叶细小,椭圆形,深绿而有光泽,入秋渐变红色。

分布:浙江、江苏、安徽、江西、湖北、河南等省。

习性:喜温暖湿润气候,耐寒性较强,抗污染,抗 SO_2 能力强。耐盐碱。

繁殖:种子繁殖,也可扦插繁殖。

应用同黄杨。

3) 雀舌黄杨 *Buxus bodinieri* Lévl. (图 2.26.2)

形态:常绿小灌木,小分枝多而密集,叶狭长,倒披针形或倒卵状长椭圆形,叶两面中脉及侧脉均明显凸出,蒴果卵圆形。

分布、习性、繁殖同小叶黄杨。

应用同黄杨。

4) 锦熟黄杨 *Buxus sempervirens* Linn.

形态:常绿灌木或小乔木,叶椭圆形至卵状长椭圆形,最宽部在中部或中部以下,蒴果三足鼎状。

分布、习性、繁殖同小叶黄杨。

应用同黄杨。

图 2.26.2　雀舌黄杨

杨柳科

2.27　杨柳科 Salicaceae

本科共 3 属,540 余种,产于温带、亚寒带及亚热带。

2.27.0　杨柳科分种枝叶检索表

19. 小枝有棱脊,褐色;长枝之叶椭圆状卵形,基部圆形或宽楔形,短枝之叶卵形,先端长渐尖,基部心形 ……………………………………………………………………………………………… 云南白杨 *Populus yunnanensis*

19. 小枝圆柱形,幼时橄榄绿色,后变橙黄色至灰黄色 ………………………………………… 20

20. 叶柄长 2 ~ 7 cm,幼枝无黏质,叶卵形或窄卵形 ……………………………………………… 21

20. 叶柄长 0.4 ~ 1.5 cm,幼枝有黏质;长枝之叶倒卵状披针形,窄卵状椭圆形,短枝之叶椭圆形至倒卵状椭圆形 ……………………………………………………………………………… 香杨 *Populus koreana*

21. 叶近圆形或圆卵形,长 4.5 ~ 6.5 cm,宽 3 ~ 5 cm,基部圆形,锯齿尖锐 ………… 哈青杨 *Populus charbinensis*

21. 叶长通常 6.5 cm 以上,锯齿钝 …………………………………………………………… 22

22. 长枝之叶长 10 ~ 20 cm,短枝之叶卵形,椭圆形或长卵形,长 6 ~ 10 cm,宽 3 ~ 5(7) cm,两面无毛 ……………………………………………………………………………………… 青杨 *Populus cathayana*

22. 长枝之叶长达 25 cm,短枝之叶长 10 ~ 13 cm,下面脉上被细柔毛或有时无毛 …… 东瓜杨 *Populus purdomii*

2.27.1 杨属 *Populus* L.

中国有 3 属,约 226 种,遍及全国。

乔木。小枝较粗,髓心五角状,有顶芽,芽鳞数枚,常有树脂;花序下垂,苞片有不规则缺刻,花盘杯状,典型的无被花。

本属约 100 种以上,中国约 50 种,分布于北纬 25° ~ 50°。

1) 毛白杨 *Populus tomentosa* Carr. (图 2.27.1)

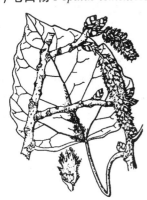

图 2.27.1 毛白杨

形态:乔木,高 30 ~ 40 m,树皮幼时青白色,老时暗灰色,纵裂。长枝之叶三角状卵形,缘具缺刻或锯齿,背面密被白绒毛,叶柄扁平,先端常具腺体;短枝之叶三角状卵圆形,缘具波状缺刻,叶柄常无腺体。雄株大枝多斜生,花大而密集,雌株大枝较平展,花芽小而稀疏。花期 3—4 月,先花后叶,蒴果小,三角形,4 月下旬成熟。

分布:以中国黄河中下游为分布中心,北至辽宁南部,南至长江流域,西至甘肃乃至昆明附近。

习性:喜光,喜温暖、凉爽气候,在土层深厚、湿润肥沃的土壤中生长良好。较耐寒冷。深根性,萌蘖性强、寿命长。抗烟尘和污染力强。

繁殖:埋条法,扦插、留根、嫁接、分蘖等方法也可。

应用:树形高大广阔,绿荫如盖,在园林中宜作行道树和庭荫树,可孤植、丛植。因抗烟尘和污染,也可作工厂绿化树。

2) 响叶杨 *Populus adenopoda* Maxim. (图 2.27.2)

形态:树皮深灰色,纵裂;叶卵状圆形或卵形,叶缘有内弯钝锯齿,齿端有腺体,叶柄先端具明显二大疣状腺点,花苞片叶缘有毛,蒴果椭圆形。

3) 小叶杨(南京白杨) *Populus simonii* Carr.

形态:树皮灰绿色,老时粗糙,纵裂。小枝有棱,叶菱状卵形、菱状椭圆形或菱状倒卵形,中部以上较宽,先端短尖,基部楔形,缘有细钝齿,无毛,叶柄短而不扁,带红色,无腺体。

图 2.27.2 响叶杨

4）新疆杨 *Populus alba* var. *pyramidalis* Bge.

形态：乔木，树冠圆柱形，树皮灰绿色，老时灰白色，光滑、少裂。短枝之叶近圆形，有缺刻状粗齿，长枝之叶边缘缺刻较深或呈掌状深裂。

5）银白杨 *Populus alba* L.

形态：乔木，树冠广卵形或圆球形。树皮灰白色，光滑仅基部粗糙。幼枝芽密被白色绒毛。长枝之叶广卵形或三角状卵形，3～5掌状浅裂，缘有粗齿或缺刻；短枝之叶较小，卵形或椭圆状卵形，缘有不规则状钝齿；叶柄微扁，无腺体。

2.27.2 柳属 *Salix* L.

落叶乔木或灌木，小枝细，无顶芽，芽磷仅1枚。叶互生，稀对生，通常较狭长。叶柄较短。花序直立，苞片全缘，花无杯状花盘，有腺体，花丝较长。蒴果2裂。

本属约500种，主产北半球温带及寒带。中国约200种。

1）垂柳 *Salix babylonica* L.（图2.27.3）

形态：落叶乔木，高达18 m。树冠倒广卵形。小枝细长下垂，无毛。叶狭披针形至线状披针形，先端渐尖或长渐尖，缘具细锯齿，叶柄长，雄花具雄蕊2，2腺体，雌花子房仅腹面具1腺体。花期3—4月，果熟期4—5月。

分布：主要分布于长江流域及其以南各省平原地区，华北、东北也有栽培。

习性：喜光。温带树种，喜温暖湿润气候和肥沃湿润的酸性或中性土壤，较耐寒、耐水湿。对有毒气体抗性强。

繁殖：扦插，也可用种子繁殖。

图2.27.3　垂柳和旱柳
1,2.垂柳　3—6.旱柳

应用：枝条细长，柔软下垂，随风飘荡，具有特殊的潇洒风姿，植于河岸、湖边最为理想，自古即为重要的庭院观赏树。也可作固岸护堤、工厂绿化树种。

2）旱柳（柳树） *Salix matsudana* Koidz（图2.27.3）

形态：乔木，树冠卵圆形或倒卵形，树皮灰黑色，纵裂。小枝直立或斜展，叶狭长，披针形至狭披针形，边缘有明显锯齿，叶柄短，雄花有雄蕊2，雌花子房背腋面各具1腺体。

3）龙爪柳 *Salix matsudana* f. *tortuosa* Rehd.

形态：龙爪柳为旱柳的观赏变型，树冠倒卵形，枝条扭曲下垂。单叶互生，披针形；花单生，荑黄花序，雄雌异株，花期3月，果熟期4月，蒴果。

图2.27.4　河柳

4）河柳（腺柳） *Salix chaenomeloides* Kimura（图2.27.4）

形态：乔木，小枝红褐色或褐色，叶较宽大，卵形、椭圆状披针形或近椭圆形，边缘有具腺的内弯细齿，雄花有腺体2，雄蕊3～5，雌花序下垂，仅腹面有1腺体。

5）簸箕柳 *Salix suchowensis* Cheng.

形态：灌木，叶披针形，基部楔形至宽楔形，边缘有锯齿，叶柄短。花先叶开放，苞片匙状矩圆形，紫黑色，雄蕊1，子房被柔毛，无柄，花柱明显，柱头2裂。果有毛。

6）**银芽柳** *Salix leucopithecia* Kimura.

形态：灌木，枝条绿褐色，具红晕。叶长椭圆形，基部近圆形，缘有细浅齿，背面密被白毛。雄花序椭圆状圆柱形，早春叶前开放，盛开时密被银白色绢毛。

2.28　桦木科 Betulaceae

桦木科

本科 2 属，约 130 种。中国 2 属，约 40 种。

2.28.0　桦木科分种枝叶检索表

1. 冬芽无柄，芽鳞无油脂；叶具复锯齿 ·· 2
1. 冬芽有柄，芽鳞有油脂；叶具单锯齿 ·· 3
2. 树皮粉白色；小枝有隆起油腺点；叶卵状三角形或菱状卵形，下面无毛或微有疏毛 ··· 白桦 *Betula platyphylla*
2. 树皮灰褐色；小枝无油腺点；叶卵形或卵状矩圆形，下面有毛或萌芽枝之叶两面均有毛 ·· 光皮桦 *Betula luminifera*
3. 叶倒卵形或倒卵状椭圆形，最宽处在叶之上部 ·· 桤木 *Alnus cremastogyne*
3. 叶椭圆形、宽卵形或狭椭圆形，最宽处在叶之中部或下部 ·· 4
4. 叶狭椭圆形或圆状披针形，先端渐尖，基部楔形 ·· 赤杨 *Alnus japonica*
4. 叶椭圆形或宽卵形，先端短尖，基部圆形 ·· 江南桤木 *Alnus trabeculosa*

2.28.1　桤木属 *Alnus* Mill

落叶乔木或灌木，树皮鳞状开裂。冬芽具柄，单叶互生，叶具单锯齿。萼片 4 裂，雄蕊 4；雌花序每苞片内有雌花 2 朵，无花被。果序球果状，果苞木质，5 裂，宿存，每果苞内含 2 枚具翅的小坚果。

本属 30 余种，产于北半球寒温带至亚热带地区。中国 11 种，除西北外各省均有分布。

1）**桤木（水冬瓜）** *Alnus cremastogyne* Burkill.（**图 2.28.1**）

图 2.28.1　桤木

形态：乔木，高 25 m，树皮褐色，幼时光滑，老时呈斑状开裂。叶倒卵形至椭圆状卵形，先端短尖，叶基阔楔形或近圆形，叶缘具疏细锯齿，幼叶有毛，后渐脱落。雌、雄花序均单生。果序下垂，果翅膜质，果长为宽的 1/2。花期 3 月，果熟期 8—10 月。

分布：分布在重庆、四川中部及贵州北部等地。

习性：喜光及温湿气候，耐水湿，有一定耐旱及耐瘠薄能力，以在深厚、肥沃、湿润的土壤中生长最佳。根系发达，生长迅速。

繁殖：播种，也可分蘖繁殖。

应用：树干端直，圆满，生长快，可作行道树、庭荫树，也可作风景林及岸边绿化树种。

2）**赤杨** *Alnus japonica* Siet. et Zucc.

形态：与桤木的最主要区分为小枝上具有树脂点，果序 2 ~ 6 个集生于一总柄上。

2.28.2　桦木属 *Betula* L.

落叶乔木和灌木，树皮常有横向皮孔，皮呈纸状剥落；冬芽无柄，芽鳞多数。雄花有花萼，1 ~ 4 齿裂，雄蕊 2，花丝 2 深裂，各具 1 花药；雌花无花被，每 3 朵生于大苞片腋内。坚果两侧具膜质翅,果苞草质,3 裂,成熟时自果序柄脱落。

本属约 100 种,中国约 29 种,主要分布于东北、华北至西南高山地区,福建武夷山也有分布。

1)白桦 *Betula platyphylla* Suk. (图 2.28.2)

形态:落叶乔木,高达 25 m,树皮白色。纸状分层剥落,皮孔黄色。叶三角状卵形或菱状卵形,先端渐尖,基部广楔形,边缘有不规则重锯齿,叶背疏生油腺点,果序单生,圆柱状,下垂。坚果小而扁,两侧具宽翅。花期5—6 月,果熟期8—10 月。

分布:中国东北、西北和西南各地。

习性:喜光,耐严寒;喜酸性土壤,耐瘠薄及水湿。深根性,萌芽性强。

繁殖:播种繁殖。

应用:枝叶稀疏,姿态优美,树皮光滑洁白,十分引人注目,有独特的观赏价值。可栽培作风景观赏树,树林孤植、丛植均可。

图 2.28.2　白桦

2)红桦(纸皮桦) *Betula albo-sinensis* Burkill

形态:落叶乔木,树皮红褐色,层状剥落。叶卵形至椭圆状卵形,果翅较坚果稍窄。

2.29　榛科 Corylaceae

榛科

落叶灌木或乔木。单叶互生,叶具不规则之重锯齿或缺刻。雄花无花被,雄蕊 4 ~ 8 枚,花丝 2 叉,花药有毛;雄花簇生或单生。坚果较大,球形或卵形,部分或全部为叶状、囊状或刺状总苞所包。

2.29.0　榛科分种枝叶检索表

1. 小枝及叶柄有腺毛 ·· 2
1. 小枝及叶柄无腺毛 ·· 4
2. 叶宽卵形,长 8 ~ 18 cm,侧脉 9 ~ 13 对,叶缘有不规则钝齿,不裂 ············ 山白果 *Corylus chinensis*
2. 叶宽倒卵形或卵圆形,长 6 ~ 10 cm,侧脉 3 ~ 7 对,叶缘常有小浅裂 ································· 3
3. 叶先端平截,凹缺,有裂片,中裂片骤尖呈龟尾状 ······························· 榛 *Corylus heterophylla*
3. 叶先端渐尖,不为平截形 ···················· 川榛 *Corylus heterophylla* var. *sutchuenensis*
4. 侧脉 15 ~ 20 对,叶缘具刺毛状复锯齿,小枝密被毛 ··· 5
4. 侧脉 8 ~ 14 对,小枝无毛或幼时有毛 ··· 6
5. 叶卵状矩圆形或卵形,基部深心形,冬芽不为绿色 ········ 华千金榆 *Carpinus cordata* var. *chinensis*
5. 叶卵状披针形或长卵形,基部圆形或近心形,冬芽绿色 ········ 穗子榆 *Ostrya multinervis*
6. 叶具刺毛状复锯齿,两面均有平伏柔毛 ········ 镰苞鹅耳枥 *Carpinus tschcnoskii* var. *falcatibracteata*
6. 叶具复锯齿,仅下面沿脉或脉腋有毛 ··· 7
7. 叶长 5 ~ 8 cm,先端尾状渐尖,下面脉上疏生毛,脉腋无簇生毛 ········ 大穗鹅耳枥 *Carpinus fargesiana*
7. 叶长 2.5 ~ 5 cm,先端急尖或钝尖,下面脉上密生毛,脉腋常具簇生毛 ········ 8
8. 叶卵形,宽卵形或菱状卵形 ·· 鹅耳枥 *Carpinus turczaninowii*
8. 叶椭圆形或卵状矩圆形 ·· 宝华鹅耳枥 *Carpinus oblongifolia*

2.29.1　榛属 *Corylus* L.

本属约 20 种,中国有 7 种,分布于西南、西北、华北或东北。

1）**榛** *Corylus heterophylla* Fisch. ex Bess.（**图 2.29.1**）

形态：落叶灌木或小乔木，高达 7 m。树皮灰褐色，有光泽。小枝有腺毛。叶圆卵形至宽倒卵形，先端突尖，基部心形，边缘有不规则重锯齿，并在中部以上特别先端常有小浅裂，下面有短柔毛。坚果常 3 枚簇生；总苞钟状，端部 6~9 裂。花期 4—5 月，果熟期 9 月。

分布：中国东北、华北、内蒙古、西北等地。

习性：喜光，耐寒、耐旱，喜肥沃的酸性土壤。萌芽力强。

繁殖：播种或分蘖法。

应用：是北方山区绿化及水土保持的重要树种。

图 2.29.1　榛

2）**毛榛** *Corylus mandshurica* Maxim

形态：灌木。叶矩圆状卵形或矩圆形，先端骤尖，边缘有粗锯齿，中部以上通常有浅裂，总苞管状，外面密生黄色刚毛和白色短柔毛，坚果藏于其内。

3）**华榛（山白果）** *Corylus chinensis* Franch

形态：落叶大乔木，叶广卵形至卵状椭圆形，先端渐尖，缘有钝锯齿，总苞瓶状，外面疏生短柔毛，上部深裂，裂片 3~5，坚果近球形。

2.30　壳斗科 Fagaceae

本科共 8 属，约 900 种，分布于温带、亚热带及热带。中国有 6 属，约 300 种。

壳斗科

2.30.0　壳斗科分种枝叶检索表

11. 树皮不裂;叶二列状排列,宽 2~3 cm,先端尾尖,疏生锯齿或近全缘,下面有淡褐色或淡灰色蜡层 ………
　　　　　　　　　　　　　　　　　　　　　　　　　　　　　　　　　　　米槠 *Castanopsis carlesii*

12. 无顶芽,侧芽芽鳞 2~3 片,托叶宽大,叶二列状排列 ………………………………………………… 13
12. 有顶芽,芽鳞多数,托叶线形,叶螺旋状排列 ………………………………………………………… 15
13. 小枝无毛;叶披针形或卵状披针形,下面无毛,无腺鳞 ……………………… 锥栗 *Castanea henryi*
13. 小枝有毛;叶椭圆状矩圆形、长椭圆形或披针状矩圆形 …………………………………………… 14
14. 叶下面密被星状毛层或无毛,无腺鳞 ……………………………………… 板栗 *Castanea mollissima*
14. 叶下面无毛或沿脉疏生毛,有黄白色腺鳞 ………………………………… 茅栗 *Castanea seguinii*
15. 叶缘锯齿刺芒状 ……………………………………………………………………………………… 16
15. 叶缘具波状缺刻或粗尖锯齿,均不为刺芒状 ………………………………………………………… 18
16. 叶下面有灰白色星状毛层,树皮木栓层厚 …………………………………… 栓皮栎 *Quercus variabilis*
16. 叶下面淡绿色,无毛或略有毛;树皮木栓层薄 ……………………………………………………… 17
17. 叶宽 3~5 cm,叶缘平;叶柄长 2~3 cm …………………………………… 麻栎 *Quercus acutissima*
17. 叶宽 2~2.5 cm,叶缘波状起伏不平,叶柄长 1~1.5 cm ………………… 小叶栎 *Quercus chenii*
18. 小枝有毛 ……………………………………………………………………………………………… 19
18. 小枝无毛或仅幼时有毛,后脱落 …………………………………………………………………… 20
19. 叶缘波状缺刻较浅,小枝较细,径约 2 mm,密被灰色或灰白色毛 ………… 白栎 *Quercus fabri*
19. 叶缘波状缺刻深,近指形,小枝粗壮,径 4~8 mm,密被灰黄色毛 ………… 槲树 *Quercus dentata*
20. 叶下面密被灰白色星状毛层 ………………………………………………………………………… 21
20. 叶下面淡绿色,无毛或疏生毛 ……………………………………………………………………… 22
21. 叶缘有波状钝齿 …………………………………………………………………… 槲栎 *Quercus aliena*
21. 叶缘有波状锐齿 ………………………… 尖齿槲栎 *Quercus aliena* var. *acuteserrata*
22. 叶缘有粗尖锯齿 ……………………………………………………………………………………… 23
22. 叶缘有波状缺刻 ……………………………………………………………………………………… 24
23. 叶散生,叶柄长 1~2.5 cm ……………………………………………… 枹树(枹栎)*Quercus serrata*
23. 叶集生枝顶,叶柄长 2~5 mm …………… 短柄枹树(短柄枹栎)*Quercus serrata* var. *brevipetiolata*
24. 侧脉 8~15 对,波状缺刻先端钝尖或圆 …………………………………… 蒙古栎 *Quercus mongolica*
24. 侧脉 6~10 对,波状缺刻先端钝圆 ………………………………………… 辽东栎 *Quercus liaotungensis*

2.30.1　栗属 *Castanea* Mill

　　落叶乔木,稀灌木。枝无顶芽,芽鳞 2~3。叶 2 裂,缘有芒状锯齿。雄花序直立或斜伸,荑黄花序;雌花生于雄花基部或另成花序,总苞密被长刺针,熟时开裂,坚果。

　　本属约 12 种,主产北温带。中国有 3 种。

1) 板栗 *Castanea mollissima* Bl. (图 2.30.1)

　　形态:乔木,高 20 m,树冠扁球形,树皮灰褐色,交错纵深裂。幼枝有灰色绒毛,无顶芽。叶椭圆形至椭圆状披针形,先端渐尖,基部圆形或广楔形,边缘锯齿尖芒状,叶背被灰白色星状毛及绒毛。雄花序直立;雌花 3 朵集生在总苞内,生于雄花序基部。总苞球形,外具长针刺,内含 1~3 枚坚果。花期 6 月,果熟期 9—10 月。

图 2.30.1　板栗

　　分布:中国分布广泛,北起辽宁南部,南至两广,西达甘肃,四川、云南等均有栽培,但以华北和长江流域栽培比较集中。

　　习性:喜光,北方品种较耐寒、耐旱,南方品种则喜温暖而不怕炎热,但耐寒、耐旱性较差。

图 2.30.2　茅栗

对土壤要求不严。深根性,萌蘖力强,寿命长,对有毒气体有较强抵抗力。

繁殖:播种、嫁接为主,也可用分株繁殖。

应用:树冠圆阔、枝叶稠密,可作庭荫树,山区绿化造林和水土保持树种,孤植和丛植均可。板栗是园林绿化结合果实生产的优良树种,果实味美,可食且营养丰富。

2) 茅栗 *Castanea seguinii* Dode. (图 2.30.2)

形态:落叶小乔木,常呈灌木状。叶长椭圆形或倒卵状长椭圆形,叶柄短,不足 1 cm,叶背面有鳞片状腺毛。壳斗近球形,坚果常为 3 个。

2.30.2　栲属 *Castanopsis* Spach

常绿乔木,稀灌木,叶常 2 列状互生,全缘或有齿,基部不对称。雄花序直立,雄蕊 10 ~ 12;雌花子房 3 室,总苞多近球形,细杯状,有或无针状刺,坚果翌年或当年成熟。

本属约 130 种,以东亚的亚热带为分布中心,中国有 70 种,主要分布于长江以南温暖地区。

1) 苦槠 *Castanopsis sclerophylla* (Lindl.) Schott. (图 2.30.3)

形态:常绿乔木,高达 20 m,树皮纵裂。小枝无毛,有棱沟。叶长椭圆形,顶端渐尖或短渐尖,基部圆形至楔形,边缘中部以上有锐锯齿,背面有灰白色或浅褐色蜡层,革质。花单生,雄花序穗状,直立,雌花单生于总苞内,壳斗杯形,坚果近球形。花期 5 月,果熟期 10 月。

图 2.30.3　苦槠

分布:主产于中国长江以南各地。

习性:喜光,稍耐阴,喜雨量充沛和温暖气候,喜深厚、湿润的酸性和中性土,也耐干旱、瘠薄。萌芽力强,对二氧化硫等有毒气体抗性强。

繁殖:播种繁殖。

应用:树体高大,树冠圆浑,枝叶茂密,颇为壮观。可孤植,或片植、群植为风景林,或为花灌木的背景树,也可作工厂绿化林和防护林带。

图 2.30.4　甜槠

2) 甜槠 *Castanopsis eyrei* (Champ.) Tutch. (图 2.30.4)

形态:乔木,叶卵形、卵状长椭圆形至披针形,基部圆形至楔形,歪斜,全绿或上部有疏钝齿,无毛。壳斗卵形至近球形,顶端狭,坚果宽卵形至近球形,无毛。

2.30.3　石栎属 *Lithocarpus* Bl.

常绿乔木。芽鳞和叶片均螺旋状排列,不为二裂,叶全缘,稀有齿。雄花序较粗,直立,雌花在雄花序下部,子房 3 室,每室 2 胚珠。总苞盘状或杯状,内含 1 坚果,翌年成熟。

本属约 300 种,主产东南亚。中国约有 100 种,分布于长江以南各地。

1) 石栎(柯) *Lithocarpus glaber* (Thunb.) Nakai. (图 2.30.5)

形态:常绿乔木,高达 20 m。树干灰色,不裂,小枝密生灰黄色绒毛。叶长椭圆形,先端短尾尖,基部楔形,全缘或近顶端有时具几枚钝齿,厚革质,背面有灰白色蜡层。总苞浅碗状,坚果椭圆形,具白粉,基部和壳斗愈合。花期 8—9 月,果熟期翌年 9—10 月。

分布:中国长江流域以南各地。

习性:喜光,稍耐阴,喜温暖气候及湿润、深厚土壤,能耐干旱、瘠薄,较耐寒。为本属中分布偏北的树种。萌芽力强,对有毒气体抗性强。

繁殖:播种繁殖。

应用:四季常青、枝叶浓密、树姿雄伟。宜孤植作观赏树,也可片植、群植或作其他树种的背景树,也可作工矿绿化树。

图 2.30.5　石栎

2) 东南石栎(绵柯) *Lithocarpus harlandii* (Hance) Rehd.

形态:枝叶均无毛;叶缘上部有钝裂齿,或波浪状,叶片最宽处在中部以上;小枝、叶面及叶柄无蜡层;壳斗浅碗状或碟状。坚果宽圆锥形至长圆锥形,无白粉。

2.30.4　青冈栎属(青冈属) *Cyclobalanopsis* Oerst.

常绿乔木,有顶芽,芽鳞多数,覆瓦状排列。雄花序下垂,雌花序穗状、直立,子房 3 室。壳斗杯状或盘状,鳞片结合数条环带;坚果单生,当年或翌年成熟。

本属 100 多种,主产亚洲热带和亚热带。中国有 70 余种,多分布于秦岭及淮河以南各地。

1) 青冈栎 *Cyclobalanopsis glauca* (Thunb.) Oerst. (图 2.30.6)

形态:常绿乔木,高达 20 m,树皮平滑不裂。叶长椭圆形或倒卵状长椭圆形,先端浅尖,基部广楔形,边缘上半部有疏齿,中部以下全缘,背面灰绿色,有平伏毛。总苞杯状,鳞片结合成 5~8 条环带。坚果卵形或近圆形,无毛。花期 4—5 月,果熟期 10—11 月。

分布:长江流域及其以南各地,是本属中分布范围最广且最南的一种。

习性:稍耐阴,喜温暖多雨气候,对土壤要求不严,在肥沃、湿润土中生长旺盛。萌芽力强,耐修剪,对有毒气体抗性强,抗烟尘力强。

繁殖:播种繁殖。

图 2.30.6　青冈栎

应用:树姿优美,枝叶茂密,四季常青,是良好的绿化、观赏及造林树种,因其耐阴,宜纵植、群植或与其他树种混交成林,不宜孤植。因抗污染、抗有毒气体、抗火,萌芽力强,可作道旁绿化、工厂绿化、防火林、绿篱等树种。

2) 青栲 *Cyclobalanopsis myrsinifolia* (Blume) Oerst. (图 2.30.7)

形态:常绿乔木,叶披针形至矩圆状披针形,基部或中部以上有锯齿,无毛,壳斗半球形,苞片合生成 6~9 条同心环带,环带全缘,坚果卵形。

2.30.5　栎属 Quercus L.

图 2.30.7　青栲

落叶或常绿乔木,稀灌木。枝有顶芽,芽鳞多数。叶缘有锯齿或波状,稀全缘。雄花序下垂,荑黄花序。壳斗杯状或盘状,其鳞片离生,不结合成环状。坚果单生,近球形或椭圆形。

本属约350种,主产北半球温带及亚热带,中国约90种,南北均有分布。

1) 麻栎 Quercus acutissima Carr. (图 2.30.8)

形态:落叶乔木,高达25 m,树皮交错深纵裂;幼枝有黄色绒毛,后变无毛。叶长椭圆状披针形,基部近圆形,边缘具芒状锯齿,叶背绿色,无毛或近无毛。雄花序下垂,壳斗杯形,包围坚果1/2,鳞片木质刺状,反卷果卵状球形或长卵形。花期5月,果熟期为翌年10月。

图 2.30.8　麻栎和栓皮栎
1. 麻栎　2. 栓皮栎

分布:自辽宁、河北至西南、华南等地。

习性:喜光,喜湿润气候,耐寒,耐旱。对土壤要求不严,在湿润、肥沃、深厚、排水好的中性至微酸性土壤中生长良好。深根性,萌芽力强,寿命长,抗火,抗烟能力强。

繁殖:播种繁殖为主。

应用:树干通直,枝条开展,树姿雄伟,可作庭荫树和行道树。园林中孤植、群植或与其他树种混交成林。因抗火、抗烟,又具深根性,故适宜为防火林、工厂绿化及水土保持树种。

2) 栓皮栎 Quercus variabilis Bl. (图 2.30.8)

形态:落叶乔木,树皮木栓层发达。小枝淡褐黄色,无毛,叶长椭圆形或长椭圆状披针形,基部楔形,边缘有芒状锯齿,叶背面密被灰白色星状毛。壳斗杯状,包围坚果2/3,坚果卵形或近球形。果翌年成熟。

3) 小叶栎 Quercus chenii Nakai.

图 2.30.9　白栎

形态:落叶乔木,幼枝密生黄色柔毛,后变无毛。叶披针形至卵状披针形,基部稍斜,边缘有锯齿。齿端芒状,两面无毛。壳斗半球形,包围坚果1/4 ~ 1/3,位于壳斗上部的苞片条形,长且伸直,位于基部的宽披针形,短,具细毛,坚果椭圆形。

4) 白栎 Quercus fabri Hance. (图 2.30.9)

形态:落叶乔木,小枝密生灰褐色绒毛。叶倒卵形至椭圆状倒卵形,边缘有波状粗钝齿,无芒齿,叶背面灰白色,密被星状毛,叶柄短,3 ~ 5 mm。壳斗杯形,包围坚果约1/3,果熟期为当年10月。

5) 槲栎 Quercus aliena Bl. (图 2.30.10)

形态:落叶乔木,小枝无毛。叶倒卵状椭圆形。边缘疏有波状钝齿,无芒刺,下面密生灰白色星状细绒毛,叶柄长,1 ~ 3 cm。壳斗杯状,包围坚果1/2,果熟期为当年10月。

6)**锐齿槲栎(尖齿槲栎)** *Quercus aliena* var. *acuteserrata* Maxim.

形态:是槲栎的变种。落叶乔木,小枝无毛。叶长椭圆形至卵形,边缘有粗齿,齿端尖锐,内弯,下面密生灰白色星状细绒毛,壳斗杯形,坚果椭圆状卵形至卵形。

7)**蒙古栎** *Quercus mongolica* Fisch. ex Ledeb.

形态:落叶乔木,小枝无毛。叶倒卵形。边缘具8~9对深波状钝齿,无芒刺,叶背无毛或仅沿脉有疏毛,叶柄有毛。壳斗杯形,鳞片背部呈瘤状突起,坚果当年成熟。

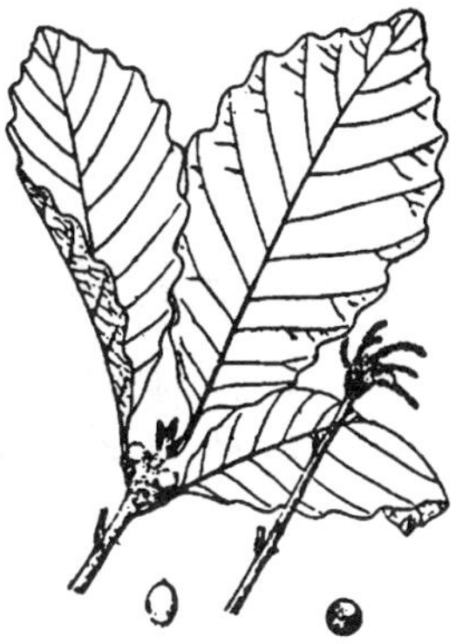

图2.30.10　槲栎

8)**辽宁栎(辽东栎)** *Quercus liaotungensis* Koidz

形态:落叶乔木,小枝无毛。叶倒卵形,边缘有5~7对波状圆齿,无芒刺,叶背面无毛或沿脉微有毛,叶柄无毛。壳斗浅杯形,鳞片背部不呈瘤状突起,坚果当年成熟。

分布:黑龙江、吉林、河北。

习性:生于低山向阳坡地杂木林中,较耐旱。

繁殖:种子繁殖。

应用:公园绿地和风景区绿化。

2.31　胡桃科 Juglandaceae

本科有8属,约50种,主产北温带。中国有7属25种,引入2种;南北均有分布。

胡桃科

2.31.0　胡桃科分种枝叶检索表

1. 小枝髓心充实 ······ 2
1. 小枝髓心片状分隔 ······ 5
2. 裸芽,小叶7枚以内,枝、芽、叶下面被黄褐色腺鳞 ······ 3
2. 鳞芽,小叶7枚以上 ······ 4
3. 常绿性,偶数羽状复叶,小叶1~2对,椭圆形或矩圆形,全缘 ······ 少叶黄杞 *Engelhardtia fenzlii*
3. 落叶性,奇数羽状复叶,小叶5~7,披针形或倒卵状披针形,有锯齿 ······ 山核桃 *Carya cathayensis*
4. 顶芽被数枚镊合状排列的芽鳞,侧芽被1芽鳞,新枝幼叶下面被淡黄色腺点,小叶披针形或镰状披针形 ······ 美国山核桃 *Carya illinoensis*
4. 顶芽、侧芽均被数枚覆瓦状排列的芽鳞,枝叶无腺点,小叶椭圆状披针形、矩圆状披针形或披针形 ······ 化香 *Platycarya strobilacea*
5. 裸芽具柄,密被盾状鳞 ······ 6
5. 鳞芽 ······ 8
6. 叶轴具窄翅,偶数羽状复叶,小叶通常10~16,矩圆 ······ 枫杨 *Pterocarya stenoptera*
6. 叶轴无翅,奇数羽状复叶,小叶5~11 ······ 7
7. 叶柄长5~7 cm,无毛;小叶矩圆形或卵状椭圆形 ······ 湖北枫杨 *Pterocarya hupehensis*
7. 叶柄长3~5 cm,密被毛或有时脱落近无毛,小叶矩圆状卵形至宽披针形 ······ 青钱柳 *Cyclocarya paliurus*
8. 小叶5~11,近无毛,全缘,幼树小叶有锯齿 ······ 9
8. 小叶9~23,有毛或后无毛,有锯齿 ······ 10
9. 小叶5~9,椭圆状卵形或矩圆形,侧脉11~15对 ······ 核桃 *Juglans regia*
9. 小叶9~11(15),卵状披针形或椭圆状披针形,侧脉17~23对 ······ 泡核桃 *Juglans sigillata*
10. 小叶15~23,卵形或卵状披针形,基部歪斜,下面被绒毛及腺毛 ······ 黑胡桃 *Juglans nigra*

2.31.1　枫杨属 *Pterocarya* Kunth

落叶乔木,枝髓片状;冬芽有柄,鳞芽或裸芽。奇数羽状复叶,小叶有锯齿。

本属约 12 种,分布于北温带,中国有 7 种。

枫杨(水麻柳、枫柳) *Pterocarya stenoptera* C. DC. (图 2.31.1)

图 2.31.1　枫杨
1. 雌花枝　2. 果序

形态:乔木,高达 30 m,树冠广卵形。小枝髓心片状分隔,裸芽密被锈褐色毛。羽状复叶,叶轴有翅,顶生小叶有时不发育,叶缘具细锯齿。花单性,雌雄同株,雄荑黄花序单生于叶痕腋内,下垂;雌荑黄花序顶生,俯垂。果序下垂,坚果近球形,具 2 长圆状或长圆状披针形果翅。花期 4—5 月,果熟期 8—9 月。

分布:中国华北、华中、华南和西南各地。

习性:喜光,稍耐阴,喜温暖潮湿气候,较耐寒、耐水湿,但不宜长期积水,对土壤要求不严。深根性,萌芽力强。对烟尘、二氧化硫等有毒气体有一定抗性。

繁殖:种子繁殖。

应用:树冠开展,枝叶茂密,遮阴效果好,园林中宜作庭荫树和行道树,因适应性强,耐水湿,抗性强,常作水边护岸固堤及防风林树种,以及工厂绿化树种。

2.31.2　胡桃属 *Juglans* L.

落叶乔木,小枝粗壮,具片髓,鳞芽。奇数羽状复叶,揉之有香味。雄蕊 8～40,子房不完全,2～4 室。核果大型,无翅,肉质,果核具不规则皱沟。

本属共 16 种,产于北温带,中国产 4 种,引入 2 种。

1) 核桃(胡桃) *Juglans regia* L. (图 2.31.2)

形态:落叶乔木,高达 30 m,树冠广卵形至扁球形,树皮灰白色,幼时光滑,老时深纵裂。小叶 5～9,椭圆形至椭圆状卵形,基部钝圆或歪斜,全缘,幼树及萌芽枝上之叶有锯齿,上面无毛,下面仅侧脉腋内有 1 簇短柔毛。花单性,雌雄同株,雄花为荑黄花序。核果球形。花期 4—5 月,果熟期 9—10 月。

分布:全国分布广泛,以西北、华北最多。

习性:喜光,喜温暖凉爽气候,耐干冷,不耐强热。喜深厚、肥沃、湿润而排水良好的土壤,在瘠薄、盐碱、酸性较强及地下水位过高处生长不良。深根性,寿命长。

繁殖:播种、嫁接繁殖。

图 2.31.2　核桃
1. 雌花枝　2. 雄花枝

应用:树体雄伟高大,枝叶茂密,树皮银灰色,是良好的庭荫树,孤植、丛植均可;因花序、果、叶具挥发性芳香物,有杀菌、杀虫的保健作用,可成片栽植于风景疗养区,果实是优良的干果,是绿化结合生产的好树种。

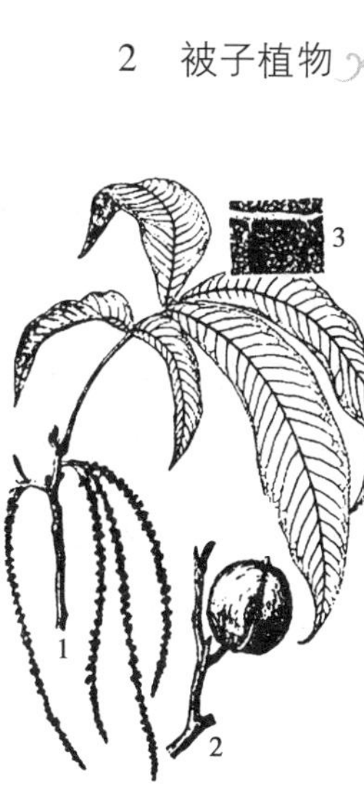

2)胡桃楸(核桃楸) *Juglans mandshurica* Maxim

形态:乔木,小叶9~17,矩圆形或椭圆状矩圆形,缘有细锯齿,上面初有稀疏柔毛,后仅中脉有毛,背面密被星状毛。花单性同株。核果卵形或椭圆形,有腺毛。

3)野核桃 *Juglans cathayensis* Dode.(**图2.31.3**)

形态:乔木,树皮灰褐色。小枝、叶柄、果实均密被褐色腺毛。小叶15~19,无柄,卵状长椭圆形,缘有细齿,两面有灰色星状毛,背面尤密。核果卵形。

图2.31.3　野核桃
1.果枝　2.核果　3.叶背毛

2.31.3　山核桃属 *Carya* Nutt.

落叶乔木,小枝髓心充实。奇数羽状复叶,互生,小叶有锯齿。雄荑黄花序常3条成一束,下垂,腋生于3裂之苞片内,雄蕊3~10;雌花2~10朵成穗状花序,顶生,花无萼,子房1室,外有4裂之总苞。核果,外果皮近木质,熟时4瓣裂,果核有纵棱瘤。

本属约21种,产于北美及东亚,中国有4种,引入1种。

1)薄壳山核桃(美国山核桃) *Carya illinoensis* K. Koch.(**图2.31.4**)

形态:落叶乔木,在原产地高达55 m,树冠长圆形或广卵形,主干耸直,树皮灰色,粗糙,纵裂。幼枝和鳞芽皆被灰色毛。奇数羽状复叶,小叶11~17枚,为不对称之卵状披针形,常镰状弯曲,具锯齿。果长椭圆形,较大,核壳较薄。花期5月,果熟期10—11月。

分布:原产北美。中国以福建、浙江、江苏栽培较多。

习性:喜光,喜温暖湿润气候,在深厚、疏松、排水良好、腐殖质丰富的沙壤土中生长良好。较耐寒,耐水湿,不耐干燥瘠薄。土壤pH=6为最宜。深根性,根萌蘖力强。

繁殖:播种、嫁接、扦插、分根繁殖均可。

应用:树体高大,枝叶茂密,树姿优美,宜作庭荫树、行道树,结果丰盛,是绿化结合生产的优良树种。又因根系发达,耐水湿,适于河岸、湖泊周围及平原地区"四旁"绿化及防护林带。

图2.31.4　薄壳山核桃
1.雄花　2.雌花枝

2)山核桃 *Carya cathayensis* Sarg

形态:落叶乔木,树冠开展,呈扁球形。干皮光滑,灰白色。裸芽、幼枝、叶背及果实均密被褐黄色腺磷。单数羽状复叶,小叶5~7。果卵圆形,核壳较厚。

2.31.4　化香属 *Platycarya* Sieb. et Zucc.

本属共2种,产于中国和日本。

化香树 *Platycarya strobilacea* Sieb. et Zucc.(**图2.31.5**)

形态:落叶乔木,一般高4~6 m,树皮灰色,浅纵裂,髓部实心。小叶7~23,卵状至矩圆状披针形,基部偏斜,边缘有细尖重锯齿。花单性,雌雄同株,穗状花序直

图2.31.5　化香树

立,伞房状排列于小枝顶端;果序球果状,小坚果扁平,有2窄翅。花期5—6月,果熟期10月。

分布:长江流域及西南各省,朝鲜、日本也有分布。

习性:极喜光,耐干旱瘠薄,在酸性土及钙质土上均能生长。萌蘖力强。

繁殖:种子繁殖,也可分蘖繁殖。

应用:对土壤适应性强,为重要的荒山绿化树种,园林中可列植为较小庭园内行道树。

2.31.5　青钱柳属 *Cycloarya* Iljinskaja

青钱柳 *Cyclocarya paliurus*(Batal.) Iljinskaja(图 2.31.6)

形态:乔木,髓部薄片状。小叶 7～9,革质,上面有盾状腺体,下面网脉明显,有灰色细小鳞片及盾状腺体,两面、中、侧脉皆有短绒毛。雄葇荑花序 2～4 条成一束集生在短总梗上;雌葇荑花序单独顶生。果实有革质水平圆盘状翅。

分布:长江流域以南。

习性:喜光,幼苗耐半阴,耐旱性较强,喜排水良好的沙质壤土。

繁殖:种子繁殖,也可扦插、压条、嫁接繁殖。

应用:可孤植、片植、对植。用于各类园林绿化。幼叶可制茶,有降脂降压功能。

图 2.31.6　青钱柳
1. 花枝　2. 果

2.32　**榆科** Ulmaceae

本科约 16 属 230 种,主产北半球温带。中国有 8 属,分布于全国各地。

榆科

2.32.0　榆科分种枝叶检索表

2.32.1　榆属 *Ulmus* L.

乔木,稀灌木。芽鳞紫褐色,花芽近球形。叶多为重锯齿,羽状脉,脉端深入锯齿。花两性,簇生或呈总状花序。翅果扁平,翅在果核周围,顶端有缺口。

本属约 45 种,主产北半球。中国有 25 种,分布广泛。

1) 白榆(家榆、榆树) *Ulmus pumila* L. (图 2.32.1)

形态:落叶乔木,高达 25 m,树冠圆球形。树皮纵裂、粗糙,小枝灰色,细长,排成 2 列状。叶椭圆状卵形至椭圆状披针形,先端渐尖,基部稍不对称,缘具不规则单锯齿,花先叶开放,多数成簇状聚伞花序,生于去年生枝的叶腋。翅果近圆形或宽倒卵形,无毛;种子位于翅果的中部或近上部。花期 3—4 月,果熟期 4—5 月。

分布:产于中国东北、华北、西北,南至长江流域,以华北、淮北平原地区尤为常见。

习性:喜光,耐寒,抗旱性强,能适应干凉气候,不耐水湿,喜肥沃、湿润而排水良好的土壤。萌芽力强,耐修剪,生长较快。对烟尘、有毒气体抗性强。

图 2.32.1　白榆

繁殖:播种繁殖为主,分蘖也可。

应用:树干挺直,树冠浓荫,生长快,适应性强,在城乡绿化中宜作行道树、庭荫树、防护林及"四旁"绿化,还可修剪作绿篱,老茎残根还可制作桩景和盆景。

图 2.32.2　榔榆

2)**榔榆** *Ulmus parvifolia* Jacq. (**图** 2.32.2)

形态:落叶或半常绿乔木,叶形与白榆相近,但树皮呈不规则片状剥落。花簇生于当年枝的叶腋,翅果长椭圆形至卵形,花期 8—9 月,果熟期 10—11 月。

3)**琅玡榆** *Ulmus chenmoui* Cheng

形态:当年生枝幼叶密被柔毛,其后脱落迟缓,小枝无木栓翅与木栓层,叶上面密生硬毛,粗糙,下面密被柔毛;花多数在去年生枝上的叶腋处排成聚伞花序或呈簇生状;翅果两面及边缘多少有毛,或果核部分被毛而果翅无毛或有疏毛。

4)**糙叶榆**(**毛榆、醉翁榆**) *Ulmus gaussenii* Cheng

形态:树皮纵裂,粗糙,暗灰色或灰黑色。当年生枝密被柔毛,二年生枝亦常被柔毛;叶矩圆状倒卵形、椭圆形、倒卵形或菱状椭圆形,先端钝、渐尖或具短尖,边缘常具单锯齿;花排成簇状聚伞花序,生于去年生枝的叶腋;翅果圆形,两侧对称。

5)**大果榆** *Ulmus macrocarpa* Hance

形态:树皮纵裂,粗糙,暗灰色或灰黑色;当年生枝被疏毛或无毛;叶宽倒卵状或椭圆状倒卵形,先端常突尖,边缘具钝单锯齿或重锯齿,花排成簇状聚伞花序,生于去年生枝的叶腋;翅果宽倒卵状圆形、近圆形,两侧偏斜或近对称。

2.32.2　榉树属 *Zelkova* Spach

落叶乔木。冬芽卵形,叶具羽状脉,单叶互生,羽状侧脉先端伸达锯齿。花单性同株,雄花簇生于新枝下部,雌花单生或簇生于新枝上部,单被,萼 4~5 裂。坚果小而歪斜,无翅。

本属约 6 种,产于亚洲各地。中国有 4 种。

榉树(**大叶榉**) *Zelkova schneideriana* Hand. -Mazt. (**图** 2.32.3)

形态:落叶乔木,高达 25 m,树冠倒卵状伞形,树皮深灰色,不裂,老时薄鳞片状剥落后仍光滑。小枝有毛。叶卵状长椭圆形,先端尖,基部广楔形,单锯齿整齐,叶表面粗糙,叶背密生淡灰色柔毛。坚果小,上部斜歪。花期 3—4 月,果熟期 10—11 月。

分布:黄河流域以南,华中、华东、华南、西南各地。

习性:喜光,喜温暖气候和肥沃、湿润土壤,在酸性、中性及钙质土上均能生长。忌水湿。抗烟尘、抗有毒气体、抗病虫能力强,深根性,寿命长。

繁殖:播种繁殖。

图 2.32.3　榉树

应用:树体高大雄伟、树冠整齐、枝细叶美,观赏价值比一般榆树高,可作庭荫树和行道树,还可作工厂绿化树、防护林树种,也是制作盆景及桩景的好材料。

2.32.3　青檀属 *Pteroceltis* Maxim

本属仅1种,为中国特产。

青檀 *Pteroceltis tatarinowii* Maxim.（图2.32.4）

形态:落叶乔木,高达20 m,树皮淡灰色,裂成长片脱落。叶卵形,边缘有锐锯齿,三出脉,侧脉不直达齿尖,先端长尖或渐尖,基部广楔或近圆形,背面脉腋有簇毛。花单性同株,生于叶腋,雄花簇生,雌花单生。小坚果周围具薄翅。花期4月,果熟期8—9月。

分布:主产中国黄河及长江流域,南达两广及西南。

习性:喜光,耐干旱瘠薄,适于在石灰性土质中生长,根系发达,萌芽力强。

繁殖:播种繁殖。

应用:在园林上可作庭荫树和"四旁"绿化树种,特别适应作为石灰岩山地绿化造林树种。树皮纤维优良,为中国著名"宣纸"原料。

图2.32.4　青檀

2.32.4　糙叶树属 *Aphananthe* Planch

本属共8种,中国有1种及1变种,分布于华东、华中、华南、西南及山西。

糙叶树 *Aphananthe aspera*（Thunb）Planch.（图2.32.5）

形态:落叶乔木,高达22 m,树冠圆球形,树皮灰棕色,老时成纵裂。单叶互生,叶卵形至椭圆状卵形,具三出脉,基部以上有单锯齿,两面均有糙状毛,上面粗糙,侧脉直伸至锯齿先端。花单性,雌雄同株,核果近球形。花期4—5月,果熟期9—10月。

分布:长江流域及其以南地区。

习性:喜光,略耐阴,喜温暖湿润气候,在潮湿、肥沃而深厚的酸性土中长势好。病虫害少,寿命长。

繁殖:播种繁殖。

应用:树干挺拔,树冠广展,枝叶茂密,是良好的庭荫树及谷地、溪边绿化树。

图2.32.5　糙叶树

2.32.5　朴属 *Celtis* L.

落叶乔木,稀灌木,树皮不裂,老时皮糙。单叶互生,基部全缘,其上有较粗或较疏锯齿,三出脉,侧脉不伸入齿端。花杂性同株,果实长梗。核果近球形,果肉味甜。

本属约80种,分布于北温带至热带。中国产21种,南北各地均有分布。

1）朴树 *Celtis sinensis* Pers.（图2.32.6）

形态:落叶乔木,高达20 m,树皮平滑,灰色;一年生枝被密毛。叶革质,宽卵形至狭卵形,中部以上边缘有浅锯齿,三出脉,下面无

图2.32.6　朴树

毛或有毛。花杂性,1~3 朵生于当年枝的叶腋。核果近球形,红褐色;果柄与叶柄近等长。花期 4 月,果熟期 10 月。

图 2.32.7　珊瑚朴

分布:淮河流域、秦岭以南至华南各省区。

习性:喜光,稍耐阴。适应性强,喜深厚、肥沃、湿润、疏松的土壤,深根性、抗风力强,寿命长,抗烟尘及有毒气体。

繁殖:播种繁殖。

应用:树体高大、雄伟,绿荫浓郁,园林中宜作庭荫树、行道树,因其抗烟尘、有毒气体、深根性,可作工矿区绿化树、防风树、护堤树种,也可作桩景材料。

2)珊瑚朴 *Celtis julianae* Schneid.(图 2.32.7)

形态:落叶乔木;小枝、叶背、叶柄均密被黄褐色绒毛。叶厚,宽卵形至卵状椭圆形。核果卵球形,较大,熟时橙红色,味甜可食。

2.32.6　山黄麻属 *Trema* Lour.

山油麻 *Trema Cannabina* Lour. Var. *dielsiana*(Hand.-Mzt)C. J Chen(图 2.32.8)

形态:小乔木,当年枝密被白色柔毛。叶基部三出脉明显,侧出的一对达叶的中上部,边缘有小锯齿,叶上面有短硬毛而粗糙,下面密被银灰色或微带淡黄色柔毛。聚伞花序常成对腋生,花单性,核果卵圆形。

分布:江西、浙江,西南、两广及福建等地。

习性:喜阳,也耐半阴,喜温暖气候,喜微酸性土。

繁殖:播种繁殖。

应用:用于各类园林绿化。

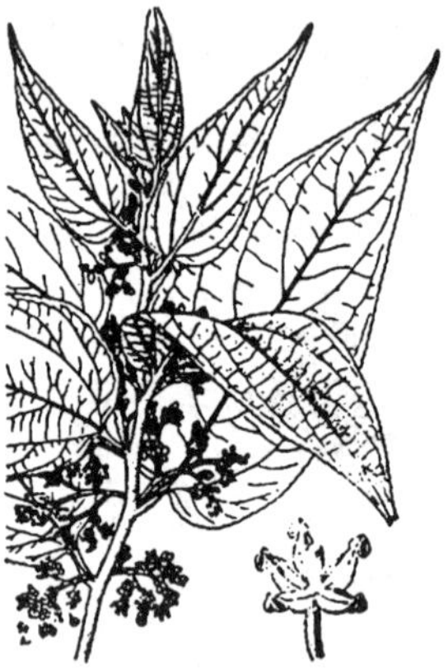

图 2.32.8　山油麻

2.33　桑科 Moraceae

本科约 60 属,100 余种分布于热带、亚热带地区。中国有 18 属,150 余种。

2.33.0　桑科分种枝叶检索表

2.33.1 构属 *Broussonetia* L. Her. ex Vent.

本属约 4 种,中国有 3 种,南北均有分布。

构树 *Broussonetia papyrifera*(L.) L. Her. ex Vent. (图 2.33.1)

形态:落叶乔木,高达 16 m,树皮浅灰色,有乳汁。单叶互生,卵形,先端渐尖,基部圆形或近心形,缘具粗锯齿,不列或有不规则 2～5 裂,表面有糙毛,下面密生柔毛,三出脉。雌雄异株,聚花果球形,熟时橙红色。花期 5 月,果熟期 8—9 月。

分布:中国黄河、长江及珠江流域各省区均有分布。

图 2.33.1 构树

习性:喜光,适应性强,耐干冷和湿热气候,耐干旱瘠薄,喜钙质土,也能生长在酸性、中性土中,萌芽力强,根系分布浅。抗烟尘、抗有毒气体、抗病虫害能力强。

繁殖:种子繁殖,也可埋根、分蘖繁殖。

应用:枝叶茂密,适应性强,抗烟尘、抗有毒气体,可作庭荫树、工矿区绿化树以及防护林树。

2.33.2 榕属 *Ficus* L.

常具气生根。托叶合生,包被顶芽,脱落后在枝上留下环状托叶痕,叶多互生,稀对生,多全缘,偶有锯齿或分裂。

本属约1 000种,多为常绿,主产热带地区。中国约有120种,主产长江以南各省区。

1)榕树(细叶榕、小叶榕) *Ficus microcarpa* L. f. (图2.33.2)

形态:常绿乔木,高20~25 m,富含乳汁,树冠庞大,枝干具气生根,叶革质,椭圆形至倒卵形,先端钝尖,基部楔形或圆形,全缘或浅波状,羽状脉,侧脉5~6对,隐花果腋生,扁倒卵球形,初时乳白色,成熟时黄色或淡红色。花期5—6月,果熟期9—10月。

分布:中国西南、广东、广西、福建、浙江等地。

习性:喜暖热多雨气候,对土壤要求不严,生长快,寿命长。

繁殖:扦插繁殖。

应用:树体高大,姿态雄伟,绿荫浓郁,宜作庭荫树,在风景区宜群植成林。

2)印度橡皮树 *Ficus elastica* Roxb. ex hornem (图2.33.3)

形态:乔木,高达30 m,树冠开展,树皮平滑,有乳汁,全体无毛。叶较大,厚革质,有光泽,长椭圆形,长10~30 cm,基部钝圆形,全缘,侧脉多而细,并行。

3)黄葛树(大叶榕) *Ficus virens* var. *sublanceolata* (Miq.) Corner

形态:落叶乔木,有时具气根。薄革质,侧脉7~10对,长椭圆形至椭圆状卵形,长8~16 cm,全缘。花序托单生或2~3个簇生于老枝上。隐花果近球形,熟时黄或红色。

4)薜荔 *Ficus pumila* L. (图2.33.4)

形态:常绿攀援或匍匐灌木,以气根攀援。叶二型;在无花序托枝上的叶薄而小,心状卵形,基部偏斜;有花序托枝上的叶大而宽,革质,卵状椭圆形,叶全缘,隐花果梨形或倒卵形,熟时暗绿色。

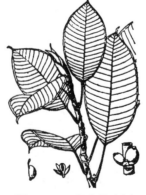

图2.33.2 榕树　　图2.33.3 印度橡皮树　　图2.33.4 薜荔　　图2.33.5 无花果

5)无花果 *Ficus carica* L.（图2.33.5）

形态:落叶小乔木,或成灌木状。小枝粗壮无毛。叶掌状3～5裂,端钝,基部心形,边缘波状或有粗齿,上面粗糙,背面有柔毛,托叶三角形,早落。隐花果较大梨形,可食用。

2.33.3 桑属 *Morus* L.

落叶乔木或灌木,枝无顶芽。叶互生,有锯齿或缺裂。花单性,同株或异株,荑荑花序,花被4片,雄蕊4枚。小瘦果包藏于肉质花被内,集成圆柱形聚花果(桑葚)。

本属约12种,产于北温带,中国有9种。

图2.33.6 桑树

桑树 *Morus alba* L.（图2.33.6）

形态:灌木或乔木,高15 m,嫩枝及叶含乳汁。叶卵形或宽卵形,先端尖,基部近心形,边缘有粗锯齿,有时不规则分裂,上面无毛,有光泽,下面脉上有疏毛。花单性,雌雄异株。聚花果长卵形至圆柱形,熟时紫黑色、红色,多汁味甜。花期4月,果熟期5—7月。桑树的栽培品种有:

(1)龙爪桑 *Morus alba* 'Tortuosa' 枝条扭曲如龙游。

(2)垂枝桑 *Morus alba* 'Pendula' 是桑树的品种。枝细长下垂。

分布:中国南北各地均有分布,长江中下游各地为多。

习性:喜光,喜温暖亦耐寒,适应性强,耐干旱瘠薄、耐水湿,对土壤要求不严,深根性,根系发达,萌芽性强、耐修剪,抗烟尘、抗有毒气体能力强。

繁殖:播种、扦插、压条、分株、嫁接繁殖。

应用:树冠宽阔,枝叶繁密,夏季红果累累,入秋叶黄色,宜作观赏树、庭荫树。因抗烟尘,抗有毒气体,可作工厂绿化树、防护林树种。此外,桑叶可饲养家蚕。

2.34 荨麻科 Urticaceae

荨麻科有部分植物具有独特的刺毛,触及人的皮肤,就会出现红斑,痛痒难忍。园林应用时要特别注意。园林中可用的有2属2种。

2.34.0 荨麻科分种枝叶检索表

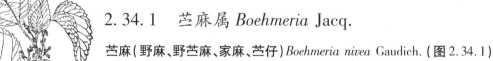

1. 叶宽卵形,长7～1.5 cm,宽5.5～10 cm,叶缘有粗齿,下面密被白色毛 ·············· 苎麻 *Boehmeria nivea*

    1. 叶卵状披针形,长5～7.5 cm,先端渐尖,下面密被白色柔毛 ··············

    ·················· 紫麻 *Oreocnide frutescens*

2.34.1 苎麻属 *Boehmeria* Jacq.

图2.34.1 苎麻

苎麻(野麻、野苎麻、家麻、苎仔) *Boehmeria nivea* Gaudich.（图2.34.1）

    形态:半灌木,高1～2 m;茎、花序和叶柄密生短或长柔毛。叶互生,宽卵形或近圆形,表面粗糙,背面密生交织的白色柔毛。花雌雄同株,团伞花序集成圆锥状,雌花序位于雄花序之上;雄花花被片4,雄蕊4;雌花花被管状,被细毛。瘦果椭圆形,长约1.5 mm。花果期7—10月。由地下茎和根系形成强大的根蘖。

分布:长江流域以南地区。

习性:喜温暖湿润气候。

繁殖:种子繁殖。

应用:重要的经济植物,可用于水土保持和园林地被。

图 2.34.2 紫麻

2.34.2 紫麻属 Oreocnide Miq.

紫麻(山麻、紫苎麻、白水苎麻、野麻、大麻条和大毛叶) *Oreocnide frutescens* (Thunb.) Miq. (图 2.34.2)

形态:灌木稀小乔木,高 1 ~ 3 m;小枝褐紫色或淡褐色,上部常有粗毛或近贴生的柔毛,稀被灰白色毡毛,以后渐脱落。

分布:浙江、安徽南部、江西、福建、广东、广西、湖南、湖北、陕西南部、甘肃东南部、四川和云南。生于海拔 300 ~ 1 500 m 的山谷和林缘半阴湿处或石缝。中南半岛和日本也有分布。

习性:喜温暖湿润气候。

繁殖:种子繁殖。

应用:重要的经济植物,可用于水土保持和园林地被。

2.35 杜仲科 Eucommiaceae

落叶乔木,高达 20 m,胸径 1 m;树皮灰褐色,粗糙;植株具丝状胶质。幼枝被黄褐色毛,逐渐脱落,老枝皮孔显著。芽卵圆形,光红褐色。单叶互生,椭圆形、卵形或长圆形,薄革质,长6 ~ 15 cm,宽 3.5 ~ 6.5 cm,先端渐尖,基部宽楔形或近圆,羽状脉,具锯齿;叶柄长 1 ~ 2 cm,无托叶。花单性,雌雄异株,无花被,先叶开放,或与新叶同出。雄花簇生,花梗长约 3 mm,无毛,具小苞片,雄蕊 5 ~ 10,线形,花丝长约 1 mm,花药 4 室,纵裂;雌花单生小枝下部,苞片倒卵形,花梗长 8 mm,子房无毛,1 室,先端 2 裂,子房柄极短,柱头位于裂口内侧,先端反折,倒生胚珠2,并立、下垂。翅果扁平,长椭圆形,长 3 ~ 3.5 cm,宽 1 ~ 1.3 cm,先端 2 裂,基部楔形,周围具薄翅。种子 1 粒,扁平线形,垂悬于顶端,长 1.4 ~ 1.5 cm,宽 3 mm,两端圆;富含胚乳;胚直立,与胚乳等长;子叶肉质,扁平;外种皮膜质。本科仅 1 属 1 种。我国特有。

杜仲(胶木) *Eucommia ulmoides* Oliver(图 2.35.1)

形态:落叶乔木,高达 20 m,胸径 50 cm。树冠圆球形。树皮深灰色,枝具片状髓,树体各部折断均具银白色胶丝。小枝光滑,无顶芽。单叶互生,椭圆形,长 7 ~ 14 cm,有锯齿,羽状脉,老叶表面网脉下凹,无托叶。花单性,花期 4—5 月,雌雄异株,无花被,生于幼枝基部的苞叶内,与叶同开放或先叶开放。翅果扁平,长椭圆形,顶端 2 裂,种子 1 粒。果期 10—11 月。

分布:山东、河北、江苏、四川、安徽、陕西、湖北、河南、贵州、云南、江西、甘肃、湖南、广西等地都有种植。

习性:喜阳光充足、温和湿润气候,耐寒,对土壤要求不严,丘陵、平原均可种植,也可利用零星土地或四旁栽培。本植物的嫩叶(新芽)亦供药用;另外,通常药用的杜仲是树木的韧皮部。

繁殖:种子繁殖,也可扦插繁殖。

应用:公园绿化、行道树、景观林。干皮入药。

图 2.35.1 杜仲

大风子科

2.36 大风子科 Flacourtiaceae

本科约93属,1 000多种,分布于热带至亚热带地区。中国有15属,50多种,主要分布于中南、西南地区。

2.36.0 大风子科分种枝叶检索表

1. 有枝刺,叶卵形至长圆状卵形,长4~8 cm,宽3~4 cm,羽状脉,无毛;常绿性 …… 柞木 *Xylosma japonicum*
1. 无枝刺,叶圆卵形或长圆形,掌状脉3~5出,落叶性 …… 2
2. 叶柄较短,无腺点,叶下面绿色 …… 山拐枣 *Poliothyrsis sinesis*
2. 叶柄较长,上具2瘤状腺体,叶下面灰白色 …… 3
3. 叶下面仅脉腋簇生毛,叶柄疏生毛 …… 山桐子 *Idesia polycarpa*
3. 叶下面及叶柄密生毛 …… 毛叶山桐子 *Idesia polycarpa* var. *vestita*

2.36.1 柞木属 *Xylosma* G. Forst

单性花组成总状花序腋生,雌雄异株;萼片覆瓦状排列,基部合生,花瓣缺;雄蕊下位,子房1室。

本属约100种,中国有3种,分布于秦岭及长江以南地区。

柞木(凿子木) *Xylosma japonicum*(Walp.) A. Gray. (图2.36.1)

形态:常绿灌木或小乔木,高2~10 m。树冠内部枝条上生有许多枝状短刺,幼枝有时有腋生小刺,叶小,卵形革质,边缘有稀锯齿,叶柄与嫩叶呈红色。

分布:陕西秦岭以南和长江以南各省。

习性:喜温暖湿润的气候,也较耐寒,喜光,稍耐阴,喜肥,耐瘠土,耐干旱,不耐水湿。萌发力强,极耐修剪。

繁殖:多用种子繁殖,亦可扦插。

应用:柞木四季常青,茎枝发达,强劲有力。树皮灰褐色,古色古香,为园林优良树种,亦适宜制作盆景。

图2.36.1 柞木

2.36.2 山桐子属 *Idesia* Maxim.

落叶乔木,叶互生,边缘有锯齿,叶柄与叶片基部常有腺体,大型顶生圆锥花序,花单性异株,无花瓣,萼片常5个,或多或少,密生细毛,雄蕊多数;雌花子房上位1室,花柱5,柱头大。胚珠多数。果实浆果;种子卵圆形。本属1种1变种,分布于中国中西部地区及日本等。

山桐子(山梧桐、水冬瓜) *Idesia polycarpa* Maxim. (图2.36.2)

形态:乔木,高8~15 m。树皮灰白色,光滑。冬芽无毛,被数片芽鳞。叶卵形至卵状心形,长8~16 cm,宽6~14 cm,先端锐尖至短渐尖,基部心形或近心形,叶缘有疏锯齿。表面无毛,背面被白粉,掌状基出脉5~7条,脉腋密生柔毛;叶柄长6~15 cm,圆柱形,无毛,顶端有2腺体。圆锥花序长12~20 cm,下垂;花黄绿色,芳香;萼片常5个,长卵形,被毛;雄花有多数雄蕊;雌花有多数退花雄蕊;子房有3~6个侧

图2.36.2 山桐子

膜胎座。浆果球形,红色,直径6~8 mm,种子多数。花期5—6月,果期9—10月。

分布:浙江、江西、台湾、陕西、湖北、广东、广西、四川、贵州、云南等地区。日本、朝鲜也有。

习性:喜温暖湿润的气候,较耐寒。侧枝生长旺盛,栽培时注意去枝留干。

繁殖:多用种子繁殖,亦可扦插。

应用:秋季红果晶莹剔透,甚为美观可爱。可作行道树及庭院观赏树。

2.37 瑞香科 Thymelaeaceae

瑞香科

本科约50属,500余种;中国有9属,90余种。

2.37.0 瑞香科分种枝叶检索表

1. 叶对生,椭圆形或长椭圆形,下面被绢状毛,脉上尤密 ·················· 芫花 *Daphne genkwa*
1. 叶互生 ·· 2
2. 枝、叶光滑无毛,茎深紫色,叶椭圆状长圆形或倒披针形 ············ 紫茎瑞香 *Daphne odora* var. *atrocaulis*
2. 幼枝有绢状毛,叶上面被绢毛,下面密被长柔毛,茎棕红色 ············ 结香 *Edgeworthia chrysantha*

2.37.1 瑞香属 *Daphne* Linn.

灌木或亚灌木,冬芽小;叶全缘互生,有时近对生或群集于枝上部。花两性,排成短总状花序或簇生成头状,通常有苞片;花萼4(5)裂;无花瓣;雄蕊8(10),成2轮着生于萼管的近顶部;花柱极短,柱头为头状。核果,有种子1枚。

本属约95种,分布于欧亚的温带和亚热带;中国约有37种,主产西南和西北地区。

1)芫花 *Daphne genkwa* Sieb. et Zucc.

形态:落叶灌木,高达1 m。茎多分枝细长,老枝褐色带紫,幼枝及幼叶背面密被淡黄色绢毛。叶纸质对生,长椭圆形至宽披针形,长3~4 cm,宽1~1.5 cm,先端急尖,基部阔楔形,全缘,叶背面被淡黄色绢毛,沿中脉较密,叶柄短。花先叶开放,3~5(7)朵簇生叶腋,淡紫色。花被筒状,长1.5 cm,4裂片,雄蕊8枚排成2轮。核果白色,长圆形,肉质。花期3月,果期6—7月。

图2.37.1 瑞香
1. 花枝 2. 花 3. 花横切

分布:长江流域以南以及山东、河南、陕西等地。

习性:喜光,耐旱,耐寒,喜生于排水良好的轻沙土中。萌蘖力较强。

繁殖:以扦插为主,也可播种、分株繁殖。

应用:早春叶前开花,鲜艳美丽,可群植于花坛,或点缀于假山岩石之中。茎皮纤维为优质纸和人造棉的原料。根、花蕾可入药。

2)瑞香 *Daphne odora* Thunb. (图2.37.1)

形态:常绿灌木,高达2 m,小枝细长,带紫色。叶互生,长椭圆形至倒披针形,长5~8 cm,宽1.5~3.5 cm,先端钝或短尖,基部窄楔形,厚纸质。头状花序,顶生,无总花梗,花白色或带紫红色,芳香,花被筒状,长1 cm,4裂片,雄蕊8枚排成2轮。果肉质,圆球形,成熟时红色。花期2—3月,果期7—8月。瑞香的变种与变型:

(1)毛瑞香(紫茎瑞香)*Daphne odora* var. *atrocaulis* Rehd. 小枝深紫色,花被筒外侧有绢

状毛。

（2）金边瑞香 *Daphne odora* f. *marginata* Thunb.　叶边缘金黄色。花淡紫色,花萼先端5裂、白色,基部紫红,香味浓烈,为瑞香中之珍品。

（3）白花瑞香 *Daphne odora* var. *leucantha* Makino.　花纯白色。

（4）蔷薇红瑞香 *Daphne odora* var. *rosacea* Mak.　花淡红色。

分布:长江流域以南各地。

习性:喜阴凉通风环境,不耐阳光暴晒及高温、高湿。耐寒性差。喜排水良好、富含腐殖质的土壤;不耐积水。萌芽力强,耐修剪,易造型。

繁殖:以扦插为主,亦可压条、嫁接或播种繁殖。

应用:枝干丛生,四季常绿,早春开花,香味浓郁,具较高观赏价值。宜配置于建筑物、假山、岩石的阴面及树丛的前侧。可盆栽和制作盆景。根、叶可入药。

2.37.2　结香属 *Edgeworthia* Meisn.

落叶灌木。单叶互生,全缘,集生于枝上部,有时近对生。花两性,排成短总状花序或簇生成头状,腋生或顶生,通常有总苞;花先叶或与叶同放,花萼4(5)裂,无花瓣;雄蕊8,成2轮着生于萼管筒的中上部;花盘环状或杯状。子房1室1倒生胚珠。核果,外果皮革质,内有种子1枚。

本属约5种,中国有4种,多分布于中国西南地区,只有1种分布广泛。

结香(打结树) *Edgeworthia chrysantha* Lindl.（图2.37.2）

形态:落叶灌木,枝条粗壮柔软,有皮孔,常三叉分枝,棕红色。叶簇生枝顶,长椭圆形至倒披针形,长8~16 cm,宽2~3.5 cm,先端急尖,基部楔形并下延。上面疏生柔毛,背面被长硬毛。花黄色,有浓香,40~50朵集成下垂的花序,萼筒花瓣状,长1.5 cm,外面密生绢状柔毛。子房花柱细长,果卵形,状如蜂窝。花期3月,果期5—6月。

图2.37.2　结香
1.果枝　2.花枝

分布:河南、陕西及长江流域以南等地区。

习性:喜阴,喜温暖、湿润气候和肥沃而排水良好的壤土,耐寒性不强。根肉质,不耐积水,根茎处易萌蘖。

繁殖:分株或扦插繁殖。

应用:枝条柔软,弯之可打结而不断,故可曲枝造型;花多成簇,芳香浓郁。可孤植、对植、丛植于庭前、路边、墙隅或作疏林下木,或点缀于假山岩石之间、街头绿地小游园内。也可盆栽。茎皮可供制打字蜡纸、人造棉。根、茎、花均可入药。

2.38　紫茉莉科 Nyctaginaceae

灌木或乔木,叶常对生,稀互生,单叶,全缘,无托叶。花两性或单性,整齐,常由2~5花组成聚伞花序,每朵花下各有苞片或小苞片,苞片往往有颜色,花被1轮,由5萼片结合而成,外形似花冠,芽中折叠或回旋,雄蕊1~30,分离或花丝基部结合成筒,花药2室,纵裂,雌蕊1,单心皮,子房上位,1室,有一基底着生的倒生或弯生胚珠。花柱1,细长,柱头1,果实为瘦果。约30

属 300 种,分布于热带和亚热带地区,主产热带美洲。

我国有 7 属 11 种 1 变种,主要分布于华南和西南地区。

2.38.0 紫茉莉科检索表

1. 枝、叶无毛或近无毛,叶卵形或卵状矩圆形,先端长尖 ·················· 九重葛 *Bougainvillea glabra*
1. 枝、叶密被绒毛,叶卵形,先端钝 ·················· 毛九重葛 *Bougainvillea spectabilis*

2.38.1 叶子花属 *Bougainvillea* Comm. ex Juss.

约 18 种。原产南美洲。有些种常栽培于热带及亚热带地区。我国有 2 种。

1)九重葛(叶子花、三角梅、三角花) *Bougainvillea glabra* Comm. ex Juss. (图 2.38.1)

图 2.38.1 九重葛

形态:为常绿攀援状灌木。枝具刺、拱形下垂。枝叶生长茂盛,叶腋常有刺,亦有无刺品种。单叶互生,卵形全缘或卵状披针形,顶端圆钝。花顶生,花很细小,黄绿色,常三朵簇生于三枚较大的苞片内,花梗与苞片中脉合生,并没有很明显的花瓣,小花为小漏斗的形状,是其花被,是保护花蕊的组织,花瓣内有七八枚雄蕊与一枚雌蕊,虽然有少部分会结种子,不过绝大部分都不会结果,所以繁殖方法还是以扦插繁殖法为主。

分布:原产于南美洲的巴西、秘鲁、阿根廷。中国南方各省引种栽培,北方地区室内盆栽观赏。海南省省花;广西的北海市和梧州市市花;厦门市、深圳市、珠海市、惠州市、江门市市花;黔西南州州花。

习性:喜温暖湿润气候,不耐寒,耐高温,怕干燥。在 3 ℃以上才可安全越冬,15 ℃以上方可开花。喜充足光照。对土壤要求不严,在排水良好、含矿物质丰富的黏重壤土中生长,耐贫瘠、耐碱、耐干旱,忌积水,耐修剪。对水分的需要量较大,特别是在盛夏季节,水分供应不足,易产生落叶现象,直接影响植株正常生长或延迟开花。如土壤过湿,会引起根部腐烂。喜光,如光线不足或过于荫蔽,新枝生长细弱,叶片暗淡。

繁殖:扦插繁殖和压条繁殖。

应用:花苞大而明显,苞片卵圆形,为主要观赏部位,颜色有鲜红色、橙黄色、紫红色、乳白色等。可分为单瓣、重瓣以及斑叶等品种。常园林绿地藤架栽植。北方盆栽观赏。

2)毛九重葛(毛宝巾) *Bougainvillea spectabilis* willd.

形态:与三角梅的区别在于枝叶被厚绒毛。

分布:同三角梅。

习性:喜温暖湿润气候,不耐寒,耐高温,怕干燥。在 3 ℃以上才可安全越冬,15 ℃以上方可开花。喜充足光照。

繁殖:同九重葛。

应用:常园林绿地藤架栽植。北方盆栽观赏。

2.39 山龙眼科 Proteaceae

乔木或灌木。单叶互生,稀为对生或轮生,全缘或分裂,无托叶。总状花序、穗状花序或有显著苞片的头状花序;花两性,稀单性异株,辐射对称或两侧对称,单被花,花被花瓣状,4 数,分离或合生,镊合状排列;芽时常管状,开放时开裂;雄蕊 4,与花被对生,花药 2 室,分离,纵裂;子房上位,1 室,具鳞片或花盘,胚珠 2 枚,并生,花柱 1,不分裂。果实为坚果、核果、翅果、蒴果或菁葵果;种子无胚乳,常有翅。

山龙眼科共 4 属,澳洲坚果属,原产澳大利亚,广州和云南引种栽培 1 种(澳洲坚果 *Macadamia ternifolia*)。银桦属原产马来西亚东部和澳大利亚,我国热带和南亚热带地区引入栽培 1 种(银桦 *Grevillea robusta*)。中国有山龙眼属 17 种,产于西南部至台湾、海南。假山龙眼属,我国 3 种,分布于云南、广西、广东南亚热带常绿阔叶林中。

2.39.0　山龙眼科分属检索表

1. 叶轮生或近对生,不分裂,花两性,坚果,种子球形或半球形(栽培) ……………………… 澳洲坚果属 *Macadamia*
1. 叶互生 …………………………………………………………………………………………………… 2
2. 叶二次羽状分裂,花两性,菁葵果,种子盘状,边缘具翅 …………………………………………… 银桦属 *Grevillea*
2. 叶不分裂或具多裂至羽状分裂,坚果或核果,种子球形或半球形,无翅 ……………………… 3
3. 叶不分裂,花两性,坚果 ………………………………………………………………………………… 山龙眼属 *Helicia*
3. 叶全缘或具多裂至羽状分裂,花单性,雌雄异株,核果 …………………………………………… 假山龙眼属 *Heliciopsis*

2.39.1　银桦属 *Grevillea* R. Br.

乔木或灌木。叶互生,不分裂或羽状分裂。总状花序,通常再集成圆锥花序,顶生或腋生,菁葵果,通常偏斜,沿腹缝线开裂,稀分裂为 2 分果,果皮革质或近木质;种子 1 ~ 2 颗,盘状或长盘状。

银桦 *Grevillea robusta* A. Cunn. ex R. Br.(图 2.39.1)

形态:乔木,高 10 ~ 25 m;树皮暗灰色或暗褐色,具浅皱纵裂,嫩枝被锈色绒毛。叶长 15 ~ 30 cm,二次羽状深裂,裂片 7 ~ 15 对,上面无毛或具稀疏丝状绢毛,下面被褐色绒毛和银灰色绢状毛,边缘背卷;叶柄被绒毛。总状花序,长 7 ~ 14 cm,腋生,或排成少分枝的顶生圆锥花序,花序梗被绒毛;花梗长 1 ~ 1.4 cm;花橙色或黄褐色,花被管长约 1 cm,顶部卵球形,下弯;花药卵球状,长 1.5 mm;花盘半环状,子房具子房柄,花柱顶部圆盘状,稍偏于一侧,柱头锥状。果卵状椭圆形,稍偏斜,长约 1.5 cm,径约

图 2.39.1　银桦

7 mm,果皮革质,黑色,宿存花柱弯;种子长盘状,边缘具窄薄翅。花期 3—5 月,果期 6—8 月。

分布:原产于澳大利亚东部;全世界热带、亚热带地区有栽种。云南、四川西南部、广西、广东、福建、江西南部赣州、浙江、台湾等省区引种栽培。

习性:喜温暖湿润气候,不耐寒。

繁殖:播种繁殖。

应用:城市园林景观,独赏树,亦可作行道树或风景树。

2.40　**海桐花科** Pittosporaceae

本科约 9 属,360 余种,主要广布于大洋洲;中国仅产 1 属,约 44 种。

海桐花科

2.40.0　海桐花科分种枝叶检索表

1.叶倒卵形,先端圆钝,叶缘下卷,幼叶及小枝有毛 ················· 海桐 *Pittosporum tobira*

1.叶倒披针形,先端尖,叶缘不下卷,微呈波状,枝叶无毛 ··········· 崖花海桐 *Pittosporum illcioides*

2.40.1　海桐花属 *Pittosporum* Banks

常绿灌木或乔木。单叶互生,有时轮生状,常聚生枝顶,全缘或具波状齿。花较小,单生或成顶生圆锥或伞房花序;花瓣离生或基部合生,先端常向外反卷;子房通常为不完全的 2 室。蒴果,具 2 至多枚种子;种子藏于红色果肉中。

本属约 300 种,主产于大洋洲等地;中国有 44 种。

图 2.40.1　海桐

1.果枝　2.蒴果　3.种子

1) 海桐 *Pittosporum tobira* (Thunb.) Ait. (图 2.40.1)

形态:常绿灌木或小乔木,高 2 ~ 6 m;树冠圆球形,幼枝被柔毛。叶全缘革质无毛,表面深绿有光泽,倒披针形,长 5 ~ 12 cm,先端圆钝或微凹,基部楔形,边缘反卷,叶柄长达 1 cm。伞房花序顶生,花白色或淡黄绿色,径约 1 cm,芳香。蒴果卵球形,长 1 ~ 1.5 cm,有棱角,熟时 3 瓣裂,木质;种子鲜红色。花期 5 月,果熟期 10 月。

分布:中国江苏、浙江、福建、台湾、广东等地,朝鲜、日本亦分布。黄河以南各地庭园悉见栽培。

品种:银边海桐 *Pittosporum tobira* ' Variegatum',叶边缘有白色斑点。

习性:喜光,略耐阴;喜温暖湿润气候,不耐寒。对土壤要求不严,耐盐碱。萌芽力强,耐修剪。抗风及抗二氧化硫能力强。

繁殖:可播种、扦插繁殖。移植一般在春季,也可秋季进行,需带土球,成活容易。

应用:海桐枝叶茂密,树冠圆满;绿叶常青,初夏花朵清丽芳香,入秋果熟开裂露出红色种子,颇为美观,是常见绿化观赏树种。常作基础种植及绿篱材料,孤植、丛植、对植、列植均可。

2) 崖花海桐 *Pittosporum illicioides* Makino

形态:灌木。幼枝无毛。叶薄革质,倒披针形至倒卵状披针形,长 6 ~ 10 cm,宽 2 ~ 5 cm,先端急渐尖,基部窄楔形,无毛,侧脉 6 ~ 8 对,背面网脉明显,叶柄长 5 ~ 10 mm。伞形花序,有 2 ~ 10 花,无毛;花梗长 1.5 ~ 3 cm;子房被毛,几无柄。蒴果近圆形,长 9 ~ 12 mm,多为三角形或有 3 条纵沟,3 瓣裂,果片薄木质;种子暗红色,长约 3 mm。花期 4—5 月,果熟期 7—9 月。

分布:四川、江苏、浙江、安徽、江西、湖南、湖北、贵州、福建、台湾等省。

习性、繁殖、应用同海桐。

2.41　**柽柳科** Tamaricaceae

灌木或小乔木,稀草本。叶互生,细小成鳞片状,无叶柄。花两性,整齐,单生或集成穗状、总状花序或顶生圆锥状总状花序;萼片及花瓣均 4 ~ 5 数,覆瓦状排列:雄蕊与花瓣同数而互生,或为其 2 倍,花盘下位或周位,有 5 ~ 10 腺体;子房上位;花柱通常 3,稀 5,离生或合生。果实为蒴果,1 室或为不完全的 3 ~ 4 室。种子直立,通常先端具毛或具翅,含胚乳或缺;胚直立;子叶扁平。

2.41.0 柽柳科分种检索表

1. 叶椭圆状披针形;总状花序侧生于前一年枝上,花多于春季开放,苞片顶端钝,花盘5裂 ····················
·· 桧柽柳 *Tamarix juniperina*

1. 叶条状披针形或卵状披针形;总状花序集成圆锥花丛,顶生于当年生枝上,花夏季开放 ················ 2

2. 枝条开展;叶条状披针形,苞片卵状披针形,花盘5裂 ··············· 五蕊柽柳 *Tamarix pentandra*

2. 枝条下垂;叶卵状披针形,苞片条状披针形,花盘10裂 ··············· 柽柳 *Tamarix chinensis*

2.41.1 柽柳属 *Tamarix* Linn.

我国约产18种1变种,主要分布于西北、内蒙古及华北。园林常用3种。

1) 桧柽柳(红柳) *Tamarix juniperina* Bunge (图2.41.1)

形态:灌木或小乔木,高5 m,树皮红色,枝条细长、暗紫色;叶长椭圆状披针形,长1.5~1.8 mm。总状花序,长3~6 cm,苞片线状披针形,花淡红、紫红或白色,萼片花瓣各5,蒴果三角状圆锥形,长3~4 mm。花期长,由夏至秋一直开放。

分布:东北、华北、西北、内蒙古、新疆,尤以沙漠地区普遍。

习性:耐酷热干旱及严寒。抗沙埋性很强,易生不定根。

繁殖:种子繁殖,也可扦插繁殖。

应用:园林绿地和庭园观赏树,耐干旱、耐盐碱、耐风、耐瘠,是很好的防风绿化树种。

图2.41.1　桧柽柳

2) 五蕊柽柳 *Tamarix pentandra* L.

形态:叶条状披针形或卵状披针形;总状花序集成圆锥花丛,顶生于当年生枝上,花多于夏季开放,枝条开展,苞片卵状披针形,花盘5裂。

分布:东北、华北、西北、内蒙古、新疆。

习性:耐酷热干旱及严寒。抗沙埋性很强,易生不定根。

繁殖:种子繁殖,也可扦插繁殖。

应用:园林绿地和庭园观赏树,防风绿化树种。

3) 柽柳(垂丝柳、西河柳、西湖柳、红柳、阴柳) *Tamarix chinensis* Lour. (图2.41.2)

形态:落叶小乔木。高3~6 m。幼枝柔弱,开展而下垂,红紫色或暗紫色。叶鳞片状,钻形或卵状披针形,长1~3 mm,半贴生,背面有龙骨状柱。每年开花2~3次;春季在去年生小枝节上侧生总状花序,花稍大而稀疏;夏、秋季在当年生幼枝顶端形成总状花序组成顶生大型圆锥花序,常下弯,花略小而密生,每朵花具1线状钻形的绿色小苞片;花5数,粉红色;萼片卵形;花瓣椭圆状倒卵形,长约2 mm;雄蕊着生于花盘裂片之间,长于花瓣;子房圆锥状瓶形,花柱3,棍棒状。蒴果长约3.5 mm,3瓣裂。花期4—9月,果期6—10月。

图2.41.2　柽柳

分布:甘肃、河北、河南、山东、湖北、安徽、江苏、浙江、福建、广东、云南等省区。黄河流域及沿海盐碱地多有栽培。

习性:喜光、耐旱、耐寒、耐水湿、极耐盐碱,根系发达,萌生力强,极耐修剪。

繁殖:种子繁殖,也可扦插繁殖。

应用:柽柳的嫩枝叶是中药材。柽柳枝条细柔,姿态婆娑,开花如红蓼,颇为美观。常为园林景观和庭园观赏树。

2.42　椴树科 Tiliaceae

椴树科

本科约60属,400余种,多广布于热带、亚热带地区;中国有9属,约80余种。

2.42.0　椴树科分种枝叶检索表

1. 叶柄长 0.2～1.5 cm,叶片菱状卵形或有不显著的 2 裂,托叶细,条状披针形,常宿存 ·················· 2
1. 叶柄长 3～8.5 cm,叶片不为菱状卵形,托叶舌状,早落 ···························· 3
2. 全体密被星状毛,叶柄长 6～15 mm ·············· 小花扁担杆 Grewia biloba var. parviflora
2. 叶上面几无毛,下面疏生星状毛或几无毛,叶柄长 2～6 mm ·············· 扁担杆 Grewia biloba
3. 叶缘有芒状锯齿 ·· 4
3. 叶缘锯齿不为芒状或有时全缘 ·································· 5
4. 叶下面脉腋内有簇生毛,锯齿芒长 3～7 mm ·············· 光叶糯米椴 Tilia henryana var. subglabra
4. 叶下面脉腋内无簇生毛,密生灰白色星状毛,锯齿芒长 1～2 mm ·············· 糠椴 Tilia mandschurica
5. 叶下面除脉腋内有簇生毛外,余无毛或有毛而早落 ·································· 6
5. 叶下面被星状毛 ·· 7
6. 叶近圆形,长 5～6 cm,宽 3～6 cm,基部心形 ·············· 小叶椴 Tilia cordata
6. 叶卵形,长 5～12 cm,宽 7～9.5 cm,基部心形或截形 ·············· 紫椴 Tilia amurensis
7. 叶下面有白粉,疏生星状毛,边缘疏生不规则粗齿,有时不明显 3 裂或全缘 ·············· 湘椴 Tilia endochrysea
7. 叶下面无白粉,密被星状毛,锯齿短尖 ·································· 8
8. 小枝光滑,叶卵形,下面脉腋内有簇生毛 ·············· 鄂椴 Tilia oliveri
8. 小枝密被毛 ·· 9
9. 叶下面被白色星状绒毛,脉腋内有簇生毛 ·············· 毛枝椴 Tilia tuan var. chinensis
9. 叶下面密被灰色星状毛,脉腋内无簇生毛 ·············· 南京椴 Tilia miqueliana

2.42.1　椴树属 Tilia Linn.

落叶乔木。单叶互生,有长柄。叶基常不对称。聚伞花序下垂,总梗约有一半与舌状苞片合生;花小,黄白色,有香气,萼片、花瓣各 5 枚。

本属约 50 种,主产于北温带;中国约有 35 种,南北均有分布。

1) 糯米椴 Tilia henryana Szyszvl.

形态:乔木。幼枝被黄色星状绒毛。叶近圆形,直径 6～10 cm,先端宽圆,有短尾尖,基部为心形或偏斜,有时截形,背面被黄色柔毛或星状绒毛,边缘具 3～5 mm 的芒刺,叶柄 3～5 cm。聚伞花序,有花 30 朵以上;苞片窄倒披针形,长 7～10 cm,宽 1～1.3 cm,两面被黄色星状毛,萼片外面有毛。果实倒卵形,长 7～9 mm,被星状毛,具 5 棱。花期 6 月,果熟期 8 月。

分布:江苏、浙江、江西和安徽。

习性:喜光,耐寒耐阴,深根性,萌蘖性强,不耐烟尘。

繁殖:多用种子繁殖,但种子后熟期较长,达 1 年。亦可分株、压条。

应用:树冠整齐,枝叶茂密,花颇芳香,可作庭园绿化树种,亦是良好的蜜源树种。

2)光叶糯米椴 *Tilia henryana* Szyszyl. var. *subglabra* V. Engl.

形态:它是糯米椴的变种,与原种的区别为:除叶背面脉腋有簇毛外,幼枝及芽均无毛或近无毛。苞片背面星状毛稀疏。

分布:江苏、浙江、江西、安徽等省区。

习性、繁殖、应用同糯米椴。

3)南京椴 *Tilia miqueliana* Maxim. (图2.42.1)

形态:乔木,高达8 m,树皮灰白色。小枝密被星状毛。叶卵形或阔卵形,长3~8 cm,宽3~10 cm,先端急锐尖,基部近整齐,表面无毛,背面被灰色或黄色星状毛,边缘密生锯齿;叶柄长3~5 cm,几无毛。聚伞花序,有6~15朵花,苞片窄倒披针形,长6~10 cm,宽1~2 cm,表面中脉有毛。果实椭圆形,被毛,具棱或仅下部具棱。花期6—7月;果熟期8—9月。

分布:甘肃、陕西、四川、湖北、湖南、江西、江苏、浙江。

繁殖:种子繁殖。

习性、应用同糯米椴。

图2.42.1 南京椴
1.花枝 2.叶缘放大 3.星状毛
4.花 5.花萼 6.雌蕊

4)华东椴(日本椴)*Tilia japonica* Simonk.

形态:乔木。小枝幼时有长柔毛。叶革质,圆形或扁圆形,长5~10 cm,宽4~9 cm,先端急渐尖,基部为心形,整齐或稍偏斜,有时截形,边缘有尖锐细锯齿,仅背面脉腋有簇毛;叶柄3~4.5 cm,纤细,无毛。聚伞花序,有6~16朵花或更多;苞片斜倒披针形或狭长圆形,长3.5~6 cm,宽1~1.5 cm,无毛,柄长1.5 cm。果实卵圆形,被星状毛,无棱。花期6—7月;果熟期8—9月。

分布:山东、安徽、江苏、浙江。

习性:喜温暖湿润气候。喜光,也耐半阴。耐寒性较强。不耐空气污染。

繁殖:种子繁殖。

应用:材质优良,树姿优美,是十分美观的观赏树种。

5)蒙椴 *Tilia mongolica* Maxim. (图2.42.2)

形态:落叶小乔木,树皮红褐色;小枝光滑无毛。叶宽卵形至三角状卵形,长3~10 cm,叶缘具不整齐粗锯齿,有时3浅裂,先端凸渐尖或近尾尖,基部截形或宽楔形,仅背面脉腋有簇毛,侧脉4~5对;叶柄细,长3 cm。花6~12朵排成聚伞花序;苞片长5 cm,花黄色,雄蕊多数,坚果倒卵形,长6 mm,外被黄色绒毛。花期6—7月,熟期8—9月。

分布:主产于中国华北、东北及内蒙古。

习性:喜光,也耐半阴、耐寒。

繁殖:种子繁殖。

应用:蒙椴是北方优良的庭荫树,唯因树体较矮,不适于作行道树。

图2.42.2 蒙椴

2.42.2 扁担杆属 *Grewia* Linn.

图 2.42.3 扁担杆
1. 花枝 2. 花 3. 雌蕊
4. 果 5. 叶背绒毛

落叶乔木或灌木,有星状毛。冬芽小、单叶互生,基出脉 3 ~ 5 条。花单生或聚伞花序;花萼明显,花瓣基部有腺体,雄蕊多数,子房 5 室。核果,2 ~ 4 裂。

本属约 150 种,产于亚洲、非洲的热带和亚热带。中国约有 30 种。

扁担杆(棉筋条) *Grewia biloba* G. Don.(图 2.42.3)

形态:落叶灌木,小枝有星状毛。叶狭菱状卵形,长 4 ~ 10 cm,先端尖,基部 3 出脉,宽楔形至近圆形,缘有细重锯齿,上面几无毛,下面疏生星状毛。花序与叶对生;花淡黄绿色,径不足 1 cm。果橙黄至橙红色,径约 1 cm,无毛,2 裂,每裂有 2 核。花期 6—7 月,果熟期 9—10 月。

分布:江西、江苏等亚热带地区。

习性:喜光,稍耐阴,较耐寒、耐干旱。

繁殖:种子繁殖或分株繁殖。

应用:荒山造林,也可入药。

变种:

扁担木(小花扁担杆) *Grewia biloba* var. *parviflora* Hand-Mazz.

形态:叶较宽大,有星状短柔毛,背面毛更密;花较大,径约 2 cm。主产于中国北部,华东、西南也有。

分布、习性同扁担杆。

繁殖:播种或分株繁殖。

应用:果实橙红美丽,宿存枝头达数月之久,是良好的观果树种。

2.43 杜英科 Elaeocarpaceae

本科有 12 属,约 400 种,分布于热带和亚热带地区。中国有 2 属 51 种。

杜英科

2.43.0 杜英科分种枝叶检索表

1. 叶两面无毛或幼时微有毛,后脱落,叶宽倒披针形,锯齿钝,上面网脉隆起 ·········· 杜英 *Elaeocarpus sylvestris*

1. 叶下面脉上有毛,长椭圆形或长椭圆状倒披针形,锯齿略尖,上面网脉凹下 ········· 猴欢喜 *Sloanea sinensis*

2.43.1 杜英属 *Elaeocarpus* Linn.

常绿乔木。叶互生,落前常变成红色。腋生总状花序;萼片 5 枚,分离;花瓣 5 枚,先端常呈撕裂状;雄蕊多数,花丝短,花药顶孔开裂,药隔突出;花盘常有 5 ~ 10 枚腺体;子房 2 ~ 5 室,每室有 2 ~ 6 枚下垂胚珠;花柱线形。核果,3 ~ 5 室,内果皮骨质,常有沟纹。种子胚乳肉质,子叶薄。

本属约 200 种,分布于东亚、东南亚和大洋洲。中国有 38 种,6 变种。

山杜英 *Elaeocarpus sylvestris*(Lour.)Poir.(图 2.43.1)

形态:常绿乔木,嫩枝无毛。叶倒卵形或倒卵状披针形,长 4 ~ 8 cm,宽 2 ~ 4 cm,先端钝,基部窄楔形,无毛,侧脉 5 ~ 6 对,具波状锯齿;叶柄 1.5 cm。花序长 4 ~ 6 cm;花萼片 5 枚,无毛;花瓣倒卵形,上部 10(~ 14)裂,外面被毛;雄蕊 13 ~ 15 枚,无芒状药隔;花盘 5 裂,分离;子房无毛,2 ~ 3 室。果椭圆形,长 1 cm,果核具 3 纵沟。

分布:分布于江南。越南、老挝、泰国也有分布。

习性:喜温暖湿润的气候条件。较耐寒,忌积水。根系发达,耐修剪。

繁殖:播种繁殖。

应用:枝叶茂密,郁郁葱葱,老叶落前绯红,红绿相间,颇为悦目,为优良庭园观赏树种。本种抗 SO_2 能力强,适于工矿厂区绿化。

图 2.43.1　山杜英
1. 花枝　2. 果枝
3. 花瓣　4,5. 雄蕊
6. 雌蕊

2.44　梧桐科 Sterculiaceae

本科有 68 属,约 1 100 种,多分布于热带和亚热带地区。中国共有 19 属 82 种,主要分布于华南和西南。

梧桐科

2.44.0　梧桐科分种枝叶检索表

1. 叶二型,幼树及萌芽枝的叶掌状 5 深裂,掌状脉 8 ~ 11 条,叶柄在叶基部盾状着生,正常叶卵状矩圆形,小枝及叶下面密被黄色绒毛,托叶大,常宿存 ················· 翻白叶树 Pterospermum heterophyllum
1. 叶一型,叶柄在叶片基部不为盾状着生 ·· 2
2. 叶椭圆状披针形,不分裂,先端尖,基部楔形,小枝及叶下面密生柔毛,羽状脉,基部近于 3 出 ······
··· 梭椤树 Reevesia pubescens
2. 叶掌状分裂,掌状脉 5 条;小枝及树皮绿色,光滑 ················· 梧桐 Firmiana platanifolia

2.44.1　梧桐属 Firmiana Marsili

落叶乔木或灌木。单叶,掌状 3 ~ 5 裂,或全缘。顶生或腋生圆锥花序,稀为总状花序;花单性同株,萼 5 枚深裂,萼片向外反卷,无花瓣;雄花具 10 ~ 15 枚雄蕊,集生成筒状;雌花 5 心皮,基部离生,花柱合生,柱头与心皮同数而分离,子房有柄。蓇葖果,果皮膜质,成熟前沿腹缝线开裂呈叶状。种子圆球形,着生于叶状果皮的内缘,成熟时褐色,有皱纹。

本属约 15 种,分布于亚洲和非洲东部;中国有 3 种,主产于广东、广西和云南。

图 2.44.1　梧桐(青桐)
1. 叶　2. 花　3. 果

梧桐(青桐) Firmiana platanifolia(L. f.) Marsili(图 2.44.1)

形态:落叶乔木,树皮青绿色,平滑。叶心形,长达 15 ~ 25 cm,掌状 3 ~ 5 裂,裂片三角形,全缘,两面均无毛或略被短柔毛,基出脉 7 条;叶柄与叶片近等长。圆锥花序顶生,长 20 ~ 50 cm;花淡黄绿色,萼片线形,长 10 mm,反卷;子房圆球形,被毛。蓇葖果革质,果皮开裂成叶状,匙形,长 6 ~ 11 cm,宽 2 cm,网脉显著。种子 2 ~ 4 粒,圆球形,径约 7 mm;花期 6 月,果期 10—11 月。

分布:中国黄河流域以南,日本也有。

习性:梧桐喜光,耐旱,喜温暖湿润气候,耐寒性较差。喜肥沃、深厚而排水良好的钙质土壤,忌水湿及盐碱地。生长快,寿命长,对多种有毒气体有较强的抗性。

繁殖:播种繁殖,也可扦插或分根。

应用:梧桐树冠圆满,干直皮绿,叶大形美,果皮奇特,具有悠久的栽植历史,为著名庭园观赏树种,入秋落叶早,"梧桐一叶落,天下尽知秋"。

2.45　木棉科 Bombacaceae

乔木,主干基部常有板状根。叶互生,掌状复叶或单叶,常具鳞秕;托叶早落。花两性,辐射对称,腋生或近顶生,单生或簇生;花萼杯状,顶端截平或不规则的3~5裂;花瓣5片;雄蕊5至多数;子房上位,2~5室,花柱不裂或2~5浅裂。蒴果。木棉科抗寒性差。

　　本科约有20属,180种,分布于美洲热带地区。引种栽培5属5种。我国原产1属1种。

木棉 *Bombax malabaricum* DC(图2.45.1)

　　形态:落叶大乔木,高可达25 m,树皮灰白色,幼树的树干通常有圆锥状的粗刺;分枝平展。掌状复叶,小叶5~7片,长圆形至长圆状披针形,长10~16 cm,宽3.5~5.5 cm,顶端渐尖,基部阔或渐狭,全缘,两面均无毛,羽状侧脉15~17对,上举,其间有1条较细的2级侧脉,网脉极细密,二面微凸起;叶柄长10~20 cm;小叶柄长1.5~4 cm;托叶小。花单生枝顶叶腋,通常红色,有时橙红色,直径约10 cm;萼杯状,长2~3 cm,外面无毛,内面密被淡黄色短绢毛,萼齿3~5,半圆形,高1.5 cm,宽2.3 cm,花瓣肉质,倒卵状长圆形,长8~10 cm,宽3~4 cm,二面被星状柔毛,但内面较疏;雄蕊管短,花丝较粗,基部粗,向上渐细,内轮部分花丝上部分2叉,中间10枚雄蕊较短,不分叉,外轮雄蕊多数,集成5束,每束花丝10枚以上,较长;花柱长于雄蕊。蒴果长椭圆形,长10~15 cm,粗4.5~5 cm,密被灰白色长柔毛和星状柔毛;种子多数,倒卵形,光滑。花期3—4月,果夏季成熟。

图2.45.1　木棉

分布:生长在稀树草原沟谷季雨林内。云南、四川、贵州、广西、江西、广东、福建、台湾等省区亚热带南部以南。

习性:常见于干热河谷,花先叶开放;季雨林或雨林气候条件下则有花叶同时存在。

繁殖:种子繁殖。

应用:花大而美,树姿巍峨,可植为庭园观赏树、行道树。

2.46　锦葵科 Malvaceae

锦葵科

　　本科约50属,1 000种。广布于世界各地。中国产18属,80余种。

2.46.0　锦葵科枝叶检索表

1. 叶卵圆状心形,长宽10~16 cm,5~7裂,掌状脉7~11,叶柄长5~13 cm ············ 木芙蓉 *Hibiscus mutabilis*

1. 叶卵形或菱状卵形,3裂或不裂 ·· 2

2. 叶有透明油点,卵形或卵状矩圆形,长6~12 cm,先端长尖,基部微心形或钝 ············
　　·· 悬铃花 *Malvaviscus arboreus* var. *penduliflorus*

2. 叶无透明油点 ·· 3

3. 落叶性,叶菱状卵形,长3~7 cm,3裂或不裂 ······················ 木槿 *Hibiscus syriacus*

3. 常绿性,叶有粗锯齿 ··· 4

4. 小枝不下垂,叶宽卵形或卵形,长7.5~11 cm ······················ 扶桑 *Hibiscus rosasinensis*

4. 小枝细,下垂,叶卵状椭圆形,长4~7.5 cm ················ 吊灯花 *Hibiscus schizopetalus*

2.46.1　木槿属 *Hibiscus* Linn.

亚灌木、灌木或小乔木,植株常被星状毛。叶互生,全缘或具缺刻,或 3~5 掌状分裂,主脉通常具蜜腺;托叶 2 枚,早落。花常单朵腋生,副萼有 3~12 枚小苞片,通常宿存;花萼钟状或碟状,5 浅裂或 5 深裂,宿存;花冠大,花瓣 5 枚;具雄蕊管,先端截平或 5 齿裂;子房 5 室或每室具假隔膜而呈 10 室,每室具 2 至多枚胚珠。柱头 5 裂。蒴果室背开裂;种子肾形或球形。

本属约 250 种,分布于热带、亚热带地区,主产于非洲。中国有 20 余种,大多栽培常见。

1) **木芙蓉** *Hibiscus mutabilis* Linn. (图 2.46.1)

形态:落叶灌木或小乔木,高 2~5 m。小枝密被星状灰色短柔毛。叶大,互生,宽卵形至卵圆形,掌状 5~7 裂,边缘有钝锯齿,两面均被黄褐色星状毛。花径 8 cm,大而美丽,单生枝端叶腋,单瓣或重瓣,初放时白色或粉红色,后变为深红色,花梗长 5~8 cm,副萼由 8 枚小苞片组成,萼短,钟形。蒴果球形,直径 2.5 cm,果瓣 5。种子肾形。花期 10—11 月,果期 12 月。

分布:秦岭、淮河以南常见栽培,尤以成都最盛,历史悠久,有"蓉城"之称。

习性:喜光,略耐阴,喜温暖湿润的气候,对土壤要求不严,适应性较强。

图 2.46.1　木芙蓉

繁殖:播种、扦插、压条和分株繁殖。

应用:花朵颇大,深秋开花,多栽于池畔、水滨或庭园观赏,有"照水芙蓉"之说;苏东坡亦有"溪边野芙蓉,花水相媚好"。

2) **木槿** *Hibiscus syriacus* Linn. (图 2.46.2)

图 2.46.2　木槿

栽培品种主要有大花木槿(五色木槿)、白花重瓣木槿、红花重瓣花木槿和黄槿等。

形态:落叶灌木,高 3~5 m。茎直立,嫩枝密被绒毛,小枝灰褐色。叶三角形至菱状卵形,长 3~6 cm,先端有时三浅裂,基部楔形,边缘有缺刻。花单生叶腋,钟状,直径 5~8 cm,单瓣或重瓣,有白、粉红、紫红等色,花瓣基部有时红或紫红,雄蕊多数,心皮多数,螺旋状排列于延长花托上,有香气;蒴果卵圆形,直径 2 cm,有短缘,密被星状绒毛。种子成熟时黑褐色。花期 6—9 月,果熟期 10—11 月。

分布:中国特有树种,分布于中国长江流域各省区。各地广为栽培。

习性:喜光,喜温暖湿润气候和深厚、富于腐殖质的酸性土壤,稍耐阴和低温,适应性强,不耐水湿。萌蘖力强,耐修剪。抗烟尘和有害气体能力强。

繁殖:常用扦插繁殖,播种、压条亦可。

应用:枝繁叶茂,夏、秋开花,满树花朵,花大有香气,花期长,为良好园林观赏树种。韩国国花。

3）**扶桑**（**大红花、朱槿**）*Hibiscus rosasinensis* Linn.（**图 2.46.3**）

形态：落叶灌木。直立多分枝，树冠椭圆形。叶互生，长卵形，长 4~9 cm，先端渐尖，边缘有粗齿，基部全缘，3 出脉，上面有光泽。花大，腋生，副萼片 6~7 枚，线状，分离；萼绿色，长约 2 cm，裂片卵形或披针形；花冠直径 10 cm，花瓣倒卵形，端圆向外扩展，通常玫瑰红色、淡红、淡黄、白色等，有时重瓣，雄蕊柱超出花冠外，花梗长而有关节。蒴果卵形，有喙。花期 5—11 月。

分布：中国南部，现各地栽培。

习性：喜光，喜温暖湿润气候。不耐阴，不耐寒和不耐旱，耐修剪。

图 2.46.3　扶桑

繁殖：多以扦插繁殖，也可进行嫁接。

应用：扶桑花大色艳，花期长，是著名的观赏花卉。北方多盆栽观赏。

4）**吊灯花** *Hibiscus schizopetalus* Hook.（**图 2.46.4**）

形态：灌木，高 2~4 m。小枝和叶均无毛。叶卵形、长卵形或椭圆形，长 4~7 cm，先端急尖或短渐尖，基部圆钝或宽楔形，上半部叶缘具锯齿；托叶线形。花单生叶腋，花梗下垂，长 10~14 cm，中部具关节；小苞片 7~8 枚，线形，花萼筒状，长约 1.5 cm，2~3 浅裂；花冠红色，花瓣长 5~7 cm，上半部分裂成流苏状，外卷；雄蕊及花柱伸出花冠之外。雄蕊管细长，长 9~11 cm，上半部具多数分离的花丝；花柱枝 5 枚，柱头头状。蒴果圆柱状，无毛；种子无毛。花期 3—11 月。

图 2.46.4　吊灯花

分布：原产于非洲东部。中国华南一带可露地栽培，北方温室栽培。

习性：喜高温、不耐寒，需在高温温室越冬。不耐阴。

繁殖：扦插繁殖。

应用：花形奇特、美丽，几乎全年开花。可盆栽观赏，南方地区可作地被栽培。

2.46.2　悬铃花属 *Malvaviscus* Wax.

本属约 10 种，主要分布于墨西哥至秘鲁及巴西。中国引种 1 种和 1 变种。

悬铃花（**蜡锦葵**）*Malvaviscus arboreus* var. *penduliflorus* Cav.（**图 2.46.5**）

形态：常绿灌木，高达 2 m，多分枝。叶互生，叶有柄，叶脉掌状，5~7 条，集株顶端，长椭圆形，先端渐尖，卵形至卵状矩圆形，长 6~12 cm，宽 2.5~6 cm，先端长尖，基部钝，微心形或浑圆，边缘有锯齿，有时中部以上有钝角。花单生，自叶腋处抽出，小苞 6~8 片；花萼 5 裂，花瓣 5 片，呈螺旋状，略左旋，花瓣不开展，呈含苞状，雌雄蕊均伸出花瓣外。花期长，可全年开花。

图 2.46.5　悬玲花

分布：中国南部。

习性:喜高温多湿、阳光充足和疏松排水良好的土壤。

繁殖:主要采用扦插繁殖。

应用:花朵鲜红,花瓣螺旋卷曲,呈吊钟状,故称悬玲花。花形奇特,美丽可爱,花期终年,花量多。用于庭园美化、绿篱、大型盆栽。华南地区多植于庭院、公园绿地、花坛;北方寒冷地区温室盆栽,越冬温度 8 ~ 10 ℃。冬季整形修剪。

2.47　大戟科 Euphorbiaceae

大戟科

本科约 300 属,8 000 余种,广布于全球,主产于热带和亚热带。中国 70 余属,约 460 种,分布于中国各地,主产于西南至台湾地区。

2.47.0　大戟科枝叶检索表

1. 三小叶复叶,小叶卵圆形,有细锯齿 ·· 重阳木 *Bischofia polycarpa*
1. 单叶 ··· 2
2. 叶对生,椭圆形,下面紫红色,有细锯齿,羽状脉,体内有乳汁 ····· 青紫木(红背桂)*Excoecaria cochinchinensis*
2. 叶互生 ··· 3
3. 掌状脉 3 ~ 5 出,叶柄顶端或叶片基部有腺点或丝状软刺 ······························· 4
3. 羽状脉,叶柄顶端无腺体或有 ··· 12
4. 枝、叶内有乳汁 ·· 5
4. 枝、叶内无乳汁 ·· 7
5. 枝、叶有锈褐色星状毛,叶不裂或 3 ~ 5 浅裂 ·················· 石栗(烛果树)*Aleurites moluccana*
5. 枝、叶无毛或幼时微有柔毛 ·· 6
6. 叶不裂或 2 ~ 3 浅裂,裂口无腺体;叶柄顶端的腺体无柄 ········· 油桐(五月雪)*Vernicia fordii*
6. 叶 3 ~ 5 中裂,裂口有腺体;叶柄顶端腺体有柄 ················· 千年桐 *Aleurites montana*
7. 叶有锯齿,两面均无腺体 ·· 8
7. 叶全缘或分裂,裂片全缘或疏生锯齿,两面有细小腺体 ······················ 9
8. 叶宽卵形或近圆形,下面带紫色,密被毛,叶柄顶端有 2 个丝状软刺 ····· 山麻杆 *Alchornea davidii*
8. 叶卵形,下面淡绿色,疏生星状毛,叶基部近叶柄处有 2 腺体 ····· 巴豆 *Croton tiglium*
9. 叶下面灰白色,密被星状毛,具棕色细小腺点 ····· 白背叶 *Mallotus apelta*
9. 叶下面带绿色,疏被星状毛,具黄色细小腺点 ···························· 10
10. 常为蔓性灌木;叶不裂,叶柄长 2.5 ~ 4 cm ················ 石岩枫 *Mallotus repandus*
10. 直立小乔木;叶 3 浅裂或不裂,叶柄长 4 ~ 9 cm ······················ 11
11. 叶宽卵形或菱形,长大于宽,上面常无毛,下面疏被星状毛 ····· 日本野桐 *Mallotus japonicus*
11. 叶卵圆形或三角状圆形,长宽近相等,两面有星状毛 ····· 野桐 *Mallotus tenuifolius*
12. 叶形多变,倒披针形、线形、椭圆形或匙形,不裂或中部深裂成上下两片,绿色,常杂以黄色、红色或白色斑纹
    ·· 变叶木 *Codiaeum variegatum*
12. 叶不为上述特征 ·· 13
13. 枝、叶有乳汁 ·· 14
13. 枝、叶无乳汁 ·· 17
14. 乔木;叶柄顶端有 2 腺体 ·· 15
14. 灌木,高约 1 米;叶柄顶端无腺体 ·· 16
15. 叶菱形或卵状菱形,长宽几相等;叶柄长 2.5 ~ 7 cm ····· 乌桕 *Sapium sebiferum*
15. 叶卵状椭圆形,长大于宽;叶柄长 1.5 ~ 2.5 cm ····· 白乳木 *Sapium japonicum*
16. 茎具纵棱,有长刺;叶无柄 ····· 铁海棠 *Euphorbia milii*
16. 茎无纵棱,无刺;叶有柄,茎上部之叶苞片状,开花时朱红色 ····· 一品红 *Euphorbia pulcherrima*

17. 枝叶密被短柔毛,叶椭圆形或倒卵状椭圆形,长 3～6 cm ·············· 算盘珠 *Glochidion puberum*

17. 枝叶无毛 ··· 18

18. 叶下面淡绿色,全缘或有细钝齿,托叶早落 ·········· 一叶萩 *Securinega suffruticosa*

18. 叶下面灰白色或青灰色,全缘,托叶宿存 ··· 19

19. 叶椭圆形或矩圆形,长 2～3 cm,先端有小尖头,小枝细弱 ······· 青灰叶下珠 *Phyllanthus glaucus*

19. 叶椭圆状披针形,长 3～6 cm,先端短渐尖,无小尖头 ········ 湖北算盘子 *Glochidion wilsonii*

2.47.1　重阳木属(秋枫属) *Bischofia* Blume.

本属有 2 种,分布于亚洲南部及东南部至澳大利亚。中国有 2 种。

重阳木 *Bischofia polycarpa*(Levl.)Airy-Shaw.(图 2.47.1)

图 2.47.1　重阳木
1. 雌花枝　2. 雄花枝

形态:落叶乔木,高达 15 m,胸径达 1 m;树皮褐色,纵裂;树冠伞形,大枝斜展,小枝无毛,有皮孔;冬芽小,具少数芽鳞;全株均无毛。三出复叶;叶柄长 9～13 cm;小叶片纸质,卵形或椭圆状卵形,长 5～9(14) cm,宽 3～6(9) cm,先端凸尖或短渐尖,基部圆形,叶缘具钝细锯齿;托叶小,早落。花雌雄异株,与叶同放,总状花序着生于新枝的下部,下垂;雄花序长 8～13 cm;雌花序 3～12 cm,雌花子房 3～4 室,每室 2 胚珠。浆果圆球形,径 5～7 mm,成熟时褐红色。花期 4—5 月,果期 10—11 月。

分布:产于中国秦岭、淮河流域以南,南亚、东南亚、日本、澳大利亚也有。

习性:喜湿润、肥沃土壤,稍耐水湿,不耐寒。根系发达,抗风力强,抗 SO_2 能力强。

繁殖:通常用播种法繁殖。自然生长分枝较低,须修剪。

应用:树形优美,翠盖重密,秋叶变红,是优良的行道树、庭荫树,材质坚韧,结构细匀。有光泽,耐水湿。

2.47.2　乌桕属 *Sapium* P. Br.

乌桕 *Sapium sebiferum*(L.)Roxb.(图 2.47.2)

形态:落叶乔木,高 15 m;叶互生,菱状卵形,先端尾状渐尖,长 3～9 cm,全缘,叶柄细长,顶端有 2 黄绿色腺体;花单性,雌雄同株,顶生穗状圆锥花序,长 6～12 cm,上部为雄花,1～4 朵雌花生于雄花序基部,雌花有短柄并有肾形腺体 2,子房光滑,3 室;蒴果球形,直径 1～1.5 cm;种子圆形。黑色,外被白色蜡层。

分布:产于中国中南、华南、西南各省,日本、印度也有分布。

习性:喜光、喜温暖气候及深厚肥沃的微酸性土壤,有一定的耐旱、耐涝和抗风能力。主根发达,寿命长,抗火烧,抗 SO_2 能力强。

繁殖:以播种为主,也可嫁接繁殖。

应用:树冠整齐,叶形秀丽,秋叶紫红,白色果实悬于枝顶,"偶看桕子梢头白,疑是江梅小着花"。适宜在园林中配置于池畔、河

图 2.47.2　乌桕
1. 花枝　2. 雄花
3. 雌花　4. 种子

边、草坪中央或边缘。油料树种。

2.47.3　山麻杆属 *Alchornea* Sw.

山麻杆 *Alchornea davidii* Franch.（图 2.47.3）

形态：落叶丛生灌木，高 2～3 m。老枝红棕色，新枝绿色密生绒毛。叶宽卵形至扁圆形，长 7～15 cm，宽 9～17 cm，基部心形，边缘有粗锯齿，三出脉，叶背面紫色，密被绒毛，叶柄长 3～9 cm。花小单性，雌雄同株，雄花为密集穗状花序，雌花为疏生总状花序；蒴果扁球形。花期 4—5 月，果期 7—8 月。

分布：原产于中国华中、华南及西南各省。

习性：喜光，稍耐阴，喜温暖湿润气候，不耐寒，对土壤要求不严，萌蘖性强。

繁殖：分株繁殖，扦插及播种均易成功。

应用：幼叶紫红色，鲜艳夺目，后渐变为绿色，但背面仍为紫色，随风反卷，茎秆亦美，宜成片种植，或盆栽。

图 2.47.3　山麻杆

2.47.4　算盘子属 *Glochidion*

乔木或灌木。单叶互生，二列，全缘，有短柄；托叶宿存。花雌雄同株或异株，腋生成簇；无花瓣，萼片 6 个，排成 2 轮；雄花雄蕊 3～8 个，无柄；雌花萼宿存，子房 3～15 室，每室有 2 个胚珠，花柱于花后通常伸长，合成筒状，顶端略分裂。蒴果室背开裂；种子红色，有胚乳。

本属有 180 种，产于亚洲热带和大洋洲。中国有 25 种，广布于长江以南各省（区）。

图 2.47.4　算盘子
1. 花枝　2. 雄花
3. 雌花　4. 蒴果

算盘子 *Glochidion puberum*（L.）Hutch.（图 2.47.4）

形态：落叶灌木，高 1～4 m。小枝灰褐色，密被黄褐色短柔毛。叶长圆形至长圆状披针形或倒卵状长圆形，长 3～5 cm，宽达 2 cm，先端急尖或钝，基部楔形，表面中脉有柔毛，背面密被短柔毛；叶柄长 1～2 mm，有柔毛。花雌雄同株；花数朵簇生于叶腋，雄蕊 3 个；雌花子房有毛，5～8 室，稀有 10 室。蒴果扁球形，直径 10～15 mm，有明显纵沟，被短柔毛；种子橙色。花期 6～9 月，果期 7—10 月。

分布：陕西、山西、安徽、江苏、浙江、湖北、贵州、四川等地。

习性：喜阳光充足、温暖湿润的气候。对土壤要求不严。

繁殖：播种繁殖。

应用：叶形秀丽，果形独特，常作绿化点缀之用，或作盆景。

2.47.5　叶底珠属（一叶萩属）*Flueggea* Comm. ex Juss.

落叶灌木，分枝多。单叶互生，全缘，有短柄，具托叶。绿白色花小，单性，雌雄同株或异株，无花瓣；萼片 5 个，雄蕊 5 个，着生于 5 裂花盘的基部；雌花花盘全缘，子房 8 室，花柱 3 个 2 裂。蒴果 3 裂，基部有宿存萼片；种子 3～6 个，胚直。

本属约 10 种，分布于温带和亚热带地区。中国约 2 种。

叶底珠(一叶萩) *Flueggea suffruticosa* (Pall.) Rehd.

形态:灌木,小枝绿色,无毛,有棱角。叶卵形或卵状长圆形,长 1.5~5 cm,宽 1~2 cm,基部楔形,两面无毛,全缘或具不整齐波状齿或细钝齿。花雌雄异株,雄花簇生叶腋;雌花单生或簇生叶腋;花盘不分离,花柱 3 裂。蒴果近球形,有 3 棱,直径约 5 mm,红褐色,无毛,3 瓣裂。花期 7—8 月;果熟期 9 月。

分布:东北及河北、山西、甘肃、宁夏、江苏、浙江、湖北、贵州、四川等地。

习性:喜光,也耐半阴、耐寒、耐旱,喜湿润环境。

繁殖:播种繁殖。

应用:叶形秀丽,常作园林绿化点缀之用。

2.47.6　油桐属 *Vernicia* Lour.

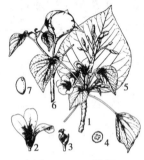

落叶乔木,有白色乳汁。单叶互生,叶柄先端有 2 枚腺体。花单性,雌雄同株或异株,聚伞花序,或再组成伞房状圆锥花序;花萼 2~3 裂;花瓣 5 枚,基部爪状;腺体 5 枚;雄蕊 8~20 枚,2 轮;子房密被柔毛,3(~8)室,每室 1 胚珠,花柱 3~4 枚,各 2 裂。蒴果核果状,果皮壳质,有种子 3(~8)颗。

本属 3 种,分布于亚洲东部地区。中国 2 种,分布于秦岭以南各省区。

图 2.47.5　油桐

1. 花枝　2. 花　3. 雌蕊　4. 花横切

5. 叶　6. 果枝　7. 果

油桐(五月雪) *Vernicia fordii* (Hemsl.) Airy Schow(图 2.47.5)

形态:落叶小乔木,高 9 m,树冠伞形,分枝平展有层次,树皮黑灰色,平整。叶宽卵形,先端尖,基部心形,全缘或 3~5 裂,长 5~15 cm,宽 3~12 cm,叶柄粗长,顶端有 2 枚暗红色腺体。花单性同株,集生成圆锥状聚伞花序或伞房花序,花瓣白色,基部有棕红色条纹或斑点,花径 5 cm,雄蕊 8~12 枚,雌花子房上位,花柱 2~5 裂。果球形,先绿色后变暗红色至黑褐色,种子 3~5 粒,富含桐油。花期 4 月,果熟期 10 月。

分布:长江流域及以南省区广泛栽培。

习性:喜温暖湿润、避风向阳的环境,适生于微酸性疏松肥沃壤土,不耐贫瘠。

繁殖:播种或嫁接繁殖。

应用:绿荫如盖,花果均美,是长江以南的优良的园景树、行道树和经济树种。

2.48　山茶科 Theaceae

山茶科

本科约 28 属,700 余种,广布于热带和亚热带。中国约 15 属,500 余种,主产于长江流域以南。山东青岛、烟台沿海亦有分布。

2.48.0　山茶科枝叶检索表

2.48.1 山茶属 *Camellia* Linn.

常绿灌木或乔木,叶革质,叶缘有锯齿。花两性,顶生或腋生,常为单生;苞片2~6;萼片5~6,有时较多,脱落或宿存;花瓣5~12,白色、红色或黄色,基部多少连生,覆瓦状排列;雄蕊多数,花药2室,纵裂,背部着生;子房上位,3~5室,花柱3~5条或连生成单花柱,每室有胚珠数个。果为木质蒴果;种子圆球形、半球形或多角形,种皮角质。

1)油茶(白花茶) *Camellia oleifera* Abel.(图2.48.1)

形态:灌木至小乔木,高7~8 m。嫩枝略有长毛,叶革质,椭圆形或倒卵形,长4~10 cm,宽2~4 cm,先端尖,基部楔形,叶面光亮,上面中脉和下面常有毛;侧脉5~6对;边缘有细锯齿,叶柄有毛。花白色顶生,无柄;苞片与萼片8~12枚,宽卵形,长3~12 mm,被绢毛,脱落;花瓣5~7枚,长2~3 cm,先端凹,近离生;雄蕊长1.5 cm,分离或下部连生;子房有毛,具3室,花柱长1 cm,3裂。蒴果球形,果皮木质,3室或1室,每室有1~2粒种子。栽培种的花、果形态常有很多变化。

分布:中国秦岭、淮河以南。印度、越南也有。

习性:喜温暖湿润的气候环境和肥沃疏松、微酸性的壤土或腐殖土,喜半阴、亦耐寒。深根性,生长慢,寿命长。

繁殖:播种、扦插、嫁接繁殖。

应用:油茶枝叶茂密,繁花洁白,观赏与经济价值具备,也常作盆栽,是优良防火树种。

图2.48.1 油茶
1.花枝 2.花 3.雌蕊
4.雄蕊 5.果

2)茶(茶树) *Camellia sinensis*(L.)O. Ktze

形态:小乔木,高达15 m,常呈丛生灌木状。嫩枝无毛或微有毛。叶革质,长圆形或椭圆形,长5~12 cm,宽2~4 cm,先端急尖或钝,基部楔形,上面有光泽;侧脉6~9对;叶缘有锯齿,叶柄3~8 mm。花常1~3朵腋生,白色,直径2~4 cm,花梗长4~6 mm,下弯;苞片2,早落;萼片5~7,长3~4 mm,宿存;花瓣5~9,长1~2 cm,基部略合生;雄蕊长1 cm,略合生;子房有毛,花柱3裂。蒴果三角状球形,每室有种子1~2粒。花期10月至翌年2月,果期3—5月。

分布:中国长江流域及其以南各省区有栽培。日本、印度、越南等国均有栽培。

习性:喜温暖气候和肥沃疏松的酸性黄壤土,喜光。深根性,生长慢,寿命长。

繁殖:播种、扦插或嫁接繁殖。

应用:枝叶茂密,终年常绿,作绿化观赏,多为地被也可盆栽。嫩叶制茶,为世界著名饮料。

3)山茶(曼陀罗、耐冬、海石榴) *Camellia japonica* L. (图2.48.2)

图2.48.2 山茶
1.花枝 2,3.雄蕊
4.雌蕊 5.果

形态:常绿灌木或小乔木,高3~15 m。嫩枝淡褐色,无毛。叶厚革质,卵形、椭圆形或倒卵形,长5~11 cm,宽3~5 cm,先端渐尖或钝,基部楔形,上面深绿色,两面无毛。花单生或对生于叶腋或枝顶,红色,径6~8 cm;苞片与萼片7~10枚;花瓣5~6枚;雄蕊多数,花丝下部连合,并与花瓣合生,子房柱头3裂。果近球形,径2~3 cm;种子近球形或有棱角,有光泽。花期2—4月,果期9—10月。

分布:原产于中国东部及日本、朝鲜。现中国各地均有栽培。

习性:喜温暖湿润、排水良好的酸性土壤。深根性。忌强光直射,不耐酷热严寒。

繁殖:播种、扦插、压条、嫁接等法繁殖。

应用:株形优美,叶光亮浓绿;花色艳丽,花期较长,为中国栽培历史悠久的名贵观赏植物。园艺品种多达3 000余种。寒冷地区盆栽观赏。

4)茶梅 *Camellia sasanqua* Thunb.

形态:常绿灌木或小乔木,高3~13 m。树皮粗糙,条状剥落,枝条细密,幼枝有毛。叶椭圆形、卵圆形至倒卵形,长3~8 cm,先端渐尖或急尖,叶缘有齿,基部楔形或钝圆,上面绿色有光泽;花白色,直径3~7 cm,顶生或腋生,无柄,萼片内部有毛,脱落,花瓣6~8枚,有香气,子房密生白色丝状毛,花期10月至翌年1月;蒴果球形,直径1.8 cm,1~3室,每室1~2粒种子。

分布:中国东南各省;日本有栽培。

习性:性强健,喜温暖湿润、富腐殖质的酸性土,喜光稍耐阴,有一定的抗旱性。

繁殖:播种、扦插或嫁接繁殖。

应用:花小而繁,且有香气,宜作花坛、花篱或基础种植。园艺品种繁多。

5)金花茶 *nitidissima* Chi. (图2.48.3)

形态:常绿灌木至小乔木,高2~6 m。叶长圆形至长圆状披针形,长11~16 cm,宽2~5 cm,先端尾状渐尖或急尖,基部楔形至宽楔形,表面侧脉显著下陷。花单生叶腋或近顶生,径6~8 cm,花瓣8~10枚,肉质,金黄色,带有蜡质光泽;花柱3,完全分离,无毛。蒴果扁球形,径4~5 cm,每室有种子1~2粒。

图2.48.3 金花茶
1.花枝 2.果

分布:特产于中国广西;近年各地有引种。

习性:性喜温暖湿润、排水良好的肥沃酸性土壤,耐半阴。

繁殖:播种、扦插或嫁接繁殖。

应用:金花茶是中国最早发现开黄花的茶花,中国特有名贵种,被誉为"茶族皇后"。目前所知的 20 多种黄色茶花中,金花茶最富有观赏及新品种培育价值。

2.48.2 木荷属 *Schima* Reinw

常绿乔木,树皮不整齐块状纹裂。叶全缘或有钝锯齿,有柄。花大,两性,单生于枝顶或叶腋,有时多少排成总状花序,有长梗;苞片 2~7 枚;早落;萼片 5 枚,革质,覆瓦状排列,宿存;离生花瓣 5,白色,蕾时 1 枚近帽状包被其他花瓣;雄蕊多数,离生花丝扁平,花药 2 室;子房 5 室,每室胚珠 2~6 枚。木质蒴果近球形,室背开裂,中轴宿存;种子扁平,肾形,周围有薄翅。

本属约 30 种,分布于东南亚,中国约 20 种。

木荷(荷树) *Schima superba* Gardn. et Champ. (图 2.48.4)

形态:常绿乔木,高 20~30 m。枝无毛。叶薄革质或革质,椭圆形,长 6~15 cm,宽 4~6 cm,先端尖,基部楔形,侧脉 7~9 对,叶缘有钝齿,叶柄 1~2 cm;花多朵,生于枝顶,常排成总状花序,直径 3 cm,花梗 1~2.5 cm;苞片 2,长 4~6 mm;萼片半圆形,长 2~3 mm,外面无毛,内面有绢毛;花瓣白色,长 1~1.5 cm;子房有毛。蒴果直径 1~2 cm。花期 6~8 月,果期 9~11 月。

图 2.48.4 木荷(荷树)

分布:浙江、福建、江西、湖南及贵州等地。

习性:喜湿润暖热气候,喜光稍耐阴,较耐寒耐旱,深根性,寿命长。

繁殖:播种繁殖。幼苗期需庇荫且忌水湿。

应用:木荷树干端直,树冠宽广,树姿雄伟,秋日白花芳香,入冬叶色渐红,十分可爱。对有害气体有一定抗性,耐火烧,可作防火树种。

2.48.3 杨桐属 *Adinandra* Jack.

常绿灌木或乔木。冬芽裸露,无毛。单叶互生,革质,排成 2 列,有锯齿或全缘。花两性,单生或 2~3 朵簇生叶腋;有花梗,常直立、不弯曲。

苞片有或无;萼片 3 个,宿存;花瓣 5 个,基部多少连合,雄蕊多数,2 至数轮,花丝无毛,花药顶端有透明刺毛;子房 2~3 室,每室胚珠多数,花柱顶端 2~3 裂,柱头线形。果为浆果;种子少数,胚乳肉质。

本属约 20 种,分布于亚洲及北美洲地区。中国约 8 种,分布于西南和南部各省区。

杨桐(红淡比) *Adinandra millettii* (Hook. et Arn.) Benth. et Hook (图 2.48.5)

图 2.48.5 杨桐(红淡比)
1. 花枝　2. 花
3. 花瓣　4. 萼片

形态:灌木或小乔木,全株无毛。幼枝红褐色,略具 2 棱,小枝灰褐色。叶革质,长圆形至椭圆形,长 6~9 cm,宽 3 cm,先端短渐尖或渐尖,基部楔形或阔楔形,全缘,侧脉 6~8 对,叶柄长 7~10 mm。花两性,白色,通常单生或 2~3 朵簇生叶腋,花梗长 1~

2 cm,直立;苞片2个,早落;萼片卵圆形,边缘有纤毛;花瓣倒卵形,长约8 mm;子房2室,无毛,花柱顶端2裂。浆果球形,直径8~10 mm,成熟时紫黑色;种子扁圆形。花期5—6月,果熟期10—11月。

分布:湖广、四川、江西、浙江、安徽、江苏、台湾等地。朝鲜、日本等也有分布。

习性:喜温暖湿润气候,不耐寒,喜半阴环境,喜肥沃的微酸性土壤。

繁殖:种子繁殖。

应用:可作公园绿地、居民区庭园绿化树木。

2.48.4　厚皮香属 *Ternstroemia* Mutis ex Linn. f.

常绿乔木或灌木。叶革质全缘,常簇生于枝顶,有腺点。花通常两性有柄;苞片2,宿存;萼片5,宿存,花瓣5,覆瓦状排列;雄蕊30~45个,1~2轮,基生花药2室,于房上位,2~5室,每室胚珠2~4个,花柱1,柱头2~5裂。果为浆果状,种子扁,有胚乳。

本属约150种,产于中南美洲及亚洲热带和亚热带地区。中国20余种。

厚皮香 *Ternstroemia gymnanthera*(Wight et Arn.) Beddome(图2.48.6)

形态:灌木至小乔木, 高3~8 m。叶倒卵状长圆形,长5~10 cm,宽3~5 cm,先端锐尖,基部楔形,叶面光亮,中脉下陷明显,侧脉7~9对,全缘,叶柄1.2 cm。花单生叶腋,花柄2~3 cm;苞片长5 mm,萼片长7~8 mm,花瓣长10 mm;雄蕊长7 mm;子房无毛。浆果球形,直径1~1.5 cm,2室,每室种子1~2粒。

分布:湖广、云南、贵州、江西、浙江、福建、台湾等地。日本、印度等也有。

习性:喜温热湿润气候,喜光耐阴,但不耐寒。

繁殖:播种繁殖。

图2.48.6　厚皮香

应用:叶色浓绿,树冠整齐,四季常青,可作公园绿地、居民区庭园风景树用。

2.49　猕猴桃科 Actinidiaceae

猕猴桃科

本科约13属,370余种,分布于热带及亚热带。中国4属,90余种。

2.49.0　猕猴桃科枝叶检索表

1. 叶近圆形或倒卵形,先端钝圆或微凹,稀突尖,下面密被灰白色星状绒毛;髓白色,片状分隔 ………………
……………………………………………………………………… 猕猴桃 *Actinidia chinensis*
1. 叶宽卵形或椭圆形,先端渐尖或突尖,下面仅中脉或脉腋有绒毛 ………………………………… 2
2. 枝条髓心褐色,片状分隔 ……………………………………… 软枣猕猴桃 *Actinidia arguta*
2. 枝条髓心白色,多充实 ……………………………………… 镊合猕猴桃 *Actinidia valvata*

2.49.1　猕猴桃属 *Actinidia* Lindl

落叶攀援藤木;冬芽甚小,包被于叶柄内。叶互生具长柄,叶缘常有齿;托叶小而早落,或无托叶。花杂性或单性异株,单生或成腋生聚伞花序;雄蕊多数;子房上位,多室;花柱多为放射状。浆果;种子细小且多。

本属约56种,主产东亚;中国产55种,主产黄河流域以南地区。

猕猴桃(中华猕猴桃、羊桃) *Actinidia chinensis* Planch. (图 2.49.1)

形态:落叶大藤本。小枝幼时密生灰棕色柔毛,髓大,白色片状。叶纸质,圆形、卵圆形或倒卵形,长 5~17 cm,宽 7~15 cm,叶缘有刺毛状细齿,上面仅脉上有疏毛,下面密生灰棕色星状毛。花乳白色,后变黄色,径 4 cm,1~3 朵成聚伞花序,浆果椭圆形黄褐色,长 3~6 cm,密被棕色绒毛。花期 5—6 月,果熟期 8—10 月。

分布:产于陕西、河南等省以南。

习性:喜光,略耐阴;喜温暖气候,喜深厚肥沃、湿润而排水良好的土壤。

图 2.49.1 猕猴桃
(中华猕猴桃、羊桃)

繁殖:常播种,亦可扦插繁殖。

应用:花大,美丽,芳香,是良好的棚架材料。果实富含维生素 C,为优质果品。

2.50 杜鹃花科 Ericaceae

杜鹃花科

本科约 70 属,1 500 余种,主产于温带和寒带,少数分布于热带高山。中国约 20 属,800 余种,多分布于西南高山地区。

2.50.0 杜鹃花科枝叶检索表

1. 叶 4 片轮生,线形,长 3~4 mm ·········· 直皮木(轮生叶欧石南) *Erica tetralix*
1. 叶互生 ·· 2
2. 叶二列状排列,卵形、椭圆形或卵状椭圆形,下面脉上有毛;小枝无毛 ··· 椭叶南烛 *Lyonia ovalifolia* var. *elliptica*
2. 叶螺旋状排列 ··· 3
3. 小枝、叶有平伏糙毛 ··· 4
3. 小枝、叶有柔毛或开展的粗毛,无平伏糙毛 ····························· 5
4. 落叶性,小枝、叶仅有平伏糙毛,无腺毛,芽鳞无黏液;花红色 ········· 映山红 *Rhododendron simsii*
4. 半常绿;小枝、叶混有糙毛、腺毛两种毛,芽鳞有黏液;花白色 ········· 白花杜鹃 *Rhododendron mucronatum*
5. 叶长椭圆形或椭圆状倒披针形,边缘具睫毛,两面有柔毛 ············· 羊踯躅 *Rhododendron molle*
5. 叶卵形、宽卵形或椭圆状卵形,边缘无睫毛 ··························· 6
6. 常绿性;叶卵形或椭圆状卵形,先端尖而微凹,中脉延伸成小凸尖 ····· 马银花 *Rhododendron ovatum*
6. 落叶性;叶宽卵形或卵状菱形,先端尖,中脉不延伸成小凸尖 ········· 满山红 *Rhododendron mariesii*

2.50.1 杜鹃花属 *Rhododendron* L.

本属约 800 种,主要分布于北半球。中国约 650 种,本属中均为观赏树种。

1)石岩杜鹃(石岩、纯叶杜鹃) *Rhododendron obtusum* (Lindl.) Planch.

形态:常绿或半常绿灌木,有时平卧状,高 1~3 m。分枝多,幼枝上密生褐色毛。叶片椭圆形,先端钝,基部楔形,边缘有睫毛,叶两面均有毛;秋叶狭长,质厚而有光泽。花 2~3 朵与新梢发自顶芽,萼片小,卵形,淡绿色,有细毛,花冠橙红至亮红色,上瓣有浓红色斑,漏斗形,径 2.5~4 cm;雄蕊 5 枚,药黄色;蒴果卵形,长 0.6~0.7 cm。花期 5 月。

变种和变型有:

(1)石榴杜鹃(山牡丹) *Rhododendron obtusum* var. *kaempferi* Wils. 花色暗红,多重瓣,上海、杭州有露地栽培。

(2)矮红杜鹃 *Rhododendron obtusum* f. *amoenum* Komastu. 花顶生,紫红色,有 2 轮花瓣,叶小。

（3）久留米杜鹃 *Rhododendron obtusum* var. *sakamotoi* Koniatsu. 为日本久留米地区所栽的杜鹃总称，品种繁多，按其叶形、花色及花型进行分类，不下数百种。

分布：原产于日本；中国引种与本地栽培种杂交。

习性：喜酸性、腐殖质多的土壤。

繁殖：播种、扦插繁殖。

应用：花冠橙红色至亮红色，有深红色斑点，花药黄色，极富观赏价值，是优良的盆栽和园林绿化树种。

2）羊踯躅（黄杜鹃、闹羊花）*Rhododendron molle* G. Don.（图2.50.1）

形态：落叶灌木，小枝柔弱稀疏，被柔毛和刚毛。叶片纸质，淡绿色，长椭圆状披针形，长6~12 cm，宽2~5 cm，先端钝，有凸尖头，基部楔形，两面及叶柄均被柔毛。顶生总状伞形花序，5~9朵，花冠宽钟形，5裂，直径5 cm，金黄或橙黄，雄蕊5枚，基部有柔毛，花柱光滑；子房5室，有柔毛。蒴果圆柱形，花期5月，果熟期9—10月。

分布：产于中国江苏、浙江、安徽、福建、江西、湖南、湖北、广东、贵州等省。

习性：喜阳光充足且干燥的环境，可耐−2 ℃低温。

繁殖：种子繁殖，亦可扦插繁殖。

图2.50.1 羊踯躅

应用：先叶后花，花朵大而密集，其金黄鲜亮的花朵于葱翠嫩绿的叶片中鲜艳夺目，在杜鹃花属中十分特殊，具较高的园林观赏价值。

3）满山红（卵叶杜鹃、山石榴、三叶杜鹃）*Rhododendron mariesii* Hemsl. et Wils.（图2.50.2）

形态：落叶灌木，高1~2 m。幼枝和嫩叶被黄褐色毛，脱落，枝假轮生。叶片革质或厚纸质，通常每3片聚生于枝端，椭圆形或宽卵形，长4~8 cm，宽约3 cm，先端短尖，基部宽楔形，边缘外卷，叶柄4~14 mm，花序通常有花2朵，先叶开放，花萼小，有5裂片，花冠淡紫红色，稍歪斜漏斗状，长3 cm，花径4~5 cm，裂片5枚，上部裂片有紫红色斑，雄蕊10枚，短于3 cm长的花柱，蒴果圆柱形，长1.5 cm，密被毛，果梗直立。花期2—3月，果期8—10月。

分布：中国长江以南。

习性、繁殖、应用同石岩杜鹃。

图2.50.2 满山红

4）映山红（杜鹃花、杜鹃、红花杜鹃）*Rhododendron simsii* Planch.

形态：半常绿灌木，高1~3 m，枝干细直，光滑，淡红色至灰白色，质坚而脆。分枝多，近轮生，小枝和叶被棕色扁平糙伏毛。叶纸质，全缘，椭圆状卵形或倒卵形，春叶阔而薄，长3~5 cm，夏叶小而厚。总状花序顶生，有花2~6朵；花冠宽漏斗形，5裂，长约4 cm，直径3~5 cm，红色至深红色。雄蕊10枚，花药紫色，花柱伸出花冠之外。蒴果卵圆形，密被毛，长0.8 cm。花期4—6月，果期9—10月。

本种有许多栽培品种，花色上有白、红、粉红、紫、朱红、洋红等，花瓣有单瓣、重瓣之别。

分布：范围广，河南、山东以南均产。

习性：喜气候凉爽、土壤疏松肥沃酸性的环境。耐热不耐寒，耐瘠薄不耐积水。

繁殖：分株、压条、扦插、播种繁殖等。

应用:花色红艳灿烂,适用于园林坡地、花境、花坛、花篱及盆栽等。

2.50.2 马醉木属 *Pieris* D. Don

常绿灌木或小乔木。叶互生,很少对生,无柄,有锯齿,罕全缘。顶生圆锥花序,罕小总状花序,萼片分离;花冠壶状,有5个短裂片;雄蕊10枚,内藏,花药在背面有一对下弯的芒。蒴果近球形,室背开裂为5个果瓣。种子小,多数,锯屑状。

本属约8种,分布于北美和东亚,中国有6种,产于东部至西南部。

马醉木(梫木) *Pieris japonica* D. Don. ex G. Don(图2.50.3)

形态:常绿灌木,高3.5 m。叶簇生枝顶,革质,披针形至倒披针形,长7~12 cm,直立;花冠坛状,白色,长7~8 mm,口部裂片短而直立;雄蕊10枚;花柱长等于花冠。蒴果球形。

分布:福建、浙江、江西、安徽等地。

习性:性喜温暖气候和半阴环境喜生于富含腐殖质、排水良好的沙质壤土。

繁殖:繁殖可用扦插、压条法,亦可播种。

应用:观赏价值高,可做绿篱,也可盆景观赏。叶有毒避免儿童误食。

图2.50.3 马醉木

越橘科

2.51 越橘科 Vacciniaceae

常绿或落叶灌木;叶互生全缘或有齿;花单生或总状花序,顶生或腋生,花两性,辐射对称,花萼、花冠4~5浅裂,雄蕊8~10,花药常有芒状距,顶孔开裂;子房下位,4~10室,浆果球形,顶端有宿存萼片。

本科有300余种,分布于北温带至热带高山。中国有80余种,南北均产。

2.51.0 越橘科分种枝叶检索表

1. 叶椭圆形或卵状椭圆形,幼时有毛,先端短尖;当年生枝有短柔毛;芽鳞紧包 … 乌饭树 *Vaccinium bracteatum*
1. 叶椭圆状披针形,幼叶无毛,先端渐尖;当年生枝无毛;芽鳞先端向外反张开…… 米饭花 *Vaccinium sprengelii*

2.51.1 越橘属 *Vaccinium* Linn.

1)乌饭树 *Vaccinium bracteatum* Thunb.(图2.51.1)

形态:常绿灌木,高1.5 m。分枝多,嫩枝有柔毛。叶革质,卵形至椭圆形,长2.5~6 cm,宽1~2 cm,叶端短尖,叶基楔形,叶缘有尖硬细齿,叶背中脉略有硬毛。总状花序腋生,苞片披针形,长约1 cm,宿存,萼钟状,5浅裂,有毛;花冠白色,筒状卵形,有毛。浆果球形,径约0.5 cm,熟时紫黑色,略被白粉。花期6—7月,果熟期10—11月。

分布:广布于长江以南各省区。朝鲜、日本、越南、泰国等也有分布。

习性:性喜温暖气候及酸性土壤。

繁殖:播种或扦插繁殖。

图2.51.1 乌饭树

应用:可作地被植物。

图 2.51.2 米饭花

2)米饭花 *Vaccinium sprengelii*(G. Don) Steumer. (图 2.51.2)

形态:常绿灌木,高 6 m。幼枝通常无毛。叶厚革质,卵状椭圆形至倒卵状披针形,长 5 ~ 8 cm,宽 2 cm,中部最宽,短渐尖至渐尖,基部稍圆或宽楔形,边缘有细锯齿,下面呈淡黄棕色,无毛,稀有疏柔毛;叶柄长 5 mm。总状花序腋生,长 3 ~ 7 cm,通常数枚集生于枝条顶部,无毛或有微毛;苞片早落,花梗长 3 ~ 10 mm,花萼钟状,浅 5 裂,无毛;花冠淡红至白色,筒状,下垂,长约 8 mm,浆果球形无毛,直径 4 ~ 5 mm,熟时红色变深紫色。

分布:中国长江流域各省。不丹、尼泊尔、印度也有。

习性、繁殖、应用同乌饭树。

2.52 桃金娘科 Myrtaceae

桃金娘科

本科约 75 属,3 000 余种,主要分布于热带美洲和大洋洲。中国约 8 属,65 种,引种约 6 属,50 余种。

2.52.0 桃金娘科检索表

12. 叶为披针形 ·· 细叶桉 *Eucalyptus tereticornis*

12. 枝上部叶披针形,下部卵状披针形 ···················· 赤桉 *Eucalyptus camaldulensis*

2.52.1 蒲桃属 *Syzygium* Gaertn.

常绿乔木或灌木。叶常对生,革质,羽状脉常较密,有透明腺点,常具叶柄。花 3 至多朵,常先排成顶生或腋生聚伞花序式后再组成圆锥花序;苞片细小脱落;萼齿 4~5 枚,通常钝而短;花瓣 4~5 枚,分离或连合成帽状,早落;雄蕊多数,着生于花盘外围,在花芽时卷曲;子房下位,2 或 3 室,每室有胚珠多数,花柱线形。果为浆果或核果状,顶部有残存的环状萼檐;种子通常 1~2 粒,种皮多少与果皮黏合;胚直,有时为多胚,子叶厚,常黏结成块。

本属 500 余种,主要分布于亚洲热带。中国约 70 种,多见于广东、广西和云南。

赤楠 *Syzygium buxifolium* Hook. et Arn. (图 2.52.1)

形态:灌木或小乔木;嫩枝有棱,干后黑褐色。叶革质,宽椭圆形或宽倒卵形,长 1.5~3 cm,宽 1~2 cm,先端圆钝,有时有短尖,基部宽楔形或圆形,上面干后暗褐色,无光泽,下面色稍浅,有腺点,侧脉多而密,叶缘处结合成边脉;叶柄长约 2 mm。聚伞花序顶生,长约 1 cm,有花数朵,萼齿浅波状,花瓣 4,分离,长 2 mm。果球形,直径 5~7 mm。花期 6—8 月,果期 9—10 月。

分布:安徽、浙江、福建、江西、湖南、广西、贵州等省区。

习性:喜温暖湿润环境,喜光也耐半阴,稍耐寒。

繁殖:种子繁殖,亦可嫁接繁殖。

应用:桩景、盆景。也可对植、列植、片植。

图 2.52.1 赤楠

2.53 石榴科 Punicaceae

本科仅 1 属 2 种,分布于地中海至亚洲西部;中国引入 1 种。

2.53.0 石榴科枝叶检索表

1. 叶长椭圆形,长 4~6 cm,小乔木 ························ 石榴 *Punica granatum*

1. 叶倒披针形,长 1~3 cm,矮小灌木,高 40~60 cm ········ 月季石榴 *Punica granatum* 'Nana'

石榴科

2.53.1 石榴属 *Punica* L.

属的特征与科同。

石榴(安石榴、番石榴、海榴)*Punica granatum* L.(图 2.53.1)

形态:落叶小乔木或灌木,高 6 m,树冠常不整齐,全体无毛。幼枝具棱角,枝端常成尖刺状。叶纸质,长圆状披针形,长 2~9 cm,先端短尖或微凹,基部稍钝,上面绿色有光泽,嫩叶常红色,侧脉稍细密,下面中脉隆起,常有透明腺点;叶柄短。花大,径约 3 cm,1 至数朵顶生或腋生,萼筒钟形,常红色或淡黄色,先端 5~8 裂,外侧近先端有一黄色腺体,边缘有小疣点;花瓣较大,与萼片同数互生,红色、黄色或白色;雄蕊多数。浆果近球形,红色至乳白色。花期 5—7 月,果期 9—11 月。

图 2.53.1　石榴

石榴的品种：

（1）月季石榴 *Punica granatum* 'Nana'　又名四季石榴，矮小灌木；枝条细密而上升，叶线状披针形。花红色，多单瓣，花期 5—7 月，果期 8—10 月。果小，成熟时粉红色。重瓣者称为"重瓣月季石榴"。

（2）白石榴 *Punica granatum* 'Albescens'　花白色，单瓣；有"重瓣白石榴"。

（3）黄石榴 *Punica granatum* 'Flavescens'　花黄白色。

（4）玛瑙石榴 *Punica granatum* 'Legrellei'　花重瓣，较大，橘红色，花瓣边白色。

（5）重瓣红石榴 *Punica granatum* 'Pleniflora'　花大型，重瓣，红色。

（6）墨石榴 *Punica granatum* var. *nigra* Hort.　植株矮小，枝细柔。花红色，较小，多单瓣。果小，熟时紫黑褐色。外种皮酸不可食。

分布：原产中亚。据传为汉代张骞出使西域时引入，现中国东北以南各地均有栽培。

习性：喜光，喜温暖气候，不耐严寒和水湿，耐一定的干旱瘠薄。萌芽性强。

繁殖：播种、扦插、分株、压条、嫁接均可繁殖，以扦插较普遍。

应用：石榴枝繁叶茂，株形紧凑，花大艳丽，为优良的观赏树种。"春花落尽海榴开，阶前栏外遍植栽。红艳满枝染夜月，晚风轻送暗香来。"西班牙、利比亚国花。

冬青科

2.54　冬青科 Aquifoliaceae

本科有 3 属，400 多种，分布于热带至暖温带，中国有 1 属，约 140 种，分布于秦岭以南。

2.54.0　冬青科枝叶检索表

1. 落叶性；具短枝；叶纸质 ·· 2
1. 常绿性；无短枝；叶革质或近革质 ·· 5
2. 小枝有柔毛；叶倒卵形，两面有短毛 ··························· 满树星 *Ilex aculeolata*
2. 小枝无毛；叶卵形或椭圆形，两面几无毛 ··· 3
3. 叶柄长 1～2 cm，叶多为宽椭圆形或宽卵形，基部多为楔形 ·········· 大柄冬青 *Ilex macropoda*
3 叶柄长约 1 cm，叶椭圆形或卵状椭圆形，基部圆形 ····································· 4
4. 果梗长 6～14 mm ··· 大果冬青 *Ilex macrocarpa*
4. 果梗长 14～33 mm ················· 长梗大果冬青 *Ilex macrocarpa* var. *longipedunculata*
5. 叶全缘 ··· 6
5. 叶有锯齿或具针刺 ··· 7
6. 叶厚革质，矩圆状四方形，基部近平截 ······························· 枸骨 *Ilex cornuta*
6. 叶革质，椭圆形或卵状椭圆形，基部宽楔形 ····················· 铁冬青 *Ilex rotunda*
7. 叶缘具针刺 ··· 8
7. 叶缘不具针刺 ··· 9
8. 叶厚革质，具裂片，裂片先端有针刺 ································· 枸骨 *Ilex cornuta*
8. 叶革质，不具裂片，锯齿伸长成针刺 ············· 华中刺叶冬青 *Ilex centrochinensis*
9. 小枝密生毛；叶小，长 1～3 cm，宽 0.6～1 cm ··············· 钝齿冬青 *Ilex crenata*

2.54.1　冬青属 *Ilex* Linn.

本属约 400 种,分布较广。中国约 140 种。

1) 冬青(紫花冬青、红冬青、观音茶) *Ilex chinensis* Hassk.(图 2.54.1)

形态:常绿乔木,高达 18 m。树皮暗灰色,光滑不裂,小枝灰绿色无毛。叶薄革质,窄椭圆形至披针形,稀卵形,长 5 ~ 12 cm,宽 2 ~ 5 cm,先端渐尖,基部宽楔形,叶缘有疏钝齿,中脉在上面扁平,侧脉 8 ~ 9 对,网脉在下面明显,两面无毛,上面有光泽。雌雄异株,复聚伞花序单生于当年生枝叶腋;花淡紫色或紫红色,4 ~ 5 数,有香气。果椭圆形,长 6 ~ 12 cm,深红色;分核 4 ~ 5 枚。花期 4—6 月,果期 11—12 月。

分布:中国长江流域以南及陕西、河南。日本也有。

习性:喜光,亦耐阴,喜温暖湿润气候;不耐严寒和水湿,但能耐一定的干旱瘠薄。深根性,萌芽性强,耐修剪,具较强的病虫害抵抗力。

图 2.54.1　冬青

繁殖:种子繁殖或扦插繁殖,扦插生根较慢。

应用:枝繁叶茂,四季常青,树形整齐美观。果红色光亮,宛如丹珠,经冬不落,鲜艳悦目,秋叶变红,亦增加美感,是优良的庭荫树种和观果树种。亦可制成观果盆景。对 SO_2 抗性强,并有防尘抗烟功能,可用于城镇、厂矿绿化。

2) 铁冬青 *Ilex rotunda* Thunb.

形态:常绿乔木,高达 20 m。树皮淡灰色,小枝无毛,红褐色,具棱,叶薄革质,椭圆形至长圆形,长 4 ~ 10 cm,宽 2 ~ 4.5 cm,先端短渐尖,基部楔形,全缘,稀在萌芽枝上有少数锐齿,表面中脉下陷,侧脉 6 ~ 9 对,两面无毛,腹面深绿色有光泽。花序腋生,总花梗与花梗均无毛;花黄白色,芳香,4 ~ 7 数。果球形,直径 6 ~ 8 mm,熟时红色;分核 5 ~ 7 枚。花期 3—4 月,果期 9 月至翌年 2 月。

变种有:

毛梗铁冬青(小果铁冬青)*Ilex rotunda* var. *microcarpa*(Lindl. ex Paxt.)S. Y. Hu,与原种主要区别为总花梗和花均被短柔毛,果较小,径约 5 mm。

分布:中国长江流域以南。日本、朝鲜也有。

习性:耐阴树种,喜温暖湿润气候和疏松肥沃的酸性土壤。适应性较强,耐瘠、耐旱、耐霜冻。

繁殖:常采用播种法。

应用:秋冬时节,绿叶滴翠,红果满枝,十分悦目,是理想的庭园绿化观赏树种。

3) 枸骨(鸟不宿、猫儿刺、枸骨) *Ilex cornuta* Lindl. et Paxt(图 2.54.2)

形态:常绿灌木或小乔木,高 3 ~ 8 m。树皮灰白色,平滑。小枝粗壮,开展密生,当年生枝具纵脊,无毛;叶硬革质,长圆形,叶缘具 1 ~ 3 对宽三角形的尖硬刺齿,先端亦为刺状,通常向下

反卷,叶长 4~8 cm,宽 2~4 cm,基部圆形或截形,腹面深绿色,有光泽。花序簇生于二年生枝叶腋;花黄绿色,4 数。核果球形,熟时鲜红色,径 8~10 mm;分核 4 枚。花期 4—5 月,果期 9—11 月。

分布:长江以南,各地庭园常有栽培。

变种和品种主要有:

(1)无刺构骨 *Ilex cornuta* var. *fortunei* S. Y. Hu. 叶缘无刺齿。应用同构骨。

(2)黄果构骨 *Ilex cornuta* 'Luteocarpa' 是构骨的栽培品种。果暗黄色。另有叶缘呈银边的类型,尤为美丽。

图 2.54.2 构骨

习性:喜光,稍耐阴,耐干旱瘠薄,萌蘖力强,耐修剪。

繁殖:种子繁殖或扦插、分根繁殖。

应用:枝叶浓密,叶形奇特,深绿光亮,红果累累,经冬不落,树冠常自然呈球形或倒卵形,是十分常见和重要的园林观叶、观形、观果树种。老桩可制作盆景。

4)大叶冬青(菠萝树、苦丁茶)*Ilex latifolia* Thunb.

形态:常绿乔木,高达 20 m。树皮灰黑色,全株无毛。小枝粗壮,有棱和纵裂纹。叶厚革质,长圆形或卵状长圆形,长 9~20 cm,宽 4.5~7.5 cm,先端短渐尖或钝,基部宽楔形或圆形,缘有疏锯齿,中脉在上面下陷,侧脉明显,上面深绿色,有光泽,下面淡绿色;叶柄粗壮稍扁。花序簇生叶腋,圆锥状,花 4 数。果球形,熟时鲜红色,径约 7 mm;分核 4 枚。花期 4—5 月,果期9—11 月。

分布:中国长江流域各省。日本也有。

习性:喜光耐阴,喜温暖湿润气候,不耐寒,不耐积水。

繁殖:种子繁殖或扦插、分根繁殖。

应用:耐阴树种。树姿雄伟端庄,叶大质厚,枝繁荫浓,叶绿果红,是优良的园林绿化树种。

5)钝齿冬青(波缘冬青)*Ilex crenata* Thunb. (图 2.54.3)

形态:常绿灌木,高 3~5 m。多分枝,小枝灰褐色,有棱,密生短柔毛。叶革质,倒卵形或椭圆形,稀卵形,长 1~3 cm,宽 0.5~1.5 cm,先端圆钝,基部楔形或钝,缘有浅钝齿,背面有褐色腺点,侧脉不明显。雄花 3~7 朵呈聚伞花序生于当年生枝的叶腋,雌花单生,花绿白色。果球形,径 6~7 mm,熟时黑色;分核 4 枚。花期 5—6 月,果期 10 月。

分布:中国山东、江浙、福建、广东等省,庭园多有栽培。日本也有。

常见品种:龟甲冬青(豆瓣冬青)*Ilex crenata* 'Convexa'

树冠低矮,枝叶密集;叶较小,长 1~2 cm,椭圆形,叶面凸起形如龟甲。常作盆景树种或栽于庭园供观赏。

图 2.54.3 钝齿冬青

习性:钝齿冬青喜阳耐阴,也能耐湿、耐干旱。萌芽力强,耐修剪。

繁殖:种子繁殖或扦插繁殖。

应用:树冠球形或卵形,枝密叶小,适于庭园各处配植,常作绿篱、盆栽或作下木配置。亦适于整形。

2.55 卫矛科 Celastraceae

本科约 40 属,430 余种,分布广泛。中国有 12 属 200 种。

卫矛科

2.55.0 卫矛科枝叶检索表

1. 叶互生,小枝具明显皮孔,藤本 ……………………………………………………………… 2
1. 叶对生,小枝皮孔不甚明显 ……………………………………………………………… 5
2. 小枝、叶柄有锈褐色毛,叶柄长 1 cm 以下 ……………………………… 雷公藤 *Tripterygium wilfordii*
2. 小枝、叶柄无毛,叶柄长 1～3 cm ……………………………………………………………… 3
3. 小枝具 4～6 条棱线,髓心片状分隔 ……………………………………… 苦树皮 *Celastrus angulatus*
3. 小枝圆柱形或近圆柱形,髓心充实 ……………………………………………………………… 4
4. 冬芽大,卵状圆锥形,长 4～12 mm,叶宽椭圆形或椭圆形 ………… 大芽南蛇藤 *Celastrus gemmatus*
4. 冬芽小,卵圆形,长 1～3 mm,叶倒卵形、近圆形或长圆状倒卵形 ……… 南蛇藤 *Celastrus orbiculatus*
5. 匍匐或攀援灌木 ……………………………………………………………… 6
5. 直立乔木或灌木 ……………………………………………………………… 9
6. 半常绿;叶长 5～8 cm,叶柄长约 1 cm;聚伞花序疏散,分枝和花梗较长 … 胶东卫矛 *Euonymus kiautschovicus*
6. 常绿性;叶柄长仅 5 mm;聚伞花序密集,分枝和花梗较短(成长后为攀援灌木)…………… 7
7. 叶长 2.5～8 cm,宽 1.5～4 cm,下面叶脉明显 ……………………………… 扶芳藤 *Euonymus fortunei*
7. 叶小,长 1～3 cm,宽 1.2～2 cm,下面叶脉不明显 ……………………………………………… 8
8. 叶绿色 ……………………………………………………… 爬行卫矛 *Euonymus fortunei* var. *radicans*
8. 叶缘白色、黄色或粉红色 ……………………………… 银边爬行卫矛 *Euonymus fortunei* 'Gracilis'
9. 小枝四棱形 ……………………………………………………………… 10
9. 小枝圆柱形 ……………………………………………………………… 15
10. 落叶性,叶片秋后变红色;小枝常具 2～4 木栓质翅;叶近无柄 ……… 卫矛 *Euonymus alatus*
10. 常绿性;小枝无木栓翅;叶革质,叶柄长 6～12 mm ……………………………………………… 11
11. 叶全为绿色 ……………………………………………………… 大叶黄杨 *Euonymus japonicus*
11. 叶具白色或黄色斑纹 ……………………………………………………………… 12
12. 叶边缘白色或黄色 ……………………………………………………………… 13
12. 叶面有黄色或绿色斑纹 ……………………………………………………………… 14
13. 叶缘白色 …………………………… 银边大叶黄杨 *Euonymus japonicus* 'Albomarginata'
13. 叶缘黄色 …………………………… 金边大叶黄杨 *Euonymus japonicus* 'Aureamarginata'
14. 叶有黄色斑纹,一部分枝梢亦变成黄色 ……… 金心大叶黄杨 *Euonymus japonicus* 'Variegata'
14. 叶形大,光绿色,中部有黄色和绿色斑纹 ……… 斑叶大叶黄杨 *Euonymus japonicus* 'Viridivariegata'
15. 半常绿;叶近革质 ……………………………………………………………… 16
15. 落叶性,叶纸质 ……………………………………………………………… 17
16. 叶较大,长 8～16 cm,宽 3～6 cm,具整齐细圆锯齿 ……………… 肉花卫矛 *Euonymus carnosus*
16. 叶长 5～8 cm,宽 2～4 cm,具粗锯齿 ……………………………… 胶东卫矛 *Euonymus kiautschovicus*
17. 叶椭圆状卵形或椭圆状披针形,宽 2～5 cm,具内弯细锯齿 ……………… 丝棉木 *Euonymus maackii*
17. 叶披针形,宽 1.3～2 cm,具细尖锯齿 ……………………………… 钩蝴蝶 *Euonymus elegantissima*

2.55.1 卫矛属 *Euonymus* Linn.

本属约 200 种,中国约 120 种,广布全国,黄河以南各地区较多。

1) 大叶黄杨(正木) *Euonymus japonicus* Thunb. (图 2.55.1)

形态:常绿灌木或小乔木,高可达 8 m。小枝绿色,稍四棱形。叶革质而有光泽,椭圆形至

图 2.55.1　大叶黄杨

倒卵形,长 3 ~ 6 cm,先端尖或钝,基部广楔形,缘有细钝齿,两面无毛,叶柄长 6 ~ 12 mm。花绿白色,4 基数,5 ~ 12 朵呈密集聚伞花序,腋生枝条端部。蒴果近球形,径 8 ~ 10 mm,淡粉红色,熟时 4 瓣裂,假种皮橘红色。花期 5—6 月,果熟期 9—10 月。

大叶黄杨的栽培品种:

(1)金边大叶黄杨 Euonymus japonicus 'Aureamarginata'　叶缘金黄色。

(2)金心大叶黄杨 Euonymus japonicus 'Variegata'　叶中脉附近金黄色,有时叶柄及枝端也变为黄色。

(3)银边大叶黄杨 Euonymus japonicus 'Albomarginatus'　叶缘有窄白条边。

(4)银斑大叶黄杨 Euonymus japonicus 'Latifolius Albomarginatus'　叶阔椭圆形,银边甚宽。

(5)斑叶大叶黄杨 Euonymus japonicus 'Viridivariegata'　叶较大,深绿色,有灰色和黄色斑。

分布:原产日本南部,中国南北各省均有栽培,长江流域各城市尤多。

习性:喜光,但也能耐阴,喜温暖湿润的海洋性气候及肥沃湿润土壤,也能耐干旱瘠薄,耐寒性不强,温度低达 -17 ℃左右即受冻害,黄河以南地区可露地种植。极耐修剪整形,生长较慢,寿命长。对各种有毒气体及烟尘有很强的抗性。

繁殖:主要用扦插法繁殖,也可用嫁接、压条和播种繁殖。

应用:本种枝叶茂密,四季常青,叶色亮绿,且有许多花叶、斑叶变种,是美丽的观叶树种。园林中常用作绿篱及背景种植材料,亦可丛植于草地边缘或列植于园路两旁,若加以修剪成形,更适合用于规则式对称配植。通常将其修剪成圆球形或半球形,用于花坛中心或对植于门旁,亦是基础种植、街道绿化和工厂绿化的好材料。其花叶、斑叶变种更宜盆栽,用于室内绿化及会场装饰等。

2)卫矛(鬼箭羽) Euonymus alatus (Thunb.) Sieb. (图 2.55.2)

形态:落叶灌木,高达 3 m,多分枝,丛生。小枝四棱形,常具 2 ~ 4 条薄片状木栓翅,单叶对生,倒卵状长椭圆形,长 3 ~ 5 cm,先端尖,基部楔形,缘具细锯齿,两面无毛;叶柄极短。花黄绿色,径约 6 mm,常 3 朵组成一具短梗的聚伞花序。蒴果分裂,紫棕色,常 1 ~ 2 心皮发育。种子椭圆形,褐色,外包橘红色假种皮。花期 5—6 月,果期 9—10 月。

图 2.55.2　卫矛

分布:产于中国东北、华北及长江中下游各地区。朝鲜、日本亦产。

习性:喜光,稍耐阴;对气候和土壤适应性强,能耐干旱、瘠薄和寒冷。萌芽力强,耐修剪,对 SO_2 有较强抗性。

繁殖:以播种为主,扦插、分株也可。

应用:枝翅奇特,早春嫩叶及秋叶均为紫红色,十分艳丽,落叶后红色籽实悬垂枝间,颇为美观,是优良的观叶、观果树种,也是制作盆景的好材料。带翅嫩枝入药,称"鬼箭羽"。

3)丝棉木(白杜、明开夜合) Euonymus maackii Rupr. (图 2.55.3)

形态:落叶乔木,高达 10 m,树冠圆形或卵圆形,树皮灰色,幼时光滑,老时浅纵裂。小枝细长无毛,绿色,微四棱;叶对生,卵形至卵状椭圆形,长 5 ~ 10 cm,宽 2 ~ 5 cm,先端急长尖,基部近圆形,缘有细锯齿,两面无毛;叶柄细,长 2 ~ 3.5 cm。花 3 至多朵成二歧聚伞花序,花序梗长 1 ~ 2 cm;花淡绿色,径约 8 mm,4 基数,花瓣长圆形;花盘肥厚近方形;雄蕊花丝细长,花药紫红色;子房下部与花盘贴生。蒴果倒卵形,粉红色,径约 1 cm,4 深裂。种子具橘红色假种皮。花期 5—6 月,果期 9—10 月。

分布:产于中国北部、中部及东部,栽培遍及全国。

习性:喜光,稍耐阴,耐寒;耐干旱,也耐水湿;对土壤要求不严,深根性。

图 2.55.3　丝棉木

繁殖:可用播种、分株及硬枝扦插等法。

应用:枝叶秀丽,粉色蒴果高悬枝头,是优良的园林绿化及观赏树种。

4) 肉花卫矛 *Euonymus carnosus* Hemsl.

形态:半常绿乔木或灌木。叶对生,近革质,呈长圆状椭圆形或长圆状倒卵形,长 5 ~ 15 cm,先端突短渐尖,基部圆阔,侧脉稀疏,叶柄长达 2 cm。聚伞花序有 5 ~ 7 花;总花梗长达 5 cm;花黄白色,直径达 2 cm,4 基数;花瓣圆形,雄蕊花丝细长,花盘肥大,直径达 1 cm,子房每室有 6 ~ 12 个胚珠。蒴果近球形,常有 4 条翅状窄棱,种子亮黑色,有盔状红色假种皮。花期 5—6 月,果期 9 月。

分布:湖北东部、江西、安徽、江苏、浙江、福建、台湾等地。

繁殖:种子繁殖。

应用:庭园绿化优良树种。

5) 扶芳藤 *Euonymus fortunei* (Turcz.) Hand-Mazz. (图 2.55.4)

形态:常绿藤木,高达 10 m,枝上常有不定根;小枝绿色,密生小瘤状突起。叶对生,薄革质,长卵形至椭圆状倒卵形,长 2 ~ 7 cm,宽 1.5 ~ 4 cm,先端尖或短渐尖,基部宽楔形,边缘有细钝锯齿,叶腹面通常浓绿色,有时带紫色,背面淡绿色,叶脉明显;叶柄长 5 mm。聚伞花序腋生,花绿白色,径约 5 mm,4 基数;萼片半圆形,花瓣卵形,雄蕊着生于花盘边缘,花柱柱状。蒴果近球形,淡红或黄红色,常具 4 浅沟,径约 1 cm。种子有橘红色假种皮。花期 6—7 月,果期 10 月。

扶芳藤变种与栽培品种:

(1)爬行卫矛 *Euonymus fortunei* var. *radicans* Rehd. 是卫矛的变种。叶小而厚,背面叶脉不明显。

图 2.55.4　扶芳藤

(2)花叶爬行卫矛 *Euonymus fortunei* ‘ Gracilis ’ 是卫矛栽培种。叶缘黄色、白色或粉色。

分布:产于黄河以南。北京有栽培。朝鲜、日本也有分布。

习性:喜温暖不耐寒,耐阴耐旱耐瘠薄,对土壤要求不严。

繁殖:扦插极易成活,播种、压条亦可。

应用:本种叶色油绿光亮,入秋红艳可爱,攀援能力强,是优良的垂直绿化树种。

图2.55.5 胶东卫矛

6)胶东卫矛 *Euonymus kiautschovicus* Loes.(图2.54.5)

形态:直立或蔓性半常绿灌木,高达6 m,基部枝条匍地生根。小枝绿色,无毛;叶薄革质,椭圆形至倒卵形,长5~8 cm,宽2~4 cm,先端渐尖或钝,基部楔形,缘有锯齿;叶柄长1 cm。花浅绿色,径约1 cm,花梗较长,成疏散的二歧聚伞花序,多具13朵花,4基数。蒴果扁球形,粉红色,径约1 cm,有4浅沟。花期5月,果熟期10月。

分布:产于山东、江苏、安徽、江西、湖北等省,常生于山谷林中岩石旁。

习性、繁殖及应用与扶芳藤相似。

2.55.2 南蛇藤属 *Celastrus* L.

藤状灌木。小枝圆柱形或有纵棱,皮孔明显。单叶互生,缘有齿。花小,单性或杂性,异株,稀两性,成总状或圆锥状聚伞花序;花5基数,内生杯状花盘;子房上位,常3室,每室2胚珠,花柱短,柱头3裂。蒴果近球形,通常黄色,3瓣裂,每瓣有种子1~2粒,具肉质红色假种皮。

本属约50种,分布于热带和亚热带;中国约30种,以西南分布较多。

南蛇藤 *Celastrus orbiculatus* Thunb.(图2.55.6)

形态:落叶藤状灌木,小枝圆柱形或微有棱,髓心充实白色,皮孔大而隆起。叶近圆形或椭圆状倒卵形,长4~10 cm,宽3~9 cm,先端钝尖或突尖,基部宽楔形或近圆形,边缘有疏钝锯齿,两面无毛或下面脉上有稀短柔毛。雌雄异株,聚伞花序,花3~7朵,在雄株上腋生或顶生,在雌株上腋生;花黄绿色,径约5 mm,花梗短。蒴果近球形,鲜黄色,径0.8~1 cm;种子白色,外包肉质红色假种皮。花期5月,果期9—10月。

图2.55.6 南蛇藤

分布:中国广布。朝鲜、日本也有。

习性:南蛇藤适应性强,喜光,耐半阴,耐寒冷。

繁殖:通常采用播种法,扦插及压条均可。

应用:入秋叶色变红,黄色果实开裂后露出鲜红色假种皮,颇为悦目,是园林中优良的棚架绿化材料。

2.56 铁青树科 Olacaceae

常绿或落叶乔木、灌木或藤本。单叶、互生,稀对生,全缘,稀叶退化为鳞片状;羽状脉,稀3或5出脉;无托叶。花瓣3~6;雄蕊3至多数,有时有退化雄蕊;子房上位或半下位,1~5室,每室有胚珠1颗;果核果状或坚果,浆果状。

产热带地区,少数种分布到亚热带地区,分布于中国秦岭以南各省区。

我国有5属8种。

青皮木(香芙木) *Schoepfia fragrans* Wall(图2.56.1)

形态:落叶小乔木或灌木,高2.5~10 m;树皮灰黄色;小枝干时黑褐色,老枝灰褐色。叶革质或薄革质,干后灰绿色,长椭圆形、长卵形、椭圆形或长圆形,长6~9(11) cm,宽3.5~5 cm,顶端渐尖或长渐尖,常偏斜,基部通常楔形,有时近圆形;侧脉每边3~8条,两面明显,网脉稍明显;叶柄长 4～7 mm,叶柄红色。花5～10朵或更多,排成总状花序状的蝎尾状聚伞花序,花序长 2～3.5 cm,花梗长 2～6 mm,总花梗长 1～1.5 cm;花萼筒杯状,与子房贴生,上端具 4～5 枚小萼齿;副萼小,杯状,结实时不增大,上端具 3 裂齿;花冠筒状或管状,长 6～8 mm,宽2.5～3 mm,白色或淡黄色,先端有 4～5 枚三角形的小裂齿,裂齿不反卷,雄蕊着生在花冠管上,花冠内面着生雄蕊处的下部各有一束短毛;子房半下位,半埋在花盘中,下部 3 室、上部 1 室,每室具胚珠 1 枚,柱头通常不伸出花冠管外。果近球形,直径 7～9(12) mm,成熟时几全部为增大的花萼筒所包围,增大的花萼筒外部黄色,基部为杯状的副萼所承托。花期 9—10月,果期 10月至翌年 1 月。

图 2.56.1　青皮木

　　分布:云南(南部、西南部)及西藏(东南部),生于海拔 850～2 100 m 密林、疏林或灌丛中。印度、尼泊尔、不丹、锡金、孟加拉国、缅甸、泰国、越南、老挝、柬埔寨、印度尼西亚(苏门答腊)等均有分布。

　　习性:生于海拔 850～2 100 m 密林、疏林或灌丛中。

　　繁殖:种子繁殖。

　　应用:风景林、公园绿化等。

2.57　胡颓子科 Elaeagnaceae

胡颓子科

　　本科约3属,80余种,分布于北半球温带至亚热带。中国2属,约60种。

2.57.0　胡颓子科检索表

1. 叶椭圆状披针形或披针形,两面有银白色鳞片 ················· 沙枣 *Elaeagnus angustifolia*
1. 叶椭圆形、宽卵形或卵状椭圆形 ··· 2
2. 常绿性;叶革质 ··· 3
2. 落叶性;叶纸质 ··· 4
3. 叶近圆形或宽卵形,宽 4～6 cm,下面有银白色鳞片,叶柄长 1～2.5 cm
　 ··· 大叶胡颓子 *Elaeagnus macrophylla*
3. 叶椭圆形或矩圆形,宽 2～5 cm,下面有银白色及褐色鳞片;叶柄长 0.6～1.2 cm
　 ·· 胡颓子 *Elaeagnus pungens*
4. 春秋两季发叶,同一枝上的叶大小不一;秋季开花,翌春果熟 ·········· 佘山胡颓子 *Elaeagnus argyi*
4. 一季发叶,叶大小近相等,春季开花,秋季果熟 ··· 5
5. 小枝密被褐锈色鳞片,无刺,果梗长 1～3 cm ····························· 木半夏 *Elaeagnus multiflora*
5. 小枝密被银白色鳞片,常具刺;果梗长 0.5～1.2 cm ······················ 牛奶子 *Elaeagnus umbellata*

2.57.1　胡颓子属 *Elaeagnus* Linn.

　　植株常具枝刺,被黄褐色或银白色盾状鳞片。单叶全缘互生,具短柄。花常两性,单生或簇生叶腋,萼筒长,先端4裂,雄蕊 4 枚,花丝极短,着生于萼筒喉部,不外露;子房上位,花柱单一,细弱而伸长;具蜜腺,虫媒传粉。坚果,常呈核果状,长圆形或椭圆形,核具条纹。

1) 胡颓子 *Elaeagnus pungens* Thunb.

　　形态:常绿灌木,高3～4 m。具棘刺,小枝开展,密被锈褐色鳞片。叶革质,椭圆形或长圆形,长5~7 cm,宽2~5 cm,叶端钝或尖,叶基圆形,叶缘微波状,上面初时有鳞片后变绿色而有光泽,下面银白色,被褐色鳞片,侧脉7~9对。花1~3朵簇生叶腋,银白色,下垂,芳香,萼筒较裂片长。果长椭圆形,长1.2~1.5 cm,被锈色鳞片,熟时红色。果核内面具白色丝状棉毛。花期9—12月,果熟期次年4—6月。

分布:产于中国长江以南。日本也有。

习性:性喜光,耐半阴;喜温暖气候,不耐寒。对土壤适应性强,耐干旱又耐水湿。对有毒气体抗性强。

繁殖:播种或扦插繁殖。

应用:枝叶扶疏,色彩斑斓,挂果时间长,可植于庭园观赏或制作盆景。

2)牛奶子(秋胡颓子、甜枣)*Elaeagnus umbellata* Thunb.

形态:灌木,高1~4 m,常具刺。幼枝密被银白色鳞片。叶卵状椭圆形至长椭圆形,长3~8 cm,宽1~3 cm,上面幼时有银白色鳞片,下面银白色杂有少量褐色鳞片,侧脉5~7对。花1~7朵成伞形花序,腋生,黄白色,有香气,萼筒部较裂片长。果近球形,径5~7 mm,幼时绿色具鳞片,成熟时红色或橙红色。花期4—5月,果熟期8—10月。

分布:中国华北至长江流域各省。朝鲜、日本、印度也有。

习性:喜光,略耐阴。

繁殖:多采用播种繁殖。

应用:可作绿篱及防护林的下木。

3)木半夏 *Elaeagnus multiflora* Thunb.(图2.57.1)

图2.57.1 木半夏

形态:灌木,高2~3 m,常无刺。枝密被褐色鳞片。叶椭圆形至倒卵状长椭圆形,长3~7 cm,宽1.2~4 cm,叶端尖,叶基阔楔形,幼叶表面有银色鳞片,叶背银白色杂有褐色鳞片。花黄白色,1~3朵腋生,萼筒与裂片等长或稍长。果实椭圆形至长倒卵形,密被锈色鳞片,熟时红色,果梗细长达3 cm。花期4—5月,果熟期6—7月。

分布:河北、河南、山东、江苏、安徽、浙江、江西等省。

习性、繁殖及应用同胡颓子。

2.58 鼠李科 Rhamnaceae

鼠李科

本科约50属,600余种,广布于温带至热带各地。中国有14属,130余种,各地均有分布。

2.58.0 鼠李科分种枝叶检索表

4. 叶长 1.5 ~ 3.5 cm,灌木 ………………………………………………… 酸枣 *Ziziphus jujuba* var. *spinosa*

5. 小枝无毛,叶无毛,先端尖 ……………………………………………… 铜钱树 *Paliurus hemsleyanus*

5. 小枝有毛 …………………………………………………………………………………………… 6

6. 叶较小,长 3 ~ 7 cm,先端钝或钝圆,下面沿叶脉被柔毛 ……………… 马甲子 *Paliurus ramosissimus*

6. 叶较大,长 4.5 ~ 10.5 cm,先端突尖,下面沿叶脉被硬毛 ……………… 硬毛马甲子 *Paliurus hirsutus*

7. 侧枝硬化成刺,对生或近对生 …………………………………………………………………………… 8

7. 小枝顶端硬化成刺 ……………………………………………………………………………………… 9

8. 叶下面无毛或沿叶脉有柔毛 …………………………………………………… 雀梅藤 *Sageretia thea*

8. 叶下面被绒毛,后渐脱落 ………………………………… 毛叶雀梅藤 *Sageretia thea* var. *tomentosa*

9. 叶倒卵形或近圆形,长 2 ~ 4 cm,侧脉 3 ~ 4 对 ……………………… 圆叶鼠李 *Rhamnus globosa*

9. 叶矩圆状椭圆形,长 6 ~ 12 cm;侧脉 5 ~ 6 对 ………………………………… 冻绿 *Rhamnus utilis*

10. 直立乔灌木,叶有锯齿 …………………………………………………………………………… 11

10. 攀援藤本,叶全缘 ………………………………………………………………………………… 16

11. 叶三出脉或三出羽状脉 …………………………………………………………………………… 12

11. 叶羽状脉,倒卵状矩圆形 ………………………………………………………………………… 15

12. 叶长 3 ~ 7 cm,三出脉,有距状短枝 ……………………………………………………………… 13

12. 叶长 7 ~ 17 cm,三出羽状脉,无短枝 …………………………………………………………… 14

13. 枝斜展,不下垂 …………………………………………………………… 无刺枣 *Ziziphus jujuba* var. *inermis*

13. 枝蜷曲下垂 ……………………………………………………………… 龙爪枣 *Ziziphus jujuba* 'Tortuosa'

14. 叶缘具不规则的粗锯齿 …………………………………………………………… 北枳椇 *Hovenia dulcis*

14. 叶缘具浅钝细锯齿 ………………………………………………………………… 枳椇 *Hovenia acerba*

15. 顶芽为裸芽,密被锈褐色绒毛,托叶早落,叶下面沿叶脉被褐色绒毛 ……… 长叶鼠李 *Rhamnus crenata*

15. 无顶芽,侧芽为鳞芽,形小无毛,托叶宿存,叶下面疏被灰色柔毛 ……… 猫乳 *Rhamnella franguloides*

16. 叶下面无毛或仅叶脉基部微有毛 ……………………………………… 多花勾儿茶 *Berchemia floribunda*

16. 叶下面密被黄色短柔毛 ………………………………………………… 大叶勾儿茶 *Berchemia huana*

2.58.1   鼠李属 *Rhamnus* Linn.

本属约 150 种,分布于北温带。中国约 50 种,遍布全国。

1) **鼠李(大绿)** *Rhamnus davurica* Pall. (图 2.58.1)

形态:落叶灌木或小乔木,高可达 10 m。树皮灰褐色;小枝粗壮,褐色无毛,近对生,先端具芽,少为针刺状。叶对生或近对生于长枝或簇生于短枝顶端,椭圆形或卵状椭圆形,长 4 ~ 10 cm,宽 2 ~ 6 cm,先端凸尖或渐尖,基部楔形或圆形,边缘具圆齿状细锯齿,侧脉 4 ~ 5 对,弧形弯曲。上面绿色无毛,下面灰绿色,仅沿脉被疏柔毛;叶柄长 0.6 ~ 3 cm。花单性,黄绿色,常 2 ~ 5 朵簇生于叶腋;雌雄异株;4 基数,有花瓣。核果近球形,熟时紫黑色,径约 6 mm,具 2 分核,各具 1 种子。花期 5—6 月,果期 8—9 月。

图 2.58.1   鼠李

分布:产于中国东北、华北;朝鲜、蒙古、俄罗斯也有。

习性:适应性强,耐寒、耐阴、耐干旱、瘠薄。种子繁殖,无须精细管理。

繁殖:种子繁殖。

应用:枝密叶繁,入秋累累黑果,可植于庭园观赏。材质致密,可作家具。种子可榨油;嫩叶可代茶;果肉入药;树皮可作黄色染料。

2)小叶鼠李(琉璃枝) *Rhamnus parvifolia* Bunge.

形态:落叶灌木,高达 2 m。树皮灰色,小枝对生或近对生,光滑,顶端和分叉处常具针刺。叶对生或近对生,或于短枝上簇生,菱状椭圆形或菱状卵形,长 1.2~4 cm,先端钝尖或圆形,基部楔形或近圆形,边缘具细锯齿,齿端有腺点,两面无毛,侧脉常 2~3 对。花单性,聚伞花序,腋生,4 基数,花冠钟形。核果近球形,径 3~4 mm,熟时黑色,具 3 分核,各有 1 种子。花期 5—6月,果期 8—9 月。

分布:产于中国辽宁、内蒙古、河北、山西、山东、甘肃等地区。朝鲜、俄罗斯也有。

习性、繁殖同鼠李。

应用:可作水土保持及防沙树种。根可用于根雕,为优良盆景材料。

3)长叶鼠李(长叶冻绿) *Rhamnus crenata* Sieb. et Zucc. (**图 2.58.2**)

形态:落叶灌木,不具刺针。幼枝红褐色,初被锈色柔毛。叶互生,椭圆状倒卵形或披针状椭圆形,长 5~10 cm,宽 3 cm,先端短突尖或长渐尖,基部圆形或宽楔形,边缘有细或圆锯齿,背面沿脉有锈色短柔毛;叶柄长 5~10 mm,被锈色毛。聚伞花序腋生,花两性,5 基数。核果近球形,有 2~3 核。花期 6 月,果熟期 8—9 月。

分布:陕西、河南、安徽、江苏等以南地区。朝鲜、日本、越南也有分布。

习性、繁殖及应用同小叶鼠李。

图 2.58.2 长叶鼠李

4)圆叶鼠李 *Rhamnus globosa* Bunge

形态:落叶灌木。小枝细长,对生或近对生,顶端具刺,被短柔毛。叶对生或近对生,稀兼互生,倒卵形或近圆形,长 2~4 cm,宽 2.5 cm,先端突尖至渐尖,基部宽楔形,边缘有细钝锯齿,表面初被柔毛,背面全部或沿脉有柔毛,侧脉 3~5 对,网脉在背面明显,叶柄长 4~7 mm,上面有沟,被柔毛;花单性异株,簇生短枝顶端或长枝叶腋,4 基数。核果近球形,直径约 6 mm,常具 2 核,种子背面或背侧有长为种子 3/5 的纵沟。花期 5~6 月,果熟期 8 月。

分布:辽宁、河北、山西、陕西、山东、安徽、江苏、浙江、江西、湖南、甘肃。

习性、繁殖及应用同鼠李。

2.58.2　枳椇属 *Hovenia* Thunb.

本属共 7 种,分布于东亚温暖地区。中国 6 种。

1)枳椇(拐枣、甜半夜、鸡爪梨) *Hovenia dulcis* Thunb.

形态:落叶乔木,高达 15~25 m,胸径达 1 m。树皮灰黑色,深纵裂;小枝红褐色,无毛。叶片纸质,卵圆形或卵状椭圆形,长 8~15 cm,宽 4~8 cm,先端渐尖,基部心形或近圆形,边缘具不整齐粗钝锯齿,基部 3 出脉,无毛或仅下面沿脉被疏短柔毛,叶柄长 2~5 cm。花黄绿色,径 6~8 mm,常成顶生聚伞花序,二歧分枝常不对称。核果,近球形,成熟时黑色;花序梗结果时膨大肉质化,经霜后味甜可食。花期 5—7 月,果期 9—10 月。

分布:中国华北南部至长江流域。日本也有。

习性:喜光,有一定耐寒能力;对土壤要求不严,深根性,萌芽力强。

繁殖:主要用播种繁殖,亦可用扦插、分蘖繁殖。

应用:树态优美,叶大荫浓,生长快,适应性强,是优良的庭荫树及行道树树种。花序梗肥大富含糖分,可生食、酿酒、制醋和熬糖;果实为清凉利尿药。

2)南方枳椇 *Hovenia acerba* Lindl.(图2.58.3)

形态:乔木,高10~25 m。小枝褐色或黑紫色,被棕褐色柔毛或无毛。叶厚纸质或纸质,宽卵形、椭圆状卵形或心形,长8~17 cm,宽6~12 cm,先端渐尖或短渐尖,基部截形或心形,稀近圆形或宽楔形。边缘具整齐细钝锯齿,两面无毛或背面沿脉或脉腋有柔毛,叶柄长2~5 cm。二歧聚伞圆锥花序顶生和腋生;花柱半裂、稀浅裂或深裂。核果成熟时黄褐色或棕褐色,直径5~6.5 mm。花期5—7月,果熟期8—10月。

图2.58.3 南方枳椇

分布:陕西、甘肃、安徽、浙江、江西、福建、广东、广西、湖南、湖北、四川、云南、贵州。

繁殖:种子繁殖。

习性、应用同枳椇。

2.58.3 枣属 *Ziziphus* Mill.

图2.58.4 枣

本属约100种,主要分布于亚洲和美洲的热带及亚热带地区。中国有12种及3变种。

枣(枣树、大枣) *Ziziphus jujuba* Mill.(图2.58.4)

形态:落叶乔木,高达10 m。树皮灰褐色,条裂;枝有长枝、短枝和无芽小枝之分,长枝(生产上称枣头)开展,呈"之"字形曲折,红褐色,光滑,有托叶刺,长3 cm;短枝(生产上称枣股)在2年生枝上互生;无芽小枝(生产上称枣吊)绿色,纤细下垂,秋后脱落,常3~7簇生于短枝上。叶卵形至卵状长椭圆形,长3~7 cm,先端钝尖,基部楔形或近圆形,稍偏斜,基生3出脉,侧脉明显,两面光滑。花小,黄绿色,2~4朵簇生叶腋,或成短聚伞花序。核果,熟时暗红色,卵圆形、椭圆形或长圆形;果核坚硬,两头尖。花期5—6月,果期9—10月。

常见变种和栽培品种:

(1)龙爪枣(龙枣)*Ziziphus jujuba* 'Tortuosa' 是枣的栽培品种。树体矮小,通常不超过4 m,枝条扭曲。生长缓慢,常植于庭园观赏。

(2)酸枣(棘)*Ziziphus jujuba* var. *spinosa* Hu. 是枣的变种,常成灌木状,叶较小,长2~3.5 cm,核果小,近球形,味酸,果核两端钝。

分布:原产于中国,分布广;欧洲、蒙古、日本也有。

习性:喜光,抗热,耐寒;对土壤适应性较强,耐干瘠、弱酸性和轻度盐碱土壤,喜深厚肥沃沙质土,忌黏土和湿地;根系发达,萌蘖力强,抗风沙。寿命长达200~300年。

繁殖:主要用分蘖或根插法繁殖,嫁接也可。

应用:枣树是中国栽培历史悠久的果树,结果早,寿命长,产量稳定,号称"铁杆庄稼"。树冠整齐,果期佳实累累,具有较高观赏价值,是园林结合生产的良好树种,可栽作庭荫树及园路树,也是优良的蜜源树种。木材坚韧致密,纹理细,是雕刻、家具、细木工优良用材。

2.58.4　马甲子属 *Paliurus* Tourn ex Mill.

本属共 6 种,分布于亚洲和欧洲南部。中国有 4 种,分布于西南、中南和华东各地区。

1) 铜钱树(鸟不宿) *Paliurus hemsleyanus* Rehd.(图 2.58.5)

图 2.58.5　铜钱树
1.雄花枝　2.雌花枝
3.雌蕊　4.果

形态:落叶乔木,高达 15 m。树皮暗灰色,小枝无毛,常具刺。单叶互生,卵状椭圆形或宽卵形,长 4～10 cm,先端尖,基部圆形至宽楔形,稍偏斜,边缘有细钝尖,两面无毛,基生 3 出脉。聚伞花序腋生或顶生;黄绿色花小,两性;5 基数;核果,周围有近圆形薄木质阔翅,形似铜钱,直径 2.5 cm 以上,无毛,紫褐色。花期 5 月,果期 6—7 月。

分布:产于中国长江流域至华南,是钙质土的指示植物。

习性:喜阳、幼苗耐半阴,喜温暖湿润的气候,要求疏松排水良好的微酸性土壤。

繁殖:播种繁殖或分蘖繁殖。

应用:本种树冠整齐,具翅核果形似铜钱,颇为奇特,可作庭园庭荫及观赏树种。

2) 马甲子 *Paliurus ramosissimus*(Lour.)Poir.

形态:灌木。小枝具刺,幼时密被锈褐色短柔毛,老枝灰褐色无毛。叶卵形或卵状椭圆形,长 3～5 cm,宽 2～4 cm,先端钝或微凹,基部圆形或宽楔形,缘具锯齿,幼时背面密被锈色绒毛;叶柄长 5 mm,被柔毛。腋生聚伞花序,被柔毛,花浅绿黄色,花盘黄色显著。核果盘状,周围有木栓质窄翅,直径约 1.5 cm。花期 7 月,果熟期 9—10 月。

分布:长江以南各地。

习性:与铜钱树相同。

繁殖:常采用种子繁殖。

应用:枝多刺,可作绿篱,也可作庭院观果树木。

2.58.5　勾儿茶属 *Berchemia* Neck.

落叶缠绕藤本或直立灌木。叶互生,全缘,具明显的羽状平行脉,托叶钻形,花小,两性,5 基数,排成顶生总状或聚伞圆锥花序;花瓣匙形或兜状,两侧常内卷;花盘齿轮状;子房 2 室,每室 1 种子,核果长圆形。

本属 31 种,分布于亚洲东部或东南部。中国约 18 种。

多花勾儿茶 *Berchemia floribunda*(Wall.)Brongn.(图 2.58.6)

形态:藤状或直立灌木。幼枝黄绿色,无毛。叶纸质,卵形、卵状椭圆形或宽椭圆形,长 4～9 cm,宽 2～4 cm,先端短渐尖,基部圆形或近心形,背面被粉块,苍绿白色,被乳头状柔毛,侧脉 9～12 对;叶柄长 1～2.5 cm。宽聚伞圆锥花序,顶生。核果近圆柱状,长 1 cm,直径 4～5 mm,花柱宿存或脱落。花期 7—10 月,果熟期翌年 4—7 月。

分布:陕西、甘肃、山西以南地区。印度、越南、日本亦产。

习性:喜温暖湿润的气候,耐半阴。要求疏松排水良好的

图 2.58.6　多花勾儿茶
1.花枝　2.花　3.雄蕊　4.雌蕊

壤土。

　　繁殖:播种繁殖,扦插亦可。

　　应用:叶片秀美,可作垂直绿化树种。

2.59　葡萄科 Vitaceae

葡萄科

　　本科共12属,约700种,分布于热带至温带,中国产7属,110余种,南北均有分布。

2.59.0　葡萄科分种枝叶检索表

2.59.1　葡萄属 *Vitis* L.

　　落叶木质藤本,卷须与叶对生,髓褐色。单叶互生,托叶早落。花小,两性或单性,由聚伞花序再组成圆锥花序与叶对生,萼片小,花瓣常5个,顶端连接成帽状并早脱落,花盘下位有5蜜腺,子房 2 室,每室 2 胚珠。浆果,种子梨形。

本属有 70 种,主产北温带,中国约 30 种。

葡萄 *Vitis vinifera* L.(图 2.59.1)

图 2.59.1　葡萄

形态:落叶藤木。茎皮红褐色,老时条状剥落,小枝光滑或幼时有柔毛;卷须间歇性与叶对生,有分枝。叶互生,近圆形,长 7 ~ 15 cm,3 ~ 5 掌状裂,基部心形,缘具粗齿,两面无毛或背面稍有短柔毛;叶柄长 4 ~ 8 cm。花小,黄绿色,圆锥花序大而长。浆果球形,熟时黄绿色或紫红色,有白粉。花期 4—5 月,果熟期 8—9 月。

分布:原产亚洲西部,中国在 2 000 多年前就自新疆引入内地栽培。现辽宁中部以南各地均有栽培,但以长江以北栽培较多。

习性:葡萄品种很多,对环境条件的要求和适应能力随品种而异。但总的来说是性喜光,喜干燥及夏季高温的大陆性气候;冬季需要一定低温,但严寒时又必须埋土防寒。在土层深厚、排水良好而湿度适中的微酸性至微碱性沙质壤土中生长最好。耐干旱,怕涝。深根性,生长快,结果早。寿命较长。

繁殖:扦插、压条、嫁接或播种繁殖等。

应用:葡萄是很好的园林棚架植物,既可观赏、遮阴,又可结合果实生产。庭院、公园、疗养院及居民区均可栽植,但以选用栽培管理较粗放的品种为好。

2.59.2　蛇葡萄属 *Ampelopsis* Michnux.

落叶木质藤本,卷须与叶对生,髓白色。单叶、掌状或羽状复叶互生,花小,两性,呈二歧状聚伞花序与叶对生,常 5 基数,花盘杯状,子房上位 2 室,每室 2 胚珠。浆果小,内含 1 ~ 4 粒种子。

本属约 25 种,主产北温带,中国约 15 种。

蛇葡萄(蛇白蔹、蓝果蛇葡萄)*Ampelopsis bodinier*(Maxim.)Trautv.(图 2.59.2)

图 2.59.2　蛇葡萄

形态:落叶藤木;幼枝有柔毛,卷须常分叉。单叶,纸质,广卵形,长 6 ~ 12 cm,基部心形,通常 3 浅裂,缘有粗齿,表面深绿色,背面色稍淡并有柔毛。聚伞花序与叶对生,梗上有柔毛;花黄绿色。浆果近球形,径 6 ~ 8 mm,成熟时鲜蓝色。花期 5—6 月,果熟期 8—9 月。

分布:产于亚洲东部及北部,中国自东北到长江流域、华南均有分布。

习性:强健耐寒。

繁殖:种子繁殖,也可扦插和压条繁殖。

应用:在园林绿地及风景区可用作棚架绿化材料,颇具野趣。

2.59.3　爬山虎属 *Parthenocissus* Planch.

藤本;卷须顶端常扩大成吸盘。叶互生,掌状复叶或具裂单叶,具长柄。花两性,稀杂性,聚伞花序与叶对生;花常 5 数,花盘不明显或无,花瓣离生,子房 2 室,每室 2 胚珠。浆果,内含 1 ~ 4 粒种子。

本属约 15 种,产北美洲及亚洲;中国约 9 种。

1）爬山虎（地锦、爬墙虎） *Parthenocissus tricuspidata* (Sieb. Et Zucc.) Planch.（图2.59.3）

形态：落叶藤木；卷须短而多分枝。叶广卵形，长 8 ~ 20 cm，宽 8 ~ 17 cm，通常 3 裂，基部心形，缘有粗齿，表面无毛，背面脉上常有柔毛；幼苗期叶常较小，多不分裂；下部枝的叶有分裂成 3 小叶。聚伞花序通常生于短枝顶端两叶之间，花淡黄绿色。浆果球形，径 6 ~ 8 mm，熟时蓝黑色，有白粉。花期 6 月，果期 10 月。

分布：广布全国；日本也产。

习性：喜光耐阴，耐寒，对土壤及气候适应能力很强；生长快。对氯气抗性强。常攀附于岩壁、墙垣和树干上。

繁殖：用播种或扦插、压条等法繁殖。

图2.59.3　爬山虎

应用：本种是一种优良的攀援植物，能借助吸盘爬上墙壁或山石，枝繁叶茂，层层密布，秋叶变红。常用于建筑物的墙壁、围墙、假山及老树干等作垂直绿化，生长快，短期内能收到良好的绿化、美化效果。夏季对墙面的降温效果显著。

2）美国地锦（五叶地锦，美国爬山虎） *Parthenocissus quinquefolia* Planch.

形态：落叶藤木，幼枝无毛常带紫红色。掌状复叶，具长柄，小叶 5，质较厚，卵状长椭圆形至倒长卵形，长 4 ~ 10 cm，先端尖，基部楔形，缘具大齿，表面暗绿色，背面稍具白粉并有毛。卷须与叶对生，5 ~ 10 分枝，顶端吸盘大。圆锥状聚伞花序。浆果近球形，径约 6 mm，成熟时蓝黑色，稍带白粉，具 2 ~ 3 种子。花期 7—8 月，果期 9—10 月。

分布：原产美国东部；中国有栽培。

习性：喜温暖气候，喜光耐阴，有一定耐寒能力。生长势旺盛，但攀援力较差。

繁殖：通常用扦插、播种、压条。

应用：本种秋季叶色红艳，甚为美观，常用于建筑墙面、山石及老树干等作垂直绿化，也可用作地面覆盖材料。

2.60　紫金牛科 Myrsinaceae

紫金牛科

本科约35属，1 000 余种，分布于热带及亚热带地区；中国产6属120余种。

2.60.0　紫金牛科枝叶检索表

2.60.1　紫金牛属 *Ardisia* Swartz

本属约 260 种，中国 60 余种。

1）朱砂根（红铜盘，大罗伞）*Ardisia crenata* Sims.（图2.60.1）

形态：常绿灌木，高30~150 cm，茎直立不分枝，无毛，具肥壮匍匐根状茎，断面有小红点，故称朱砂根。单叶互生，纸质，有柄，椭圆状披针形至倒披针形，长6~13 cm，宽2~3 cm，叶端钝尖，叶基楔形，叶缘有皱波状圆齿，齿间有黑色腺点，叶两面有稀疏的突起大腺点，侧脉10~20对。花序伞形或聚伞状，总花梗细长；花小，淡紫白色，有深色腺点；花萼5裂，花冠5裂，裂片披针状卵形，急尖，有黑腺点；雄蕊5枚短于花冠裂片，花药箭形；子房上位，1室。核果球形，直径6~7 mm，熟时红色，具斑点。花期5—6月，果熟期7—10月。

图2.60.1　朱砂根

分布：产于陕西、长江流域以南各省区。朝鲜、日本也有分布。

习性：喜温暖潮湿气候，较耐阴，喜生于肥沃、疏松、富含腐殖质的沙质壤土，忌干旱。

繁殖：种子繁殖，扦插亦可。

应用：四季翠绿，秋冬果实鲜红，经久不落，为优良的观叶、观果树种。

2）紫金牛（矮地茶、千年矮、野枇杷叶）*Ardisia japonica*（Thunb）Blume（图2.60.2）

形态：常绿小灌木，高30 cm。根状茎长而横走，暗红色，下面生根，地上茎直立，不分枝，表面紫褐色，具短腺毛。叶常成对或多枚集生茎顶，坚纸质，椭圆形，长4~7 cm，叶端急尖，叶基楔形或圆形，叶缘有尖锯齿，两面有腺点，侧脉5~6对，叶背中脉处有微柔毛。短总状花序近伞形，通常2~6朵，腋生或顶生，萼片5；花冠青色，径1 cm，先端5裂，裂片卵形，有红色腺点，雄蕊5，着生于花冠喉部，花丝短，子房上位。核果球形，径5~6 mm，熟时红色，有黑色腺点。花期4—5月，果期6—11月。

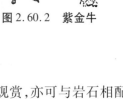

图2.60.2　紫金牛

分布：江苏、浙江、四川、贵州、云南、福建、广西、广东等地区。

习性：喜温暖潮湿气候，较耐阴。

繁殖：播种或扦插法繁殖。

应用：本种果实繁多、鲜红可爱且经久不落，故可作林下地被或盆栽观赏，亦可与岩石相配作小盆景用。

2.61　柿树科 Ebenaceae

柿树科

本科共7属，300余种，分布于热带及亚热带。中国有1属57种。

2.61.0　柿树科分种枝叶检索表

1. 枝具刺 ·· 2
1. 枝无刺 ·· 3
2. 叶卵状菱形或倒卵形；小枝无毛或仅幼时有毛 ····················· 老鸦柿 *Diospyros rhombifolia*
2. 叶椭圆形或矩圆状披针形；小枝有柔毛 ····························· 瓶兰花 *Diospyros armata*
3. 叶两面无毛 ·· 4
3. 叶两面或下面有毛 ·· 5

4.小枝有毛;叶长椭圆形或椭圆状披针形,长4~9 cm,下面淡绿色,叶柄长约5 mm ·············
·· 乌柿 *Diospyros cathayensis*

4.小枝无毛;叶卵状椭圆形或卵状披针形,长10~16 cm,下面苍白色;叶柄长1.5~2.5 cm ·············
·· 浙江柿 *Diospyros glaucifolia*

5.芽无毛,长尖;叶下面灰白色或苍白色,仅脉上有毛 ··············· 君迁子 *Diospyros lotus*

5.芽有毛,钝尖,叶下面淡绿色 ·· 6

6.树皮薄片状剥落,平滑,叶两面密被毛 ····················· 油柿 *Diospyros oleifera*

6.树皮纵裂呈小方块,叶上面无毛或近无毛 ·· 7

7.一年生小枝及叶柄毛较少,叶下面沿叶脉有毛 ···················· 柿树 *Diospyros kaki*

7.一年生小枝及叶柄密被毛,叶下面密被毛 ··············· 野柿 *Diospyros kaki* var. *sylvestris*

2.61.1　柿树属 *Diospyros* Linn.

本属约200种,分布热带至温带;中国40余种。

1) 柿树 *Diospyros kaki* Thunb. (图 2.61.1)

形态:落叶乔木,高达15 m。树冠开阔,树皮暗灰色,小块状开裂;小枝初密被黄褐色短柔毛。叶近革质,椭圆形或倒卵形,长6~18 cm,宽3~9 cm,先端尖,基部楔形或近圆形,上面深绿色有光泽,下面淡绿色,沿脉有黄褐色柔毛。雌雄异株或杂性同株;花黄白色,萼及花冠皆4裂,萼大有毛,果熟时增大;雌花有8个退化雄蕊,子房上位,8室,花柱自基部分离,有柔毛。浆果扁球形、卵圆形或扁圆方形,径4~10 cm,熟时鲜黄色或橙黄色。花期5—6月,果期9—10月。

分布:原产于中国,分布极广。

变种:野柿(油柿)与原种区别在于小枝及叶柄密被黄褐色短柔毛;叶较小,背面被黄褐色短柔毛,果实直径不超过5 cm。分布于甘肃、江苏、浙江及中南、西南等地区。朝鲜、日本也有。

习性:性强健,对土壤的适应性强,深根性,耐干旱、瘠薄,不耐严寒、不耐涝。寿命长。

繁殖:用嫁接法繁殖。砧木多用君迁子、油柿、老鸦柿及野柿。

应用:柿树树形优美,叶大浓绿而有光泽,秋季变红色,累累佳实悬于绿荫丛中,极为美观,是良好的庭荫树。果实营养价值极高,有"木本粮食"之称,是观叶、观果和园林结合生产的优良树种。材质坚韧,不翘不裂,耐腐。

图 2.61.1　柿树
1. 雌花枝　2. 雌花纵剖面
3. 雄花　4. 果　5. 种子

2) 油柿 *Diospyros oleifera* Cheng

形态:落叶乔木,高达14 m。树皮暗灰色或褐灰色,裂成大块薄片剥落,内皮白色。幼枝密生绒毛,初时白色后变浅棕色。叶较薄,长圆形至长圆状倒卵形,长7~16 cm,两面密生棕色绒毛,叶端渐尖,叶基圆形或阔楔形;叶柄长约1 cm。雄花序有3~5花。果扁球形或卵圆形,径4~7 cm,有4纵槽,幼果密生毛,近熟时有黏液渗出故称油柿。花期5月,果熟期10—11月。

分布:安徽南部、江苏、浙江、江西、福建等地。

习性:适应性强,较耐水湿,不耐寒。

繁殖:种子繁殖,也可扦插和嫁接繁殖。

应用:暗灰色树皮与剥落后的白色内皮相间颇有一定的观赏价值,可作庭荫树及行道树。

果实皮厚味甜,可食。

3)君迁子(黑枣、软枣)*Diospyros lotus* L.(图2.61.2)

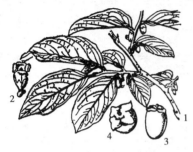

图2.61.2 君迁子
1.枝 2.花 3.果 4.果背

形态:落叶乔木,高达20 m。树冠卵形或卵圆形,树皮灰黑色,呈方块状深裂;小枝被灰色毛,后脱落,线形皮孔明显。叶薄革质,椭圆形至长圆形,长6~13 cm,宽2.5~5 cm,先端渐尖或微凸尖,基部宽楔形或圆形,幼时叶上面密被毛,后脱落,下面灰绿色,沿脉有毛。花黄白色。浆果球形或卵圆形,径1.2~2 cm,熟时变为蓝黑色,外被蜡质白粉,萼宿存先端钝圆形。花期4—5月,果期10—11月。

分布:同柿树。

习性:性强健,喜光、耐半阴,耐寒及耐旱性比柿树强,耐水湿,寿命长。

繁殖:种子繁殖。

应用:君迁子树干挺直,树冠圆整,荫浓,可作庭荫树、行道树。

4)瓶兰柿 *Diospyros armata* Hemsl.

形态:常绿灌木或小乔木,高2~4 m。幼枝黄褐色,被短柔毛,有刺。叶密生于枝顶,革质,倒披针形至长椭圆形,长3~6 cm,宽1~3 cm,先端钝,基部楔形,最宽处在叶片上部,边缘反卷,叶面暗绿色有光泽,背面微被短柔毛,叶柄短被黄褐色柔毛。单性异株,雄花为聚伞花序;花冠乳白色,壶形,芳香。浆果球形,径1~2 cm,熟时黄色,果柄长约1 cm,有刚毛,宿存花萼略宽。

分布:产于浙江、湖北。

习性:性强健,适应性强,较耐阴耐旱。

繁殖:播种、扦插繁殖均可。

应用:赏其香花及果实,常作盆栽或作树桩盆景用。

2.62 芸香科 Rutaceae

芸香科

本科约150属1 700种,主产热带和亚热带,少数产温带;中国产28属,约150种。

2.62.0 芸香科分种枝叶检索表

1.单叶,倒卵形或倒卵状椭圆形,下面及叶缘有毛 ················· 臭常山 *Orixa japonica*

1.奇数羽状复叶、三小叶复叶或单小叶复叶 ··· 2

2.奇数羽状复叶,小叶5枚以上 ··· 3

2.三小叶复叶或单小叶复叶 ··· 12

3.复叶互生,小叶有透明油点 ··· 4

3.复叶对生 ··· 8

4.无皮刺,无托叶刺,小叶5~11,卵形、宽卵形或卵状矩圆形,长6~13 cm,浅波状圆钝齿,新枝、叶轴、小叶下面脉上有毛 ··· 黄皮 *Clausena lansium*

4.有皮刺和托叶刺 ··· 5

5.小叶13~21,椭圆形或椭圆状披针形,长1~3 cm ············· 崖椒 *Zanthoxylum schinifolium*

5.小叶5~11 ··· 6

6.叶轴有宽翅,两面及小叶中脉有皮刺,小叶椭圆形或圆状披针形,透明油点生于叶缘钝齿缝隙 ··· 竹叶椒 *Zanthoxylum armatum*

2.62.1 吴茱萸属 *Euodia* J. R. et G. Forst.

落叶或常绿乔木或灌木。常奇数羽状复叶、三出复叶,稀或单叶,对生,小叶全缘或有齿,具半透明油点。花单性,稀两性;圆锥花序或伞房花序;萼片及花瓣各4或5个,雄蕊4或5个,常生于花盘外侧;心皮4~5个,离生或中部以下合生,4~5室,每室多为2胚株。聚合蓇葖果由4~5裂瓣组成,裂瓣先端具喙或无;每果瓣有2或1种子,有胚乳。

图 2.62.1 吴茱萸

1.枝叶 2.花枝 3.果枝
4.雌蕊 5,6.子房 7.果

本属约150种,分布于热带和亚热带地区。中国约25种,分布于西南和南部各地区。

1)吴茱萸(辣子树) *Evodia rutaecarpa* (Juss.) Benth. (图 2.62.1)

形态:灌木或小乔木,高 3~10 m。小枝紫褐色,幼时被柔毛,后脱落而有细小皮孔。奇数羽状复叶,小叶 5~9 个,纸质或厚纸质,椭圆形至卵形,长 6~15 cm,宽 3~7 cm,先端骤短尖或急尖,基部宽楔形或圆形,全缘,稀有不明显圆锯齿,表面被疏柔毛,脉上较密,背面密被长柔毛,具粗大腺点,叶柄长 4~8 cm。聚伞圆锥花序顶生,花轴被长柔毛,花小,白色。蓇葖果紫红色,有粗大腺点,顶端无喙,每室有 1 个种子。花期 6—8 月,果熟期 9—10 月。

分布:陕西、甘肃及长江流域以南各地区。

习性:喜光性树种,适宜温暖气候及低海拔地区,在排水良好的湿润肥沃土壤中生长良好。

繁殖:种子繁殖或扦插、分根繁殖。

应用:可作为庭园观赏树种。

2)臭辣树(臭辣吴茱萸) *Evodia fargesii* Dode. (图 2.62.2)

形态:乔木,高达 17 m。枝紫褐色,有圆形或长形皮孔。奇数羽状复叶,小叶通常 7 个,稀 5 或 11 个,椭圆状披针形或卵状长圆形至狭披针形,长 6~11 cm,宽 2~6 cm,先端长渐尖,基部楔形,边缘有

图 2.62.2 臭辣树

不明显钝锯齿,背面灰白色,叶轴及两面沿脉被柔毛,叶柄长 3~8 cm,聚伞圆锥花序顶生,花轴及花梗被疏毛,花小,萼片、花瓣及雄蕊各 5 个。蓇葖果紫红色或淡红色,略皱褶,无喙,每室有 1 个种子。花期 6—8 月,果熟期 8—10 月。

分布:西北、华中、华东、广东、广西、云南、贵州等地。

习性:喜温暖湿润气候,喜阳光充足。

繁殖:种子繁殖。

应用:可孤植、片植,用于各类园林绿地。

2.62.2 花椒属 *Zanthoxylum* L.

本属约250种,广布于热带、亚热带,温带较少;中国产45种,主产黄河流域以南。

1)花椒 *Zanthoxylum bungeanum* Maxim. (图 2.62.3)

形态:落叶灌木或小乔木,高 3~8 m。枝具宽扁而尖锐皮刺。小叶 5~11,卵形至卵状椭圆形,长 1.5~6 cm,宽 1~3 cm,先端尖,基部近圆形或广楔形,锯齿细钝,齿缝处有大的透明油腺

点,表面无刺毛,背面中脉基部两侧常簇生褐色长柔毛;叶轴具窄翅。聚伞状圆锥花序顶生;花单性,花被片 4 ~ 8,1 轮;子房无柄。蓇葖果球形,红色或紫红色,密生疣状腺体。花期 3—5 月,果熟期 7—10 月。

分布:原产中国北部及中部,今广泛栽培,尤以黄河中下游为主要产区。

习性:喜光,大树较耐严寒,对土壤要求不严,但在过分干旱瘠薄、冲刷严重处生长不良。萌蘖性强,寿命长,耐修剪,不耐涝。

繁殖:以播种为主,扦插和分株均可。

应用:花椒为著名香料及油料树种,因枝干多刺,耐修剪,可作刺篱,是绿化栽植结合经济生产的良好树种。

图 2.62.3　花椒
1. 雌花枝　2. 果枝　3. 小叶下面
4. 雄花　5. 雌花　6. 雌蕊纵切
7. 果　8. 种子横切

2) **竹叶花椒(刺椒、狗椒)** *Zanthoxylum armatum* DC.

与花椒的主要区别是叶柄及叶轴有宽翅;小叶 3 ~ 9,椭圆状披针形。

2.62.3　九里香属 *Murraya* Koenig ex L.

无刺灌木或小乔木。奇数羽状复叶,小叶互生,有柄。腋生或顶生的聚伞花序;花萼小,5 深裂;雄蕊 10 枚,生于伸长花盘的周围;子房 2 ~ 5 室,每室具 1 ~ 2 胚珠。浆果肉质,有种子 1 ~ 2 粒。

本属约 12 种,产于亚洲热带地区及马来西亚。中国 9 种。

九里香(千里香) *Murraya exotica* L.

形态:灌木或小乔木,高 3 ~ 8 m,小枝无毛,嫩枝略有毛。奇数羽状复叶;小叶 3 ~ 9,互生,小叶形变异大,由卵形、倒卵形至菱形,长 2 ~ 7 cm,宽 1 ~ 3 cm,全缘。聚伞花序短,腋生或顶生,花大而少,白色,极芳香,长 1.2 ~ 1.5 cm,萼极小,5 片,宿存,花瓣 5,有透明腺点。果肉质,红色,长 8 ~ 12 mm,内含种子 1 ~ 2 粒。花期 4—8 月,有时秋冬亦开,果期 9—12 月。

分布:亚洲热带及亚热带,中国南部及西南部山野间有野生,多生于疏林下。

习性:性喜暖热气候,喜光亦较耐旱,不耐寒,稍耐阴。

繁殖:种子及扦插繁殖。

应用:分枝多,四季常青,花香袭人,园林中可植为绿篱,北方多盆栽。

图 2.62.4　黄波罗
1. 果枝　2. 小叶下面

2.62.4　黄檗属 *Phellodendron* Rupr.

本属约 9 种,产于东亚,中国产 3 种。

黄波罗(黄皮树、黄檗) *Phellodendron amurense* Rupr. (图 2.62.4)

形态:乔木,高达 22 m,树冠广阔形,枝开展。树皮厚,浅灰色,木栓质发达,网状深纵裂,内皮鲜黄色。2 年生小枝淡黄色,无毛。小叶 5 ~ 13,卵状椭圆形至卵状披针形,长 5 ~ 12 cm,宽 3 ~ 4.5 cm,叶端长尖,基部稍不对称,叶缘有细钝锯齿,齿间有透明油点,叶表光滑,叶背中脉基部有毛。花小,黄绿色,5 基数。核果球形,黑色,径约

1 cm,有香味。花期5—6月,果熟期10月,成熟时由绿变黄再变黑。

分布:产于中国东北及河北省;朝鲜、俄罗斯、日本亦有分布。

习性:性喜光,耐寒不耐阴。喜适当湿润、排水良好的中性或微酸性壤土,在黏土及瘠薄土地上生长不良。深根性,抗风力强。萌生能力强。生长速度中等,寿命长。

繁殖:多用播种法繁殖,亦可利用根蘖行分株繁殖。

应用:树冠宽阔,秋叶变黄。木材坚实而有弹性,纹理十分美丽而有光泽,耐水、耐腐、不变形,是制造高级家具、飞机、轮船的良材。本树亦是良好蜜源植物。

2.62.5 金橘属 *Fortunella* Swingle

图 2.62.5 金橘
1.果枝雌花枝 2.果实纵切
3.果实横切 4.种子

本属共4种;中国原产,分布于浙江、福建、广东等省,现各地常盆栽观赏。

金橘(罗浮、金枣) *Fortunella margarita* (Lour.) Swingle. **(图 2.62.5)**

形态:常绿灌木,高可达3 m,通常无刺。单小叶,长椭圆状披针形,两端渐尖,长4~11 cm,宽2~4 cm,全缘但近叶尖处有不明显浅齿;叶柄具极狭翼。花1~3朵腋生,白色,花瓣5,子房5室。果倒卵形,长约3 cm,熟时橙黄色;果皮肉质。

分布:台湾、福建、广西等地。

习性:性较强健,对旱、病的抗性均较强;亦耐瘠薄土,易开花结实。

繁殖:可扦插或嫁接繁殖。

应用:枝叶繁茂,树姿优美,花白如玉,金果累累,故常用作盆栽观赏果实。市面上最常见的品种为羊奶橘。

2.62.6 柑橘属 *Citrus* L.

本属约20种,产东南亚;中国约产10种。

1)枸橼(香圆) *Citrus medica* L.

形态:常绿小乔木或灌木,枝有短刺。叶长椭圆形,长7~15 cm,宽3~6 cm,叶端钝或短尖,叶缘有钝齿,油点显著;叶柄短,无翼,柄端无关节。花单生或3~11朵成总状花序;花白色,外面淡紫色,雄蕊约60枚。果近球形,长10~25 cm,顶端有1乳头状突起,柠檬黄色,果皮粗厚而芳香。种子小,种皮光滑。花期4—5月,果熟期9—11月。

分布:产于中国长江以南地区;北方常温室盆栽。

习性:喜光、喜温暖气候。喜肥沃适湿而排水良好的土壤。不耐寒,忌干旱。

繁殖:可用扦插及嫁接法,砧木可用原种。

应用:枸橼及佛手一年中可开花数次,芳香宜人,果实金黄,悬垂枝头,为著名的观果树种,但果实酸苦不堪,可入药或作蜜饯。

香圆的变种:

佛手 *Citrus medica* L. var. *sarcodactylis* (Noot.) Swingle.

形态:叶长圆形,长约10 cm,叶端钝,叶面粗糙,油点极显著。果实先端裂如指状,或开展伸张,或卷曲如拳,富芳香。

分布、习性、繁殖和应用同枸橼。

2）柚子(文旦) *Citrus maxima* (Burm.) Merr.

形态:常绿小乔木,高 5～10 m。小枝有毛,刺较大。叶卵状椭圆形,长 6～17 cm,叶缘有钝齿;叶柄具宽大倒心形之翼。花两性,白色,单生或簇生叶腋。果极大,球形、扁球形或梨形,径 15～25 cm,果皮平滑,淡黄色,油腺密生。花期 3—4 月,果熟期 9—10 月。

分布:原产印度,中国华南、陕西、秦岭以南有栽培。

品种:文旦、沙田柚、四季柚。

习性:柚喜暖热湿润气候及深厚、肥沃而排水良好的中性或微酸性沙质壤土或黏质壤土。

繁殖:可用播种、嫁接、扦插、空中压条等法进行。

应用:四季常青,素花芳香,为亚热带重要果树之一,可做庭院观果树种,北方多盆栽。根、叶、果皮均可入药。

3）酸橙 *Citrus aurantium* L.

形态:常绿小乔木或灌木,枝三棱状,有长刺,无毛。叶卵状长圆形,长 5～10 cm,宽 2.5～5 cm,全缘或微波状齿,叶柄有宽翼。花 1 至数朵簇生于当年新枝顶端或叶腋。花白色,有芳香;雄蕊约 25 枚,花丝基部部分结合。果近球形,径 7～8 cm,果皮粗糙。

习性:喜温暖湿润的气候,喜肥沃疏松排水良好的沙质壤土。

分布:产于长江以南各省。

繁殖:通常用枸橼作砧木行嫁接或用扦插法繁殖。

应用:在华北及长江下游各城市常以温室盆栽观赏。为著名的香花,常用于熏茶,果味酸不堪食。

酸橙的变种:

代代 *Citrus aurantium* var. *amara* Engl.

形态:叶卵状椭圆形,长 7.5～10 cm,叶柄翼宽。花白色而极香,单生或簇生。果呈扁球形,径 7～8 cm,当年冬季变橙黄色,至次年夏又变绿色,能数年不落。

习性、分布、繁殖和应用同酸橙。

4）甜橙(广柑) *Citrus sinensis* (L.) Osbeck

形态:常绿乔木;小枝无毛,枝刺短或无。叶椭圆形至卵形,长 6～10 cm,全缘或有不显著钝齿;叶柄常具狭翼,宽 2～5 mm,柄端有关节。花白色,1 至数朵簇生叶腋。果近球形,径 5～10 cm,橙黄色,果皮不易剥离,果瓣 10,果心充实。花期 5 月,果熟期 11 月—次年 2 月。

品种:冰糖柑、新会橙、脐橙(中国产的脐橙非美国产的华盛顿脐橙)、血橙。

分布:广东、台湾和四川等省。是中国南方著名果树之一。

习性:甜橙性喜温暖湿润气候及深厚肥沃的微酸性或中性沙质壤土。不耐寒。

繁殖:种子繁殖,也可扦插和嫁接繁殖。

应用:花香四溢、黄灿灿的果实诱人无比,用于庭院观赏,亦可用于各类园林绿地,也可盆景观赏。

5）柑橘 *Citrus reticulata* Blanco

形态:常绿小乔木或灌木,高约 3 m。小枝细弱无毛,通常有刺。叶长椭圆形,长 4～10 cm,宽 2～3 cm,叶端渐尖而钝,叶基楔形,全缘或有细钝齿,叶柄近无翼。花黄白色,单生或簇生叶腋。果扁球形,径 3～7 cm,橙黄色或橙红色,果皮薄易剥离。春季开花,10—12 月果熟。

分布:原产中国,广布于长江以南各省。

著名品种有南丰蜜橘、芦柑(潮州蜜橘)、温州蜜柑(温州蜜橘)、蕉柑(招柑),是中国著名果树之一。柑橘在果树园艺上又常分为两大类:一类为柑类,果较大,直径在 5 cm 以上,果皮较粗糙而稍厚,剥皮稍难;另一类为橘类,指果较小,直径常小于 5 cm,果皮薄而平滑,剥皮容易的种类。

习性:性喜温暖湿润气候,耐寒性较柚、酸橙、甜橙稍强。

繁殖:播种和嫁接法繁殖。

应用:柑橘四季常青,枝叶茂密,树姿整齐,春季满树盛开香花,秋冬黄果累累,黄绿色彩相间极为美丽,既有观赏效果又获经济收益。

2.62.7 枳属 *Poncirus* Raf.

本属仅 1 种,中国特产。

枳(枸橘)*Poncirus trifoliata*(L.)Raf.

形态:落叶小乔木或灌木,高达 7 m。小枝绿色有棱。3 小叶复叶,小叶长椭圆形,长 2.5 ~ 6 cm,叶端钝,叶基楔形,叶缘波状浅齿,侧生小叶较小,叶基偏斜。花白色,径 3.5 ~ 5 cm,雌蕊绿色。果球形,径 3 ~ 5 cm,黄绿色,芳香。春季叶前开花,10 月果熟。

分布:原产中国,广布于黄河流域以南各省。

习性:性喜温暖湿润气候,喜光,耐寒性较强。萌生性强,耐修剪。

繁殖:播种和扦插法繁殖。

应用:枸橘枝条四季青绿,枝叶茂密,春季满树盛开香花,秋冬黄果累累,黄绿色彩相间极为美丽,在园林中多用作绿篱或屏障树。

2.63 苦木科 Simaroubaceae

苦木科

本科约 30 属,200 余种,中国 5 属,10 余种。

2.63.0 苦木科枝叶检索表

1. 裸芽大,密被锈色绒毛;小叶边缘有不整齐钝锯齿;内皮层黄色,有苦味 ……… 苦木(苦树)*Picrasma quassioides*
1. 鳞芽小;小叶仅基部有 2 ~ 3 腺齿,余全缘 ……………………………………… 臭椿 *Ailanthus altissima*

2.63.1 臭椿属 *Ailanthus* Desf.

图 2.63.1　臭椿

臭椿 *Ailanthus altissima*(Mill)Swingl(图 2.63.1)

形态:落叶乔木,高 30 m。树皮灰褐色、灰色或灰黑色,平滑或略有浅纵纹。树冠卵圆形或扁球形;小枝红褐色或褐黄色,初被薄细毛,后脱落,现出疏生的灰黄色皮孔。小叶 13 ~ 25 片或更多,有短柄,披针形或卵状披针形,顶端渐尖;基部偏斜,略成楔形或截形,叶缘近波状,上部全缘,下部近 1/4 处常有 1 ~ 4 缺齿,齿端具腺,能散发臭味,上面绿色,下面淡绿,被白粉或白柔毛。花杂性,雄花与两性花异株,花序直立。翅果扁平,长椭圆形,初黄绿色,有时微带红色,成熟时多浅褐色或褐色。花期 6—7 月,果期 9—10 月。

分布:华北各地都有生长,华东、华中、华南及西北也有。垂直分布在海拔 1 500 m 以下。

习性:喜光。适应较干冷的气候,耐寒;深根性,极耐干旱瘠薄土壤,能在石缝中生长;喜肥沃深厚的壤土、沙壤土,在微酸性、中性及石灰性土壤上发育良好,耐盐碱,不耐水淹,抗风沙,抗烟尘能力强,根蘖力强,寿命长。

繁殖:播种或分根繁殖,以播种繁殖为主。

应用:臭椿树干通直高大,树冠开阔,新春嫩叶红色,秋季翅果红黄相间,是优良的庭荫树、行道树;可孤植、列植或与其他树种混植;由于臭椿适应性强,常用于荒山造林、盐碱地绿化、工矿区和街道绿化。

2.64　棟科 Meliaceae

棟科

本科约 47 属,870 余种,中国产 15 属,约 50 种。

2.64.0　棟科枝叶检索表

1. 羽状复叶 1 回 ·· 2
1. 羽状复叶 2~3 回 ··· 5
2. 小叶 3~5 枚,小枝顶常被褐色、星状小鳞片 ····················· 米仔兰 Aglaia odorata
2. 小叶 6~10 对,小枝粗壮 ·· 3
3. 小叶互生,10~16 枚,先端尾尖,基部偏斜 ··················· 麻棟 Chukrasia tabularis
3. 小叶对生 ·· 4
4. 小叶全缘或具不明显锯齿,无毛或近无毛 ························· 香椿 Toona sinensis
4. 小叶全缘,下面被毛 ································· 毛红椿 Toona ciliata var. pubescens
5. 小叶全缘 ··· 麻棟 Chukrasia tabularis
5. 小叶具锯齿 ··· 6
6. 小叶具钝尖锯齿 ···································· 棟树 Melia azedarach
6. 小叶具不明显疏钝齿或近全缘 ·················· 川棟 Melia toosendan

2.64.1　棟属 Melia Linn.

1) 棟 Melia azedarach L. (图 2.64.1)

形态:落叶乔木,高 15~20 m;枝条广展,树冠近于平顶。树皮暗褐色,浅纵裂。小枝粗壮,皮孔多而明显,幼枝有星状毛。2~3回奇数羽状复叶,小叶卵形至卵状长椭圆形,先端渐尖,基部楔形或圆形,缘有锯齿或裂。花淡紫色,有香味;呈圆锥状复聚伞花序;核果近球形,熟时黄色,宿存树枝,经冬不落。花期 4—5 月,果熟期10—11 月。

图 2.64.1　棟

分布:产于华北南部至华南,西至甘肃、四川、云南均有分布;印度、巴基斯坦及缅甸等国亦产。多生于低山及平原。

习性:喜光,不耐庇荫;喜温暖、湿润气候,耐寒力不强;稍耐干旱、瘠薄,水边及盐碱土中均可生长;但以在深厚、肥沃处生长最好。萌芽力强,抗风。生长快。寿命短,耐烟尘,对二氧化硫抗性较强,对氯气抗性较弱。根性浅,侧根发达,须根少。

繁殖:播种繁殖和分株繁殖。

应用:棟树树形优美,叶形秀丽。春夏之交开淡紫色花朵,有淡香,冬季果实不落,颇为美丽,宜作庭荫树及行道树,在草坪孤植、丛植,或配植于池边、路旁、坡地都很合适。因棟树耐烟尘、抗二氧化硫,因此也可用于城市、街道及工矿区绿化树种和四旁绿化及速生用材树种。木材供家具、建筑、乐器等用。树皮、叶和果实均可入药;种子可榨油,供制油漆、润滑油等。

2)川棟 *Melia toosendan* Sieb. et Zucc.

形态:落叶乔木,高达 15 m;叶互生,二回奇数羽状复叶,小叶 5～11 片,椭圆状披针形或卵形,两侧不对称,全缘或部分具稀疏锯齿,幼时被星状鳞片;幼枝密被星状鳞片,后脱落。圆锥花序腋生,被带白色小鳞片;花淡紫色或紫色,花瓣 5～6,雄蕊为花瓣的 2 倍,花丝连合成筒。核果椭圆形或近球形,黄色或黄棕色。花期 4 月,果熟期 10—12 月。

分布:产于甘肃、四川、云南、湖南、湖北、河南等地;越南、日本 老挝、泰国也有分布。

习性:喜温暖湿润气候,在 10 ℃时停止生长,有霜冻地区不能安全越冬。喜阳光充足。

繁殖:种子繁殖,亦可扦插和压条繁殖。

应用:同棟。

2.64.2 香椿属 *Toona* Roem.

1)香椿 *Toona sinensis* (A. Juss.) Roem. (图 2.64.2)

形态:落叶乔木,高达 25 m。树皮暗褐色,条片状剥落。小枝粗壮;叶痕大,扁圆形,内有 5 个维管束痕。偶数羽状复叶,稀奇数羽状复叶,有香气。小叶 10～20,椭圆形或椭圆状披针形,基部歪斜,尖端渐长尖。花白色,芳香。子房、花盘均无毛。蒴果长椭球形,长 1.5～2.5 cm,5 瓣裂;种子一端有膜质长翅。花期 5—6 月,果期 9—10 月。

分布:原产中国中部、辽宁南部、河北、山东等,华北至东南和西南各地均有栽培。

习性:喜光,不耐庇荫;适生于深厚、肥沃、湿润沙质壤土,在中性、酸性及钙质土上均生长良好,也能耐轻盐渍,较耐水湿,有一定的耐寒力。深根性,萌芽、萌蘖力均强;生长速度中等偏快。对有害气体抗性较强。

繁殖:播种、分株、扦插、埋根等法。

应用:香椿枝叶茂密,树干耸直,树冠庞大,嫩叶红艳,宜作庭荫树及行道树。在庭前、院落、草坪、斜坡、水畔均可栽植,也是良好的用材及四旁绿化树种,种子榨油,可供食用或制肥皂、油漆;根皮及果均有药效。嫩芽、嫩叶可食。

图 2.64.2 香椿

2)红椿(红毛椿) *Toona ciliata* var. *pubescens*(Fr.) Hand. -Mzt.

形态:落叶或半常绿乔木,高可达 35 m。小枝粗壮;叶痕大,扁圆形,偶数羽状复叶,稀奇数羽状复叶,小叶 11～20,椭圆形或椭圆状披针形,全缘,下面被柔毛,脉上尤密。花序顶生,花白色,芳香。子房、花盘被黄色粗毛;蒴果长椭圆形,长 2.5～3.5 cm,种子褐色,上端具长翅,下端具短翅;花期 3—4 月,果熟期 10—11 月。

分布:四川、贵州、湖南、广东、福建、江西、浙江、安徽等地;生于低海拔林中。

习性:喜光,不耐阴,喜暖热气候,耐寒性不如香椿,对土壤条件要求较高,适生于深厚、肥沃、湿润而排水良好之酸性土或钙质土,生长迅速。

繁殖:播种、埋根法,也可在原圃地留根育苗。

应用:本种树体高大,树干通直,树冠开展,常作庭荫树及行道树。生长迅速,材质优良,是中国南方重要速生用材树种。

2.64.3　米仔兰属 *Aglaia* Lour.

米仔兰(米兰) *Aglaia odorata* Lour. (**图 2.64.3**)

形态:常绿灌木或小乔木,多分枝,高 4 ~ 7 m;树冠圆球形。顶芽、小枝先端常被褐色星形盾状鳞。羽状复叶,叶轴有窄翅,小叶 3 ~ 5,倒卵形至长椭圆形,先端钝,基部楔形,全缘。花黄色,径 2 ~ 3 mm,极芳香,圆锥花序腋生。浆果近球形,无毛。夏秋开花。

分布:原产东南亚,现广植于世界热带及亚热带地区。华南庭园习见栽培观赏,长江流域及其以北各大城市常盆栽观赏,温室越冬。

习性:喜光,略耐阴,喜暖怕冷,喜深厚肥沃土壤,不耐旱。

繁殖:可用嫩枝扦插和高压法繁殖。

应用:米兰是深受人们喜爱的树种,它枝叶繁茂常青,花香浓郁,花期较长,可布置庭园,作闻香园,亦可室内盆栽观赏。

图 2.64.3　米仔兰

2.65　**无患子科** Sapindaceae

本科约150属,2 000种,中国产25属56种。

无患子科

2.65.0　无患子科枝叶检索表

2.65.1　栾树属 *Koelreuteria* Laxm.

1)栾树(灯笼树、摇钱树、元宝树) *Koelreuteria paniculata* Laxm. (**图2.65.1**)

形态:落叶乔木,高达 15 m;树冠近圆球形。树皮灰褐色,细纵裂;小枝稍有棱,无顶芽,皮孔明显。1 ~ 2 回奇数羽状复叶,小叶7 ~ 17,卵形或卵状椭圆形,缘有不规则粗齿,近基部常有深裂片,背面沿脉有毛。花小,金黄色;圆锥花序顶生。蒴果三角状卵形,顶端尖,成熟时红褐色或橘红色。花期6—7月,果熟期9—10月。

分布:产于中国北部及中部,北自东北南部,南到长江流域及福建,西到甘肃东南部及四川

图 2.65.1 栾树

中部均有分布,而以华北较为常见;日本、朝鲜亦产。

习性:喜光,耐半阴;耐寒、耐干旱、耐瘠薄,喜生于石灰性土壤,但在微酸或微碱性土壤上也能生长,能耐盐渍及短期水涝。深根性,萌蘖力强;生长速度中等。有较强的抗烟尘能力。

繁殖:以播种为主,分蘖、根插也可。

应用:本种树形端正,树冠整齐,枝叶茂密而秀丽,春季嫩叶多为红色,入秋叶色变黄;夏季开花,满树金黄,十分美丽,是理想的绿化、观赏树种,也是中国国庆期间较喜庆的树种之一。宜作庭荫树、行道树及园景树,也可用作防护林、水土保持及荒山绿化树种。因有较强的抗烟尘能力,故适合厂矿绿化。

2)羽叶栾树 *Koelreuteria bipinnata* Franch.

形态:落叶乔木,高达 20 m;2 回羽状复叶,羽片 5~10 对,每羽片具小叶 5~15,卵状披针形或椭圆状卵形,先端渐尖,基部圆形,缘有锯齿。花黄色,顶生圆锥花序;蒴果卵形,红色。花期 7—9 月,果熟期 10 月。

分布:产于中国中南部及西南部,多生于海拔 300~1 900 m 的干旱山地疏林中。

习性:喜光,耐干旱,有一定的耐寒力。

繁殖:同栾树。

应用:树体高大,叶片较大,夏季有黄花,秋季有红果,硕果累累,异常美观,宜作庭荫树、园景树及行道树。

3)黄山栾(全缘叶栾、山膀胱) *Koelreuteria bipinnata* Franch. Var. *intergrifolia* (Merr.) T. Chen(图2.65.2)

形态:落叶乔木,高达 20 m;树冠广卵形。树皮暗灰色,片状剥落;小枝暗棕色,无顶芽,密生皮孔。2 回奇数羽状复叶,小叶 7~11,长椭圆状卵形,基部圆形或广楔形,全缘或偶有锯齿,两面无毛或背脉有毛。花黄色;顶生圆锥花序。蒴果椭球形,长 4~5 cm,顶端钝而有短尖。花期 8—9 月,果熟期 10—11 月。

分布:产于江苏南部、浙江、安徽、江西、湖南、广东、广西等地区。现北京小气候好的地方也有栽培。多生于丘陵、山麓及谷地。

习性:喜光,幼年期耐阴;喜温暖湿润气候,稍耐寒;对土壤要求不严,在微酸性、中性土上均能生长。深根性,不耐修剪。

繁殖:以播种繁殖为主,也可以分根育苗。

应用:本种树体高大,枝叶茂密,冠大荫浓,初秋开花,金黄灿灿,夺人眼目,其后硕果累累,像淡红色的灯笼挂满树梢,十分惹人喜爱。

图 2.65.2 黄山栾

宜作庭荫树、行道树及园景树,既可以对植也可以列植、孤植,还可用于居民区、工厂绿化。

2.65.2 无患子属 *Sapindus* Linn.

乔木或灌木。缺顶芽,侧芽叠生。偶数羽状复叶,互生,小叶全缘。花小,杂性,圆锥花序;萼片、花瓣各为 4~5;雄蕊 8~10;子房 3 室,每室具 1 胚珠,通常仅 1 室发育成核果。果球形,中果皮肉质,内果皮革质;种子黑色,无假种皮。

无患子（皮皂子） *Sapindus mukorossi* Gaertn.（图 2.65.3）

形态：落叶或半常绿乔木，高达 20～25 m。枝开展，广卵形或扁球形树冠。树皮灰白色，平滑不裂；小枝无毛，芽两个叠生。羽状复叶互生，小叶 8～14，互生或近对生，卵状披针形或卵状长椭圆形，先端尖，基部不对称，全缘，薄革质，无毛。花黄白色或带淡紫色，圆锥花序顶生，有绒毛。核果近球形，熟时黄色或橙黄色；种子球形，黑色，坚硬。花期 5—6 月，果熟期 9—10 月。

分布：产于长江流域及其以南各地区；越南、老挝、印度、日本亦产。常生活在低山、丘陵及石灰岩山地。

习性：喜光，稍耐阴；喜温暖湿润气候，耐寒性不强；对土壤要求不严，在酸性、中性、微碱性及钙质土上均能生长，而以土层深厚、肥沃而排水良好之地生长最好。深根性，抗风力强；萌芽力弱，不耐修剪。生长快，寿命长。对二氧化硫抗性较强。

图 2.65.3　无患子

繁殖：播种法。

应用：本种树形高大，树冠广展，绿荫浓密，秋叶金黄，颇为美观。宜作庭荫树及行道树。孤植、丛植在草坪、路旁或建筑物附近都很合适。若与其他秋色叶树种及常绿树种配植，更可为园林秋景增色。病虫害较少，对二氧化硫抗性较强，适合于街道厂区的绿化。

2.65.3　文冠果属 *Xanthoceras* Bunge

本属仅 1 种，中国特产。

文冠果 *Xanthoceras sorbifolium* Bunge.（图 2.65.4）

图 2.65.4　文冠果

形态：落叶小乔木或灌木，高达 8 m。树皮灰褐色，粗糙条裂，小枝有短绒毛，奇数羽状复叶互生，小叶 9～19，对生，长椭圆形至披针形，缘具尖锐单锯齿，基部楔形，下部着生星状柔毛。花杂性，整齐，圆锥花序，基数 5，白色，基部红色或黄色。蒴果椭圆球形，径 4～6 cm，果皮木质，3 裂，种子球形，径约 1 cm，暗褐色。花期 4—5 月，果熟期 8—9 月。

分布：原产中国北部，河北、山东、山西、陕西、河南、甘肃、辽宁及内蒙古等地区均有分布。

习性：喜光，也耐半阴；耐严寒和干旱，不耐涝；对土壤要求不严，在沙荒、石砾地、黏土及轻盐碱土上均能生长，但以深厚、肥沃、湿润而通气良好的土壤生长最好。深根性，主根发达，萌蘖力强，根系愈伤能力较差，损伤后易造成烂根。

繁殖：主要用播种法，分株、压条和根插也可。

应用：本种树姿秀丽，花序大而花朵繁密，春天白花满树，衬以绿叶更显美观，花期长，是优良的观赏兼重要木本油料树种。在园林中配置于草坪、路边、山坡、假山旁或建筑物前都很合适。也适于厂区、山地、水库周围风景区大面积绿化造林，能起到绿化、护坡固土的作用。

2.66　伯乐树科 Bretschneideraceae

中国特有古老的单种科，它在研究被子植物的系统发育和古地理、古气候等方面都有重要的科学价值,被列为国家 1 级保护植物。

世界 1 属 1 种;中国 1 属 1 种。

2.66.0　伯乐树属 *Bretschneidera* Hemsl.

伯乐树 *Bretschneidera sinensis* Hemsl.（图 2.66.1）

图 2.66.1　伯乐树

形态:乔木,高 10 ~ 20 m;树皮灰褐色;小枝有较明显的皮孔。奇数羽状复叶互生;羽状复叶通常长 25 ~ 45 cm,小叶对生或下部互生,有小叶柄,全缘,羽状脉;无托叶。总叶轴有疏短柔毛或无毛,小叶 7 ~ 15 片,纸质或革质,狭椭圆形、菱状长圆形、长圆状披针形或卵状披针形,微偏斜,长 6 ~ 26 cm,宽 3 ~ 9 cm,全缘,顶端渐尖或急短渐尖,基部钝圆或短尖、楔形,叶面绿色,无毛,叶背粉绿色或灰白色,有短柔毛,常在中脉和侧脉两侧较密;叶脉在叶背明显,侧脉 8 ~ 15 对;小叶柄长 2 ~ 10 mm,无毛。花大,两性,两侧对称,组成顶生、直立的总状花序,花序长 20 ~ 36 cm;总花梗、花梗、花萼外面有棕色短绒毛;花淡红色,直径约 4 cm,花梗长 2 ~ 3 cm;花萼直径约 2 cm,长 1.2 ~ 1.7 cm,顶端具短的 5 齿,内面有疏柔毛或无毛,花瓣阔匙形或倒卵楔形,顶端浑圆,长 1.8 ~ 2 cm,宽 1 ~ 1.5 cm,无毛,内面有红色纵条纹;花丝长 2.5 ~ 3 cm,基部有小柔毛;子房有光亮、白色的柔毛,花柱有柔毛。果为蒴果,3 ~ 5 瓣裂,果瓣厚,木质。花萼阔钟状,5 浅裂;花瓣 5 片,分离,覆瓦状排列,不相等,后面的 2 片较小,着生在花萼上部;雄蕊 8 枚,基部连合,着生在花萼下部,较花瓣略短,花丝丝状,花药背着;雌蕊 1 枚,子房无柄,上位,3 ~ 5 室,中轴胎座,每室有悬垂的胚珠 2 颗,花柱较雄蕊稍长,柱头呈头状,小。果椭圆球形,近球形或阔卵形,长 3 ~ 5.5 cm,直径 2 ~ 3.5 cm,被极短的棕褐色毛和常混生疏白色小柔毛,有或无明显的黄褐色小瘤体,果瓣厚 1.2 ~ 5 mm;果柄长 2.5 ~ 3.5 cm,有或无毛;种子椭圆球形,平滑,成熟时长约 1.8 cm,直径约 1.3 cm。花期 3—9 月,果期 5 月—翌年 4 月。

分布:浙江、江西、福建、湖北、湖南、广东、广西、四川、贵州、云南。

习性:为中性偏阳树种,幼年耐阴,深根性,抗风力较强,稍能耐寒,但不耐高温。多见于海拔 1 000 ~ 1 500 m 山地(红壤类中的黄红壤,呈酸性),湿润的沟谷坡地或溪旁的常绿—落叶阔叶混交林中。

繁殖:播种繁殖。

应用:伯乐树树姿挺拔,雄伟高大,绿荫如盖,主干通直,花序粉红色,蒴果红褐色,花形大而艳丽,花果均美,材质优良,是珍贵园林树种。作为行道树和园林绿化树种。适应性强,根系发达,可作低山营造混交林和四旁绿化。树干通直,纹理直,色纹美观,为优良家具用材。各地植物园、树木园引种栽培。

2.67　清风藤科 Sabiaceae

乔木、灌木或藤本;叶互生,单叶或羽状复叶,无托叶;花两性或杂性异株,腋生或顶生,聚伞花序或圆锥花序;萼 4 ~ 5 裂,裂片不相等,覆瓦状排列;花瓣 4 ~ 5,覆瓦状排列,内面 2 枚较小;雄蕊 5,与花瓣对生,有时仅 2 枚有花药;子房上位,2 ~ 3 室,基部常有花盘,每室有胚珠 1 ~ 2 颗,花柱多少合生;果为核果。我国有 2 属。

2.67.0　清风藤科枝叶检索表

1. 藤本；单叶互生，全缘，叶柄基部在秋季不与叶同时脱落，宿存呈刺状 ……………………… 清风藤 *Sabia japonica*
1. 直立乔木或灌木；羽状复叶或单叶，叶缘有锯齿，叶柄与叶同时脱落 …………………………………………… 2
2. 羽状复叶，小叶 7～13，叶缘有疏尖锯齿；裸芽密生锈褐色绒毛 ………………… 红枝柴 *Meliosma oldhamii*
2. 单叶 ……… 3
3. 叶片宽倒卵形，先端近圆形或具短尖，侧脉 8～12 对，叶长 6～12 cm，宽 3～7 cm ……………………………
　………………………………………………………………………………… 细花泡花树 *Meliosma parviflora*
3. 叶片长椭圆形或倒卵状长椭圆形，先端渐尖，叶长 8～30 cm，宽 3.5～12 cm …………………………………… 4
4. 叶下面被白色短柔毛 …………………………………………………… 多花泡花树 *Meliosma myriantha*
4. 叶下面通常无毛 ……………………………… 异色泡花树 *Meliosma myriantha* var. *discolor*

1) 清风藤 *Sabia japonica* Maxim（图 2.67.1）

图 2.67.1　清风藤

　　形态：清风藤落叶攀援木质藤本。老枝紫褐色，常留有木质化呈单刺状或双刺状的叶柄基部。单叶互生；叶柄长 2～5 mm，被柔毛；叶片近纸质，卵状椭圆形、卵形或阔卵形，长 3.5～9 cm，宽 2～4.5 cm，叶面中脉有稀疏毛，叶背带白色，脉上被稀疏柔毛；侧脉每边 3～5 条。花先叶开放，单生于叶腋，花小，两性；苞片 4，倒卵形；花梗长 2～4 mm，果时增长至 2～2.5 cm；萼片 5，近圆形或阔卵形，具缘毛；花瓣 5，淡黄绿色，倒卵形或长圆状倒卵形，长 3～4 mm，具脉纹；雄蕊 5；花盘杯状，有 5 裂齿；子房卵形，被细毛。分果片近圆形或肾形，直径约 5 mm；核有明显的中肋，两侧面具蜂窝状凹穴。花期 2—3 月，果期 4—7 月。

　　分布：江苏、安徽、浙江、江西、福建、广东、广西、贵州。

　　习性：生于海拔 800 m 以下的山谷、林缘灌木林中。喜阴凉湿润的气候。在雨量充沛、云雾多、土壤和空气湿度大的条件下，植株生长健壮。在含腐殖质多而肥沃的沙质壤土中栽培为宜。

　　繁殖：种子繁殖。

　　应用：园林景观藤架栽培。

2) 红枝柴 *Meliosma oldhamii* Miq.（图 2.67.2）

图 2.67.2　红枝柴

　　别名：羽叶泡花树、南京珂楠树。

　　形态：落叶乔木，干皮灰白色，裸芽，奇数羽状复叶互生，有小叶 7～15 枚，卵状椭圆形至披针状椭圆形，侧脉 7～8 对，两面疏生贴伏柔毛，缘具疏锐细锯齿，顶生直立圆锥花序，被褐色短柔毛，花小、白色；核果球形，径 5～6 mm，先紫红后转变为黑色。

　　分布：主产江苏、浙江、江西、安徽、湖北、四川、云南、贵州等地。江西庐山、南京紫金山、山东荣成槎山均有野生分布。

　　习性：为亚热带树种，喜温暖湿润气候环境及深厚肥沃的湿润土壤，喜光也耐阴，但抗寒力较低。

　　繁殖：种子繁殖。

　　应用：树干端直，冠枝横展，花序宽大，花白果红，是良好的园林观赏和绿荫树种。

图 2.67.3　细花泡花树

3) 细花泡花树 *Meliosma parviflora* Lecomte（图 2.67.3）

形态：落叶灌木或小乔木，高可达 10 m，树皮灰色，平滑，成鳞片状或条状脱落；小枝被褐色疏柔毛。叶为单叶，纸质，倒卵形，长 6 ~ 11 cm，宽 3 ~ 7 cm，先端圆或近平截，具短急尖，中部以下渐狭长而下延，上部边缘有疏离的浅波状小齿，叶面深绿色，有光泽，仅中脉有时被毛，叶背被稀疏柔毛，侧脉腋具髯毛；侧脉每边 8 ~ 15 条，劲直或多少曲折，远离叶缘开叉，近先端的常直达齿尖；叶柄长 5 ~ 15 mm。圆锥花序顶生，长 9 ~ 30 cm，宽 10 ~ 20 cm，具 4 次分枝，被柔毛，主轴圆柱形，稍曲折；花白色，直径 1.5 ~ 2 mm；萼片 5，阔卵形或圆形，宽约 0.5 mm，具缘毛；外面 3 片花瓣近圆形，宽约 1 mm，内面 2 片花瓣长约 0.5 mm，2 裂至中部，广叉开，有时具中小裂，裂片有缘毛；雄蕊长约 1 mm；子房被柔毛。核果球形，直径 5 ~ 6 mm，核扁球形，具明显凸起细网纹，中肋锐隆起，从腹孔一边不延至另一边，腹孔凹陷。花期夏季，果期 9—10 月。

分布：四川西部至东部、湖北西部、江苏南部、浙江北部。

习性：生于海拔 100 ~ 900 m 的溪边林缘或丛林中。

繁殖：种子繁殖。

应用：园林景观应用。木材坚实而重，为优良家具用材。

4) 多花泡花树 *Meliosma myriantha* Sieb. et Zucc.（图 2.67.4）

形态：落叶乔木，高可达 20 m；树皮灰褐色，小块状脱落；幼枝及叶柄被褐色平伏柔毛。叶为单叶，膜质或薄纸质，倒卵状椭圆形、倒卵状长圆形或长圆形，长 8 ~ 30 cm，宽 3.5 ~ 12 cm，先端锐渐尖，基部圆钝，基部至顶端有侧脉伸出的刺状锯齿，嫩叶面被疏短毛，后脱落无毛，叶背被展开疏柔毛；侧脉每边 20 ~ 25（30）条，直达齿端，脉腋有髯毛，叶柄长 1 ~ 2 cm。圆锥花序顶生，直立，被展开柔毛，分枝细长，主轴具 3 棱，侧枝扁；花直径约 3 mm，具短梗；萼片 5 或 4 片，卵形或宽卵形，长约 1 mm，顶端圆，有缘毛；外面 3 片花瓣近圆形，宽约 1.5 mm，内面 2 片花瓣披针形，约与外花瓣等长；发育雄蕊长 1 ~ 1.2 mm；雌蕊长约 2 mm，子房无毛，花柱长约 1 mm。核果倒卵形或球形，直径 4 ~ 5 mm，核中肋稍钝隆起，从腹孔一边不延至另一边，两侧具细网纹，腹部不凹入也不伸出。花期夏季，果期 5—9 月。

图 2.67.4　多花泡花树

分布：山东、江苏北部。湖北分布于利川、神农架地区。朝鲜、日本也有分布。

习性：生于海拔 600 m 以下湿润山地落叶阔叶林中。

繁殖：种子繁殖。

应用：本种花序及叶俱美，适宜公园、绿地孤植或群植。根皮药用。

5) 异色泡花树 *Meliosma myriantha* var. *discolor* Dunn.

形态：本变种是多花泡花树的变种，但叶下面通常无毛。

分布：产浙江、安徽、江西、福建、广东北部、湖南南部至西南部、广西东北部、贵州北部至中南部。

习性:山谷路边或杂木林中。

繁殖:种子繁殖。

应用:适宜公园、绿地孤植或群植。根皮药用。

2.68　漆树科 Anacardiaceae

漆树科

本科约 66 属,600 余种。中国产 16 属,34 种,另引种 2 属,4 种。

2.68.0　漆树科分种枝叶检索表

1. 单叶,近圆形或卵圆形,先端圆形或微凹,全缘,下面沿脉有绢毛,叶柄长 1~4 cm ……………………………………………………………………………… 毛黄栌 Cotinus coggygria var. pubescens

1. 羽状复叶或 3 小叶 ………………………………………………………………………… 2

2. 植物体内无乳汁 …………………………………………………………………………… 3

2. 植物体内有乳汁 …………………………………………………………………………… 4

3. 顶芽发达,偶数羽状复叶,小叶宽约 2 cm,揉碎有香气 …………………… 黄连木 Pistacis chinensis

3. 无顶芽,奇数羽状复叶,小叶宽 2~4.5 cm …………………… 酸枣 Choerospondias axillaris

4. 攀援灌木;3 小叶复 …………………… 刺果毒化藤 Toxicodendron radicans var. hispidum

4. 直立乔木;羽状复叶 ……………………………………………………………………… 5

5. 小叶有锯齿 ………………………………………………………………………………… 6

5. 小叶全缘 …………………………………………………………………………………… 7

6. 叶轴具翅,小叶 7~13,卵形或卵状椭圆形,下面无白粉 …………………… 盐肤木 Rhus chinensis

6. 叶轴无翅,小叶 23~27,披针形,下面有白粉 …………………… 红果漆 Rhus typhina

7. 小枝、叶柄、叶下面均无毛,小叶基部楔形 …………………… 木蜡树 Taxicodendron succedaneum

7. 小枝、叶柄、叶下面多少有毛,小叶基部圆形 ………………………………………… 8

8. 小叶侧脉 8~16 对,下面仅沿叶脉有毛 …………………… 漆树 Taxicodendron verniciflum

8. 小叶侧脉 18~25 对,下面密生黄色短柔毛 …………………… 野漆树 Taxicodendron sylvestre

2.68.1　黄连木属 Pistacia L.

乔木或灌木。偶数羽状复叶,稀 3 小叶或单叶,互生,小叶对生,全缘。花单性异株,腋生总状或圆锥花序,无花瓣,雄蕊 3~5,子房 1 室。核果近球形;种子扁。

黄连木（楷木、黄连茶、药树） Pistacia chinensis Dunge. （图 2.68.1）

形态:落叶乔木,高达 30 m。树冠近圆球形,冬芽红色。一回偶数羽状复叶,互生,小叶 10~14 枚,卵状披针形,全缘,先端渐尖,基部偏斜。花叶前开放,雌雄异株,雄花序淡绿色,雌花序紫红色。核果初为黄白色,后变红色至蓝紫色,蓝紫色为实种。红色为空粒种。花期 3—4 月,果熟期 9—10 月。

分布:黄连木原产中国,分布很广,北自河北、山东,南至广东、广西,东到台湾,西南至四川、云南,都有野生和栽培,其中以河北、河南、山西、陕西等省最多。

习性:喜光,幼时耐阴;不耐严寒;对土壤要求不严,在酸性、中性、微碱性土壤中均能生长,喜石灰性土壤。耐干旱瘠薄,抗病性也

图 2.68.1　黄连木

强;根性深,抗风;萌芽力强;对二氧化硫和烟的抗性较强。

繁殖:播种法。

应用:黄连木树干通直,树冠开阔,枝叶繁茂而秀丽,入秋变鲜红色或橙红色,常用作庭荫树、行道树、风景园、片林树种,也适于栽植到草坪、山坡、寺庙,可和色叶树种、常绿树种配植,又是"四旁"绿化树种。

2.68.2 盐肤木属 *Rhus* (Tourn.) L. emend. Moench

灌木或小乔木。叶互生奇数羽状复叶、3 小叶或单叶。圆锥花序顶生;花小,杂性,花萼 5 裂,覆瓦状排列,宿存;花瓣、雄蕊 5,子房上位,1 室,1 胚珠,花柱 3,核果小,果肉蜡质,种子扁球形。

1)盐肤木 *Rhus chinensis* Mill. (图 2.68.2)

图 2.68.2 盐肤木

形态:落叶小乔木或灌木、高达 8~10 m;枝开展,树冠圆球形,小枝有毛,密布皮孔和残留的三角形叶痕。单数羽状复叶;小叶 7~13,叶轴和叶柄常有狭翅;小叶无柄,卵形至卵状椭圆形,先端急尖,基部圆形至楔形,边缘有粗锯齿,背面有灰褐色柔毛。顶生圆锥花序,花序梗密生棕褐色柔毛,花乳白色。核果扁圆形,红色,密被柔毛。花期 7—8 月,果期 10—11 月。

分布:各地均产,生于山坡林中;除新疆、青海外,全国均有分布。朝鲜、日本、越南、马来西亚也有分布。

习性:喜光,喜温暖湿润气候。对土壤适应性强,不耐水湿,能耐寒和干旱。深根性、萌蘖性强,生长快,寿命短。

繁殖:用播种、分蘖、扦插均可繁殖。

应用:盐肤木冠形整齐,秋叶鲜红,红果伸出枝端,甚为美观,可种植于庭院观赏,也可点缀绿地或与其他树种组成风景林。是重要的经济树种,寄生在叶上的虫瘿即五倍子,可供药用,种子榨油,根入药。

2)火炬树(红果漆、鹿角漆) *Rhus typhina* Nutt. (图 2.68.3)

形态:落叶小乔木,高达 8 m。火炬树树皮灰褐色,幼枝浅褐色,老枝表皮生有灰白色绒毛,小枝生有黄色绒毛,芽鳞上密生褐色绒毛;奇数羽状复叶互生,小叶背面生有绒毛,长椭圆形至披针形,叶缘具有锯齿,叶轴无翅。雌雄异株,圆锥花序,顶生直立,密生绒毛,花小而密,呈火炬形。核果,深红色,扁球形,聚成紧密的火炬形果穗,种子扁圆,黑褐色。花期 6—7 月,果熟期 9 月,不易脱落。

分布:火炬树原产北美,现中国各地都有栽培。

习性:火炬树为阳性树种,适应性强,喜温,耐旱,耐盐碱,耐瘠薄,较耐寒。水平根系发达,根萌发力强。寿命短,但根蘖自繁能力强。

繁殖:常用播种法,也可用分蘖法或埋根法。火炬树是先锋树种,根蘖自繁能力强。

图 2.68.3 火炬树

应用:火炬树叶形优美,秋季叶色变红,雌花序和果序彤红似火炬,且冬季果序不落,是著名的秋色叶树种。宜植于园林观赏,或用于点缀山林秋色,可作行道树,也可和其他树种配植成片林。可为护坡、固堤、固沙的水土保持和薪炭林树种,是荒山绿化的好树种。

2.68.3 漆树属 *Toxicodendron*(Tour.)Mill.

乔木或灌木,多数种类体内含乳液。叶互生,常为奇数羽状复叶;无托叶。花单性异株或杂性同株,圆锥花序;花萼5裂,宿存,花瓣5;子房上位,1室,核果小,果肉蜡质,种子扁球形。

1)木蜡树 *Toxicodendron succedaneum*(L.)O. Kuntze

形态:落叶小乔木,高达10 m;全株无毛;顶芽粗大。奇数羽状复叶,小叶9~15,对生,长圆状椭圆形或卵状披针形,顶端长尖,基部楔形而偏斜,全缘,下面稍被白粉。腋生圆锥花序;花黄绿色,花瓣外卷,脉纹不明显;核果偏斜,无毛不裂。花期5—6月,果期10月。

分布:产于河北、河南、长江以南各地。

习性:喜光,稍耐阴,喜温暖,稍耐寒,耐干旱,耐贫瘠,萌蘖性强。

繁殖:播种繁殖,也可分株繁殖。

应用:本种秋季叶色变红,可植成片林,增添秋季景色,与其他树种植成风景林,也可栽植到草坪、林缘或山石旁边,形成横线和竖线的对比,增加层次感,到秋季还可丰富色彩。叶和茎可提取栲胶,果皮可制蜡烛;种子油可制肥皂;根、叶和果供药用,能解毒、止血、散瘀、消肿,主治跌打损伤。

2)野漆树(山漆树)*Toxicodendron sylvestre*(Sieb. et Zucc.) O. Kuntze (图2.68.4)

形态:落叶小乔木,高达10 m;嫩枝和顶芽被黄色绒毛。奇数羽状复叶,小叶7~13,叶轴和叶柄密被黄褐色绒毛,小叶卵状椭圆形或卵状披针形,顶端长尖,基部圆或宽楔形,全缘,上面中脉密被卷曲微柔毛,下面密被柔毛,脉上较密。腋生圆锥花序;密被锈色绒毛,花黄绿色,花梗具卷曲微柔毛,花瓣长圆形,具暗色脉纹;核果偏斜,无毛不裂。

分布:产于中国长江以南各省。朝鲜、日本也有分布。

习性:喜光,喜温暖,不耐寒,耐干旱、贫瘠和砾质土,忌水湿,萌蘖性强。

图2.68.4 木蜡树

繁殖:主要以分蘖法和播种法繁殖。

应用:用于荒山绿化。

图2.68.5 南酸枣

2.68.4 南酸枣属 *Choerospondias* Burtt et Hill.

乔木。奇数羽状复叶,互生,小叶对生或近对生,全缘。花杂性异株,组成圆锥花序(单性花)或总状花序(两性花),腋生;萼5,花瓣5,雄蕊10,子房5室。核果椭圆状卵形,核端有5个孔。

南酸枣 *Choerospondias axillaris*(Roxb.) Burtt et Hill. (图2.68.5)

形态:落叶乔木,高30 m,树皮灰褐色,纵裂呈片状剥落。奇数羽状复叶,互生,小叶对生,7~15,卵状披针形,顶端长渐尖,基部不等而偏斜,全缘,背面脉腋内有束毛。雄花花瓣淡紫色,直径3~4 mm;

雌花较大,单生于枝条上部叶腋。核果卵形,成熟时黄色。花期4—5月,果期8—10月。

分布:华南及西南,浙江、安徽、江西、四川、云南、贵州、两湖、两广均有分布。南京有引种。

习性:喜光,稍耐阴,喜温暖湿润的气候,不耐寒,喜土层深厚、排水良好的酸性及中性土壤,不耐水淹及盐碱,萌芽力强,根性深。

繁殖:播种繁殖。

应用:本种树干端直,树冠宽大,可作庭荫树和行道树,或孤植、丛植于草坪、水边,也可和其他树种混植成片林、风景林。它对二氧化硫、氯气抗性强,可用于厂矿的绿化和"四旁"绿化。树皮及叶可提制栲胶;果可食和酿酒;种壳可做活性炭原料;茎皮纤维可做绳索;树皮和果供药用。

2.68.5 黄栌属 *Cotinus*(Tourn.)Mill.

落叶灌木或小乔木。单叶互生,全缘。花杂性或单性异株,圆锥花序,顶生;花萼、花瓣、雄蕊各5,子房1室。核果歪斜,果序上有许多羽毛状不育花的伸长花梗。

1)黄栌(毛黄栌)*Cotinus coggygria* Scop.(图2.68.6)

图2.68.6　黄栌

形态:落叶灌木或小乔木,高可达5~8 m。树冠圆形,树皮暗灰色,小枝有短柔毛;单叶互生,全缘,叶近圆形,先端圆或微凹,侧脉顶端常2叉状,叶柄细长,叶及叶脉两面密生灰白色绢状短柔毛。花小,杂性,黄绿色;圆锥花序,顶生;果序上有许多羽毛状不育花的伸长花梗。花期4月,果期6月。

分布:多分布于山西、河南、河北,华中、西南、西北也有。

习性:喜光,耐阴,耐干旱瘠薄,对土壤要求不严,中性、酸性、石灰性土壤均能生长,尤以石灰岩山地生长较好,根系发达,侧须根多而密,萌芽力强,对二氧化硫有较强的抗性,对氯化物抗性差。

繁殖:以播种为主,压条、根插、分株繁殖也可。

应用:黄栌初夏花后有淡紫色羽毛状的伸长花梗,宿存树梢较久,观之如烟似雾,美不胜收。秋季叶片变红,鲜艳夺目,中国著名的香山红叶便是黄栌经过秋霜后逐渐变红的,在园林中宜丛植于草坪、山坡、石间,也可混植于其他树群,尤其是常绿树群中,能为园林增添色彩,也是荒山造林的好树种。木材可制器具,并含黄色素,可提取染料,叶、树皮可提取栲胶。枝叶入药。

2)美国红栌 *Cotinus coggygria* 'Royal Purple'

形态:落叶灌木或小乔木,树冠圆卵形至半圆形,小枝紫红色,单叶互生,叶圆形或椭圆形,叶片较普通黄栌大,紫红色,部分叶片具亮红色边缘。初生叶、叶柄及叶片三季均呈紫红色。夏季开花1~2次,白色,有深紫色绒毛;圆锥形絮状花序,顶生。果熟期6月。

分布:原产于美国,适于华北、华中、西南、西北等地生长。

习性:喜光,稍耐半阴,耐瘠薄和碱性土壤,不耐水湿,抗旱、抗污染、抗病虫能力较强。pH值最适为5.0~7.0,以深厚肥沃、排水良好的沙壤土生长最好。根系发达、萌蘖性强,抗空气污染能力强,对二氧化硫有较强的抗性。

繁殖:主要以嫁接繁殖,也可播种(变异较大)、插根和分株繁殖。

应用:美国红栌树形美丽大方,叶片大而鲜艳,且一年三季之中,叶色各有不同,具有独特的彩叶树性状,初夏花后有淡紫色羽毛状的伸长花梗,宿存树梢较久,成片栽植时,远望宛如万缕罗纱缭绕相间,故有"烟树"之称。在园林中宜丛植于草坪、土丘、土坡,亦可混植于其他树群,尤其是常绿树群中,能为园林增添色彩。在中国北方可广泛用于城市园林绿化美化、隔离片林建设、荒山绿化美化。

2.69 槭树科 Aceraceae

槭树科

本科共 2 属,约 200 种。中国产 2 属,140 余种。

2.69.0 槭树科分种枝叶检索表

2.69.1 槭树属 *Acer* Linn.

1)华北五角枫(元宝槭、平基槭)*Acer truncatum* Bunge.(图 2.69.1)

图 2.69.1 华北五角枫

形态:落叶小乔木,高达 10~13 m;树冠伞形或倒广卵形。干皮灰黄色,浅纵裂;小枝浅土黄色,光滑无毛。叶掌状 5 裂,有时中裂片再 3 裂,裂片先端渐尖,叶基通常截形,两面无毛;叶柄细长。花黄绿色,伞房花序顶生,翅果扁平,两翅展开约成直角,翅较宽,其长度等于或略长于果核。花期 4 月,叶前或稍前于叶开放,果 10 月成熟。

分布:主产于黄河中、下游各省,东北南部、江苏北部、安徽南部。

习性:弱阳性,耐半阴,喜生于阴坡及山谷;喜温凉气候及肥沃、湿润而排水良好的土壤,在酸性、中性及钙质土上均能生长;有一定的耐旱力,但不耐水湿。

繁殖:种子繁殖。

应用:元宝槭嫩叶红色,秋叶黄色、红色或紫红色,叶形秀丽,树姿优美。宜作行道树、风景林等各种园林绿化。

2)茶条槭 *Acer ginnala* Maxim.(图 2.69.2)

形态:落叶小乔木,高 6~10 m。树皮灰色,粗糙。叶卵状椭圆形,通常 3 裂,中裂特大,有时不裂或具不明显的羽状 5 浅裂,基部圆形或近心形,缘有不整齐重锯齿,表面通常无毛,背面脉上及脉腋有长柔毛。花杂性,子房密生长柔毛;顶生圆锥状伞房花序。果核两面突起,果翅张开成锐角或近于平行,紫红色。花期 5—6 月,果熟期 9 月。

分布:产于东北、华北及长江中下游各省;日本也有分布。

习性:弱阳性,耐半阴,在烈日下树皮易受灼害;耐寒,也喜温暖;喜深厚而排水良好之沙质壤土。萌蘖性强,深根性,抗风雪;耐烟尘,较能适应城市环境。

繁殖:播种法。

图 2.69.2 茶条槭

图 2.69.3 鸡爪槭

应用:本种树干直,花有清香,夏季果翅红色美丽,秋叶又很易变成鲜红色,故宜植于庭园观赏,尤其适合作为秋色叶树种点缀园林及山景,也可栽作行道树及庭荫树。嫩叶可代茶,种子榨油可供制肥皂等用;木材可作细木工用。

3)鸡爪槭 *Acer palmatum* Thunb.(图 2.69.3)

形态:落叶小乔木,高可达 8~13 m。树冠伞形。树皮平滑,灰褐色。枝开张,小枝细长,光滑。叶掌状 5~9 深裂,基部心形,裂片卵状长椭圆形至披针形,先端锐尖,缘有重锯齿,背面脉腋有白簇毛。花杂性,紫色,萼背有白色长柔毛;顶生伞房花序,无毛。翅果无毛,两翅展开成钝角。花期5月,果熟期10月。

形态:叶掌状深裂几乎达到基部,裂片狭长有羽状细裂;树冠开展,枝条稍下垂,树体较小。

分布:产于中国、日本和朝鲜;中国分布于长江流域各省,山东、河南、浙江也有。

习性:弱阳性,耐半阴,在阳光直射处孤植易受日灼;喜温暖湿润气候、肥沃、湿润及排水良好的壤土,耐寒性不强;酸性、中性及石灰土均能适应。生长速度中等。

繁殖:一般用播种法繁殖。变种用嫁接法繁殖。

应用:鸡爪槭树姿优美,叶形秀丽,且有多种园艺品种,有些常年红色,有些平时为绿色,但入秋叶色变红,色艳如花,均为珍贵的观叶树种。植于草坪、土丘、溪边、池畔,或于墙隅、亭廊、山石间点缀,均十分得体,若以常绿树或白粉墙作背景衬托,尤感美丽多姿。制成盆景或盆栽用于室内美化也极雅致。中国华东各城市庭院常栽植。

栽培品种:

(1)红枫(紫红鸡爪槭)*Acer palmatum* Tunb. f. *atropurpureum*　叶红色或紫红色,株态及叶形同鸡爪槭。

(2)羽毛枫(细叶鸡爪槭　蓑衣槭)*Acer palmatum* Tunb. var. *dissectum*(Thunb.)K. Koch　叶掌状深裂几乎达到基部,裂片狭长有羽状细裂,但不为羽毛状;树冠开展,枝条稍下垂,树体较小。

红枫和羽毛枫的习性、繁殖和应用同原种。

4)樟叶槭 *Acer cinnamomifolium* Hav.

形态:落叶乔木,高达20 m。树皮淡黑褐色或淡黑灰色,小枝密被绒毛。叶长圆状椭圆形,或长圆状披针形,基部圆楔形或宽楔形,先端钝,全缘或近全缘,下面被白粉或淡褐色绒毛,后脱落,上面中脉凹下,淡紫色,被绒毛。花期4—5月,果期7—9月。

分布:产于浙江南部、福建、江西、湖北西南部、湖南、贵州等地;生于海拔300～1 200 m阔叶林中。

习性:喜光;耐寒性不强;稍耐旱。

繁殖:播种繁殖。

应用:本种树干直,树姿优美,叶形秀丽栽作庭荫树和行道树,也可在荒山造林或营造风景林中作伴生树种。

5)青榨槭 *Acer davidii* Franch.(图2.69.4)

形态:落叶乔木,高达10～15 m。树皮暗褐或灰褐色,纵裂,多形成蛇皮状斑纹。小枝紫褐色,无毛。单叶厚纸质;卵圆形或长圆状卵形,先端急尖或尾尖,基部圆形或近心形,边缘有不整齐细尖锯齿,通常不分裂;掌状脉,上面深绿色,无毛,下面粉绿色,嫩时沿脉也有褐色短柔毛,后脱落无毛。花杂性,雄花与两性花异株;顶生总状花序;子房具红褐色短毛。果熟时黄褐色;果体略扁平;两果翅张开角度大,上部外倾,接近水平开展。花期4—5月,与叶同时开放;果期8—10月。

分布:产于北京、河北、山西、河南,生于海拔2 000 m以下的山地。

习性:喜温暖气候及湿润肥沃土壤;适应性较强,常生长于山沟路旁及山坡疏林中。

图2.69.4　青榨槭

繁殖:播种繁殖,也可嫁接繁殖。

应用:本种冠大荫浓,枝干颜色奇异,秋叶变色,红橙紫相间,是重要的秋色叶树种。可作庭荫树和行道树,在堤岸、湖边、草地及建筑附近配植皆甚雅致,也可在荒山造林或营造风景林中作伴生树种。由于适应性较强,还可作工厂绿化和"四旁"绿化树种。木材是优良的建筑、家具及雕刻用材,树皮纤维可造纸。

6) 羽叶槭(复叶槭、梣叶槭) *Acer negundo* L.

形态:落叶乔木,高达 20 m;树冠圆球形。小枝粗壮,绿色,有时带紫红色;无毛,有白粉。奇数羽状复叶对生,小叶 3~5,稀 7~9,卵形或长椭圆状披针形,缘有不规则缺刻;顶生小叶常 3 浅裂,叶背沿脉或脉腋有毛。花单性异株,黄绿色,无花瓣及花盘;雄花有长梗,呈下垂簇生状;雌花为下垂总状花序。果翅狭长,展开成锐角。花期 3—4 月,叶前开放;果熟期 8—9 月。

分布:原产北美东南部;中国东北、华北、内蒙古、新疆及华东都有栽培。

习性:喜光,喜冷凉气候,耐干冷,喜深厚、肥沃、湿润土壤,稍耐水湿。在中国东北地区生长良好,华北尚可生长,但在湿热的长江下游生长不良,多遭病虫危害。生长较快,寿命较短,抗烟尘能力强。

繁殖:种子繁殖,扦插繁殖、分蘖繁殖也可。

应用:本种枝叶茂密,入秋叶色金黄,颇为美观,宜作庭荫树、行道树及防护林树种。因具有速生优点,在北方也常用作"四旁"绿化树种。木材可作家具及细木工用材;树液可制糖;树皮可供药用。

7) 日本羽扇槭(羽扇槭) *Acer japonicum* Thunb.

形态:落叶小乔木;幼枝、叶柄、花梗及幼果均被灰白色柔毛。叶较大,掌状 7~11 裂,基部心形,裂片长卵形,边缘有重锯齿,幼时有丝状毛,不久即脱落,仅背面脉上有残留。花较大,紫红色,萼片大而花瓣状,子房密生柔毛;雄花与两性花同株,伞房花序顶生下垂。两果翅长而展开成钝角或平角。花期 4—5 月,与叶同时开放;果熟期 9—10 月。

分布:原产日本;中国华东一些城市有栽培。

习性:弱阳性,耐半阴,耐寒性不强;生长较慢。

繁殖:播种繁殖或扦插繁殖。

应用:本树种春天开花,花大而紫红色,花序下垂,树态优美,秋季叶色又变为深红,是极优美的庭园观赏树种。除用于庭园布置外,特别适合作盆栽、盆景及与假山石配植。

8) 葛萝槭 *Acer grosseri* Pax.

形态:落叶乔木,高达 15 m。树皮绿色,具纵纹。小枝黄绿色,无毛。单叶厚纸质;宽卵形或卵圆形,3~5 裂或不明显的分裂,中裂突出几乎占全叶的一半,两侧及近基部的裂小或不明显先端钝尖,缘有较密贴的细尖重锯齿,基部宽楔形、圆形或近心形;花杂性,雄花与两性花异株;总状花序顶生,细而下垂;子房花柱较长。果熟时褐色;果体稍隆起;两果翅张开成钝角或平角。花期 5 月,果期 8—9 月。

分布:产于北京、河北、山西、河南,多见于海拔 700~1 500 m 山沟或谷底。

习性:喜温暖湿润的环境,喜光,较耐阴。

繁殖:种子繁殖。

应用:本种树干直,树姿优美,叶形秀丽,花序下垂,秋季叶色又变为红色,可作庭荫树和行道树,也可在荒山造林或营造风景林中作伴生树种,可供家具及细木工用,树皮纤维可造纸。

9) 秀丽槭 *Acer elegantulum* Fang et P. L. Chiu

形态：落叶乔木，高达 15 m。树皮粗糙，深褐色；叶基部深心形或近心形，5 裂，裂片卵形或三角状卵形，先端骤减尖，有较密贴的细圆齿，下面淡绿色；脉腋被黄色丛毛其余无毛。花绿色，果核凸起近球形，两果翅张开近水平。花期 5 月，果期 9 月。

分布：产于浙江西北部、安徽南部、江西，生于海拔 700~1 000 m 的疏林中。

习性：喜温暖湿润的环境，喜光，稍耐阴。

繁殖：种子繁殖。

应用：本种树干直，树姿优美，叶形秀丽，秋季叶色又变为红色，可作庭荫树和行道树，也可在荒山造林或营造风景林中作伴生树种，可体现季相变化。

10) 拧筋槭（三花槭，伞花槭） *Acer triflorum* Kom.

形态：落叶乔木，高达 25 m。树皮暗褐色，薄条片状剥落。小枝紫色或淡紫色，幼时有疏柔毛，后变无毛；三小叶复叶对生，小叶长圆卵形或圆状披针形，先端锐尖，中部以上有 2~3 粗钝齿，稀全缘，基部楔形或宽楔形，叶上面嫩时沿脉被疏柔毛，稀无毛，下面稍有白粉，沿脉被白色疏柔毛，伞房花序，有柔毛。两果翅张开成锐角或近于直角。花期 4 月，果熟期 9 月。

分布：产于黑龙江、吉林、辽宁，生于海拔 400~1 000 m 林中，朝鲜半岛也有分布。

习性：喜光，喜冷凉气候，耐寒性强，喜深厚、肥沃、湿润土壤。

繁殖：种子繁殖。

应用：树干直，树姿优美，小枝紫色或淡紫色，耐寒性强，秋季叶变色，适合于北方绿化。可作行道树、庭荫树，既可以孤植，也可以对植、列植，还可以片植体现秋季景观。

11) 三叶槭（建始槭） *Acer henryi* Pax

形态：落叶乔木，高达 10 m。树皮浅褐色。小枝紫绿色，幼时有疏柔毛，后脱落；三小叶复叶对生，小叶椭圆形或长圆状椭圆形，先端渐尖，基部楔形或宽楔形，全缘或先端具 3~5 疏钝齿。伞房花序下垂，有柔毛。花近无梗，花瓣短于萼片不发育；翅果嫩时淡紫色，熟时黄褐色，两果翅张开成锐角或近于直角。花期 4 月，果熟期 9 月。

分布：产于山西南部、河南、陕西、甘肃、浙江、湖南、四川等地。

习性：喜阳，也耐半阴，对土壤要求不严。较耐寒。

繁殖：种子繁殖。

应用：同拧筋槭。

2.70　七叶树科 Hippocastanaceae

本科共 2 属，30 余种；中国产 1 属，约 10 种。

七叶树科

2.70.0　七叶树科枝叶检索表

4.芽卵圆形,小叶长 10~25 cm,具钝尖复锯齿,下面近基部有锈色绒毛······ 欧洲七叶树 *Aesculus hippocastanum*

4.芽卵形,小叶长 20~35 cm,具圆钝齿,下面脉腋有簇毛 ·················· 日本七叶树 *Aesculus turbinata*

2.70.1 七叶树属 *Aesculus* Linn.

图 2.70.1 七叶树

落叶乔木,稀灌木。掌状复叶具长柄,小叶 5~9,有锯齿。圆锥花序直立而多花;花萼钟状或管状,花瓣具爪。

1)七叶树 *Aesculus chinensis* Bunge(图 2.70.1)

形态:落叶乔木,高达 25 m。树冠庞大圆球形;树皮灰褐色,片状脱落。小枝粗壮,栗褐色,光滑无毛,髓心大;顶芽大;掌状叶,小叶 5~7,倒卵状长椭圆形至长椭圆形倒披针形,基部楔形,先端渐尖,边缘有细锯齿,仅背面脉上疏生柔毛。花小,花瓣 4,白色,上面两瓣常有橘红色或黄色斑纹,雄蕊通常 7;呈顶生直立圆锥花序,近圆柱形。蒴果球形,径 3~5 cm,黄褐色,密生疣点,种子深褐色。花期 5 月,果熟期 9—10 月。

分布:原产黄河流域,山西、陕西、河北、江苏、浙江等地有栽培。

习性:喜光,稍耐阴,喜温暖气候,也耐寒,喜深厚、肥沃而排水良好的土壤。深根性,萌芽力不强;生长速度中等偏慢,寿命长。

繁殖:主要用播种法,扦插、高压法也可。

应用:本种树干耸直,树冠开阔,姿态雄伟壮丽,冠如华盖,叶大而形美,遮阴效果好。初夏又开白花,硕大的花序竖立于叶簇中,似一个华丽的大烛台,蔚然可观,是世界上著名的观赏树种之一,也是五大佛教树种之一,最宜栽作庭荫树及行道树。中国许多古刹名寺,如杭州灵隐寺、北京大觉寺、卧佛寺等处都有此种大树,可列植、对植、孤植和丛植,如以其他树种陪衬,则更显雄伟壮观。七叶树种子可入药,榨油可供制肥皂等。木材细,供小工艺品及家具等用材。

2)欧洲七叶树 *Aesculus hippocastanum* L.

形态:落叶乔木,通常高 25~30 m。小枝幼时有棕色长柔毛,后脱落;冬芽卵圆形,有丰富树脂。小叶 5~7,无柄,倒卵状长椭圆形至倒卵形,基部楔形,先端短急尖,边缘有不整齐重锯齿,背面绿色,幼时有褐色绒毛,后仅近基部脉腋留有簇毛。花较大,径约 2 cm,花瓣 4 或 5,白色,基部有红、黄色斑;呈顶生圆锥花序。蒴果近球形,径约 6 cm,褐色,果皮有刺。花期 5—6 月,果熟期 9 月。

分布:原产希腊北部和阿尔巴尼亚;北京、上海、青岛等地有引种栽培。

习性:喜光,稍耐阴,耐寒,喜深厚、肥沃而排水良好的土壤。

繁殖:主要用播种法,变种可用芽接繁殖。

应用:本种树体高大雄伟,树冠广阔,绿荫浓密,花序美丽,在欧、美洲各国广泛栽作行道树及庭园观赏树。木材良好,可制家具。

图 2.70.2 日本七叶树

3)日本七叶树 *Aesculus turbinata* Bl.(图 2.70.2)

形态:落叶乔木,高达 30 m,胸径 2 m。小枝淡绿色,幼时有短柔毛;冬芽卵形,有丰富的树脂。小叶无柄,5~7 枚,倒卵状长椭圆形,先端短急尖,基部楔形,缘有不整齐重锯齿,背面略有白粉,脉腋有褐色簇毛。花较小,花瓣

4 或 5,白色或淡黄色,有红色斑纹;圆锥花序顶生,直立。蒴果近洋梨形,顶端常突起,深棕色,有疣状突起。花期 5—6 月,果熟期 9 月。

　　分布:原产日本;上海、青岛等地有引种栽培。

　　习性:性强健,喜光、耐寒、不耐旱。

　　繁殖:播种繁殖。

　　应用:本种树体高大雄伟,树冠广阔,绿荫浓密,花序美丽,宜作行道树及庭荫树。木材细密,可作器具及建筑用材。

2.71　省沽油科 Staphyleaceae

　　乔木或灌木。叶对生或互生,奇数羽状复叶或稀为单叶,有托叶或稀无托叶;叶有锯齿。花整齐,两性或杂性,稀为雌雄异株,在圆锥花序上花少;萼片 5,覆瓦状排列;花瓣 5,覆瓦状排列;雄蕊 5,子房上位,花柱各式分离到完全联合。果实为蒴果状,菁葖果或不裂的核果或浆果;种子数枚,肉质或角质。5 属,约 60 种,产于热带亚洲、美洲及北温带。

　　我国有 4 属 22 种,主产南方各省。瘿椒树属为中国特有属。

2.71.0　省沽油科分属检索表

1. 叶互生,为奇数羽状复叶;花萼多少联合成管状;花盘小或缺;子房每室内仅 1～2 枚胚珠;果为浆果状;果皮肉质或革质;胚乳角质 ………………………………………… 瘿椒树属(银鹊树属)Tapiscia
1. 叶对生,常为三小叶,稀为单叶,有托叶;小叶椭圆形或卵圆形,下面沿脉被短柔毛,花萼多少分离,从不联合为管状;花盘明显;子房 3 室,胚珠多数 ……………………………………………………………… 2
2. 果为膜质。肿胀的蒴果,果皮薄,沿复缝线开裂;雄蕊与花瓣互生,生于花盘边缘 ……… 省沽油属 Staphylea
2. 果为浆果,核果或菁葖 ……………………………………………………………………………… 3
3. 羽状复叶,小叶 7～11,卵形至卵状披针形,无毛。心皮 3(2)枚,仅在基部稍合生,雄蕊着生于花盘上;菁葖果革质,种子黑色,具薄假种皮;花萼宿存 ………………………………………… 野鸦椿属 Euscaphis
3. 心皮 3 枚,几完全合生;雄蕊着生于花盘裂齿外面;浆果肉质或革质 ………………………… 山香圆属 Turpinia

2.71.1　瘿椒树属 Tapiscia Oliv.

银鹊树(瘿椒树) *Tapiscia sinensis* Oliv.（图 2.71.1）

　　形态:落叶乔木,高 8～15 m,树皮灰黑色或灰白色,小枝无毛;芽卵形。奇数羽状复叶,长达 30 cm;小叶 5～9,狭卵形或卵形,长 6～14 cm,宽 3.5～6 cm,基部心形或近心形,边缘具锯齿,两面无毛或仅背面脉腋被毛,上面绿色,背面带灰白色,密被近乳头状白粉点;侧生小叶柄短,顶生小叶柄长达 12 cm。圆锥花序腋生,雄花与两性花异株,雄花序长达 25 cm,两性花的花序长约 10 cm,花小,长约 2 mm,黄色,有香气;两性花:花萼钟状,长约 1 mm,5 浅裂;花瓣 5,狭倒卵形,比萼稍长;雄蕊 5,与花瓣互生,伸出花外;子房 1 室,有 1 胚珠,花柱长过雄蕊;雄花有退化雌蕊。果序长达 10 cm,核果近球形或椭圆形,长仅达 7 mm。花期 6—7 月,果熟期 9—10 月。

　　本种果实常被虫瘿侵袭,故名瘿椒。树皮灰色,木材白色,软而无用。

图 2.71.1　瘿椒树
1. 花枝　2. 花萼　3. 子房
4. 花序　5. 叶背　6. 核果

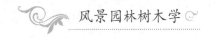
花小,黄色,有蜜香。叶秋季变黄。

分布:产于浙江、安徽、湖北、湖南、广东、广西、四川、云南、贵州。生山地林中。

变种:

大果瘿椒树(大果银鹊树)Tapiscia sinensis var. macrocarpa T. Z. Hsu in Addenta.

本变种与原种不同处在于果较大,径 13~19 mm,易于区别。产四川(峨眉山)。

习性:喜温凉湿润环境,喜生于山谷、山坡与溪旁湿润肥沃的土壤中,为湿生树种。

繁殖:种子繁殖。

应用:用于各类园林绿化。秋天叶色金黄,为秋天增色。

2.71.2　省沽油属 *Staphylea* L.

约 11 种,产于欧洲、印度、尼泊尔和我国及日本、北美洲。我国有 4 种。

省沽油属分种检索表

1. 顶生小叶柄短,长仅 1 cm,蒴果扁平,2 裂 ……………………………………… 省沽油 *Staphylea bumalda*
1. 顶生小叶柄较长,长 1.5~4 cm,蒴果 3(~4)裂 ………………………………………………………… 2
2. 广展的伞房花序,叶长圆状披针形至狭卵形,近革质 ……………………… 膀胱果 *Staphylea holocarpa*
2. 总状花序 ……………………………………………………………………………………………………… 3
3. 叶线状披针形,两面无毛,膜质 ………………………………… 腺齿省沽油 *Staphylea shweliensis*
3. 叶长圆状椭圆形,纸质,叶背向基部脉腋疏生白色微柔毛 …………… 嵩明省沽油 *Staphylea forrestii*

省沽油(水条)*Staphylea bumalda* DC.(图 2.71.2)

图 2.71.2　省沽油

形态:灌木或小乔木,高 3~5 m。树皮紫红色,枝条开展,绿色至黄绿色或青白色,有皮孔。三出复叶对生,小叶卵圆形或椭圆形,长 4.5~8 cm,叶顶端渐尖,基部圆形或楔形,边缘有细锯齿,表面深绿色,背面苍白色,主脉及侧脉有短毛,托叶小,早落。圆锥花序顶生,花黄白色,有香味,花期 5—6 月;蒴果膀胱状,先端 2 裂,果期 9—10 月。果膀胱状,膜质、膨大、扁平;种子椭圆形而扁,黄色,有光泽,有较大而明显的种脐。

分布:中国东北及河北、山东、山西、河南、湖北、安徽、江西等地。

习性:中性偏阴树种,喜湿润气候,要求肥沃而排水良好之土壤。

繁殖:种子繁殖。

应用:本种叶、果均具观赏价值,适宜在林缘、路旁、角隅及池边种植。种子含油脂,可制肥皂及油漆,茎皮可提取纤维。

2.71.3　野鸦椿属 *Euscaphis* Sieb. et Zucc.

我国产 2 种。

野鸦椿属分种检索表

1. 圆锥花序;蓇葖果外面肋脉明显;叶长卵形 ……………………………………… 野鸦椿 *Euscaphis japonica*

1.聚伞花序;蓇葖果外面脉纹不明显;叶较狭 ·················· 福建野鸦椿 *Euscaphis fukienensis*

1)野鸦椿 *Euscaphis japonica*(Thunb.)Dippel

别名酒药花、鸡肾果、鸡眼睛、小山辣子、山海椒、芽子木、红椋(图2.71.3)。

形态:落叶小乔木或灌木,高2~8 m,树皮灰褐色,具纵条纹,小枝及芽红紫色,枝叶揉碎后发出恶臭气味。叶对生,奇数羽状复叶,长8~32 cm,叶轴淡绿色,小叶5~9 cm,稀3~11 cm,厚纸质,长卵形或椭圆形,稀为圆形,长4~9 cm,宽2~4 cm,先端渐尖,基部钝圆,边缘具疏短锯齿,齿尖有腺体,两面除背面沿脉有白色小柔毛外余无毛,主脉在上叶面明显、叶背面突出,侧脉8~11,在两面可见,小叶柄长1~2 mm,小托叶线形,基部较宽,先端尖,有微柔毛。圆锥花序顶生,花梗长达21 cm,花多,较密集,黄白色,径4~5 mm,萼片与花瓣均5,椭圆形,萼片宿存,花盘盘状,心皮3,分离。蓇葖果长1~2 cm,每一花发育为1~3个蓇葖,果皮软革质,紫红色,有纵脉纹,种子近圆形,径约5 mm,假种皮肉质,黑色,有光泽。花期5—6月,果期8—9月。

图2.71.3　野鸦椿

分布:中国除西北各省外,全国均产。日本、朝鲜也有分布。

习性:多生长于山脚和山谷,常与一些小灌木混生、散生,很少有成片的纯林。其幼苗耐阴、耐湿润,大树则偏阳喜光,耐瘠薄干燥,耐寒性较强。在土层深厚、疏松、湿润、排水良好而且富含有机质的微酸性土壤中生长良好。

繁殖:种子繁殖,也可扦插繁殖。

应用:花果的观赏价值高。春夏之交花黄白色,集生于枝顶,满树银花,美观大方;秋果布满枝头,果成熟后果荚开裂,果皮反卷,露出鲜红色的内果皮,黑色的种子粘挂在内果皮上,犹如满树红花上点缀着颗颗黑珍珠,十分艳丽,令人感到赏心悦目。挂果期长达半年,红色艳丽的蓇葖果给秋冬季节增添了许多喜庆色彩,使人陶醉。野鸦椿作为观赏树种,应用范围广,可群植、丛植于草坪,也可用于庭园、公园等地造景。

2)福建野鸦椿 *Euscaphis fukienensis* Hsu

形态:灌木,高约1.5 m,无毛,小枝纤细一年生小枝绿褐色,幼芽被芽鳞3(外2内1),卵形,具缘毛。奇数羽状复叶,对生,叶轴圆柱形,长3~5 cm,上面有槽,小叶(5)7~11,膜质,椭圆形或卵状椭圆形或长圆状披针形,长6~8 cm,宽2~3 cm,先端突尖,尖头长7~15 mm,基部宽楔形或近圆形,顶生小叶长,边缘具细圆齿,上面绿色,叶脉隆起,下面苍白,侧脉5~7,顶生小叶柄长1~2 mm,基部具2托叶,早脱,侧生小叶柄长4~7 mm。伞房式的聚伞花序顶生,花未见。果序长约10 cm,果密集,1~3心皮,蒴果,长5~10 mm,绿色,干后稍红色,革质,先端具短尖,果柄长约3 mm,萼5浅裂,裂片长圆形,长约2 mm;种子1~3,近圆形,压扁,径约5 mm,黑色。

分布:产于福建(南靖、平和、永泰、南平)。

习性:喜阳光,耐瘠薄干燥,耐寒性较弱。

繁殖:种子繁殖,也可扦插繁殖。

应用:可群植、丛植于草坪,也可用于庭园、公园等地造景。

醉鱼草科

2.72　醉鱼草科 Buddlejaceae

灌木,高 1~3 m。叶对生,稀互生。穗状聚伞花序顶生,长 4~40 cm,宽 2~4 cm;花冠长 13~20 mm,花冠管弯曲,盛花时粉红,晚期粉白,在花总梗上排成一列,粉、白相间,煞是好看。全株有小毒,捣碎投入河中能使活鱼麻醉,便于捕捉,故有"醉鱼草"之称。花期 9—12 月,花入药主治痰饮咳喘,久疟成癖,疳积。

2.72.0　醉鱼草科枝叶检索表

1. 叶互生,狭披针形,长 2~8 cm,宽 0.5~1.5 cm ……………………… 互叶醉鱼草 Buddleja alternifolia
1. 叶对生 …………………………………………………………………………………………… 2
2. 小枝圆柱形;叶狭披针形,宽 0.8~2 cm ……………………………………… 驳骨丹 Buddleja asiatica
2. 小枝四棱形,叶卵形或卵状披针形,宽 1~5 cm ……………………………………………………… 3
3. 叶全缘或疏生波状牙齿,小枝、叶下面被细棕黄色星状毛 ……………… 醉鱼草 Buddleja lindleyana
3. 叶有细锯齿,小枝、叶下面密生白色星状绵毛 ……………………………… 大叶醉鱼草 Buddleja davidii

2.72.1　醉鱼草属 *Buddleja* Linn.

灌木或乔木。植物体被绒毛。叶对生,托叶在叶柄间连生,或退化,花簇生或组成圆锥、穗状聚伞花序;萼 4 裂,花冠管状或漏斗状,4 裂,蒴果 2 瓣裂;种子多数。

1) **醉鱼草** *Buddleja lindleyana* Fortune

形态:灌木,高达 2 m。小枝四棱形,幼时被棕黄色星状毛。单叶对生,卵状披针形,先端尖或渐尖,基楔形,全缘或疏生波状锯齿,花序穗状;顶生;花萼 4 裂,密被细鳞毛;花冠紫色。蒴果长圆形,被鳞片。花期 6—8 月,果熟期 10—11 月。

分布:产于长江以南地区。

习性:性强健,耐寒性差,不耐水湿,喜温暖湿润的气候及肥沃而排水良好的土壤。萌蘖性强。

繁殖:用压条、分蘖、扦插及播种均可。

应用:醉鱼草枝繁叶茂,夏季开花,花朵儿颜色清新,使人感觉凉爽,常栽植在庭院中观赏,也可在路旁、草坪边缘、山石旁边、墙角、林缘丛植,花、叶可药用,有毒,尤其对鱼类,还可制成农药。

2) **大叶醉鱼草** *Buddleja davidii* Franch. (图 2.72.1)

形态:直立灌木,小枝圆柱形,幼时密被白色或浅黄色毛。单叶对生,披针形,先端渐尖,基楔形,全缘或有细锯齿,表面无毛,背面密被白色或浅黄色毛。圆锥或总状花序;密被绒毛;花冠白色,芳香,蒴果卵形。花期 10 月—翌年 2 月,果期 9—12 月。

分布:产于中国西南、中部及东南部。

习性:喜温暖湿润的气候,耐寒性差,不耐水湿,喜肥沃而排水良好的土壤。萌蘖性强。

繁殖:种子繁殖。

应用:枝繁叶茂,冬季开花,花序长而潇洒,常栽植在庭院中观赏,也可在路旁、草坪边缘、山石旁边、墙角、林缘丛植,还可作冬季

图 2.72.1　大叶醉鱼草

插花材料。

2.73　木犀科 Oleaceae

木犀科

本科约 29 属,600 余种,中国有 12 属,200 种左右。

2.73.0　木犀科分种枝叶检索表

18. 叶长 3.5~6 cm，宽 2~3.5 cm，厚革质，卵形或圆形近 ……………………………………………………………
…………………………………………… 日本圆叶女贞 *Ligustrum japonicum* var. *rotundifolium*

18. 叶长 6~10 cm，宽 2.3~5 cm ……………………………………………………………………………………… 19

19. 常绿乔木 5 叶卵状椭圆形或宽卵形，先端尖，上面中脉、侧脉及下面侧脉均凹下或隆起 ……………………………
………………………………………………………………………………… 女贞 *Ligustrum lucidum*

19. 落叶乔木，叶宽椭圆形，先端短尖，上面侧脉隆起 …………………… 落叶女贞 *Ligustrum lucidum* var. *latifolium*

20. 叶厚革质，长椭圆形或披针形，下面密被白色鳞片，中脉明显，侧脉不显 ………… 油橄榄 *Olea europaea*

20. 叶纸质，长椭圆形或披针形，光滑，中脉、侧脉均明显 ………………………… 雪柳 *Fontanesia fortunei*

21. 髓心片状分隔；叶椭圆形至披针形，稀倒卵状矩圆形，上部有粗齿或近全缘，叶柄长 6~12 mm ………………
……………………………………………………………………… 金钟花 *Forsythia viridissima*

21. 髓中空，叶卵形至矩圆状卵形，缘具粗锯齿或 3 裂，稀成羽状三出复叶，叶柄长 1~2 cm …………………
…………………………………………………………………………………… 连翘 *Forsythia suspensa*

22. 复叶对生 ……… 23

22. 复叶互生 ……… 33

23. 裸芽、具长柄、枝叶光滑无毛或幼时略有细毛，后脱落，小叶 5~9，卵形，全缘，基部偏斜 …………………………
…………………………………………………………………………………… 光蜡树 *Fraxinus griffithii*

23. 鳞芽 ……… 24

24. 二年生小枝灰色至褐色，不为绿色 …………………………………………………………………………… 25

24. 二年生小枝四棱，绿色；小叶 3，全缘 …………………………………………………………………………… 32

25. 小叶长 2~5 cm …………………………………………………………………………………………………… 26

25. 小叶长 5 cm 以上 ………………………………………………………………………………………………… 27

26. 小叶 7~13，小叶圆卵形，椭圆形或倒卵形，稀椭圆状矩圆形，长 1~3 cm，先端尖或圆钝、无毛或下面沿中脉
基部有短柔毛，无小叶柄 ………………………………………… 圆叶白蜡 *Fraxinus rotundifolia*

26. 小叶 5(3~7)；小叶菱状卵形、圆卵形至倒卵形，长 2~4 cm，先端钝尖、短渐尖或尾尖，无毛 …………………
………………………………………………………………………………… 小叶白蜡 *Fraxinus bungeana*

27. 小叶着生在叶轴处膨大，密生锈色绒毛，小叶 7~13，小叶椭圆状披针形或卵状披针形，长 7~14 cm，缘具锐
齿，下面沿脉被白褐色毛，无小叶柄 …………………………… 水曲柳 *Fraxinus mandschurica*

27. 小叶着生在叶轴处不膨大，无锈色毛或微有毛 …………………………………………………………………… 28

28. 小枝、小叶柄密生短绒毛，小叶 5~9，卵形或矩圆状披针形，长 8~14 cm，先端渐尖，基部宽楔形，钝锯齿或
近全缘，下面被短柔毛 ……………………………………………… 毛洋白蜡 *Fraxinus pennsylvanica*

28. 小枝及叶无毛或微被毛，但不密生 ……………………………………………………………………………… 29

29. 小叶 5(3~7)，宽卵形至倒卵形，稀椭圆形，长 8~15 cm；宽 3~7 cm，侧生小叶柄长 4~10 mm，先端渐尖，具
粗钝齿或圆齿，下面沿中脉被黄褐色毛 …………………………… 花曲柳 *Fraxinus rhynchophylla*

29. 小叶 3~9，椭圆状卵形、椭圆形至披针形，宽小于 3 cm，具尖锯齿或近全缘 ………………………………… 30

30. 侧生小叶柄长 3~6 mm 或无柄 ………………………………………………………………………………… 31

30. 侧生小叶柄长 5~15 mm，小叶通常 7，卵形或卵状披针形，长 6~15 cm，全缘或近先端略有锯齿，无毛 ……
…………………………………………………………………………………… 美国白蜡 *Fraxinus americana*

31. 小叶 7(3~9)，椭圆形至椭圆状卵形，长 3~10 cm，钝锯齿，下面沿中脉被毛或近无毛 ……………………………
…………………………………………………………………………………… 白蜡树 *Fraxinus chinensis*

31. 小叶 5~9，椭圆状矩圆形至披针形，长 5~12 cm，不整齐锐锯齿，两面无毛或下面中脉被短柔毛 …………………
……………………………………………………………………… 洋白蜡 *Fraxinus pennsylvanica* var. *lanceolata*

32. 小叶椭圆状矩圆形至披针形，长 2~7 cm，光滑无毛，无小叶柄 ………… 云南黄素馨 *Jasminum yunnanense*

32. 小叶矩圆状卵形，长 1~3 cm，叶柄及小叶两面被疏毛 ………………… 迎春花 *Jasminum nudiflorum*

33. 小叶 5，稀 7，卵形，椭圆形至矩，圆状椭圆形，长 3~6 cm ………………… 浓香探春 *Jasminum odoratissimum*

33. 小叶 3，稀 5，椭圆状卵形至卵状矩圆形，长 1~3.5 cm ………………… 探春花 *Jasminum floridum*

34. 叶缘有半透明的窄边 ……………………………………………… 边缘木樨 *Osmanthus marginata*

2.73.1　木犀属 *Osmanthus* Lour.

常绿灌木或小乔木。冬芽具 2 芽鳞。单叶对生，全缘或有锯齿，具短柄。花两性、单性或杂性，白色至橙黄色，簇生或呈短的总状花序，腋生；花萼 4 齿裂；花冠筒短，裂片 4，覆瓦状排列；雄蕊 2，稀 4；子房 2 室。核果。

本属约 40 种，中国约 25 种，产于长江流域以南各地，西南地区、台湾均有。

1) 桂花(木樨、岩桂) *Osmanthus fragrans* (Thunb.) Lour. (图 2.73.1)

形态：常绿灌木至小乔木，树皮灰色，不裂。芽叠生。叶对生，黑色，硬革质，长椭圆形，全缘或上部有细锯齿，花序聚散状生于叶腋，花小，黄白色，浓香。核果椭圆形，紫黑色。花期 9—10 月，果熟期翌年 4—5 月。

分布：原产中国西南部，黄河以南地区广泛栽培，广西桂林最多，华北多行盆栽。

桂花品种很多，据南京林业大学向其柏教授等人(2009)研究，可划分为 4 个品种群：

图 2.73.1　桂花

(1)四季桂品种群 Fragrans Group　植株较矮，常为丛生灌木状，花期长，以春季和秋季为盛花期，其他生长季节有时也有少量开花。如月月桂 *Osmanthus fragrans* (Fragrans Group) 'Yueyue Gui'、天香台阁 'Tianxiang Taige' 等 12 个品种。

(2)银桂品种群 Latifolius Group　植株较高大，多为中小乔木，常有明显的主干，高达 3 ~ 8 m(间或高达 12 m 以上)，少数品种呈丛生灌木状。花序多腋生，为簇生聚伞状花序，无总梗。花期短，集中于秋季 8—11 月。花色浅，白色、浅黄色、柠檬黄色至中黄色。如籽银桂 *Osmanthus fragrans* (Latifolius Group) 'Ziyingui'、宽叶籽银桂 *Osmanthus fragrans* (Latifolius Group) 'Kuanye Ziyingui' 等 11 个品种。

(3)金桂品种群 Thunbergii Group　植株较高大，多为中小乔木，常有明显的主干，高达 3 ~ 8 m(间或高达 12 m 以上)，少数品种呈丛生灌木状。花序多腋生，为簇生聚伞状花序，无总梗。花期短，集中于秋季 8—11 月。花色为黄色至浅橙黄色。包括早籽黄 *Osmanthus fragrans* (Thunbergii Group) 'Zaozihuang'、苏金桂 *Osmanthus fragrans* (Thunbergii Group) 'Sujingui'、墨叶金桂 *Osmanthus fragrans* (Thunbergii Group) 'Moye Jingui' 等 25 个品种。

(4)丹桂品种群 Aurantiacus Group　植株较高大，多为中小乔木，常有明显的主干，高达 3 ~ 8 m(间或高达 12 m 以上)，少数品种呈丛生灌木状。花序多腋生，为簇生聚伞状花序，无总梗。花期短，集中于秋季 8—11 月。花色最深，为橙黄色、橙色至红橙色。包括籽丹桂 *Osmanthus fragrans* (Aurantiacus Group) 'Zi Dangui'、大叶丹桂 *Osmanthus fragrans* (Aurantiacus Group) 'Daye Dangui' 等 14 个品种。

习性：喜光，稍耐阴；喜温暖湿润和通风好的环境，不耐寒，喜微酸性土壤(pH5.5 ~ 6.5)，喜沙壤土，忌水涝、碱地和黏重土；对二氧化硫、氯气等有中等抗力；有二次开花习性。萌芽力强，寿命长。

繁殖：多用嫁接繁殖，还可用压条、扦插和播种繁殖。

应用：桂花树干端直，树冠圆整，四季常青，开花期正值仲秋，浓香四溢，是中国传统的花木，中国十大名花之一,常孤植、对植或丛植成片林;古典的"双桂当庭"即是在庭前,两株桂花对植,与梅花、牡丹、荷花、山茶等配置,可谓花开四季;与秋色叶树种同植,有色有香,是点缀秋景的极好树种;淮河以北地区盆栽,常用来布置会场、大门。桂花的花可做香料,食用;叶、果、根可入药。

2) 刺桂(柊树) *Osmanthus heterophyllus* (G. Don) P. S. Green

形态:常绿灌木或小乔木,高 1 ~ 6 m。幼枝有短柔毛。叶硬革质,卵形至长椭圆形,顶端尖刺状,基部楔形,边缘每边有 1 ~ 4 对刺状牙齿,很少全缘。花簇生叶腋,芳香,白色。核果卵形,蓝黑色。花期 6—7 月,果期翌年 5—6 月。

分布:产于中国台湾和日本。中国南方城市有栽培。

习性:喜光,稍耐阴,不耐涝,忌盐碱地,喜肥沃且排水良好的土壤。

繁殖:播种繁殖,也可扦插繁殖,亦可嫁接于丝棉木上。

应用:可栽植于道路两侧,假山、院落、草坪等地,叶形奇特,可孤植观赏;叶有刺可作刺篱。

2.73.2　连翘属 *Forsythia* Vahl.

图 2.73.2　连翘

本属共 17 种,分布于欧洲至日本;中国有 4 种,产于西北至东北和东部。

1) 连翘(黄寿丹　黄花秆) *Forsythia suspensa* (Thunb.) Vahl. (图 2.73.2)

形态:落叶灌木,高可达 3 m。干丛生,直立;枝开展,拱形下垂;小枝黄褐色,稍四棱,皮孔明显,髓中空。单叶或有时为 3 小叶,对生,卵形、宽卵形或椭圆状卵形,无毛,先端锐尖,基圆形至宽楔形,缘有粗锯齿。花先叶开放,通常单生,稀 3 朵腋生;花萼裂片 4 片;花冠黄色,裂片 4 片,倒卵状椭圆形;雄蕊 2 枚。蒴果卵圆形,表面散生疣点。花期 4—5 月,果熟期 7—8 月。

分布:产于中国北部、中部及东北各省;现各地均有栽培。

习性:喜光,有一定程度的耐阴性;耐寒;耐干旱瘠薄,忌涝水;不择土壤;抗病虫害能力强。根系发达,萌蘖性强。

繁殖:以扦插为主,也可用压条、分株、播种繁殖。

应用:连翘枝条拱形,满枝金黄,宛如鸟羽初展,极为艳丽,花期较早,极易表现早春的繁花景象,是北方著名的早春观花灌木,宜丛植于草坪、角隅、岩石假山下,篱下基础种植,或作花篱,或成片种植;点缀于其他花丛之间,还可以起到增加色彩和引起色彩对比的效果。另外连翘还可作护坡使用。种子可入药。

2) 金钟花 *Forsythia viridissima* Lindl.

形态:落叶灌木,枝直立,拱形下垂;小枝黄绿色,四棱,髓薄片状。单叶对生,椭圆状矩圆形,先端尖,上部缘有粗锯齿。花先叶开放,1 ~ 3 朵腋生;花萼裂片 4 片;花冠深黄色,裂片 4 片,倒卵状椭圆形;雄蕊 2 枚。蒴果卵圆形。花期 4—5 月,果熟期 7—8 月。

分布:产于中国中部、西南,华北各地园林广泛栽培。

习性、繁殖、应用均同连翘。

3) 连翘 *Forsythia suspensa* (Thunb.) Vahl

形态:枝拱形,髓成片状。叶长椭圆形至卵状披针形,有时 3 深裂,有时成 3 小叶。花黄色深浅不一。有很多园艺变种,是连翘和金钟花的杂交种,全国各地均有栽培。

分布:河北、山东、山西、陕西、甘肃、江苏、河南、江西、湖北、四川、云南等。

习性、繁殖、应用均同连翘。

4)东北连翘 *Forsythia mandshurica* Uyeki

形态:落叶灌木,高可达1.5 m。小枝开展,当年生枝绿色,无毛,疏生白色皮孔,髓心片状。叶宽卵形或近圆形,先端尾尖、短尾尖或钝,具锯齿、牙齿状锯齿或牙齿;上面无毛,下面疏被柔毛;叶脉在上面凹下。花单生叶腋;花萼、裂片4;花冠黄色,裂片4,卵圆形,下面紫色。蒴果长卵圆形,先端喙状渐尖至长渐尖。花期5月,果熟期9月。

分布:产于辽宁,生于山坡,沈阳有栽培。

习性、繁殖、应用均同连翘。

2.73.3　丁香属 *Syringa* Linn.

本属约30种,中国产24种。

1)紫丁香(丁香、华北紫丁香) *Syringa oblata* Lindl.(图2.73.3)

形态:灌木或小乔木,高可达4 m;枝条粗壮无毛。叶广卵形至肾形,通常宽度大于长度,先端锐尖,基心形或截形,全缘,两面无毛。圆锥花序;花萼钟状,有4齿;花冠堇紫色,端4裂开展;花药生于花冠筒中部或中上部。蒴果长圆形,顶端尖,平滑。花期4月,果期9—10月。

分布:产于东北南部、华北、西北、山东、四川等地。朝鲜也有。生于海拔300～2 600 m的山地或山沟。

习性:喜阳,也耐半阴、耐旱、耐寒,适应性强。

繁殖:播种、扦插、压条、分株和嫁接繁殖。

应用:适于各类园林绿化,也可布置专类园,还可盆栽。

图2.73.3　紫丁香

2)什锦丁香 *Syringa* × *chinensis* Willd.

形态:灌木,高达5 m。枝细长拱形,无毛。叶卵状披针形,先端锐尖,基部楔形,光滑无毛。花序大而疏散,长8～15 cm;花冠淡紫红色。有白、粉、堇紫、重瓣等园艺变种。

分布:产于欧洲,中国有栽培。

习性、繁殖、应用同丁香。

2.73.4　流苏属 *Chionanthus* Linn.

图2.73.4　流苏树

本属共2种,东亚、北美各产1种;中国有1种。

流苏树(缘花木、茶叶树) *Chionanthus retusus* Lindl. et Paxt.(图2.73.4)

形态:灌木或乔木,高可达20 m;树干灰色,大枝开展,皮常纸状剥裂,小枝初时有毛。叶卵形至倒卵状椭圆形,先端钝圆或微凹,全缘或有时有小齿,叶柄基部带紫色。花白色,4裂片狭长,1～2 cm,花冠筒极短。核果卵圆形。花期4—5月,果熟期9—10月。

分布:产于西南、东南至北部地区。河北、山东、山西、河南、甘肃及陕西,南至云南、福建、广东、台湾等地均有栽培。日本、朝鲜也有。

习性:喜光;耐寒;抗旱;花期怕干旱风。生长较慢。

繁殖:播种、扦插、嫁接繁殖。

应用:流苏树花密优美,花形奇特、秀丽,花期较长,是优美的观赏树种;栽植于安静休息区,或以常绿树衬托列植,栽植于庭院、草坪、路边都十分相宜。嫩叶代茶。

2.73.5　女贞属 *Ligustrum* Linn.

本属约 50 种,中国产 30 余种,多分布于长江以南及西南。

1)女贞(冬青、蜡树)*Ligustrum lucidum* Ait.(图 2.73.5)

图 2.73.5　女贞

形态:常绿乔木,高达 15 m;树皮灰色,光滑。枝开展,无毛,具皮孔。叶革质,宽卵形至卵状披针形,基部圆形或阔楔形,全缘,无毛,上面深绿色,有光泽,背面淡绿色。圆锥花序顶生,长 10~20 cm;花白色,几乎无柄,花冠裂片与花冠筒近等长,有芳香。核果长圆形,蓝黑色,被白粉。花期 6—7 月,果期 7 月—翌年 5 月。

分布:产于长江流域及以南各省区。甘肃南部及华北南部多有栽培。

习性:喜光,稍耐阴;喜温暖,不耐寒;喜湿润,不耐干旱;适生于微酸性至微碱性的湿润土壤,不耐瘠薄;根系发达,萌蘖、萌芽力强,耐修剪、整形;对二氧化硫、氯气、氟化氢等有毒气体抗性较强。

繁殖:播种、扦插繁殖。

应用:女贞枝叶清秀,夏日满树白花,终年常绿,苍翠可人,是长江流域常见的绿化树种;可孤植、列植于绿地、广场、建筑物周围,栽植于庭院,或作园路树,或修剪作绿篱用;还可作行道树;由于女贞对多种有毒气体抗性较强,可作为工矿区的抗污染树种。果、树皮、根、叶可入药;木材可为细木工用材;枝叶可放养白蜡虫。

2)日本女贞 *Ligustrum japonicum* Thunb.

形态:常绿灌木,高 3~6 m。小枝幼时具短粗毛,皮孔明显。叶革质,卵形或卵状椭圆形,先端短锐尖或稍钝,中脉及叶缘常带红色。花序顶生;花白色,花冠裂片略短于花冠筒。核果椭圆形,黑色。花期 6—7 月,果期 11 月。

分布:原产日本。中国长江流域以南省区有栽培。

习性:喜光,稍耐阴;喜温暖,耐寒;喜湿润,不耐干旱;适生于微酸性至微碱性的湿润土壤,不耐瘠薄;根系发达,萌蘖、萌芽力强,耐修剪、整形;对二氧化硫、氯气、氟化氢等有毒气体抗性较强。

繁殖:种子繁殖,也可扦插繁殖。

应用:日本女贞株形整齐,四季常青,常栽植于庭园中观赏,也可列植于规则式绿地、广场、建筑物周围。

3)小叶女贞 *Ligustrum quihoui* Carr.

形态:落叶或半常绿灌木,高 2~3 m。枝条散,小枝具短柔毛。叶革质,椭圆形至倒卵状长圆形,无毛,顶端钝,基部楔形,全缘,边缘略向外反卷;叶柄有短柔毛。圆锥花序;花白色,芳香,无梗,花冠裂片与筒部等长;花药超出花冠裂片。核果紫黑色,宽椭圆形。花期 7—8 月,果期 10—11 月。

分布:产于中国中部、东部和西南部。华北地区也有栽培。

习性:喜光,稍耐阴;较耐寒;萌枝力强,耐修剪;对有毒气体抗性强。

繁殖:播种、扦插繁殖。

应用:株形圆整,庭院中可栽植观赏;萌枝力强,耐修剪可以作绿篱;对有毒气体抗性强,可用来进行工厂绿化和用作抗污染树种。

4)小蜡树(小叶女贞) *Ligustrum sinense* Lour.(**图** 2.73.6)

形态:半常绿灌木或小乔木,高 2～7 m;小枝密生短柔毛。叶革质,椭圆形,先端锐尖或钝,基部阔楔形或圆形,背面沿中脉有短柔毛。圆锥花序,花轴有短柔毛;花白色,芳香,花梗细而明显,花冠裂片长于筒部;雄蕊超出花冠裂片。核果近圆形。花期 4—5 月,果期 10 月。

图 2.73.6　小蜡树

分布:产于长江以南各省区。

习性:喜光,稍耐阴;较耐寒,北京小气候良好地区能露地栽植;抗多种有毒气体。耐修剪。

繁殖:播种、扦插繁殖。

应用:常植于庭园观赏,栽植于林缘、池边、石旁均可;可作绿篱、绿墙,修剪成各种图形;可作树桩盆景。

5)水蜡树 *Ligustrum obtusifolium* Sieb.(**图** 2.73.7)

图 2.73.7　水蜡树

形态:落叶灌木,高 2～3 m。幼枝具短柔毛。叶纸质,长椭圆形,顶端锐尖或钝,基部楔形,背面有柔毛。圆锥花序下垂;花白色,无梗,花冠裂片明显短于筒部;花药和花冠裂片近等长。核果黑色。花期 7 月,果期 10—11 月。

分布:产于中国中部、东部。华北地区也有栽培。

习性:喜光,稍耐阴;较耐寒;萌枝力强,耐修剪;对有毒气体抗性强。

繁殖:播种、扦插繁殖。

应用:同小蜡树。

2.73.6　茉莉属 *Jasminum*(L.)Ait.

落叶或常绿灌木,直立或攀援状。枝条绿色,多为四棱形。奇数羽状复叶或单叶,对生,稀互生,全缘。花两性,稀单生,聚伞或伞房花序顶生或腋生;花冠高脚碟状,4～9 裂;雄蕊 2 枚,内藏。浆果。

本属约 300 种,中国 44 种。

1)茉莉花 *Jasminum sambac*(Linn.)Aiton.(**图** 2.73.8)

形态:常绿灌木,枝细长呈藤木状。高 0.5～3 m。幼枝有短柔毛。单叶对生,薄纸质,仅背面叶腋有簇毛,椭圆形或宽卵形,基圆形,全缘。通常花 3 朵成聚伞花序,顶生或腋生,有时多朵;花萼裂片 8～9 片,线形;花冠白色,浓香。花期 5—11 月,不同地区不同品种果期差异很大,通常 12 月—翌年 3 月。

分布:原产印度、伊朗、阿拉伯。中国多在广东、福建及长江流

图 2.73.8　茉莉花

域的江苏、湖南、湖北、四川栽培。

习性:喜光,稍耐阴,喜温暖气候,喜肥,以肥沃、疏松的沙壤及壤土为宜,pH5.5～7.0。不耐干旱,怕渍涝和碱土。

繁殖:扦插、压条、分株繁殖均可。

应用:茉莉枝叶繁茂,叶色翠绿,花朵秀丽,花期长,花朵多,花香清雅、持久,是世界著名的香花树种,可植于路旁、山坡及窗下、墙边,也可作树丛、树群之下木,或作花篱。花朵可熏制花茶和提炼香精。北方多行盆栽。

2)迎春花 *Jasminum nudiflorum* Lindl.(图2.73.9)

图2.73.9 迎春花

形态:落叶灌木。枝细长拱形,绿色,四棱。叶对生,3出复叶,缘有短刺毛。花单生在头年生枝的叶腋,花前开放,有叶状狭窄的绿色苞片;萼裂片5～6片;花冠黄色,常6裂,约为花冠筒长的1/2,花期2—4月,果期5—9月。

分布:产于中国北部、西北、西南各地。

习性:喜光,稍耐阴,喜温暖气候,较耐寒,耐干旱,怕渍涝,耐碱,喜肥,对土壤要求不严,根部萌发力强,根系浅。

繁殖:扦插、压条、分株繁殖均可。

应用:开花早,绿枝垂弯,金花满枝,为人早报新春,迎春植株铺散,冬季枝条鲜绿婆娑,宜植于路缘、山坡、池畔、岸边、悬崖、草坪边缘、窗下,或作花篱密植;或作开花地被,或栽植于岩石园内,观赏效果极好。与蜡梅、水仙、山茶号称"雪中四友"。也可作护坡固堤水土保持树种,还可盆栽。花、叶、嫩枝均可入药。

3)云南素馨(南迎春、野迎春) *Jasminum yunnanense* Jien ex P. Y. Bai

形态:常绿灌木,高可达3 m;树形圆整。枝细长拱形,柔软下垂、绿色,有四棱。叶对生,小叶3,纸质,叶面光滑。花单生于具总苞状单叶的小枝端;萼片叶状;花冠黄色,裂片6片或稍多,呈半重瓣,较花冠筒为长。花期4月,延续时间长。

分布:原产云南,南方地区多有栽植。北方常温室盆栽。

习性:喜光,稍耐阴,喜温暖气候,不耐寒,耐干旱,怕水涝,喜肥,对土壤要求不严,根部萌发力强。

繁殖:同迎春。

应用:云南黄馨枝条细长拱形,四季常青,春季黄花绿叶相衬,艳丽可爱,最宜植于水边驳岸,细枝拱形下垂水面,疏影横斜,有阴柔飘逸之美感,还可遮蔽驳岸;植于路缘、石隙等处均极优美;或作花篱密植;温室盆栽常编扎成各种形状观赏。

4)探春花(迎夏) *Jasminum floridum* Bunge(图2.73.10)

形态:半常绿灌木,枝直立或平展,幼枝绿色有棱。叶互生,小叶多为3枚,卵状长圆形,先端渐尖,边缘反卷。顶生聚散花序,花萼裂片5片,线形,与筒等长;花冠黄色。浆果近圆形。花期5—6月,果期9—10月。

分布:产于中国北部及西部,浙江一带有栽植。

习性:喜光,稍耐阴,喜温暖气候,稍耐寒,耐干旱,怕渍涝,耐

图2.73.10 探春花

碱,喜肥,对土壤要求不严,根部萌发力强,根系浅。

繁殖、应用同迎春。

2.73.7　白蜡树属(梣属)*Fraxinus* L.

本属约 70 种,中国 20 余种。

1)水曲柳(满洲白蜡)*Fraxinus mandschurica* Rupr.(图 2.73.11)

形态:落叶乔木,高达 30 m,树干通直,树皮灰褐色,浅纵裂。小枝略呈四棱形。小叶 7～13 枚,无柄,叶轴具狭翅,叶椭圆状披针形或卵状披针形,锯齿细尖,先端长渐尖,基部连叶轴处密生黄褐色绒毛。侧生圆锥花序,生于去年生小枝上;花单性,雌雄异株,无花被。翅果扭曲,矩圆状披针形。花期 5—6 月,果熟期 10 月。

图 2.73.11　水曲柳

分布:东北、华北广为栽培,以小兴安岭为最多。朝鲜、日本、俄罗斯也有。

习性:喜光,幼时稍耐阴;耐寒,稍耐盐碱,喜潮湿但不耐水涝;喜肥。主根浅、侧根发达,萌蘖性强,生长快,寿命长。抗性强。

繁殖:播种、扦插、分株繁殖。

应用:树体端正,树干通直,秋季变叶,是优良的行道树和遮阴树,还可用于河岸和工矿区绿化,是优良的用材树种。

2)毛洋白蜡(美国红梣、毛白蜡)*Fraxinus pennsylvanica* Marsh.

形态:落叶乔木,高 20 m,树皮灰褐色,纵裂。小叶通常 7 枚,卵状长椭圆形至披针形,长 8～14 cm,先端渐尖,基部阔楔形,缘具钝锯齿或近全缘。圆锥花序生于去年生小枝;花单性,雌雄异株,无花瓣。果翅披针形,下延至果实之基部。

变种:

洋白蜡(绿梣)*Fraxinus pennsylvanica* var. *lancelata.*(Borkh.)Sarg.　毛洋白蜡的变种,区别是叶缘有不整齐锯齿,两面无毛或下面中脉被短柔毛。

分布:原产加拿大、美国,中国东北、西北、华北至长江下游以北多有引进。

习性:喜光;耐寒;耐水湿,也稍耐干旱,根浅,生长快,发叶晚而落叶早。对城市环境适应性强。

繁殖:播种繁殖。

应用:本种树干通直,枝叶繁茂,叶色深绿而有光泽,秋叶金黄,是城市绿化的优良树种,常用作行道树、遮阴树及防护林树种,也可用作湖岸绿化及工矿区绿化。

3)绒毛梣(津白蜡)*Fraxinus velutina* Torr.

形态:落叶乔木,高 18 m;树冠伞形,树皮灰褐色,浅纵裂。幼枝、冬芽上均生绒毛。小叶 3～7 枚,通常 5 枚,顶生小叶较大,狭卵形,先端尖,基宽楔形,叶缘有锯齿,下面有绒毛。圆锥花序生于 2 年生枝上;无花瓣。翅果长圆形。花期 4 月,果熟期 10 月。

分布:原产北美。黄河中、下游及长江下游均有引种,天津栽培最多。

习性:喜光;耐寒,耐旱,耐水涝,耐盐碱,不择土壤,抗有害气体能力强,抗病虫害能力强。

繁殖:播种繁殖。

应用:本种枝繁叶茂,树体高大,对城市环境适应性强,具有耐盐碱、抗涝、抗有害气体和抗病虫害的特点,是城市绿化的优良树种,尤其对土壤含盐量较高的沿海城市更为适用。可作行道树、遮阴树及防护林树种,也可用作湖岸绿化及工矿区绿化。

4) 白蜡树(青榔木、白荆树) *Fraxinus chinensis* Roxb. (图 2.73.12)

图 2.73.12　白蜡树

形态:落叶乔木,高达 15 m,树冠卵圆形,树皮黄褐色。小枝光滑无毛。小叶 5～9 枚,通常 7 枚,卵圆形或卵状椭圆形,先端渐尖,基部窄,不对称,缘有齿及波状齿,表面无毛,背面沿脉有短柔毛。圆锥花序,疏松;无花瓣。翅果倒披针形。花期 3—5 月,果熟期 10 月。

分布:各地均有分布。

习性:喜光,稍耐阴;喜温暖湿润气候,耐寒;耐旱,喜湿耐涝,对土壤要求不严,在碱性、中性、酸性土壤上均能生长;抗烟尘,对二氧化硫、氯气、氟化氢有较强抗性。萌芽、荫蘖力均强,耐修剪;生长较快,寿命长。

繁殖:播种或扦插繁殖。

应用:白蜡树形体端正,树干通直,枝叶茂密而鲜绿,秋叶橙黄,是优良的行道树和遮阴树;其又耐水湿,抗烟尘,可用于湖岸绿化和工矿区绿化。材质优良,还可放养白蜡虫。

2.73.8　雪柳属 Fontanesia Carr.

落叶乔木或灌木;冬芽有鳞片 2～3 对。小枝四棱形。单叶,对生。花小,两性,圆锥花序腋生或顶生于当年生枝上,花序间具叶;萼小,4 深裂;花瓣 4 片,分离。翅果扁平,周围有窄翅。共 2 种,中国 1 种。

雪柳 *Fontanesia fortunei* Carr. (图 2.73.13)

形态:灌木,高达 5 m。小枝四棱。树皮灰黄色。叶卵状披针形至披针形,全缘。花序顶生;花白色或淡绿色,微香。翅果扁平,周围有窄翅。花期 5—6 月,果熟期 9—10 月。

分布:生于中国中部至东部,辽宁、广东也有栽培。

习性:喜光,稍耐阴;喜温暖,耐旱,耐寒;对土壤要求不严,除盐碱地外,各种土壤均能适应。萌芽力强,生长快。

繁殖:以扦插、播种繁殖为主,也可用压条繁殖,也可栽植。

应用:雪柳叶细如柳,枝条稠密柔软,晚春白花满树,宛如积雪,颇为美观。可丛植于庭园观赏,群植于公园,散植于溪谷沟边,更显潇洒自然。为自然式绿篱,花开时节,甚为壮观,雪柳防风抗尘,可作厂矿绿化树种。

图 2.73.13　雪柳

2.74　夹竹桃科 Apocynaceae

本科约 250 属,2 000 余种,中国 46 属 176 种。

本科植物一般有毒,尤以种子和乳汁毒性最强。

夹竹桃科

2.74.0　夹竹桃科枝叶检索表

1. 叶互生,线形,长 10～15 cm,宽 7～10 mm,无叶柄 ·················· 黄花夹竹桃 *Thevetia peruviana*
1. 叶对生或轮生 ··· 2
2. 直立灌木 ··· 3
2. 藤本;叶椭圆形或卵状披针形,长 2.5～7 cm,先端尖,基部楔形,叶柄长不足 5 mm
   ·· 络石 *Trachelospermum jasminoides*
3. 叶 3～5 片轮生 ·· 4
3. 叶对生 ·· 5
4. 侧脉 7～12 对;叶椭圆形或矩圆形,长 7～12 cm,宽 2.5～3 cm ·········· 黄蝉 *Allemanda neriifolia*
4. 侧脉多数,平行,多数与中脉成直角;叶线状披针形,长 11～15 cm,宽 2～2.5 cm ··· 夹竹桃 *Nerium indicum*
5. 枝有二叉状分枝的刺;叶阔卵形,革质,先端有小尖头 ·············· 大花假虎刺 *Carissa macrocarpa*
5. 枝无刺;叶椭圆状卵形至矩圆形,先端渐尖,叶厚纸质 ········ 狗牙花 *Ervatamia divaricata* 'Gouyahua'

2.74.1　夹竹桃属 *Nerium* Linn.

夹竹桃 *Nerium indicum* Mill. (图 2.74.1)

　　形态:常绿直立大灌木,高达 5 m,含乳液。嫩枝具棱,被微毛,老时脱落。叶革质,3～4 枚轮生,枝条下部为对生,窄披针形,顶端急尖,基部楔形,叶缘反卷,叶面光亮,中脉明显。花序顶生;花冠深红色或粉红色,具芳香,单瓣 5 枚或重瓣,喉部具 5 片撕裂状副花冠。蓇葖果细长,顶端有黄褐色种毛。花期 6—10 月,果期 12 月—翌年 3 月。

图 2.74.1　夹竹桃

　　分布:原产于伊朗、印度、尼泊尔。中国长江以南各省区广为栽植,北方各省栽培需在温室越冬。

　　习性:喜光,喜温暖湿润气候,不耐寒,耐旱,对土壤要求不严,碱性土地能生长。

　　繁殖:扦插、分株和压条繁殖。

　　应用:夹竹桃抗污染能力强,南方露地栽植于工矿企业绿地、公园绿地也可用于道路绿化。北方室内盆栽观赏。叶有毒,避免儿童误食。

2.74.2　络石属 *Trachelospermum* Lem.

　　本属约 30 种,中国有 10 种。

络石(万字茉莉、白花藤、石龙藤) *Trachelospermum jasminoides* (Lindl.) Lem. (图 2.74.2)

图 2.74.2　络石

　　形态:常绿藤本,茎长达 10 m,含乳汁,具气生根,茎红褐色,幼枝有黄色柔毛,叶卵状披针形,全缘,表面无毛,背面有柔毛。脉间常呈白色;聚伞花序腋生;花萼 5 深裂,花后反卷;花冠白色,芳香,花冠筒中部以上扩大,喉部有毛,5 裂片开展并右旋,形如风车。蓇葖果,对生。种子线形,有白毛。花期 5—6 月,果熟期 9—10 月。

　　分布:主产于长江流域,在中国分布极广,华南、华东、华北地区均有栽培。朝鲜、日本也有。

　　习性:喜光,耐阴,稍耐寒,在阴湿而排水良好的酸性、中性土壤上生长旺盛,耐寒,不耐水淹,生长快,萌蘖性强,抗海潮风。

繁殖:以扦插、压条繁殖为主,也可播种繁殖。

应用:藤蔓攀援,叶色浓绿,四季常青,且具芳香,是优美的垂直绿化和林下绿化地被材料,多植于枯树、假山、墙垣之旁,令其攀援而上,优美自然,也可用于搭花架、花廊,华北地区常盆栽或做盆景。根、茎、叶、果可入药。乳汁有毒。

2.75　杠柳科 Periplocaceae

约50属200种,分布于热带及亚热带地区。我国产6属,多数植物体有毒,园林应用1种。

杠柳(别名:北五加皮)*Periploca sepium* Bunge(图2.75.1)

图2.75.1　杠柳

形态:落叶蔓性灌木,长可达1.5 m。主根圆柱状,外皮灰棕色,内皮浅黄色。具乳汁,除花外,全株无毛;茎皮灰褐色;小枝通常对生,有细条纹,具皮孔。叶卵状长圆形,长5~9 cm,宽1.5~2.5 cm,顶端渐尖,基部楔形,叶面深绿色,叶背淡绿色;中脉在叶面扁平,在叶背微凸起,侧脉纤细,两面扁平,每边20~25条;叶柄长约3 mm。聚伞花序腋生,着花数朵;花序梗和花梗柔弱;花萼裂片卵圆形,顶端钝;花冠紫红色,辐状,花冠筒短,裂片长圆状披针形,中间加厚呈纺锤形,反折,内面被长柔毛,外面无毛;副花冠环状,顶端向内弯;心皮离生,无毛。种子长圆形,长约7 mm,宽约1 mm,黑褐色。花期5—6月,果期7~9月。

分布:东北、华北、西北、华东及河南、贵州、四川等省区。

习性:生于平原及低山丘的林缘、沟坡、河边沙质地或地埂等处。

繁殖:种子繁殖、分株繁殖和扦插繁殖。

应用:可园林观赏。适于做花径及配景。茎叶乳汁含弹性橡胶;种子可榨油;茎皮、根皮药用,治关节炎等,但有毒,宜慎用;根皮又做杀虫药。

2.76　萝藦科 Asclepiadaceae

叶对生或轮生,具柄,全缘,羽状脉;叶柄顶端通常具有丛生的腺体,通常无托叶。

本科多为草本,园林常见木本2种。

2.76.0　萝藦科检索表

1.叶基部有腺体,叶片宽卵形,叶缘和脉稍被柔毛 ………………………………………………… 夜来香 *Telosma cordata*

1.叶基部无腺体,叶片卵状披针形或披针形,两面光滑或近脉上有短柔毛 ………………………………………………… 多花娃儿藤 *Tylophora floribunda*

2.76.1　夜来香属 *Telosma*(Burm. f.)Cov.

夜来香(夜香树、夜香花)*Telosma cordata* Merr.(图2.76.1)

形态:叶对生,叶片宽卵形、心形至矩圆状卵形,长4~9.5 cm,宽3~8 cm,先端短渐尖,基部深心形,全缘,基出掌状

图2.76.1　夜来香

脉7~9条,边缘和脉上有毛。伞形状聚伞花序腋生,有花多至30朵;花冠裂片,矩圆形,黄绿色,有清香气,夜间更甚。副花冠5裂,肉质,短于花药,着生于合蕊冠上,顶端渐尖;花粉块每室1个,椭圆形,直立。蓇葖果披针形,长7.5 cm,外果皮厚,无毛。种子宽卵形,长约8 mm,顶端具白色绢质种毛。花期5—10月,果期10—12月。

分布:亚洲热带和亚热带及欧洲、美洲,中国华南地区。

习性:夜来香多生长在林地或灌木丛中。喜温暖、湿润、阳光充足、通风良好、土壤疏松肥沃的环境,耐旱、耐瘠,不耐涝,不耐寒。

繁殖:扦插繁殖。

应用:栽培供观赏。枝条细长,夏秋开花,黄绿色花朵,傍晚开放,香味浓郁,在南方多用来布置庭院、窗前、塘边和亭畔。也可用作切花和盆景。

2.76.2　娃儿藤属 *Tylophora* R. Br.

多花娃儿藤(七层楼) *Tylophora floribunda* Miquel(图2.76.2)

形态:多年生缠绕藤本,有乳汁。根须状,淡黄色。叶对生;叶片卵状心形或卵状披针形,长5~8 cm。先端尖,基部心形,两面光滑或仅上面脉上有短毛。聚伞花序,腋生,长2~5 cm;花萼5裂,裂片披针形,有细毛;花冠5裂,裂片卵形,暗紫色。蓇葖果双生,叉开度180°。种子顶端有一簇白色长毛。花期5—9月,果期8—12月。

分布:分布于贵州、台湾、湖南、广东、广西、江西、福建、浙江。

习性:生于山坡林缘或路边草丛中及山谷或向阳疏密杂树林中。

繁殖:扦插繁殖。

应用:园林盆栽观赏或作藤架。小型盆栽,颇为美观。

图2.76.2　多花娃儿藤

2.77　茜草科 Rubiaceae

本科约500属,6 000余种,中国产75属,477种。

茜草科

2.77.0　茜草科枝叶检索表

2.77.1 水团花属 *Adina* Salisb.

小乔木或灌木,顶芽不明显,由托叶疏散包被。叶对生;托叶窄三角形,2 深裂,达 2/3 以上。头状花序单生枝顶和叶腋。花 5 数,近无梗,萼筒分离;花冠高脚碟杯状或漏斗状;雄蕊着生在花冠筒上部;子房 2 室,蒴果,裂片宿存中轴顶部。

水杨梅(细叶水团花) *Adina rubella* Hance

形态:落叶灌木。叶卵状披针形或卵状椭圆形,侧脉 5~7 对,被柔毛。头状花序顶生,稀兼腋生;花冠紫红色,花冠筒 5 裂,裂片三角形。花果期 5—12 月。

分布:产于河南、陕西、台湾及长江流域以南地区。多生于溪沟两边或山坡潮湿地。

习性:喜温暖湿润和阳光充足环境,较耐寒,不耐高温和干旱,耐水淹,以肥沃酸性的沙壤土为佳。萌生性强。

繁殖:常用播种、压条和扦插繁殖,也可采用分蘖、嫁接等法。

应用:水杨梅枝条披散,婀娜多姿,紫红球花满吐长蕊,秀丽夺目,适用于低洼地、池畔和塘边布置,也可作花径绿篱。

2.77.2 栀子属 *Gardenia* Ellis.

灌木,稀小乔木。叶对生或 3 枚轮生,托叶膜质,鞘状,生于叶柄内侧。花单生或呈伞房状花序,腋生或顶生;萼筒有棱,裂片宿存;花大,白色或黄色,花冠高脚杯状或漏斗状,5~11 裂,在花蕾时旋转排列;雄蕊 5~11 着生于花冠喉部,内藏;花盘环状或圆锥状;子房 1 室,浆果,有纵棱,萼裂片顶端宿存。

本属约 250 种,中国产 4 种。

栀子花 *Gardenia jasminoides* Ellis (图 2.77.1)

形态:常绿灌木,高达 3 m。枝丛生。干灰色,小枝深色,有垢状毛。叶革质,长椭圆形,先端渐尖,基部宽楔形,全缘,无毛,有光泽。花单生枝端或叶腋;花萼 5~7 裂;花冠高脚碟状,花白色,浓香。黄色浆果,卵形,6 纵棱,萼裂片顶端宿存。花期 6—8 月,果熟期 10 月。

分布:浙江、江西、福建、湖北、湖南、四川、贵州、山东等省。

习性:喜温暖湿润环境,较耐寒,可耐短时 -10 ℃的低温。

繁殖:种子繁殖,也可扦插和压条繁殖。

图 2.77.1 栀子花

应用:可做绿篱、花坛和地被。北方地区盆栽观赏。

2.77.3　六月雪属 *Serissa* Comm.

小灌木,枝叶揉之有臭味。叶小,对生,全缘,近无柄;托叶宿存。花小白色;花冠漏斗状,花单生或簇生,顶生或腋生;萼筒倒圆锥形,4～6裂,宿存,花冠筒4～6裂,喉部有柔毛;雄蕊4～6;子房2室,每室具1胚珠。球形核果。共3种,中国均产。

六月雪(白马骨、满天星) *Serissa japonica* (Thunb.) Thunb. (**图2.77.2**)

形态:常绿或半常绿矮生小灌木,高约1 m,多分枝,嫩枝有微毛。单叶对生或簇生于短枝,长椭圆形,顶端有小突尖,基部渐狭,全缘,两面叶脉、叶缘及叶柄上均有白色毛。花单生或数朵簇生;花冠白色或淡红白色。核果小,球形。花期5—6月,果期8—9月。

分布:产于中国东南部和中部各省区。现各地均有栽培。

习性:喜温暖、阴湿气候,对土壤要求不严。中性、微酸性土均能适应,喜肥。不耐寒。萌芽力、萌蘗力均强,耐修剪,耐蟠扎。

繁殖:扦插、分株繁殖均可。

应用:六月雪树形纤巧,枝叶密集,夏日盛花,宛如白雪满树,清雅可人,适宜作花坛、花篱和下木;适宜点缀在山石、岩际或在庭园、路边及步道两侧作花径配植,极为别致;植株矮小,耐阴,也可作地被植物使用,适宜作盆景,也是很好的散状花材。全株入药。

图2.77.2　六月雪

2.78　紫葳科 Bignoniaceae

本科约120属,650种。中国引种22属49种。

紫葳科

2.78.0　紫葳科枝叶检索表

1. 单叶3片轮生,叶下面脉腋有腺斑,3出脉或掌状脉 ………………………………………… 2
1. 复叶对生,叶下面脉腋无腺斑,羽状脉 …………………………………………………… 5
2. 叶下面脉腋具黄绿色腺斑,宽卵形,下面密生柔毛 ………………… 黄金树 *Catalpa speciosa*
2. 叶下面脉腋具紫色腺斑 …………………………………………………………………… 3
3. 叶宽卵形,长宽几相等,通常3~5浅裂,下面沿叶脉有毛 ……………… 梓树 *Catalpa ovata*
3. 叶三角状卵形,长大于宽,不裂或有时近基部有3~5牙齿或浅裂,无毛 …………………… 4
4. 叶长10~15 cm,花白色,蒴果长25~50 cm ………………………… 楸树 *Catalpa bungei*
4. 叶长12~20 cm,花淡红色,蒴果长达60~80 cm ……… 滇楸 *Catalpa fargesii* f. *duolouxii*
5. 直立乔木,1~3回羽状复叶,小叶全缘 ………………… 菜豆树 *Radermachera sinica*
5. 攀援灌木1回羽状复叶,小叶有锯齿 ……………………………………………………… 6
6. 小叶9~11,下面有毛,叶缘疏生4~5锯齿 ……………… 美国凌霄 *Campsis radicans*
6. 小叶7~9,下面无毛,叶缘疏生7~8锯齿 ……………… 凌霄 *Campsis grandiflora*

2.78.1　梓树属 *Catalpa* L.

落叶乔木,无顶芽。单叶对生或3枚轮生,全缘或有缺裂,基出脉3~5,叶背面脉腋常具腺斑。花大,呈顶生总状花序或圆锥花序;花萼不整齐,深裂或2唇形分裂;花冠钟状唇形;发育雄蕊2,内藏,中轴胎座;子房2室。蒴果细长;种子两侧有白色丝状毛。

本属约14种,中国产4种。

1) 梓树(木角豆) *Catalpa ovata* G. Don(图 2.78.1)

形态:乔木,高 10~20 m,树干耸直,分枝开展,枝粗壮,树冠伞形;树皮灰褐色、纵裂。叶广卵形或近长圆形,通常 3~5 浅裂,有毛。顶生圆锥花序,花冠浅黄色,内有黄色线纹及紫色斑点;花萼紫色或绿色。果实细长,经冬不落。种子长椭圆形,有毛。花期 5—6月,果期 9—10月。

分布:主要生长在黄河流域和长江流域,北京、河北、内蒙古、安徽、浙江均有分布。

习性:喜光、幼苗耐阴。喜温暖湿润气候,有一定的耐寒性,冬季可耐 -20 ℃低温。深根性,喜深厚、湿润、肥沃、疏松的中性土,微酸性土及轻度盐碱土也可生长。不耐干旱、贫瘠,对二氧化硫、氯气和烟尘抗性强。

图 2.78.1 梓树

繁殖:以播种为主,也可扦插或分蘖繁殖。

应用:梓树树姿优美,叶片浓密,树冠宽大,宜作行道树、庭荫树及"四旁"绿化树种。它花繁果茂,呈簇状长条形果实挂满树枝,果期长达半年以上。它还有较强的消声、滞尘、忍受大气污染能力,能抗二氧化硫、氯气、烟尘等,是良好的环保树种,可营建生态风景林。古人在房前屋后栽植桑树、梓树,"桑梓"即意故乡。木材轻,可做家具、乐器等。

2) 黄金树(美国楸树) *Catalpa speciosa* (Barney) Engelm

形态:落叶乔木,株高 15 m。树冠圆锥形。树皮厚,灰色,有鳞片状开裂。单叶,多三叶轮生,也有对生叶片,叶宽卵形至卵状长圆形,全缘或偶有 1~2 浅裂,背面背白色柔毛,基部脉腋具绿色腺斑。圆锥花序顶生;花冠白色,内面有两条黄色条纹和淡紫色斑点。蒴果,粗如手指,长 20~45 cm。花期 5—6月,果熟期 9月。

分布:原产美国中部东部,各地城市均有栽培。

习性:强阳性,有一定的耐寒力,喜温暖、湿润、肥沃的平地,忌水涝,根性深。

繁殖:播种繁殖。

应用:黄金树株形优美,花大,宜作行道树、庭荫树。材质硬,可作用材树种。

2.78.2 凌霄属 *Campsis* Lour.

落叶藤木,借气生根攀援。奇数羽状复叶对生,小叶有齿。聚伞或圆被花序顶生;花萼钟状,革质,具不等的 5 齿裂;花冠漏斗状钟形,在萼以上扩大,5 裂,稍呈二唇形;雄蕊 4,内藏;子房 2 室,基部具大型花盘。蒴果长,种子多数,具翅。

1) 凌霄花 *Campsis grandiflora* (Thunb.) Schum(图 2.78.2)

形态:落叶藤木,长达 10 m;树皮灰褐色,呈细条状纵裂,外皮常剥落;小枝紫褐色。奇数羽状复叶互生,小叶 7~9,卵形至卵状披针形。先端渐尖,叶缘有锯齿,基部不对称,两面光滑无毛。疏松聚伞状圆锥花序顶生;花萼 5 裂至中部;花冠唇状漏斗形,鲜红色或橘红色,无香味。蒴果长,先端钝,种子扁平。花期 6—8月,果熟期 10月。

图 2.78.2 凌霄花

分布:原产中国中部、东部,现各地有栽培。日本也产。

习性:喜光而稍耐阴;喜温暖湿润气候,有一定的耐寒性,耐旱忌积水;喜微酸性、中性土壤。萌蘖力、萌芽力均强。

繁殖:通常扦插、压条、分株、播种、埋根均可繁殖,而以扦插为主。

应用:凌霄干枝虬曲多姿,叶绿,花大,色艳,夏秋开花长达 3 个月,它是垂直绿化的好材料。常令其攀援美化棚架、拱门或庭院墙壁、围栏。在阳台或西晒墙面攀援生长,既可美化环境,又可遮挡夏日强烈的阳光,降低室内温度。此花也适宜作为盆栽观赏,为取得良好的观赏效果,可用竹木等材料构筑成各种图形或动物形状,然后在生长过程中对其枝蔓做必要的扶持、导向和固定,使之按人的意愿攀援而上,可以生长成很美的形体。茎、叶、花均入药。

2)美国凌霄花(厚萼凌霄)Campsis radicans(L.) Seem.

形态:落叶藤木,长达 10 余米。小叶 9~13,椭圆形至卵状长圆形,叶轴及叶背均生短柔毛,缘疏生 4~5 粗锯齿。花数朵集生成短圆锥花序;萼片裂较浅,花冠筒状漏斗形,较凌霄为小,径约 4 cm,通常外面橘红色,裂片鲜红色。蒴果筒状长圆形,先端尖。花期 6—8 月,果期 9—11 月。

分布:原产北美。中国各地引入栽培。

习性:喜光,也稍耐阴;喜温暖,也较耐寒,北京能露地越冬;耐干旱,也耐水湿;对土壤要求不严,能生长在偏碱的土壤上,又耐盐,深根性,萌蘖力、萌芽力均强,适应性强。具很多簇生的气生根,攀援能力强。

繁殖及应用同凌霄花。

2.79　厚壳树科 Ehretiaceae

灌木或乔木;叶互生;花单生于叶腋内或排成顶生或腋生的伞房花序或圆锥花序;萼 5 裂;花冠管短,圆筒状或钟状,5 裂,裂片扩展或外弯;雄蕊 5,着生于冠管上;子房 2 室,每室有胚珠 2 颗,花柱 2 枚,合生至中部以上,柱头 2 枚;果为核果,内果皮分裂成具 1 或 2 种子的核。分布于热带到亚热带。

2.79.0　厚壳树科检索表

1. 一年生小枝密被毛;叶上面有刚毛,粗糙,下面密被短柔毛 ························· 粗糠树 *Ehretia dicksonii*
1. 一年生小枝无毛,叶上面刚毛常脱落,不甚粗糙,下面近无毛,仅脉腋有簇生毛 ··· 厚壳树 *Ehretia thyrsiflora*

2.79.1　厚壳树属 Ehretia L.

1)粗糠树 Ehretia dicksonii Hance.（图 2.79.1）

形态:落叶乔木,树皮灰色,小枝褐色,具皮孔。叶面绿色,被糙伏毛,背面色淡,无毛或近无毛,伞房状圆锥花序顶生,花多,芳香;花梗密被短毛;花萼绿色,花冠白色或略带黄,花丝白色,花药黄色,花柱淡绿色,核果绿色转黄色,近球形。花果期 3—7 月。

分布:主产中国的中部及西南地区。山东、河南有少量栽培。

习性:生于山坡疏林及土质肥沃的山脚阴湿疏林处及土质肥沃的山脚阴湿处。

图 2.79.1　粗糠树

繁殖:种子繁殖。

应用:风景林、公园绿化等。

2)厚壳树(大岗茶、松杨) *Ehretia thyrsiflora* (Sieb. et Zucc.) Nakai. (图2.79.2)

图2.79.2　厚壳树

形态:落叶乔木,高达15～18 m,干皮灰黑色纵裂。花两性,顶生或腋生圆锥花序,有疏毛,花小无柄,密集,花冠白色,有5裂片,雄蕊伸出花冠外,花萼钟状,绿色,5浅裂,缘具白毛,核果,近球形,橘红色,熟后黑褐色,径3～4 mm。花期4月,果熟期7月。

分布:分布于中国、日本、越南。

习性:适应性强,生于海拔100～1 700 m丘陵、平原疏林、山坡灌丛及山谷密林。

繁殖:种子繁殖。

应用:枝叶繁茂,叶片绿薄,春季白花满枝,秋季红果遍树。可与其他的树种混栽,形成层次景观,为优良的园林绿化树种,可孤植、对植、群植。

2.80　千屈菜科 Lythraceae

千屈菜科

灌木或乔木,树皮光滑。冬芽先端尖,有2芽鳞。单叶对生或近对生,叶柄短。圆锥花序着生于当年生枝端,花萼半球形或陀螺形,5～9裂,边缘皱缩状,基部具长爪。雄蕊6至多数。果室被开裂,种子顶端有翅。

2.80.0　千屈菜科枝叶检索表

2.80.1　紫薇属 *Lagerstroemia* Linn.

1)紫薇(痒痒树、百日红、满堂红) *Lagerstroemia indica* L. (图2.80.1)

形态:落叶乔木,高可达10 m,枝干多扭曲,树皮呈长薄片状,剥落后平滑细腻。小枝略呈四棱形,常有狭翅。单叶对生或近对生,椭圆形至倒卵形,具短柄。圆锥花序着生于当年生枝端,花呈白、堇、红、紫等色,径2.5～3 cm。花萼半球形,绿色,顶端6浅裂,花瓣6,近圆形,边缘皱缩状。雄蕊多数,生于萼筒基部。子房上位。蒴果近球形,6瓣裂,花萼宿存;种子有翅。花期6—9月,果熟期9—10月。本种的变型为:银薇 *Lagerstroemia indica* f. *alba* Nichols.,花白色。

分布:华北地区及以南,广泛分布。北京、山东至台湾、东部沿

图2.80.1　紫薇

海至西安均可露地栽培。

习性:喜光,稍耐阴,喜温暖湿润气候,耐寒性较强,对土壤要求不严。

繁殖:播种、扦插、压条等。

应用:孤植、对植、片植于各类园林绿地。

2)**银薇** *Lagerstroemia indica* f. *alba*(Nichols.) Reld.

形态:花白色或略带淡紫色;叶与枝淡绿。有纯白、粉白、乳白等变种。

分布:东至青岛、上海,南至台湾和海南,西至西安、四川,北至北京、太原等均可露地栽培。日本、朝鲜、美国和南欧等地也有栽培。

习性:喜光而稍耐阴,喜温暖、湿润气候,有一定的抗寒力和耐旱力。喜肥,喜生于石灰性土壤和肥沃的沙壤土,喜生于排水良好之地,稍耐涝。寿命长,可达 500 年以上。萌芽力强,耐修剪。对二氧化硫、氟化氢及氯气有较强的抗性,有较好的吸滞粉尘能力。

繁殖:播种、扦插、分蘖、根插、压条均可。

应用:紫薇树干古朴光洁,树身如有微小触动,枝梢就颤动不已,确有"风轻徐弄影"的风趣,在炎热的夏季,正当缺花时节,其花开烂漫,自夏至秋,经久不衰,是少有的夏季观花树种。可培养独干作为行道树,孤植或 3～5 株成群散植于草坪、假山上、人工湖畔及小溪边,也可在庭院堂前对植两株或种植于花坛内,由于紫薇对二氧化硫、氟化氢及氯气有较强的抗性,有较好的吸滞粉尘能力,还可以用于厂矿、街道绿化,并可制作盆景。

3)**南紫薇(马龄花、苞饭花)** *Lagerstroemia subcostata* Koehne

形态:落叶乔木或灌木状,高可达 14 m,树皮薄,灰色至茶褐色。小枝茶褐色,圆柱形或不明显呈四棱形,无毛或稍具硬毛。叶膜质,长圆形至长圆状披针形,具短柄。圆锥花序顶生,有褐色微柔毛,花密生;花呈白色、玫瑰红,径约 1 cm。花萼 10～12,棱 5 裂,雄蕊 15～30。蒴果椭圆形,3～6 瓣裂。花期 6—8 月,果熟期 7—10 月。

分布:产于台湾、广东、广西、湖南、湖北、福建、浙江、江苏、安徽、四川等地。

习性:喜光而稍耐阴,喜温暖、湿润气候,耐寒性差。

繁殖、应用同紫薇。

2.81　马鞭草科 Verbenaceae

马鞭草科

灌木,稀小乔木或藤本,通常被星状毛或粗糠状短柔毛;裸芽。叶对生,有锯齿,背面有腺点。花小,4 数,聚伞花序腋生,浆果状核果,球形,成熟时常为紫色,有光泽。

2.81.0　马鞭草科枝叶检索表

4. 叶缘有锯齿 ·· 6
5. 叶倒卵形或近圆形,长 2.5～5 cm,宽 1.5～3 cm,先端钝圆或具短尖头,基部楔形,下面灰白色 ··········
　　　　　　　　　　　　　　　　　　　　　　　　　　　　　　单叶蔓荆 *Vitex trifolia* var. *simplicifolia*
5. 叶长椭圆形至卵状椭圆形,长 6～17 cm,宽 3～7 cm,先端尖或渐尖,基部圆形或宽楔形,下面绿色 ··········
　　　　　　　　　　　　　　　　　　　　　　　　　　　　　　　　　　　大青 *Clerodendrum cyrtophyllum*
6. 三出脉或掌状脉 ··· 7
6. 羽状脉 ·· 9
7. 叶宽卵形,卵形或心形,叶缘有粗锯齿或波状齿 ···································· 8
7. 叶近圆形,基部心形,叶缘有疏短尖齿,下面密生锈黄色盾形腺体 ······· 赪桐 *Clerodendrum japonicum*
8. 叶下面散生腺点,基部有数个盘状腺体,边缘有粗锯齿或细锯齿 ··········· 臭牡丹 *Clerodendrum bungei*
8. 叶下面基部脉腋有数个盘状腺体,边缘有不规则锯齿或波状齿 ········ 尖齿臭茉莉 *Clerodendrum lindleyi*
9. 侧脉直达叶缘锯齿,锯齿圆钝,两面有柔毛及金黄色腺点 ······· 莸 *Caryopteris nepetaefolia*
9. 侧脉不达齿端,前弯 ··· 10
10. 叶无腺点 ·· 11
10. 叶两面有腺点或下面有腺点 ·· 13
11. 叶无毛 ··· 12
11. 叶两面有糙毛,叶片卵形至卵状椭圆形,上面有粗糙的皱纹和短柔毛 ······· 马缨丹 *Lantana camara*
12. 叶卵状椭圆形或倒卵形,先端钝尖,叶片中部以上有锯齿 ················· 假连翘 *Duranta repens*
12. 叶卵形,卵状披针形、倒卵形或椭圆形,先端长渐尖,边缘有不规则粗齿或有时全缘 ···········
　　　　　　　　　　　　　　　　　　　　　　　　　　　　　　　　　　　　豆腐柴 *Premna microphylla*
13. 叶下面有黄色腺点 ·· 14
13. 叶下面有红色腺点 ·· 16
14. 叶两面无毛,叶倒卵形、倒披针形或披针形 ··· 15
14. 叶上面稍有毛,下面被黄褐色或灰褐色星状毛,叶宽椭圆形至椭圆状卵形 ·····
　　　　　　　　　　　　　　　　　　　　　　　　　　　　老鸦糊(紫珠) *Callicarpa giraldii*
15. 叶倒卵形,先端急尖,长 3～7 cm,宽 1～2.5 cm,边缘仅上半部有数对粗锯齿 ·····
　　　　　　　　　　　　　　　　　　　　　　　　　　　　白棠子树 *Callicarpa dichotoma*
15. 叶倒披针形或披针形,先端渐尖,长 6～10 cm,宽 2～3 cm,边缘上半部有细锯齿 ··········
　　　　　　　　　　　　　　　　　　　　　　　　　窄叶紫珠 *Callicarpa japonica* var. *angustata*
16. 叶通常为卵状披针形,长 4～10 cm,宽 1.5～3 cm,两面仅脉上有毛 ············ 华紫珠 *Callicarpa cathayana*
16. 叶宽椭圆形至椭圆状卵形,长 5～17 cm,宽 2.5～10 cm,下面被黄褐色或灰褐色星状毛 ···········
　　　　　　　　　　　　　　　　　　　　　　　　　　　　　　　　　　珍珠枫 *Callicarpa bodinieri*
17. 小叶全缘或每边有少数锯齿,下面密被灰白色细绒毛 ·························· 18
17. 小叶边缘有多数锯齿,浅裂以至深裂,无毛或稍有 ······························ 19
18. 小叶 5～7,披针形至狭披针形,下面有腺点,老枝近圆形 ············· 穗花牡荆 *Vitex agnuscastus*
18. 小叶 5,有时 3,椭圆状卵形或披针形,下面无腺点,老枝四棱形 ·········· 黄荆 *Vitex negundo*
19. 小叶边缘有锯齿,背面疏生柔毛 ·· 牡荆 *Vitex negundo* var. *cannabifolia*
19. 小叶边缘有缺刻状锯齿,浅裂或深裂,背面密被灰白色绒毛 ········· 荆条 *Vitex negundo* var. *heterophylla*

图 2.81.1　紫珠

2.81.1　紫珠属 *Callicarpa* Linn.

本属约 190 种,中国约 46 种。

1) 紫珠(日本紫珠) *Callicarpa japonica* Thunb.(图 2.81.1)

形态:灌木,高约 2 m。小枝幼时有绒毛,很快变光滑。叶倒卵形至椭圆形,先端急尖或长尾尖,基部楔形,无毛,缘有细锯齿。聚伞花序;花萼杯状;花冠白色或淡紫色。花药顶端孔裂。果球形,紫色。花期 6—7 月,果期 8—10 月。

分布:产于东北南部、华北、华东、华中等地。日本、朝鲜也有分布。

习性:喜光,喜温暖湿润环境,耐寒,耐阴,对土壤要求不高。

繁殖:播种繁殖,也可用扦插或分株繁殖。

应用:枝条柔细,植株矮小,株形蓬散,紫果累累,有光泽,适于基础栽植和草坪边缘、路旁、假山旁边栽植,可配置于高大常绿树前作衬托。根、叶入药。

2) 珍珠枫 *Callicarpa bodinieri* Levl.

形态:灌木。小枝、叶柄、花序被粗糠状星状毛。叶卵状长椭圆形或椭圆形,有锯齿,上面有柔毛,下面灰棕色,密被星状柔毛,两面密生暗红色或红色腺点,花序4~5次分歧,花萼被星状毛,具暗红色腺点,花冠紫色,被星状毛和暗红色腺点,核果球形,紫色,无毛。花期6—7月,果熟期8—11月。

分布:产于河南、江苏、安徽、福建、贵州、云南等地,生于林缘、疏林灌丛中。

习性:喜光,喜温暖湿润环境,耐阴,对土壤要求不高。

应用、繁殖同紫珠。果、根、叶入药。

3) 老鸦糊 *Callicarpa giraldii* Hesse ex Rehd.

形态:灌木,高达1~3(5) m。小枝被星状毛。叶纸质,椭圆形或长圆形,有锯齿,上面稍有微毛,下面疏被星状毛和黄色腺点,花序4~5次分歧,花萼钟状,疏被星状毛,具黄色腺点,花冠紫色,稍有毛,具黄色腺点,果球形,紫色,花期5—6月,果熟期7—11月。

分布:产于甘肃、陕西、河南、安徽、福建、贵州等地,生于疏林灌丛中。

习性:喜光,喜温暖湿润环境,耐阴,对土壤要求不高。

繁殖、应用同紫珠。全株入药。

4) 光叶紫珠 *Callicarpa lingii* Merr.

形态:灌木。小枝微有星状毛,后脱落。叶倒卵状长椭圆形或长椭圆形,基部近心形,上面有微毛,下面密生黄色腺点,具细齿或近全缘。花序2~4次分歧,被黄褐色星状毛,花萼无毛或微有星状毛。花冠紫红色,近无毛;药室孔裂。核果倒卵形或卵圆形,有黄色腺点。花期6月,果熟期7—10月。

分布:产于江西、安徽、浙江,生于海拔约300 m的丘陵山坡。

习性、繁殖、应用同紫珠。

5) 华紫珠 *Callicarpa cathayana* H. T. Chang

形态:灌木。小枝纤细,幼枝疏被星状毛,后脱落。叶椭圆形或卵形,先端渐尖,基部楔形,锯齿细密,有红色腺点;侧脉稍凸起,网脉和细脉稍凹下。聚伞花序3~4岐分枝,花序梗较叶柄稍长或近等长;花萼杯状,被星状毛及红色腺点;花冠紫色,疏被星状毛及红色腺点;雄蕊与花冠等长或稍长,药室孔裂;子房无毛。核果球形,紫色。花期5—7月,果期8—11月。

分布:产于河南、江苏、安徽、浙江、福建、江西、湖北、广东、广西及云南。

习性、繁殖、应用同紫珠。

2.82 木通科 Lardizabalaceae

本科共8属。中国6属,约35种。

木通科

2.82.0 木通科枝叶检索表

2. 小叶5,倒卵形或椭圆形,先端微凹、落叶性 ················· 五叶木通 *Akebia quinata*

2. 小叶5~7,矩圆状卵形,先端尾尖,下面网脉有灰白色斑纹;常绿性 ········· 野木瓜 *Stauntonia chinensis*

3. 中间小叶柄长2~3 cm,小叶卵形,先端钝圆,全缘或有波状钝齿,网脉细密,落叶性 ·········

·· 三叶木通 *Akebia trifoliata*

3. 中间小叶柄长4~5 cm,小叶卵形或椭圆形,先端突尖,全缘,网脉稀疏,常绿性 ··· 鹰爪枫 *Holboellia coriacea*

2.82.1　木通属 *Akebia* Decne

落叶或常绿藤本。掌状复叶,互生,稀羽状复叶;无托叶。花单性同株;总状花序腋生;萼片,花瓣状,雌花大,生于花序基部,雄花小,生于花序上部;雄蕊6;心皮3~12离生,浆果肉质,种子具胚乳,熟时沿腹线开裂。种子黑色。

1)木通 *Akebia quinata*(Houtt.)Decne.(图2.82.1)

图2.82.1　木通

形态:落叶缠绕藤本。长约9 m。枝灰色,有条纹,皮孔突起。掌状复叶,小叶片5,倒卵形或椭圆形。先端钝或微凹,基部宽楔形,全缘。花淡紫色,芳香;果实肉质,紫色,长椭圆形。花期4月,果期10月。

分布:主产于华东地区,广布于长江流域、华南及东南沿海地区。

习性:喜湿润、郁闭且耐寒,生于山坡、灌丛或沟边,适宜冬冷夏热湿山地气候。植株缠绕于乔木或灌木上生长,寿命长。

繁殖:播种、压条和分株繁殖。

应用:本种花叶美观,可作花架绿化材料,还可令其缠绕树木、山石,进行枯树绿化,点缀山石,可用支架搭成各种形状,令其缠绕而造成所需形状,也可作荫棚树种。果实可食,果、藤入药。

2)三叶木通 *Akebia trifoliata*(Thunb.)Koidz.

形态:落叶木质藤本。长达6 m。三出复叶;小叶卵圆形、宽卵圆形或长卵形,先端钝圆、微凹或具短尖,边缘浅裂或波状。花序总状,腋生;花较小,雌花花被片紫红色,具6个退化雄蕊,心皮分离。果实长卵形。种子多数,卵形,黑色。花期4—5月,果熟期8月。

分布:主产于浙江等地。分布于河北、山东、河南、陕西、浙江、安徽、湖北。

习性、繁殖、应用同木通。

2.83　小檗科 Berberidaceae

本科共12属,650余种,中国有11属,200余种。

小檗科

2.83.0　小檗科枝叶检索表

1. 单叶,枝条节部具长刺 ·· 2

1. 奇数羽状复叶,枝条节部无刺,叶缘有尖刺 ·· 4

2. 叶具锯齿,刺通常3分叉 ··········· 豪猪刺(黄芦木)*Berberis julianae*

2. 叶全缘,刺不分叉 ·· 3

3. 叶倒卵形,长1~2 cm,基部楔形 ···················· 日本小檗 *Berberis thunbergii*

3. 叶椭圆状菱形,长2.5~8 cm,基部下延成叶柄 ········ 庐山小檗 *Berberis virgetorum*

4. 小叶卵形或椭圆形,宽达4~5 cm ···················· 阔叶十大功劳 *Mahonia bealei*

4. 小叶狭披针形,宽2~3 cm ········· 十大功劳 *Mahonia fortunei*

2.83.1　小檗属 *Berberis* Linn.

落叶或常绿灌木或小乔木。枝具针状刺。单叶,在短枝上簇生,在幼枝上互生。花黄色,单生、簇生或呈圆锥、伞形或总状花序;花瓣6。浆果红色或黑色。

1) 庐山小檗 *Berberis virgetorum* Schneid.

形态:落叶灌木。幼枝紫褐色,老枝灰黄色,无疣点,具刺,刺不分枝,稀3分叉。叶全缘,有时稍波状,长圆状菱形,基部渐下延,上部中脉稍凸起。总状花序具3~15花;花黄色,浆果椭圆形,红色,花柱脱落。花期4—5月,果熟期6—10月。

分布:产于陕西、浙江、江西、安徽、两湖、两广等地。

习性:耐寒性稍差。

繁殖:种子繁殖。

应用:绿篱、花径、花坛等各类园林绿化。

2) 日本小檗(小檗) *Berberis thunbergii* DC. (图2.83.1)

形态:落叶多枝灌木,高2~3 m。幼枝紫红色,老枝灰褐色或紫褐色,有槽,具刺,刺不分枝。叶全缘,倒卵形或匙形,在短枝上簇生,表面暗绿色,背面灰绿色。花单生或2~5朵成短总状花序,黄色,下垂,花瓣边缘有红色纹晕。浆果红色,宿存。花期4月,果熟期9—10月。

分布:产于日本及中国,中国南北均有栽培。

习性:喜光,稍耐阴,耐寒,对土壤要求不严,但以肥沃而排水良好的沙质壤土生长最好。萌芽力强,耐修剪。

图2.83.1　日本小檗

繁殖、应用同庐山小檗。

3) 豪猪刺(三颗针、黄芦木) *Berberis julianae* Schneid.

形态:常绿灌木,幼枝淡黄色,疏被黑色疣点,茎刺粗,3分叉。叶椭圆形、披针形或倒披针形,上部中脉凹下,叶缘10~20对刺齿。花黄色簇生。浆果长圆形,熟时蓝黑色,被白粉,花柱宿存。花期3月,果熟期5—11月。

分布:产于两湖、两广、四川、贵州等地。

习性:耐寒性稍差。

繁殖、应用同庐山小檗。

2.83.2　十大功劳属 *Mahonia* Nutt.

常绿灌木。奇数羽状复叶,互生,小叶缘具刺齿。花黄色,总状花序簇生;苞片9,3轮,花瓣6,雄蕊6。浆果暗蓝色,外背白粉。

1) 十大功劳(狭叶十大功劳) *Mahonia fortunei* (Lindl.) Fedde. (图2.83.2)

形态:常绿灌木,高达2 m。全体无毛。叶互生,一回羽状复叶,小叶5~9枚,革质,有光泽,狭披针形,侧生小叶近等长,顶生小叶最大,均无柄,顶端急尖或略渐尖,基部狭楔形,边缘有6~13刺状锐齿。总状花序直立,4~8个簇生;花黄色。浆果近球形,蓝黑色,有白粉。花期7—

图 2.83.2　十大功劳

8 月。

分布:产于四川、湖北和浙江等省。

习性:较耐阴;喜温暖,不耐寒;耐干旱,稍耐湿;一般土壤都能适应,但喜深厚肥沃土壤;萌蘖性强。对二氧化硫抗性强,对氟化氢敏感。

繁殖:本种在很多地区不结果,通常采用无性繁殖,常用扦插、根插、分株繁殖。在可结种地区,可用播种繁殖。

应用:本种树姿典雅,叶形美观,花果秀丽,常植于庭院、林缘、草地边缘、建筑物门口、窗下,也可用于基础种植和绿篱。还可制成小盆景,极具韵味。全株供药用。

2) 阔叶十大功劳 *Mahonia bealei*(Fort.) Carr. (图 2.83.3)

形态:常绿灌木,高达 4 m。叶互生,一回羽状复叶,小叶 9 ~ 15 枚,革质,有光泽,卵形至卵状椭圆形,叶缘反卷,每边有 2 ~ 5 刺状齿。侧生小叶基部歪斜。总状花序直立,6 ~ 9 个簇生;花黄色,有香气。浆果卵形,蓝黑色,有白粉。花期 4—5 月,果熟期 9—10 月。

分布:产于陕西、河南、安徽、浙江、江西、福建、四川等地,华中、东南园林常见栽培,华北盆栽。

习性、繁殖、应用同十大功劳。

图 2.83.3　阔叶十大功劳

2.83.3　南天竹属 *Nandina* Thunb.

本属仅 1 种,产于中国和日本。

南天竹 *Nandina domestica* Thunb.

形态:常绿灌木。高达 2 m,奇数羽状复叶,2 ~ 3 回,互生,总柄基部有褐色抱茎的鞘;小叶 5 ~ 9 枚,椭圆状披针形,全缘,革质。圆锥花序顶生,花小,白色。花小,黄色,总状花序。浆果球形,鲜红色。花期 5—7 月,果熟期 10—11 月。

分布:产于中国和日本,江苏、安徽、浙江、江西、福建、四川、河北、山东等地均有栽培。

习性:喜半阴,但在强光下也能生长,只是叶片变红,不耐寒,黄河流域以南可陆地越冬;喜深厚肥沃、排水良好的土壤;对水分要求不严;生长较慢。

繁殖:以播种、分株繁殖为主,也可扦插繁殖。

应用:南天竹枝干挺拔如竹,羽叶开展而秀美,秋冬时节转为红色,异常绚丽,穗状果序上红果累累,鲜艳夺目,经久不落,是观叶赏果的优良树种。可丛植于庭院、建筑物前、假山旁、草坪边缘、园路拐角处、林荫道旁、溪水边,也可与蜡梅、松树、杜鹃、沿阶草等配置。北方盆栽室内观赏,又可做插花材料。根、叶、果入药。

2.84　**金丝桃科** Hypericaceae

灌木或常绿乔木,有时为藤本。具油腺或树脂道,胶汁黄色。单叶,对生或轮生,全缘,无托叶。花两性或单性,辐射对称,单生或排成聚伞花序。萼片、花萼 2 ~ 6。雄蕊 4 ~ 多数,合成 3 束或多束。中轴胎座。子房 2 至多室,稀 1 室,每室有胚珠 1 至多颗。花柱与心皮同数常合生。果实为蒴果或浆果。种子无胚乳,常具假种皮。本科是重要经济树种,木材坚固,也是著名水果。常见园林观赏树种为金丝桃属,5 种。

2.84.0 金丝桃属检索表

1. 小枝无纵棱线,红褐色;叶长椭圆形,长 4 ~ 9 cm,宽约 1 cm,下面灰绿色,有透明油点,叶基部渐窄,稍抱茎
·· 金丝桃 *Hypericum monogynum*

1. 小枝有纵棱线 ··· 2

2. 叶具透明油腺点 ·· 3

2. 叶具黑色小腺点 ·· 4

3. 叶卵状披针形或长卵形,长 3 ~ 6 cm,下面淡粉绿色 ············ 金丝梅 *Hypericum patulum*

3. 叶条状长圆形至条形,长 1 ~ 5 cm,叶缘反卷 ············ 密花金丝桃 *Hypericum densiflorum*

4. 小枝红褐色,叶狭长椭圆形或倒披针形,长 3 ~ 6 cm,宽 5 ~ 12 mm,基部渐窄,微抱茎 ·········
··· 裂果金丝桃 *Hypericum lobocrpum*

4. 小枝暗褐色;叶卵形或卵状矩圆形,长 3 ~ 7 cm,宽 2 ~ 4 cm,基部,心形,抱茎 ·················
·· 浆果金丝桃 *Hypericum androsaemum*

2.84.1 金丝桃属 *Hypericum* Linn.

金丝桃属,常见园林树种 5 种。

1) 金丝桃(狗胡花、金线蝴蝶、过路黄、金丝海棠、金丝莲) *Hypericum monogynum* L. (图 2.84.1)

形态:灌木,高 0.5 ~ 1.3 m,丛状或通常有疏生的开张枝条。叶对生,无柄或具短柄,小枝无纵棱线,红褐色;叶长椭圆形,长 4 ~ 9 cm,宽约 1 cm,下面灰绿色,有透明油点,叶基部渐窄,稍抱茎。花序具 1 ~ 15(30)花,自茎端第 1 节生出,近伞房状。花梗长 0.8 ~ 5 cm;苞片小,线状披针形,早落。花直径 3 ~ 6.5 cm,星状;花蕾卵珠形,先端近锐尖至钝形。萼片椭圆形或长圆形或披针形,边缘全缘,中脉明显,侧脉不明显,叶有腺体。花瓣金黄色至柠檬黄色,无红晕,开张,三角状倒卵形,长 2 ~ 3.4 cm,宽 1 ~ 2 cm,长为萼片的 2.5 ~ 4.5倍,边缘全缘。雄蕊 5 束,每束雄蕊 25 ~ 35 枚,长 1.8 ~ 3.2 cm,与花瓣等长,花药黄至暗橙色。蒴果宽卵珠形或近球形。种子深红褐色,圆柱形,长约 2 mm。花期 5—8 月,果期 8—9 月。

图 2.84.1 金丝桃

分布:河北、陕西、山东、江苏、安徽、江西、福建、台湾、河南、湖北、湖南、广东、广西、四川、贵州等地。

习性:生于山坡、路旁或灌丛中,沿海地区海拔 0 ~ 150 m,但在山地上升至 1 500 m。

繁殖:播种、扦插和分株繁殖。

应用:金丝桃花叶秀丽,花冠如桃花,雄蕊金黄色,细长如金丝绚丽可爱,公园绿地、居民区绿化常见的观赏花木。常在花径两侧丛植,花开时一片金黄,鲜明夺目,妍丽异常。也常植于庭院假山旁及路旁或点缀草坪。华北多盆栽观赏,也可作切花材料。金丝桃常配植于玉兰、桃花、海棠和丁香等树下,可延长景观;若种植于假山旁边,则柔条袅娜,亚枝旁出,花开烂漫,别饶奇趣。

2) 金丝梅 *Hypericum patulum* Thunb. ex Murray(图 2.84.2)

形态:小枝有纵棱线,叶具透明油腺点,叶卵状披针形或长卵形,长 3 ~ 6 cm,下面淡粉绿色。花序具 1 ~ 15 花,自茎顶端第 1 ~ 2 节间生出,伞房状,有时顶端第一节间短,有时在茎中部有

图 2.84.2　金丝梅

一些具 1~3 花的小枝;花梗长 2~4(7) mm;苞片狭椭圆形至狭长圆形,凋落。花直径 2.5~4 cm,多少呈杯状;花蕾宽卵珠形,先端钝形。花瓣金黄色,无红晕,多少内弯,长圆状倒卵形至宽倒卵形,长 1.2~1.8 cm,宽 1~1.4 cm,长为萼片的 1.5~2.5 倍,边缘全缘或略为啮蚀状小齿,有 1 行近边缘生的腺点,有侧生的小尖突,小尖突先端多少圆形至消失。雄蕊 5 束,每束有雄蕊 50~70 枚,长 7~12 mm,长为花瓣的 2/5~1/2,花药亮黄色。子房宽卵珠形,长,5~6 mm,宽 3.5~4 mm;花柱长 4~5.5 mm,向顶端外弯。蒴果宽卵珠形,长 0.9~1.1 cm,宽 0.8~1 cm。种子深褐色,圆柱形。花期 6—7 月,果期 8—10 月。

分布:甘肃南部、陕西、湖北、湖南、四川、安徽、江苏、浙江、福建、贵州、云南、台湾等省区。

习性:金丝梅生于山坡或山谷的疏林下、路旁或灌丛中,海拔 450~2 400 m。为温带、亚热带树种,稍耐寒。喜光,略耐阴。根系发达,萌芽力强,耐修剪。性强健,忌积水。在轻壤土上生长良好。

繁殖:播种、分株、扦插繁殖。

应用:花叶秀丽,花冠如桃花,雄蕊金黄色,是南方庭院的常用观赏花木。可植于林荫树下,或者庭院角隅等。植于庭院假山旁及路旁,或点缀草坪。华北多盆栽观赏,也可作切花材料。该植物的果实为常用的鲜切花材——"红豆",常用于制作胸花、腕花。常植于玉兰、桃花、海棠、丁香等春花树下,可延长景观;若种植于假山旁边,花开烂漫,别饶奇趣。金丝桃也常作花径两侧的丛植,花开时一片金黄,鲜明夺目,妍丽异常。

3)密花金丝桃 *Hypericum densiflorum* Pursh.

形态:本种与金丝桃的区别为常绿灌木,密生新枝,花多,顶生,黄色。半常绿或常绿灌木。小枝拱曲,有两棱,红色或暗褐色。叶缘反卷。

分布:河北、陕西、山东、江苏、安徽、江西、福建、台湾、河南、湖北、湖南、广东、广西、四川、贵州等地。

习性:阳性树种,略耐阴,喜生于湿润的河谷或半阴坡沙性土壤中,耐寒性不强。

繁殖:播种、分株、扦插繁殖。

应用:同金丝桃。

4)裂果金丝桃 *Hypericum lobocrpum* L.

形态:小枝有纵棱线,2 叶具黑色小腺点,小枝红褐色,叶狭长椭圆形或倒披针形,长 3~6 cm,宽 5~12 mm,基部渐窄,微抱茎。

分布:黄河流域以南地区。

习性:阳性树种,略耐阴,喜生于湿润的河谷或半阴坡沙性土壤中,耐寒性不强。

繁殖:播种、分株、扦插繁殖。

应用:同金丝桃。

5)浆果金丝桃 *Hypericum androsaemum* L.

形态:叶具黑色小腺点,叶卵形或卵状矩圆形,长 3~7 cm,宽 2~4 cm,基部,心形,抱茎,小枝暗褐色。

分布:非洲,英国。引种栽培。

习性:阳性树种,略耐阴,喜生于湿润的河谷或半阴坡沙性土壤中,耐寒性不强。

繁殖:播种、分株、扦插繁殖。

应用:花色艳丽,是园林绿化的良好材料,适宜花径、丛植等。

2.85 玄参科 Scrophulariaceae

玄参科

本科共 200 属,3 000 余种;中国 59 属,600 余种。

2.85.0 玄参科枝叶检索表

1. 叶长卵形或卵形,长 10 ~ 25 cm,宽 6 ~ 15 cm,表面深绿色,无毛,下面灰白色,密被白色星状毛或老时脱落 ·················· 白花泡桐 *Paulownia fortunei*

1. 叶圆阔形或心形,长宽近相等或长稍大于宽,有时 3 裂 ····························· 2

2. 叶上面被长柔毛、腺毛和分枝毛,下面密被白色树枝状长毛,有时杂有腺毛,叶纸质 ······················· 紫花泡桐 *Paulownia tomentosa*

2. 叶上面被粗硬腺毛,下面被长柔毛或绵状毛,叶坚纸质 ·············· 华东泡桐 *Paulownia kawakamii*

2.85.1 泡桐属 *Paulownia* Sieb. et Zucc.

1) 紫花泡桐(毛泡桐) *Paulownia tomentosa* (Thunb.) Steud. (图 2.85.1)

图 2.85.1　紫花泡桐

形态:落叶乔木,植株高 15 m,枝条开展,树冠宽大伞形,树皮灰褐色,平滑,幼枝、幼叶及幼果均被黏质腺毛,后光滑无毛。单叶对生,叶片阔卵形或卵形,基部心形,全缘,有时呈 3 浅裂,顶端渐尖,表面具柔毛和腺毛,背面密被星状柔毛。春季先花后叶,聚伞圆锥花序顶生,小聚伞花序有花 3 ~ 5 朵;花萼钟状,5 裂至中部,裂片卵形,具绒毛;花冠紫色或蓝紫色,漏斗状。蒴果卵圆形,长顶端锐尖,萼宿存,不反卷。花期 4—5 月,果期 9—10 月。

分布:中国东部、南部及西南部都有分布。

习性:强阳性树种,不耐阴。耐旱,怕积水。耐风沙,不耐盐碱(pH = 6 ~ 7.5)喜肥。喜深厚、肥沃、湿润、疏松的土壤,根系发达,对有毒气体抗性强。

繁殖:通常用埋根、播种、埋干、留根等方法,生产上普遍采用埋根育苗。

应用:毛泡桐树干端直,枝疏叶大,树冠宽大,花大而美,清香扑鼻,宜作行道树、庭荫树;能吸附大量烟尘及有毒气体,是城镇绿化及营造防护林的优良树种,也是重要的速生用材树种,四旁绿化、结合生产的优良树种。材质优异,是做乐器和飞机部件的特殊材料,根皮入药,治跌打损伤。

2) 白花泡桐 *Paulownia fortunei* (Seem.) Hemsl.

形态:落叶乔木,植株高达 27 m,树冠宽卵形或圆形,树皮灰褐色。小枝粗壮,初有毛,后渐脱落。叶卵形至椭圆状长卵形,先端渐尖,全缘,稀浅裂,基部心形,表面无毛,背面被白色星状绒毛。花蕾倒卵状椭圆形;花萼倒圆锥状钟形,浅裂,毛脱落;花冠漏斗状,乳白色至微带紫色,内具紫色斑点及黄色条纹。蒴果椭圆形。花期 3—4 月,果熟期 9—10 月。

分布:主产于长江流域以南各省。山东、河南及陕西均有引种栽培。越南、老挝也有。

习性:喜光稍耐阴;喜温暖气候,耐寒性稍差;对黏重瘠薄的土壤适应性较其他种强。主干通立,干形好,生长快。

繁殖、应用均与紫花泡桐相似。

2.86　毛茛科 Ranunculaceae

多年生草本或木本、直立或攀援。单叶或羽状复叶,互生或对生。花多为两性,单生或为总状、圆锥状花序;雄蕊多数,心皮分离,通常多数。聚合蓇葖或聚合瘦果,稀为浆果或蒴果。

本科约47属,2 000余种,主产于温带。中国39属,近600种,各地均有分布。

2.86.0　毛茛科枝叶检索表

1. 单叶,卵状披针形,有浅的尖锯齿 ·· 单叶铁线莲 *Clematis henryi*
1. 复叶 ··· 2
2. 三小叶复叶 ··· 3
2. 小叶 5 以上 ·· 4
3. 小叶卵状披针形,宽 1.5 ~ 3.5 cm,基部圆形或浅心形,全缘 ··············· 山木通 *Clematis finetiana*
3. 小叶卵形,宽 2.5 ~ 3.5 cm,基部楔形,有缺刻状粗齿或不明显浅裂 ·········· 女萎 *Clematis apiifolia*
4. 小叶 5 ·· 5
4. 小叶 5 ~ 11,为 1 ~ 2 回羽状 3 小叶 ··· 8
5. 小叶具 1 ~ 数齿牙 ······························· 毛果铁线莲 *Clematis peterae* var. *trichocarpa*
5. 小叶全缘,卵形 ·· 6
6. 植株干后不为黑色 ···························· 黄药子(圆锥铁线莲) *Clematis terniflora*
6. 植株干后黑色 ··· 7
7. 小叶近无毛 ·· 威灵仙 *Clematis chinensis*
7. 小叶下面密被短柔毛 ·························· 毛叶威灵仙 *Clematis chihensis* f. *vestita*
8. 小叶有粗锯齿 ·············· 毛果平坝铁线莲 *Clematis ganpiniana* var. *tenuisepala*.
8. 小叶全缘,有时分裂,但无粗锯齿 ··· 9
9. 小叶先端钝 ··· 10
9. 小叶先端渐尖或锐尖 ··· 11
10. 小叶先端钝圆或微凹,下面网脉明显突起 ······················· 太行铁线莲 *Clematis kirilowii*
10. 小叶先端钝尖,网脉不甚明显 ··································· 毛萼铁线莲 *Clematis hancockiana*
11. 小叶下面有白粉 ··· 柱果铁线莲 *Clematis uncinata*
11. 小叶下面无白粉 ··· 大花威灵仙 *Clematis courtoisii*

2.86.1　铁线莲属 *Clematis* L.

多年生草本或木本,攀援或直立。羽状复叶或单叶,对生。聚伞或圆锥花序,稀单生;多为两性花;无花瓣,花萼花瓣状,大而呈各种颜色 4 ~ 8 种;雄蕊多数;心皮多数,分离。聚合瘦果,通常有宿存的羽毛状花柱。

本属约300种,广布于北温带,少数产南半球。中国110种左右,广布于南北各地,以西南部最多。

铁线莲属的许多种都具有较高的观赏价值,是园林垂直绿化的重要植物,枝叶扶疏,花大色艳,花期各不相同,自春至冬,不同种类相继开花,具有独特的风格。国外庭园栽培的铁线莲主要源于中国,并育出多种大花新品种。国内却极少栽培。因此该属野生资源的开发利用,将为丰富园林植物作出贡献。

1）锈毛铁线莲 *Clematis leschenaultiana* DC.（**图 2.86.1**）

形态：藤本。茎、叶柄和花序均密生伸展的锈色柔毛。叶对生，为三出复叶；顶生小叶椭圆状卵形，长 5～8.5 cm，宽 2.5～3.8 cm，先端渐尖，基部圆形或浅心形，边缘生锯齿，基出脉 3 条，两面有贴生的锈色柔毛，侧生小叶较小；叶柄长 4～10 cm。聚伞花序具 3 花，腋生，与叶等长或较短；苞片披针形；花梗长 1～3.5 cm；花萼钟形，萼片 4，狭卵形，长 1.6 cm，外面密生锈色柔毛；无花瓣；雄蕊多数，花丝条形，密生长柔毛，花药无毛。瘦果纺锤形，长约 3.5 mm，生紧贴的毛，羽毛状花柱长达 3.5 cm。花期 11—12 月，果期 3—5 月。

图 2.86.1　锈毛铁线莲

分布：中国云南、广西、广东、福建、台湾、湖南、贵州和四川南部；越南、印度尼西亚也有。

习性：生于海拔 1 600 m 以下的山地灌木丛中。

繁殖：播种和扦插繁殖。

应用：大中型藤本，花黄色，甚美丽，可用于园林垂直绿化。

2）山木通 *Clematis finetiana* Lévl. et Vant.（**图 2.86.2**）

图 2.86.2　山木通

形态：藤本；茎长达 4 m，无毛。叶对生，为三出复叶，无毛；小叶薄革质，狭卵形或披针形，长 6～9 cm，宽 2～3 cm，先端渐尖，基部圆形，脉在两面隆起，网脉明显；叶柄长 5～6 cm。聚伞花序腋生或顶生，具 1～3（5）花；总花梗长 3～7 cm；苞片小，钻形；花梗长 2.5～5 cm；萼片 4，白色，展开，矩圆形或披针形，长 1.4～1.8 cm，外面边缘有短绒毛；无花瓣；雄蕊多数，长约 1 cm，无毛，花药狭矩圆形。瘦果纺锤形，长约 5 mm，宿存花柱长达 1.5 cm，有黄褐色羽状柔毛。

分布：四川、贵州、湖北、江西、广东、福建、浙江和安徽南部。

习性：生于海拔 500～1 200 m 的山地路边。

繁殖：播种和扦插繁殖。

应用：茎为通经利尿药；叶可治关节肿痛。春天开花，花白色，适于做低矮藤架。

3）小木通 *Clematis armandii* Franch.（**图 2.86.3**）

形态：常绿藤本，长达 5 m。叶对生，为三出复叶；小叶革质，狭卵形至披针形，长 8～12 cm，宽达 4.8 cm，先端渐尖，基部圆形或浅心形，无毛，脉在上面隆起；叶柄长 5～7.5 cm。花序圆锥状，顶生或腋生，与叶近等长，腋生花序基部具多数鳞片；总花梗长 3.5～7 cm；下部苞片矩圆形，常三裂，上部苞片小，钻形；花直径 3～4 cm；萼片 4，白色，展开，矩圆形至矩圆状倒卵形，外面边缘有短绒毛；无花瓣；雄蕊多数，无毛，花药矩圆形；心皮多数。瘦果扁，椭圆形，长 3 mm，疏生伸展的柔毛，羽状花柱长达 5 cm。

图 2.86.3　小木通

分布：云南、四川、陕西南部、湖北、贵州、广西和广东。

习性:生于山地林边。

繁殖:播种和扦插繁殖。

应用:园林用途同山木通。茎供药用,可利尿。

4)杯柄铁线莲 *Clematis trullifera*(Franch.)Finet et Gagnep.(图2.86.4)

形态:藤本;枝和叶柄无毛。叶对生,通常为一回羽状复叶,长达26 cm;小叶5~7,心状卵形,长6~15 cm,宽3.2~6 cm,边缘有浅牙齿或锯齿,上面无毛,下面沿脉疏生微柔毛;叶柄长4~7 cm,基部变宽与相邻叶柄合生并抱茎,宽在1 cm以上。花序圆锥状,腋生,超过叶长之半;花萼钟形,长1.5~1.8 cm,宽达5.5 mm,内面有微柔毛,外面有短绒毛;花丝条形,密生长柔毛。瘦果卵形,扁,长约3 mm,羽状花柱长达4 cm。

分布:云南、四川和湖北西部。

习性:生于海拔2 600~3 200 m的山地。

繁殖和应用同锈毛铁线莲。

图2.86.4　盘柄铁线莲

芍药科

2.87　芍药科(牡丹科)Paeoniaceae

宿根草本或落叶灌木。芽大,芽鳞数枚。叶互生,二回羽状复叶或羽状分裂。花大,单生或数朵束生于枝顶,红色、白色或黄色,萼片5;雄蕊多数;心皮2~5,离生。蓇葖果大型,成熟时沿一侧开裂,具数枚大粒种子。

本科仅1属,产于北半球。

2.87.0　芍药科(牡丹科)检索表

1.多年生草本;花盘不发达,肉质,仅包裹心皮基部 ·················· 组1.芍药组 Sect. Paeonia

1.灌木或亚灌木;花盘发达,革质或肉质,包裹心皮1/3以上 ·············· 组2.牡丹组 Sect. Moutan·······2

2.当年枝端着生单花;花盘革质,包裹心皮达1/2以上 ·· 3

2.当年生枝端着花数朵;花盘肉质,仅包裹心皮下部 ·· 9

3.心皮无毛,革质花盘包被心皮1/2~2/3;小叶片长2.5~4.5 cm,宽1.2~2 cm,分裂,裂片细 ·············

··· 四川牡丹 *Paeonia decomposita*(*Paeonia szechuanica*)

3.心皮密生淡黄柔毛,革质花盘全包住心皮,小叶片长4.5~8 cm,宽2.5~7 cm,不裂或浅裂 ·········· 4

4.花瓣内面基部无紫色斑块 ·· 5

4.花瓣内面基部具深紫黑斑块,小叶多19以上,罕15,花白色或粉红,花盘/花丝黄白色········· 8

5.小叶9片 ··· 6

5.小叶15,披针形,全缘 ······································· 杨山牡丹 *Paeonia ostii*

6.顶生小叶3浅裂,侧生小叶全缘(鄂西) ························· 卵叶牡丹 *Paeonia qiui*

6.顶生小叶3裂至中部,中裂片再3裂,侧生小叶不裂或3~4浅裂 ·························· 7

7.叶轴和叶柄均无毛 ·· 牡丹 *Paeonia suffruticosa*

7.叶轴和叶柄均具短柔毛(陕西、山西) ············· 矮牡丹 *Paeonia suffruticosa* var. *spontanea*

8.小叶有深缺刻(陇东及陇中、陕北、豫西) ········· 紫斑牡丹 *Paeonia suffruticosa* var. *papaveracea*

8.披针形小叶全缘(鄂西、陕南、陇南) ·········· 林氏牡丹 *Paeonia rockii* subsp. *linyanshanii*

9.花黄色,有时基部紫红或边有紫红晕 ·· 11

9.花紫或红色 ··· 10

10.叶小裂片披针形至长圆披针形,宽0.7~2.0 cm,花紫红至红色,花外有大形总苞紫·······················

·· 野牡丹 *Paeonia delavayi*

10.裂片线状披针形或狭披针形,宽4~7 cm,花红色,罕白色,花外无大形总苞(川西) ·····················

狭叶牡丹(保氏牡丹)*Paeonia delavayi* var. *angustiloba*,含金莲牡丹 *Paeonia potanini* var. *trollioides*)

11. 植物矮小,高 1 ~ 1.5 m;花较小(径多 4 ~ 6 cm),常藏于叶丛下,心皮通常 3 ~ 6(罕 2),蓇葖果和种子均较小
·················· 黄牡丹 *Paeonia delavayi*.

11. 植株高大(1.5 ~ 3.5 m),花大(径 10 ~ 13 cm),常开在叶丛上,心皮 1 ~(2)蓇葖果和种子均特大 ········
·· 大花黄牡丹 *Paeonia ludlowii*

2.87.1　芍药属(牡丹属)*Paeonia* L.

特征同科。

本属约 40 种,产北半球。中国 12 种,多数种花大而美丽,为
著名的观花植物,兼作药用。

1)牡丹(富贵花、洛阳花)*Paeonia suffruticosa* Andr. (图 2.87.1)

形态:落叶灌木,高达 2 m。分枝多而粗壮。二回羽状复叶,小
叶宽卵形至卵状长椭圆形,先端 3 ~ 5 裂,基部全缘,光滑无毛。花
单生枝顶,径 10 ~ 30 cm,花型多样,花色丰富,有黄、白、粉、红、紫、
黑、绿、蓝 8 大颜色,除白色外,其他颜色又有深浅的不同。雄蕊多
数;心皮 5,被毛,有花盘。花期 4 月下旬至 5 月,果 9 月成熟。

分布:原产中国西北高原,陕、甘盆地,秦岭及巴郡山谷,现各
地栽培。

图 2.87.1　牡丹

习性:牡丹喜冷畏热,喜干燥、忌水涝,喜光但忌暴晒。湿度是牡丹生存的限制因素,因此牡
丹总是喜生于干燥、排水良好之地,在低洼积水地或地下水位过高处,不但生长不良,还会导致
死亡;温度则是影响牡丹开花的重要因素,牡丹开花时所需的温度条件为 16 ℃,当温度低于 16
℃时,牡丹不能正常开花,但 20 ℃以上的高温可使其提前开花;积温不够,牡丹也不能正常开
花,因此在同一地区,牡丹开花的早晚,总是温室比冷室开花要早,冷室比露地开花要早。控制
温度是牡丹花期控制的主要途径之一。

繁殖:分株、嫁接、播种、扦插、压条和组织培养繁殖等。

应用:孤植、对植、片植等用于各类园林绿地。亦可作切花和盆景观赏。

2)紫斑牡丹 *Paeonia suffruticosa* Andr. Var. *papaveracea* (Andr.) Kerner (图 2.87.2)

形态:灌木,高 1 ~ 2 m。二回羽状复叶,小叶不裂或稀 3 裂,叶背
面沿脉疏生黄褐色柔毛。花单瓣,白色,基部有紫红色斑点,花径达
15 cm;子房密生黄色短毛。

分布:四川北部、陕西南部、甘肃等地。为珍稀濒危植物。

习性:耐寒性强,可在 -30 ℃越冬。耐旱,适应性强,喜光,稍耐
半阴。对土壤适应性强,略耐碱(pH 值为 8.0 ~ 8.5)。

繁殖:分株、嫁接、播种、扦插和压条。

图 2.87.2　紫斑牡丹

应用:孤植、对植、片植、花坛应用。亦可盆栽观赏和切花瓶插。

3)四川牡丹 *Paeonia szechuanica* Fang. (图 2.87.3)

形态:落叶灌木,高 1 ~ 2 m。二回或三回羽状复叶;顶生小叶菱形,常 3 裂,裂片有稀疏粗
齿。花单生于枝顶,单瓣,粉红色或淡紫色;直径 8 ~ 14 cm;子房光滑无毛。

分布:四川马尔康和金川一带海拔 2 600 ~ 3 100 m 的山坡或沟岩边。

图 2.87.3　四川牡丹

习性:喜光照充足,略耐半阴,喜温凉干燥的气候,可耐 –16 ℃ 的低温。喜中性偏酸的土壤。

繁殖:分株、嫁接、播种、扦插、压条和组织培养繁殖等。

应用:孤植、对植、片植等用于各类园林绿地。亦可作切花和盆景观赏。

4) 野牡丹 *Paeonia delavayi* Franch.

形态:落叶灌木,高约 1 m,全体光滑无毛。叶二回羽状深裂,裂片披针形或卵状披针形,基部下延,全缘或有时有锯齿,背面带苍白色。花常数朵簇生于枝顶,花瓣 5~9,暗紫色或猩红色,直径 5~6 cm;子房光滑无毛。

分布:云南北部、四川西南部及西藏东南部。

习性:同四川牡丹。

繁殖:分株、嫁接、播种、扦插、压条和组织培养繁殖等。

应用:孤植、对植、片植等用于各类园林绿地。亦可作切花和盆景观赏。

2.88　假叶树科 Ruscaceae

中国 1 属 1 种。

2.88.0　假叶树属 *Ruscus* L.

假叶树 *Ruscus aculeata* L. (图 2.88.1)

形态:直立或攀援灌木;叶退化成干膜质的小鳞片,腋内生变态成叶状的小枝,称叶状枝(Cladode);叶状枝先端常具硬尖头;花白色,小型,生于叶状枝中脉的中下部,总状花序;花被片 6,分离或部分连合,在合瓣花中常有肉质的副花冠;雄蕊 3~6,花丝合生成短管或柱,花药外向;子房上位,1~3 室,每室具 2 枚并生的直生或倒生胚珠;雄花中有时有退化雌蕊,雌花中有无药的雄蕊管。花被长 1.5~3 mm。浆果红色,直径约 1 cm。种子球形或半球形。花期 1—4 月,果期 9—11 月。

分布:分布于欧洲地中海区域至苏联高加索,我国引入栽培。

习性:喜温暖湿润和光线充足的环境,不耐寒,耐干旱,忌强光照射,要求微酸性的沙壤土。繁殖以分株法进行繁殖。北方地区室内盆栽观赏。

图 2.88.1　假叶树

繁殖:分株繁殖。

应用:假叶树枝叶浓绿,常作为观叶植物栽培,布置居室、厅堂等处,素雅大方,枝叶易干燥,可作干花观赏。亦可盆景观赏。假叶树提取物也可入药抗衰老。

2.89　菝葜科 Smilacaceae

攀援状灌木,有刺或无刺;叶互生或对生,有掌状脉 3~7 条,叶柄两侧常有卷须;花单性异株(国产属),稀两性,排成伞形花序;花被裂片 6,2 轮而分离,有时靠合;雄蕊 6,花丝分离或合生成一柱。子房上位,3室,每室有下垂的胚珠1～2颗;雌花中有退化雄蕊;果为浆果。主要分布于热带地区,也见于东亚和北美的温带地区。世界有3属375种;中国有2属66种。

2.89.0 菝葜科枝叶检索表

2.89.1 菝葜属 *Smilax* L.

1) 牛尾菜 *Smilax riparia* A. DC.(图2.89.1)

形态:为多年生草质藤本。茎长1～2 m,中空,有少量髓,干后凹瘪并具槽。叶比上种厚,形状变化较大,长7～15 cm,宽2.5～11 cm,下面绿色,无毛;叶柄长7～20 mm,通常在中部以下有卷须。伞形花序总花梗较纤细,长3～5(10)cm;小苞片长1～2 mm,在花期一般不落;雌花比雄花略小,不具或具钻形退化雄蕊。浆果直径7～9 mm。花期6—7月,果期10月。

分布:除内蒙古、新疆、西藏、青海、宁夏以及四川、云南高山地区外,全国都有分布。生于海拔1 600 m以下的林下、灌丛、山沟或山坡草丛中。也分布于朝鲜、日本和菲律宾。

图2.89.1 牛尾菜

习性:牛尾菜生长在林下、林缘、灌丛、草丛。

繁殖:播种繁殖。

应用:在园林中可作地被栽植,根状茎有止咳祛痰作用;嫩苗可供蔬食。

2) 土茯苓(白余粮、刺猪苓、过山龙、硬饭、仙遗粮、冷饭头、山归来、久老薯、毛尾薯、地胡苓) *Smilax glabra* Roxb.(图2.89.2)

形态:攀援灌木,长1～4 mm。茎光滑,无刺。根状茎粗厚、块状,常由匍匐茎相连接,粗2～5 cm。叶互生;叶柄长5～15(20)mm,占全长的1/4～3/5,具狭鞘,常有纤细的卷须2条,脱落点位于近顶端;叶片薄革质,狭椭圆状披针形至狭卵状披针形,长6～12(15)cm,宽1～4(7)cm,先端渐尖,基部圆形或钝,下面通常淡绿色。伞形花序单生于叶腋,通常具10余朵花;雄花序总花梗长2～5 mm,花序托膨大,连同多数宿存的小苞片多少呈莲座状,宽2～5 mm,花绿白色,六棱状球形,直径约3 mm;雄花外花被片近扁圆形,宽约2 mm,兜状,背面中央具纵槽,内花被片近圆形,宽约1 mm,边缘有不规则的齿;雄花与内花被片近等长,花丝极短;雌花序的总梗长约1

图2.89.2 土茯苓

cm,雌花外形与雄花相似,但内花被片边缘无齿,具3枚退化雄蕊。浆果直径6~8 mm,熟时黑色,具粉霜。花期5—11月,果期11月至次年4月。

分布:安徽、浙江、江西、福建、湖南、湖北、广东、广西、四川、云南。

习性:生长于山坡、荒山及林边的半阴地。用种子繁殖。

繁殖:播种繁殖。

应用:园林地被栽植。根茎入药,具抗肿瘤作用,可作药膳。

3)华东菝葜 *Smilax sieboldii* Miq. (图2.89.3)

图2.89.3 华东菝葜

形态:攀援灌木或半灌木,具粗短的根状茎。茎长1~2 m,有针状刺。叶草质,卵形,长3~9 cm,宽2~5(8)cm,先端长渐尖,基部常截形;叶柄长1~2 cm,约占一半具狭鞘,有卷须,脱落点位于上部。伞形花序具几朵花;总花梗纤细,长1~2.5 cm,通常长于叶柄或近等长;花序托不膨大;花绿黄色;雄花花被片长4~5 mm,内三片比外三片稍狭;雄蕊稍短于花被片,花丝比花药长;雌花小于雄花,具6枚退化雄蕊。浆果直径6~7 mm,熟时蓝黑色。花期5—6月,果期10月。

分布:辽宁(辽东半岛南端)、山东(山东半岛)、江苏(南部)、安徽(东南部)、浙江、福建(北部)和台湾(高山)。

习性:生林下、灌丛中或山坡草丛中,海拔1 800 m以下,在台湾可达2 500 m以上。

繁殖:播种繁殖。

应用:园林地被栽植。可用于攀附岩石、假山。

4)粉菝葜(金刚藤头) *Smilax glauco-china* Warb. (图2.89.4)

形态:落叶藤状灌木。叶互生,革质,长3.5~8 cm,宽1.8~4.5 cm,叶片长椭圆形至狭长椭圆形,或卵圆形,先端渐尖或钝尖,基部阔楔形,全缘,上面绿色,有光泽,下面粉白色,脉3出;叶柄长基部具鞘,在鞘的顶端有2条卷须。伞形花序腋生;单性,异株。浆果球形,蓝黑色。花期4月,果期7~8月。

分布:江苏、安徽、浙江、福建、江西、湖南、湖北、四川、贵州、河南、陕西。

习性:生于山坡林下或灌丛林内。

繁殖:播种繁殖。

图2.89.4 粉菝葜

应用:粉菝葜叶色浓绿,是良好的观赏型垂直绿化材料。

5)菝葜(金刚刺、金刚藤、乌鱼刺、红灯果、金刚根、山梨儿、山菱角、霸王力) *Smilax china* L. (图2.89.5)

形态:常绿攀援状木质藤本,根茎横走地中,呈不规则的弯曲,肥厚,质硬,其上疏生须根,茎硬,节处弯曲,长0.7~2 m,有倒生或平出的疏刺。叶互生,革质,圆形或广椭圆形,叶片长5~7 cm,宽2.5~5 cm,先端钝,基部圆形或阔楔形,有时近心脏形,3~5脉,有柄,全缘,背面绿色,叶柄长4~5 mm,沿叶柄下部两侧扩大成翼状,托叶线形或成卷须状。花单性异株,黄绿色,腋生伞形花序,花萼3枚,花瓣3片,雄蕊6枚,雌花花被与雄花相同,退化雄蕊成丝状,子房上位,3

室。浆果球形,熟时红色。

分布:中国长江以南各地和日本。琉璃蛱蝶幼虫的主要食物之一就是菝葜。

习性:生于山坡林下。

繁殖:若种植可在3月播种。

应用:菝葜果色红艳,可用于攀附岩石、假山,也可作地面覆盖。

6) **小果菝葜** *Smilax davidiana* A. DC.

形态:攀援灌木,具粗短的根状茎。茎长1~2 m,少数可达4 m,具疏刺。叶坚纸质,干后红褐色,通常椭圆形,长3~7(14) cm,宽2~4.5(12) cm,先端微凸或短渐尖,基部楔形或圆形,下面淡绿色;叶柄较短,一般长5~7 mm,占全长的1/2~2/3,具鞘,有细卷须,脱落点位于近卷须上方;鞘耳状,宽2~4 mm(一侧),明显比叶

图 2.89.5　菝葜

柄宽。伞形花序生于叶尚幼嫩的小枝上,具几朵至10余朵花,多少呈半球形;总花梗长5~14 mm;花序托膨大,近球形,较少稍延长,具宿存的小苞片;花绿黄色;雄花外花被片长3.5~4 mm,宽约2 mm,内花被片宽约1 mm;花药比花丝宽2~3倍;雌花比雄花小,具3枚退化雄蕊。浆果直径5~7 mm,熟时暗红色。花期3—4月,果期10—11月。

分布:江苏、安徽、浙江、江西、福建、湖北、湖南、广西、贵州。

习性:生于海拔800 m以下的林下、灌丛中或山坡、路边阴处。

繁殖:播种繁殖。

应用:园林中在林下地被栽植。

2.90　**龙舌兰科** Agavaceae

本科约30种,产于美洲,中国引入4种。

龙舌兰科

2.90.0　龙舌兰科枝叶检索表

2.90.1　丝兰属 *Yucca* Dill. ex L.

1) 凤尾兰（短穗毛舌兰）*Yucca gloriosa* L.（图2.90.1）

形态：灌木或小乔木。干短,有时分枝,高达5 m。叶密集,螺旋排列于茎端,剑形,有白粉,质坚硬,长40~70 cm,顶端硬尖,边缘光滑,老叶有时具疏丝。圆锥花序,花大而下垂,乳白色,常带红晕。蒴果,下垂,椭圆状卵形,不开裂。花期6—10月,果期11—12月。

分布：原产北美东部及东南部,现长江流域各地普遍栽植。

习性：适应性强,耐水湿。

繁殖：扦插或分株繁殖。

应用：花大叶绿,是良好的庭园观赏树木,常植于花坛中央、建筑前、草坪中及路旁,也可栽植成绿篱,地上茎可作桩景。

图2.90.1　凤尾兰

2) 丝兰 *Yucca smalliana* Fern.

形态：灌木,植株低矮;近无茎。叶丛生,线状披针形,长30~75 cm,先端尖成针刺状,基部渐狭,边缘有卷曲白丝。圆锥花序宽大而直立,花白色、下垂。

分布：原产北美,中国长江流域有栽培。

习性、繁殖、应用同凤尾兰。

2.90.2　朱蕉属 *Cordyline* Comm. ex Juss.

本属约15种,产热带及亚热带,各国多栽植。

朱蕉 *Cordyline fruticosa*（L.）A. Cheval.（图2.90.2）

形态：灌木,高达3 m,茎通常不分枝。叶常聚生茎顶,绿色或紫红色,长矩圆形至披针状椭圆形,长30~50 cm,中脉明显,侧脉羽状平行,叶端渐尖,叶基狭楔形,叶柄长10~15 cm,腹面有宽槽,基部抱茎,圆锥花序。

分布：华南地区,印度及太平洋热带岛屿亦产。

习性：喜温多湿的气候,耐半阴,不耐寒。

繁殖：扦插或分株繁殖。

应用：庭园观赏或室内装饰用,赏其常青不凋的翠叶或紫红斑彩的叶色。

图2.90.2　朱蕉

棕榈科

2.91　棕榈科 Palmae（Arecaceae）

本科有217属,约2 500种,主要分布于热带和亚热带地区,中国有22属70多种。

2.91.0　棕榈科枝叶检索表

4. 掌状裂片 10 ~ 20,窄长披针形 ·· 矮棕竹 *Rhapis humilis*

4. 掌状裂片 5 ~ 10,椭圆状披针形 ······································ 筋头棕竹 *Rhapis excelsa*

5. 一回羽状复叶,小叶窄长带状 ·· 6

5. 二回羽状复叶,小叶鱼尾状,上部边缘具撕裂状细锯齿 ·········· 鱼尾葵 *Caryota ochlandra*

6. 叶柄无刺,树干具环状叶痕,小叶基部外摺 ·········· 假槟榔 *Archontophoenix alexandrae*

6. 叶柄具针刺 ·· 7

7. 复叶长约 2 m,小叶长 15 ~ 30 cm ······························ 刺葵 *Phoenix hanceana*

7. 复叶长 3 ~ 4 m,小叶长 20 ~ 40 cm ·························· 海枣 *Phoenix dactylifera*

2.91.1　棕竹属 *Rhapis* Linn. f. ex Ait.

本属约 15 种,分布于亚洲东部及东南部。

1) 筋头棕竹(棕竹) *Rhapis excelsa* (Thunb.) Henry ex Rehd.

形态:丛生灌木。茎高 2 m 左右,叶片掌状,5 ~ 10 深裂;裂片条状披针形,长达 30 cm,宽 2 ~ 5 cm,有不规则齿缺,边缘和主脉上有褐色小锐齿,横脉多而明显,叶柄长 8 ~ 30 cm,稍扁平。肉穗花序,浆果,种子球形。花期 4—5 月,果期 9—11 月。

分布:中国东南部及西南部,广东较多。

习性:生长强壮,适应性强。喜温暖湿润的环境,耐阴,不耐寒,在湿润而排水良好的微酸性土上生长良好。

繁殖:播种、分株繁殖均可。

应用:棕竹秀丽青翠,叶形优美,株丛饱满,亦可令其拔高,剥去叶鞘纤维,杆如细竹,为热带风光观赏植物。在植物造景时可作下木,常植于庭院及小天井中。北方地区室内盆栽或桶栽供室内布置观赏。

2) 棕桐竹(矮棕竹) *Rhapis humilis* Bi. (图 2.91.1)

形态:丛生灌木,高达 2 m,叶掌状深裂,裂片 10 ~ 24,条形,宽 1 ~ 2 cm,端尖,并有不规则齿缺,缘有细锯齿。横脉疏而不明显。肉穗花序。果球形,种子球形。

分布:产于中国南部及西南部。

习性:生山地林下。

繁殖:播种繁殖。

应用:同筋头棕竹。

图 2.91.1　棕竹
1. 植株　2. 叶　3. 果序

2.91.2　蒲葵属 *Livistona* R. Br.

蒲葵(葵树) *Livistona chinensis* (Jacq.) R. Br.

形态:乔木,高达 5 ~ 20 m。胸径 15 ~ 30 cm。树冠密实,近圆球形,冠幅可达 8 m,叶阔肾状扇形,宽 1.5 ~ 1.8 m,长 1.2 ~ 1.5 m,掌状深裂至中上部,下垂,裂片条状披针形,顶端长渐尖,再深裂为 2;叶柄两侧具骨质的钩刺,叶鞘褐色,纤维甚多。肉穗花序,核果。花期 4 月,果期 6—9 月。

分布:原产华南,在广东、广西、福建、台湾栽培普遍,湖南、江西、四川、云南亦多有引种。

习性:喜温暖多湿气候,适应性强,耐 0 ℃左右的低温,不耐干旱。

繁殖:播种繁殖。

应用:树形美观,可<u>丛植</u>、列植、孤植。中国北方地区可室内盆栽观赏。嫩叶制葵扇,老叶制蓑衣、席子。叶脉可制牙签。果实及根、叶均可入药。

2.91.3 棕榈属 *Trachycarpus* H. Wend.

本属约10种,中国约6种。

棕榈(棕树、山棕) *Trachycarpus fortunei*(Hook.) H. Wendl. (图2.91.2)

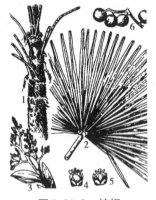

图 2.91.2 棕榈
1.树干 2.叶 3.花序
4.雄花 5.雌花 6.果

形态:常绿乔木。树干圆柱形,高达 10 m 或更高,干径达 24 cm。叶簇竖干顶,近圆形,掌状深裂达中下部,叶柄长 75 ~ 80 cm 或更长,两侧细圆齿明显。雌雄异株,圆锥状肉穗花序,雄花较小,黄绿色;雌花稍大,淡绿色。核果,蓝褐色,被白粉。花期 4—5月,果期 12 月。

分布:中国分布很广,北起陕西南部,南到广东、广西和云南,西达西藏边界,东至上海和浙江。

习性:是棕榈科最耐寒的植物,喜肥。耐烟尘,对有毒气体抗性强。

繁殖:播种繁殖。

应用:棕榈挺拔秀丽,一派南国风光,又是工厂绿化的优良树种。可列植、丛植或成片栽植,也常用作室内盆栽或桶栽或建筑物前装饰及布置会场之用。

2.91.4 鱼尾葵属 *Caryota* Linn.

中国有 4 种。

1)鱼尾葵(假桃榔) *Caryota ochlandra* Hance. (图2.91.3)

形态:乔木,高达 20 m。叶二回羽状全裂,长 2 ~ 3 m,宽 1.15 ~ 1.65 m,每侧羽片 14 ~ 20 片,中部较长,下垂;裂片厚革质,有不规则齿缺,酷似鱼鳍,端延长成长尾尖,近对生,叶柄长仅1.5 ~ 3 cm;叶鞘巨大,长圆筒形,抱茎,长约 1 m。圆锥状肉穗花序,下垂。雄花花蕾卵状长圆形。雌花花蕾三角状卵形。果球形,径 1.8 ~ 2 cm,熟时淡红色,有种子 1 ~ 2 颗。花期 7 月,果期 9—11 月。

图 2.91.3 鱼尾葵
1.植株 2.叶裂片
3.雄花 4.果序

分布:广东、广西、云南、福建等地。

习性:生石灰岩山地及低海拔林中。耐阴,喜湿润酸性土。果实落地后,种子自播繁衍能力很强,在沟谷雨林中常成为稳定的下层乔木。

繁殖:播种繁殖。

应用:树姿优美,叶形奇特,可供观赏。自广西桂林以南广泛作为庭园绿化树种,可作行道树、庭荫树。北方地区可作室内盆栽观赏。茎含大量淀粉,可作桃榔粉的代用品,边材坚硬,可作家具贴面、手杖或筷子等工艺品。

2）短穗鱼尾葵 *Caryota mitis* Lour.

形态：丛生小乔木，高 5 ~ 9 m，干竹节状，近地面有棕褐色肉质气根。叶长 2 ~ 3 m，二回羽状全裂，叶鞘较短，下部厚被绵毛状鳞秕。肉穗花序稠密而短，总梗弯曲下垂，佛焰苞可多达 11 枚。果球形，熟时蓝黑色。有种子 1 颗，种子扁圆形。花期 7 月，果期 8—11 月。

分布：产于广东、广西及亚洲热带地区。

习性：生山谷林中。

繁殖：播种繁殖。

应用：为优美的观赏庭园树种。茎内含淀粉，可食；花序汁液含糖分，可制糖和制酒。

2.91.5　刺葵属 *Phoenix* Linn.

本属约 17 种，分布于亚洲和非洲的热带和亚热带地区。中国 2 种，产于广东南部和云南南部。

枣椰子（海枣）*Phoenix dactylifera*

形态：乔木，高达 20 ~ 25 m。茎单生，基部萌蘖丛生。叶长 2.7 ~ 6 m，羽状全裂；裂片条状披针形，端渐尖，缘有极细微之波状齿，互生，在叶轴二侧常呈 V 字形上翘，绿色或灰绿色，基部裂片退化成坚硬锐刺，叶柄长 68 cm 左右。雌雄异株，花单性。果长圆形，种子 1 颗，长圆形，花期 5—7 月，果期 8—9 月。

分布：原产伊拉克、非洲撒哈拉沙漠及印度西部；中国两广、福建、云南有栽培。

习性：枣椰子为热带果树。喜高温干燥气候及排水良好轻软的沙壤。

繁殖：用萌蘖繁殖和播种繁殖均可。

应用：为良好的行道树、庭荫树及园景树。果除生食外，可制蜜饯酿酒。种子可做饲料。叶可制席、扇笼、绳等。嫩芽可作蔬菜。干可作屋柱梁。

2.91.6　桄榔属 *Arenga* Labill.

本属约 17 种，分布于亚洲和澳大利亚热带地区。中国有 4 种。

桄榔（砂糖椰子、山椰子、莎木、羽叶糖棕）*Arenga pinnata*（Wurmb.）Merr.（图 2.91.4）

形态：乔木，高 6 ~ 17 m。叶聚生干顶，斜出，长 4 ~ 9 m，羽状全裂，裂片每侧多达 140 枚以上，基部两侧耳垂状，一大一小，叶表深绿，背面灰白；叶柄粗壮，径 5.1 ~ 8.6 cm，叶鞘粗纤维质，黑色，缘具黑色针刺状附属物。肉穗花序，佛焰苞 5 ~ 6 枚，软革质。果倒卵状球形，棕黑色。种子 3 粒，阔椭圆形。花期 6 月，果实在开花后 2—3 年成熟。

分布：产于广东、广西、云南、西藏等省（区）的南部。

习性：桄榔常野生于密林、山谷中及石灰质石山上。喜阴湿环境。

繁殖：播种繁殖。

应用：桄榔叶片巨大、挺直，树姿雄伟优美，宜孤植、对植、丛植，可作行道树。茎髓部含淀粉 44.5%，可制淀粉及粉丝，幼嫩花序割伤后流出汁液，可煎熬成砂糖。叶片坚韧，可编织凉帽、扇子等，叶鞘上黑

图 2.91.4　桄榔
1. 植株　2. 叶片　3. 雄花
4. 雌蕊　5. 雄蕊　6. 果序

色纤维耐水浸,可做绳索、刷子和扫帚。

2.91.7　椰子属 *Cocos* Linn.

图 2.91.5　椰子
1. 植株　2. 果剖面
①外果皮　②中果皮　③内果皮
④胚　⑤胚乳　⑥果腔

本属仅 1 种,现广布热带海岸,而以东南亚最多。

椰子(椰树) *Cocos nucifera* L. (图 2.91.5)

形态:乔木,高 15 ~ 35 m,单干,茎干粗壮,叶长 3 ~ 7 m,羽状全裂;裂片外向折叠;叶柄粗壮,长 1 m 余,基部有网状褐色棕皮。肉穗花序,总苞舟形,肉穗花序雄花呈扁三角状卵形,雌花呈略扁之圆球形。坚果每 10 ~ 20 聚为一束,极大,几乎全年开花,果熟期 7—9 月。

分布:海南岛、台湾和云南南部栽培椰子已有两千年以上的历史。

习性:在高温、湿润、阳光充足的海边生长发育良好。

繁殖:播种繁殖。

应用:椰子苍翠挺拔,在热带和南亚热带地区的风景区,尤其是海滨区为主要的园林绿化树种。可作行道树,或丛植、片植。

2.91.8　王棕属 *Roystonea* O. F. Cook.

本属约 6 种,产热带美洲,中国引入栽培种。

王棕(大王椰子) *Roystonea regia* (Kunth) O. F. Cook.

形态:乔木,高达 10 ~ 20 m。茎淡褐灰色,具整齐的环状叶鞘痕,幼时基部明显膨大,老时中部膨大。叶聚生茎顶,长约 4 m,羽状全裂,裂片条状披针形,长 85 ~ 100 cm,宽 4 cm,软革质,端渐尖或 2 裂,基部外向折叠,通常 4 列排列,叶柄短,叶鞘长 1.5 m,光滑。肉穗花序,佛焰苞 2 枚,果近球形,红褐色至淡紫色,种子扁卵形。花期 3—4 月,果期 10 月。

分布:原产古巴,现广植于世界各热带地区,中国广东、广西、台湾、云南及福建均有栽培。

习性:喜光,幼苗稍耐阴,喜土层深厚的肥沃酸性土,较耐干旱和水湿,根系粗壮发达,能抗 8 ~ 10 级热带风景,不耐寒。

繁殖:播种繁殖,管理粗放。

应用:作行道树、园景树,可孤植、丛植和片植,均具良好效果。种子可作鸽子饲料。

2.91.9　假槟榔属 *Archontophoenix* H. Wendl. et Drude

本属 4 种,原产澳大利亚热带、亚热带地区。中国栽培 1 种。

假槟榔 *Archontophoenix alexandrae* (F. Muell.) H. Wendl. et Drude

形态:乔木,高达 20 ~ 30 m,茎干具阶梯状环纹,干基部膨大;叶长 2 ~ 3 m,羽状全裂;裂片约 140 对,长约 60 cm,端渐尖而略 2 浅裂,边全缘,表面绿色,背面灰绿,有白粉,具明显隆起之中脉及纵侧脉,叶柄短;叶鞘长 1 m,膨大抱茎,革质;肉穗花序,2 总苞鞘状扁舟形,软革质,果卵状球形,红色。

分布:原产澳大利亚昆士兰州,中国广东、广西、云南西双版纳、福建及台湾等地有栽培。

习性:喜光,喜高温多湿气候,不耐寒,气温降至 10 ℃ 叶片枯黄,低于 5 ℃ 茎干受冻死亡。

繁殖:播种繁殖。

应用:假槟榔为一树姿优美而管理粗放的观赏树木,大树移栽容易成活。

2.91.10　散尾葵属 *Chrysalidocarpus* H. Wendl.

本属约 20 种,产于马达加斯加。中国引入栽培种。

散尾葵 *Chrysalidocarpus lutescens* H. Wendl.（图 2.91.6）

形态:丛生灌木,高可达 8 m。干光滑黄绿色,嫩时被蜡粉,环状鞘痕明显。叶长 1 m 左右,羽状全裂,裂片条状披针形,端长渐尖,常为 2 短裂,背面主脉隆起;叶柄、叶轴、叶鞘均淡黄绿色,叶鞘圆筒形,包茎;肉穗花序,果近圆形,种子 1～3,卵形至阔椭圆形。花期 5 月,果期 8 月。

分布:产于马达加斯加。中国广州、深圳、台湾等地多用于庭园栽植。

习性:极耐阴,可栽于建筑阴面。喜高温,在广州有时受冻。

繁殖:播种繁殖,也可分株繁殖。

图 2.91.6　散尾葵

应用:北方各地温室盆栽观赏,宜布置厅堂、会场。

2.92　**竹亚科** Bambusoideae（**禾本科** Poaceae）Nees

竹类

2.92.0　**竹亚科生物学特性**

乔木状,灌木状,藤本或草本。其中木本类群秆散生或丛生。地下茎又称竹鞭,常分为合轴型和单轴型,在单轴与合轴之间又有过渡类型(图 2.92.1)。竹鞭的节上生芽,不出土的芽生成新的竹鞭,芽长大出土称竹笋,笋上的变态叶称竹箨(又称秆箨);竹箨分箨鞘、箨叶、箨舌、箨耳等部分(图 2.92.2);笋发育成秆,秆具明显节和间节;节部有 2 环,下一环称箨环,上一环称秆环,两环间称为节内,其上生芽,芽萌发成枝。分枝 1～多数(图 2.92.3)。花多组成复花序,小穗两侧扁,稃具脉,无芒,雄蕊 3～6,鳞被 2～3,柱头 1～3。

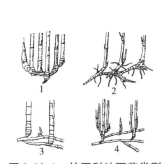

图 2.92.1　**竹亚科地下茎类型**
1. 合轴丛生型　2. 合轴散生型
3. 单轴散生型　4. 复轴混生型

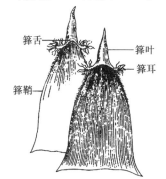

图 2.92.2　**竹箨的构造**

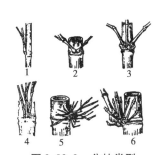

图 2.92.3　**分枝类型**
1. 单枝型　2. 二枝型　3,4. 三枝型
5. 多枝型(主枝不突出)　6. 多枝型

本科 91 属,其中木本 50 多属,约 850 种,分布于亚洲、美洲和非洲。中国竹类有 23 属约

350种,也有学者认为是34属500种。长江流域、珠江流域、云南南部竹类资源非常丰富,北方竹类较少。竹类在中国林业生产和园林绿化中占有重要地位。

2.92.1 禾本科(竹亚科)枝叶检索表

1. 地下茎合轴型,秆丛生,秋季出笋 ·· 2
1. 地下茎单轴型或复轴型,秆散生或仅局部丛生,春季出笋,稀秋季出笋 ······························ 8
2. 秆畸形,节间缩短、肿胀 ·· 3
2. 秆正常,节间不畸形缩短 ··· 4
3. 秆箨密被棕色刺毛,全部竹秆畸形 ································ 大佛肚竹 Bambusa vulgaris 'Wamin'
3. 秆箨无毛,部分竹秆畸形 ·· 佛肚竹 Bambusa ventricosa
4. 秆节间有纵条纹 ·· 5
4. 秆节间无纵条纹 ·· 6
5. 秆绿色,仅下部间节具黄色纵条纹 ······························ 撑篙竹 Bambusa pervariabilis
5. 秆黄色,全部节间具绿色纵条纹 ···························· 花孝顺竹 Bambusa multiplex 'Alphonse'
6. 秆箨具明显的箨耳,初被棕色粗毛 ······························ 青皮竹 Bambusa textilis
6. 秆箨无箨耳,无毛 ··· 7
7. 秆高大,中空;叶长5~14 cm,宽0.5~2 cm ·············· 孝顺竹 Bambusa multiplex
7. 秆矮小,实心;叶长1.7~5 cm,宽0.3~0.8 cm ········· 观音竹 Bambusa multiplex var. riviereorum
8. 节间分枝1侧具明显沟槽 ·· 9
8. 节间分枝1侧无沟槽或仅在分枝基部微有沟槽 ·· 56
9. 秆分枝节部具2分枝 ··· 10
9. 秆分枝节部具3~5分枝 ··· 48
10. 秆箨或多或少具斑点 ··· 11
10. 秆箨或笋箨绝无斑点 ··· 41
11. 秆箨有箨耳或繸(suì)毛 ··· 12
11. 秆箨无箨耳或繸毛 ·· 24
12. 秆箨有毛 ·· 13
12. 秆箨无毛,新秆有毛 ··· 22
13. 新秆有柔毛或小刺毛 ··· 14
13. 新秆无毛 ·· 17
14. 秆大型,分枝以下秆环不明显,秆箨密被斑点 ·· 15
14. 秆小型,秆环隆起,秆箨斑点较稀疏 ················ 毛壳竹 Phyllostachys Varioauriculata
15. 秆绿色 ·· 16
15. 秆黄色,有绿色纵条纹 ······························· 花毛竹 Phyllostachys Heterocycla 'Tao King'
16. 秆径4~20 cm ···································· 毛竹 Phyllostachys Heterocycla 'Pubescens'
16. 秆径3~4 cm,秆壁较厚 ·························· 金丝毛竹 Phyllostachys Heterocycla 'Gracilis'
17. 新秆无白粉,秆箨箨耳小,笋期5月中下旬 ··············· 桂竹 Phyllostachys bambusoides
17. 新秆有白粉,秆箨箨耳大,笋期4月中旬至5月中旬 ··· 18
18. 秆箨淡黄色,斑点稀疏,叶片下面密生细毛 ··············· 白哺鸡竹 Phyllostachys dulcis
18. 秆箨色深,斑点密集,叶片下面仅基部有毛 ······································ 19
19. 秆箨红褐色或带红色,叶耳繸毛不明显 ··· 20
19. 秆箨绿褐色,叶耳繸毛明显发育 ··· 21
20. 新秆带紫色,密被白粉,秆箨边缘有毛,箨舌近平截 ······ 灰水竹 Phyllostachys platyglossa
20. 新秆绿色,微有白粉,秆箨边缘无毛,箨舌弓形 ·········· 衢县红壳竹 Phyllostachys rutila
21. 箨舌极发达,高7 mm,秆箨斑点密集 ·············· 高舌哺鸡竹(粉绿竹) Phyllostachys altiligulata

2.92.2 箣竹属 *Bambusa* Retz. corr. Schreber.

地下茎合轴型;秆丛生,乔木状或灌木状,少有攀援,每节分枝多数,如不发育之枝硬化成刺时,则秆基部数节常仅有 1 分枝。秆箨较迟落,箨耳发达,其上常生有流苏状继毛,箨叶直立或外翻。叶小型至中型,少有大型,线状披针形至长圆状披针形,小横脉常不明显。

本属 100 余种,分布于亚洲中部和东部,马来半岛及澳大利亚。中国 50 余种,主产华南。

1) 佛肚竹 *Bambusa ventricosa* McCl.(图 2.92.4)

形态:秆高达 5 m,直径 5.5 cm,秆有 2~3 类型,正常类型节间圆筒形,长 10~20 cm,完全畸形之节间较短而密,呈扁球体或瓶状,长 2~3 cm,中间类型之节间呈棍棒状,长 3~5 cm,秆表面无毛,多少被白粉,箨鞘顶端作弧状隆起,箨背面无毛,箨耳极发达。鞘口具继毛;箨叶直立,或上部的秆箨略向外翻。每节上生 1~3 枝,每小枝具叶 7~13 枚,叶片长 12~21 cm,宽 16~33 mm,次脉 5~9 对。

分布:产于广东、广西。

习性:喜光,喜温暖湿润气候,不耐寒。喜疏松、肥沃、排水良好的沙质壤土。

繁殖:分株繁殖。

应用:多为庭园观赏,亦可作盆景,是极美观的观赏竹种,但不耐寒。

本种的变种:

图 2.92.4 佛肚竹
1—3. 秆及分枝 4. 叶枝 5. 花枝 6. 秆箨

小佛肚竹 *Bambusa ventricosa* 'Nana'

形态:高 18~40 cm,径 1~2 cm,节间长 3~5 cm;畸形植株常用于盆栽。

分布:广西、广东、福建。

习性:喜光,喜温暖湿润气候,不耐寒。喜疏松、肥沃、排水良好的沙质壤土。

繁殖:分株繁殖。

应用:优良庭园、盆栽观赏竹种。正常秆可作农具柄、家具等;畸形秆可作烟嘴等工艺品。

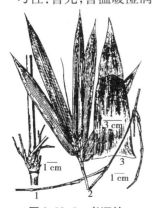

图 2.92.5 孝顺竹
1. 秆及分枝 2. 秆箨 3. 叶枝

2) 孝顺竹 *Bambusa multiplex* (Lour.) Raeusch ex Schult.(图 2.92.5)

形态:秆高 3~7 m,直径 1~2 cm,基部节间长 20~40 cm,幼时节间上部有小刺毛,被白粉。箨鞘厚纸质,硬脆,无毛,向上渐狭。顶端近圆形,箨耳缺如,稀甚小,箨叶直立,三角形,基部沿箨鞘两肩下延,并与箨鞘顶端等宽,背面无毛或基部具极少量刺毛。出枝习性低。每小枝具叶 5~10 枚,叶片长 4~14 cm,宽 5~20 mm,次脉 4~8 对,无小横脉或在脉间具透明微点。

分布:产于长江以南各省,为丛生竹类最耐寒种类之一。

习性:喜光,喜温暖湿润气候,不耐寒。喜疏松、肥沃、排水良好的沙质壤土。

繁殖:分株繁殖。

应用:优良庭园、盆栽观赏竹种。秆材坚韧可编织工艺品,代绳索捆搏脚手架,也是造纸好材料,树形美观,可作绿篱或庭园观赏。

3)观音竹 *Bambusa multiplex* var. *riviereorum*

观音竹是孝顺竹的园艺品种之一。

形态:秆绿色,实心,末级小枝是 12 ~ 23 叶。

分布:原产华南地区。

习性:喜光,喜温暖湿润的气候,喜微酸性土壤。

繁殖:分株繁殖。

应用:优良庭园、盆栽观赏竹种。树形美观,可作绿篱或庭园观赏。

4)凤尾竹 *Bambusa multiplex* 'Fernleaf'

凤尾竹是孝顺竹的园艺品种之一。

形态:秆中空,末级小枝 9 ~ 13 叶。

分布:华东、华南、华中、西南至台湾。

习性:喜光,喜温暖湿润的气候,喜微酸性土壤。

繁殖:分株繁殖。

应用:优良庭园、盆栽观赏竹种。树形美观,可作绿篱或庭园观赏。

5)小琴丝竹 *Bambusa multiplex* 'Alphonse-Karr'

小琴丝竹是孝顺竹的园艺品种之一。

形态:秆黄色,具绿色条纹。

分布:华东、华南、华中、西南至台湾。

习性:喜光,喜温暖湿润的气候,喜微酸性土壤。

繁殖:分株繁殖。

应用:树形美观,可作绿篱或庭园观赏。

6)龙头竹 *Bambusa vulgaris* Schrad. ex Wendland

形态:秆直立,高 6 ~ 15 m,直径粗 4 ~ 6 cm,节间长 20 ~ 25 cm,箨鞘革质,早落,两肩高起略呈圆形,背面被贴生短刺毛,箨耳近等大,上举,具继毛,箨舌高约 1.5 mm,箨叶直立,卵状三角形或三角形,背面具凸起细条纹,无毛或被稀的暗棕色刺毛。每小枝具叶 6 ~ 7 枚;叶片长 9 ~ 22 cm。宽 1.1 ~ 3 cm,基部近圆形或近截平,两面无毛。

分布:产于广东、广西、浙江、福建。印度、马来半岛有栽培。

习性:喜光,喜温暖湿润的气候,喜微酸性土壤。

繁殖:分株繁殖。

应用:秆为建筑造纸用材,为著名观赏竹种,应用于各类园林景观。

7)大佛肚竹 *Bambusa vulgaris* 'Wamin'

大佛肚竹是孝顺竹的园艺品种之一。

形态:秆畸形,节间鼓胀而呈扁球状或瓶状。

分布:华东、华南、华中、西南至台湾。

习性:喜光,喜温暖湿润的气候,喜微酸性土壤。

繁殖:分株繁殖。

应用:秆形奇特,为著名观赏竹种,应用于各类园林景观。

8)黄金间碧玉竹 *Bambusa vulgaris* '**Vittata**'

黄金间碧玉竹是孝顺竹的园艺品种之一。

形态:秆鲜黄间绿色纵条,光洁清秀,秆鞘初为绿色,被宽窄不等的黄色纵条纹。

分布:华东、华南、华中、西南至台湾。

习性:喜光,喜温暖湿润的气候,喜微酸性土壤。

繁殖:分株繁殖。

应用:秆形奇特,为著名观赏竹种,应用于各类园林景观。

2.92.3 箬竹属 *Indocalamus* Nakai

地下茎单轴型或复轴混生型。灌木状竹类。秆节间圆筒形,壁厚,秆环平,每节具1分枝,或秆上部分枝数达3枚,分枝通常与主秆近等粗,常贴秆,秆箨宿存,质脆。叶片大型。宽2.5 cm以上,具数条至多条平行的侧脉及小横脉。圆锥花序,小穗有柄,每小穗具数条至多朵小花;鳞被3;雄蕊3枚;花柱2,柱头2,羽毛状。

本属20余种,分布于亚洲东部,中国约17种,分布于秦岭、淮河流域以南各省区。常生于山坡或林下,组成小片纯林。

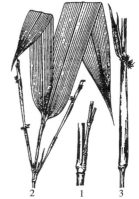

图2.92.6 箬叶竹
1.秆与分枝 2.叶 3.秆箨与箨叶

1)箬叶竹(长耳箬竹、棕粑竹) *Indocalamus longiauritus* Hand.—Mazz. (图2.92.6)

形态:地下茎复轴混生型,秆高1~3 m,直径0.5~1 cm,中部最长节间长达40 cm或更长;新秆节间密被蜡粉和灰白色柔毛,节下有一圈棕色的毛环;秆壁厚,中空小。笋绿色;秆箨短于节间,箨鞘革质,背面密被深棕色刺毛,箨耳、繸毛发达,长达1 cm,箨叶卵状披针形,直立,抱茎。每小枝1~3叶,叶片宽大,长15~35.5 cm,宽4~7 cm。笋期4—5月。

分布:生于林下或低海拔山地,常形成小片纯林。产于福建、河南、湖北、湖南、广西、贵州、四川、浙江、江西等地。

习性:喜光,喜温暖湿润气候,喜微酸性且排水良好的土壤。

繁殖:分株繁殖,也可埋竹鞭和播种繁殖。

应用:秆可作毛笔杆、竹筷等用,叶片大,可用作制斗笠的衬垫或包粽子等。在庭院绿化中,可供绿篱、丛植等用。

图2.92.7 阔叶箬竹
1,2.地下茎、秆及分枝 3.小穗 4.花枝

2)阔叶箬竹(箬竹) *Indocalamus latifolius* (Keng) McClure. (图2.92.7)

形态:地下茎复轴混生型,秆高约1 m或更高,直径约0.5 cm,中部节间长10~20 cm;新秆被白粉和灰白色

细毛;秆箨绿褐色或淡黄褐色,宿存,短于节间或节间近等长,箨鞘背面密被深棕色刺毛。边缘具整齐的继毛;无箨耳。每分枝具1~3叶,叶片长10~40 cm,宽2~8 cm,表面有光泽,侧脉小横脉明显。笋期4~5月。

分布:江苏、浙江、安徽、福建、河南、陕西秦岭等地均产,多生于低山、丘陵向阳山坡,形成小片纯林。

习性:喜光,喜温暖湿润气候,喜微酸性且排水良好的土壤。

繁殖:分株繁殖,也可埋竹鞭和播种繁殖。

应用:同箬叶竹。

3) 箬竹 *Indocalamus tessellatus* (Munro) Keng f. (图2.92.8)

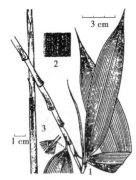

图2.92.8 箬竹
1.叶枝 2.箨鞘背面 3.秆及秆箨

形态:地下茎复轴混生型,秆高1 m或更高,直径0.5~1 cm,中部最长节间长达30 cm,新秆被蜡粉和灰白色细毛;秆箨绿色或绿褐色,宿存,长于节间,箨鞘革质,背面密被棕色刺毛。无箨耳;每小枝具1~3叶,叶片大,长10~45 cm,宽可达10 cm,下面沿中脉一侧被一行白色柔毛,近基部尤密;侧脉15~18对,小横脉明显。笋期4—5月。

分布:生山坡、林下或路旁,组成小片纯林。广布于长江流域各地。

习性:喜光,喜温暖湿润气候,喜微酸性且排水良好的土壤。

繁殖:分株繁殖,也可埋竹鞭和播种繁殖。

应用:同箬叶竹。

2.92.4 刚竹属 *Phyllostachys* Sieb. et Zucc.

地下茎单轴型,秆散生,乔木状,节间分枝一侧有沟槽;每节通常2分枝,秆箨早落;叶片较小,有细锯或一边全缘,带状披针形或披针形,小横脉明显。

本属约50种,主产于中国黄河流域以南至南岭山地为分布中心。少数种类延伸至印度及中南半岛,日本、朝鲜、俄罗斯、北非、北美、欧洲各国广为引种栽培。

1) 毛竹(楠竹、孟宗竹) *Phyllostachys heterocycla* 'Pubescens' (图2.92.9)

形态:秆高达20 m,径达16 cm或更粗,秆基部节间短,中部节间可达40 cm;新秆密被细柔毛,有白粉;分枝以下秆环不明显,箨环隆起。笋期3月下旬至4月;秆箨长于节间,褐紫色,密被棕褐色毛和深褐色斑点,斑点常块状分布;箨耳小,继毛发达;箨叶较短,长三角形至披针形,每小枝保留2~3叶;叶片较小,长4~11 cm,宽0.5~1.2 cm;复穗状花序具叶状佛焰苞;长1.6~3 cm,背部有毛,每小穗具2小花,仅一朵发育。颖果长2~3 cm。幼苗分蘖丛生,每小枝7~14叶;叶片大,长10~18 cm,宽2~4.2 cm。

图2.92.9 毛竹
1.秆箨 2.叶枝 3.花枝

分布:产于秦岭,汉水流域至长江流域以南地区、江苏南部、安徽南部、河南东南部大别山区、浙江、福建、台湾、江西、湖南、湖北、四川、云南东北部、贵州、广西北部、广东北部;多生于海拔 1 000 m 以下山地。山东、河南、山西、陕西等地引种栽培,秦岭南坡汉中地区引种后生长正常。日本、美国、俄罗斯及欧洲各国有引种栽培。

习性:适生温暖湿润气候条件,在分布范围内,年平均温度 15～20 ℃,1 月平均温度 1～8 ℃,年降水量 800～1 000 mm,对土壤要求高于一般树种,在厚层酸性土壤上生长良好;喜湿润,但不耐水淹;沙荒石砾地、盐碱地和低洼积水的地方生长不良。

繁殖:分株繁殖。

应用:为优良绿化树种。

栽培品种:

(1)花毛竹 *Phyllostachys heterocycla* 'Tao Kiang'　为毛竹的栽培品种。秆节间绿色,具宽窄不一的黄色纵条纹。为优良绿化树种。

(2)绿槽毛竹 *Phyllostachys heterocycla* 'Viridisulcata'　为毛竹的栽培品种。秆节间黄色,沟槽绿色。为优良绿化树种。

2)桂竹(五月季竹、麦黄竹) *Phyllostachys bambusoides* Sied. et Zucc.(图 2.92.10)

形态:秆高达 20 m,径可达 14～16 cm,中部最长节间长达 40 cm;新秆、老秆均为深绿色,无白粉,无毛,笋期 5 月中下旬;秆箨密被近黑色的斑点,疏生直立硬毛;两侧或一侧有箨耳,箨耳较小,有弯曲的长继毛,下部秆箨常无箨耳;箨舌先端有纤毛;箨叶带状,橘红色而有绿色边带,平直或微皱,下垂;每上枝 5～6 叶,有叶耳和长继毛,后渐脱落;叶片长 7～15 cm。宽 1.3～2.3 cm。

图 2.92.10　桂竹

分布:产于黄河流域以南各地。日本、美国、俄罗斯及欧洲各地引种栽培。

习性:为中国竹类植物中分布最广的一种,适生范围大,抗性较强,能耐 −18 ℃ 的低温,多生于山坡下部和平地土层深厚肥沃的地方,在黏重土壤上生长较差。

繁殖:分株繁殖。

应用:竹秆粗大通直,材质坚韧,篾性好,用途很广,仅次于毛竹,供建筑、家具、柄材等用;桂竹早年引入日本,现世界各地广泛栽培,被誉为材质最佳竹种。在日本,桂竹林面积约占竹林总面积的 42%。

桂竹易遭病菌 *Asterinella hingensis* 危害,使竹秆具紫褐色或淡褐色斑点,俗称斑竹,并命名为 *Ph. bambusoides f. tanakae*,常栽培作为观赏竹种。斑竹实为病菌引起,1 年生新竹均无斑点,其后逐渐感染,病斑增多,使观赏价值增高。

栽培品种:

(1)寿竹 *Phyllostachys bambusoides* 'Shouzhu'　新秆被白粉。产于四川及湖南。

(2)黄槽桂竹 *Phyllostachys bambusoides* 'Castlloniinversa'　秆绿色,沟槽黄色。

3)黄槽竹 *Phyllostachys aureosulcata* McClure.

形态:秆高 9 m,径 4 cm,中部节间长约 39 cm,新秆被白粉及柔毛,分枝一侧沟槽为黄,笋期 4 月下旬至 5 月上旬,秆箨绿色,有淡黄色纵条纹,散生褐色小斑点,或近无斑点,箨耳由箨叶基部延伸而成,与箨鞘顶端明显相连,每小枝 2 叶,叶长 12 cm,宽 1.4 cm。

图 2.92.11 金镶玉竹

1.竿 2.枝叶 3.笋 4.笋箨

栽培品种：

（1）京竹 *Phyllostachys aureosulcata* 'Pekinensis' 全秆绿色，无黄色纵条纹。

（2）金镶玉竹 *Phyllostachys aureosulcata* 'Spectabilis' 秆金黄色，沟槽绿色。（图 2.92.11）

分布：产于北京、江苏、浙江，美国引种栽培。

习性：喜光，喜温暖湿润气候，本种和栽培品种抗寒性强，可在北京、山东等地露地越冬。

繁殖：分株繁殖。

应用：多栽培供观赏；笋可食用。

4）人面竹 *Phyllostachys aurea* Carr. ex A. et C. Riv.（图 2.92.12）

形态：秆高 5～12 m，径 2～3 cm，近基部或中部以下数节常呈畸形缩短，节间肿胀或缢缩，节有时斜歪，中部正常节间长 15～30 cm，笋期 5 月中旬；秆箨淡褐色，微带红色，边缘常枯焦，无毛，仅基底部有细毛，疏被褐色小斑点或小斑块；无箨耳和繸毛；箨叶椭圆状披针形或披针形，长 6～12 cm，宽 1～1.8 cm。

分布：产于西北、长江流域、华中、两广，多生于海拔 700 m 以下山地；日本、美国、俄罗斯、欧洲及拉丁美洲各国引种栽培。

习性：抗寒性较强，能耐 -18 ℃低温，耐干旱瘠薄，适应性广。

繁殖：分株繁殖。

应用：各地园林绿化广为栽培。竹竿可作手杖、钓鱼竿和制作小型工艺品等用；笋味鲜美，供食用。

图 2.92.12 人面竹

5）金竹 *Phyllostachys sulphurea* Carr. A. et C. Riv.（图 2.92.13）

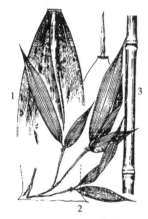

图 2.92.13 金竹

1.秆箨 2.叶枝 3.节间

形态：秆高 7～8 m，径 3～4 cm，中部节间长 20～30 cm；新秆金黄色，节间具绿色纵条纹，分枝以下秆环不明显，秆壁在扩大镜下可见晶状小点。笋期 4 月下旬至 5 月上旬；秆箨底色为黄绿色或淡褐色，无毛，被褐色或紫色斑点，有绿色脉纹；无箨耳和繸毛；箨叶带状撇针形，有橘红色边带，平直，下垂，每小枝 2～6 叶，有叶耳和长繸毛，宿存或部分脱落；叶片长 6～16 cm，宽 1～2.2 cm。

栽培品种：

槽里黄刚竹 *Phyllostachys sulphurea* 'Houzeauana'，与原种的区别是秆、节间绿色，沟槽绿黄色。

分布：产于浙江、江苏、安徽、江西、河南等地，美国引种栽培。

习性：喜光，喜温暖湿润气候，本种和栽培品种抗寒性强，可在北京、山东等地露地越冬。

繁殖：分株繁殖。

应用：竹秆金黄色，颇为美观，常栽培供观赏。

6）紫竹（乌竹、黑竹）Phyllostachys nigra（Lodd.）Munro

形态：秆高 3 ~ 6 m，径 2 ~ 4 cm，中部节间长 25 ~ 30 cm；新秆密被细柔毛，有白粉；1 年后秆渐变为紫黑色。笋期 4 月下旬；秆箨短于节间，淡紫红色或绿褐色，密被淡褐色毛，无斑点；箨耳发达，长椭圆形，紫黑色，有弯曲长繸毛，箨舌紫色，箨叶三角形或三角状披针形，绿色，有多数紫色脉纹。每小枝 2 ~ 3 叶，叶片长 4 ~ 10 cm，宽 1 ~ 1.5 cm。

分布：黄河流域以南各地广为栽培，西至四川、云南、贵州，南至广东、广西。日本、朝鲜、印度及欧美各国都有引种栽培。

习性：耐寒性较强，耐 –20 ℃低温，北京栽培能安全越冬。

繁殖：分株繁殖。

应用：多栽培供观赏，竹材较坚韧，供小型竹制家具、手杖、伞柄、乐器及美术工艺品等用。

2.92.5 方竹属 Chimonobambusa Makino.

地下茎单轴型。秆直立，秆圆筒形或略呈四方形，分枝一侧微扁或有沟槽，基部数节通常各有一圈刺瘤状气根或无气生根刺。箨鞘厚纸质，边缘膜质；箨耳缺；箨叶细小，直立，三角形或锥形基部与箨鞘连接处无明显关节。秆中部每节分枝 3，秆上部分枝可更多。叶片横脉明显，边缘有细锯齿或全缘。花枝紧密簇生，重复分枝，小枝 2 ~ 3 小穗，颖 1 ~ 3 枚，鳞被 3，雄蕊 3，花柱短，2 枚，柱头羽毛状，颖果，有坚厚的果皮。

本属约 15 种，分布于中国、日本、印度和马来半岛，中国约有 10 种。

1）寒竹 Chimonobambusa marmorea（Mitf.）Makino.（**图 2.92.14**）

形态：秆高 4.5 m，直径 1.2 cm，节间最长 13 cm，光滑无毛，圆形或微呈四方形，秆环平，箨环略隆起，具箨鞘基部的残留物，秆箨于基部数节宿存，背面密被斑点，无毛，少有极稀粗毛，无箨耳和繸毛，箨叶小，呈三角形或锥形。每节分枝 3，上部可增至 5，光滑，每小枝有叶 2 ~ 4，叶长 8 ~ 14 cm，宽 8 ~ 10 mm。小横脉明显。

分布：产于华中、华南，日本有栽培。

习性：喜光，喜温暖湿润环境。

繁殖：分株繁殖。

应用：秆直，枝叶青翠，是优良的观赏竹类。

图 2.92.14 寒竹
1. 秆　2. 叶枝　3. 秆箨

2）方竹 Chimonobambusa quadrangularis（Fenzi）Makino.（**图 2.92.15**）

形态：地下茎单轴型。秆高 3 ~ 8 m，直径 1 ~ 4 cm，节间长 8 ~ 22 cm，四方形或近四方形，上部节间呈 D 形，幼时被黄褐色小刺毛，后脱落，秆环甚隆起，基部数节常成圈排列刺状气根，向下弯曲，秆箨厚纸质，无毛，背面有密或疏的紫色斑点，无箨耳及繸毛，箨舌不发达，箨叶小或退化，秆中部分枝 3，上部可增至 5 ~ 7，枝光滑，每小枝有 2 ~ 5 叶，叶片狭披针形，长 8 ~ 30 cm，宽 1 ~ 3 cm。笋期 8 月至翌年 1 月。

栽培品种：

花叶方竹 Chimonobambusa quadrangularis 'Variegata'，叶片有白色条纹。

分布：产于长江流域以南地区。

习性：喜光，喜温暖湿润环境。

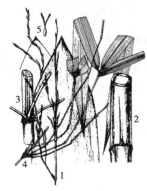

图 2.92.15 方竹
1. 花枝　2,3. 秆及分枝
4. 叶枝　5. 雌蕊

繁殖:分株繁殖。

应用:各类园林绿地观赏。也可做盆景观赏。

3) 筇竹 *Qiongzhuea tumidinoda* Hsueh et Yi

形态:秆高 2.5 ~ 6 m,径 1 ~ 3 cm,节间长 15 ~ 20 cm,秆壁甚厚,基部数节几为实心,秆环极度隆起呈一显著的圆脊,状如两圆盘上下相扣合。秆箨短于节间,箨鞘上部密生毛,无箨耳,箨叶长 5 ~ 17 mm,早落,叶长 5 ~ 14 cm,宽 6 ~ 12 mm,两面无毛,小横脉清晰。

分布:产于四川宜宾及云南昭通。

习性:喜温暖湿润气候,喜阳光充足,喜排水良好的微酸性土壤。

繁殖:分株繁殖。

应用:本种秆型奇特,为名贵观赏竹种;亦可制手杖、烟杆等高级工艺品,汉唐时已远销海外;笋期 4 月,笋肉厚,质脆、味美为著名笋用竹种。现已列为国家重点保护植物。

2.92.6　大明竹属 *Pleioblastus* Nakai

1) 斑苦竹 *Pleioblastus maculatus* McCI. C. D. Chu et C. S. Chao(图 2.92.16)

形态:秆高 3 ~ 5 m,径 1.5 ~ 4 cm,节间长 20 ~ 35 cm,新秆被白粉,后脱落;秆环隆起,箨环具一圈木栓质及箨基残留物。秆箨迟落,革质,被深褐色斑点和斑块,具油质,有光泽,箨基密被棕黄色长绒毛;箨耳小,被少数继毛,有时无箨耳及继毛,箨舌紫红色,高 3 mm,被短纤毛,箨叶披针形。每小枝 3 ~ 5 叶,叶片长 13 ~ 18 cm,宽 1 ~ 2 cm。笋期 5 月至 6 月上旬。

分布:产于陕南、四川、云南、广西;生于低山丘陵和盆地。

习性、繁殖同筇竹。

应用:竹材可用作棚架,笋味苦,不堪食用,四川盆地常栽作观赏。

图 2.92.16 斑苦竹
1. 笋　2,3. 秆及分枝
4. 秆箨　5. 花枝

2) 大明竹 *Pleioblastus gramineus*(Bean) Makino.

形态:秆高 3 ~ 4 m,径 0.5 ~ 1.5 m,新秆绿黄色,无毛;箨环平,节下具有白粉圈。箨鞘绿色至绿黄色,短于节间,上被白色脱落性小刺毛;箨叶窄披针形,直立或开展;叶片线状披针形,质厚,长 15 ~ 25 cm。

分布:广东、福建、江苏、浙江、上海等地均有栽培。

习性、繁殖同筇竹。

应用:为著名的观赏竹种。可盆栽观赏。

2.92.7　大节竹属 *Indosasa* McCl.

地下茎单轴型,秆散生,乔木状,分枝一侧有沟槽,秆环隆起,分枝 3,不贴秆,秆箨脱落性,革质或厚纸质。本属和唐竹属相似,营养体和花序等难以区别,唯本属雄蕊 6 枚可以区别。

本属 15 种,主产于中国华南至西南,中国 13 种。

中华大节竹 *Indosasa sinica* C. D. Chu et C. S. Chao. (图 2.92.17)

形态:秆高 10 m,径 6 cm,节间长 35 ~ 50 cm,新秆密被白粉,疏生刺毛,秆环隆起;分枝 3。箨鞘中下部密被刺毛;箨耳小,繸毛长 1 ~ 1.5 cm,箨舌微弧形,高 2 ~ 3 mm,有纤毛,箨叶绿色,三角状披针形,反曲,粗糙。小枝具 3 ~ 9 叶,叶片长 12 ~ 22 cm,宽 1.5 ~ 3 cm。笋期 4—5 月。

图 2.92.17　中华大节竹
1. 花枝　2. 叶枝　3. 秆箨
4. 雌蕊　5. 雄蕊

分布:产于广西西南、贵州西南、云南东南低山丘陵,组成纯林。

习性、繁殖同筇竹。

应用:竹材供小型建筑或棚架等用。

2.92.8　鹅毛竹属 *Shibataea* Naka.

灌木状竹类,地下茎复轴混生型,秆直立,在地面散生或呈小丛状,高通常在 1 ~ 2 m,秆不隆起。每节 3 分枝,或在上部节稍多,分枝短,通常 2 ~ 3 节,无次级分枝,每分枝仅具 1 叶,稀 2 叶。已知 8 种 2 变种,品种多个。

1) 鹅毛竹 *Shibataea chinensis* Nakai

形态:地下茎为复轴型,匍匐部分蔓延甚长。秆高 60 ~ 100 cm,节间长 7 ~ 15 cm,直径 2 ~ 3 mm,秆环肿胀。箨鞘早落,膜质,长 3 ~ 5 cm,无毛,顶端有缩小叶,鞘口有繸毛,主秆每节分枝 3 ~ 6 枚;前叶细长形,长 3 ~ 5 cm,存在于秆与分枝之腋间,呈白色膜质而后细裂为纤维状;叶常单生于小枝顶端;叶鞘革质,长 3 ~ 10 mm;鞘口无繸毛,叶舌发达,膜质,偏于一侧,呈锥形,长约 4 mm;叶片厚纸质,卵状披针形或宽披针形,两面无毛,长 6.5 ~ 10.7 cm,宽 12 ~ 25 mm,顶端渐尖,次脉 5 ~ 8 对。

变种:

(1) 细鹅毛竹(*Shibataea chinensis* var. gracilis C. H. Hu)　该变种以其秆箨基部具一圈浅棕色刺毛,箨叶细小并可呈钩状与原变种不同。

(2) 黄条纹鹅毛竹 *Shibataea chinensis* 'Aureo-striata'　与原变种不同之处在于其叶片具数枚宽窄不等的黄色纵条纹。可观赏栽培。

分布:浙江杭州植物园有栽培。江苏、江西、福建、安徽等地也有栽培。

习性、繁殖同筇竹。

应用:体态矮小,叶态优美,四季常青,是极佳的地被观赏植物,作绿篱及观赏用。

2) 倭竹 *Shibataea kumasasa* (Zoll.) Makino.

别名:五叶世(植物学大词典),秆高 1 ~ 2 m,径 0.2 ~ 0.7 cm,节间呈三棱形或几半圆筒形,无毛而有光泽,秆环隆起。箨鞘浅红色而带黄色,纸质,背面贴生小绒毛;箨叶长 3 ~ 5 mm。每节分枝 2 ~ 6 枚,先端具 1 ~ 2 叶,通常每节具 5 叶,故称五叶世。下部叶具有明显坚硬绿色而有纵沟之叶鞘及叶柄,枝鞘宿存,叶片卵形或矩形,长 2 ~ 14 cm,宽 0.6 ~ 3.5 cm。笋期 5 月下旬至 6 月。作庭园观赏用。

分布:台湾、福建、上海等地有栽培。

习性、繁殖同筇竹。

应用:地被、盆景。

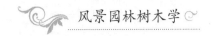

2.92.9　赤竹属 *Sasa* Makino et Shibata

菲白竹 *Sasa fortunei*（Van Houtte）A. et. C. Riv.

形态:矮小竹种,秆高 0.2～0.8 m,径 0.1～0.2 cm,节间圆筒形,秆环平。叶片绿色而具明显的白色或淡黄色条纹。

分布:原产日本。中国江浙及上海等地引种栽培。

习性、繁殖同箬竹。

应用:菲白竹植株矮小,叶片黄绿相间,美观大方,可作地被观赏,是用作盆景的良好材料。

复习思考题

2.3

1.木兰科的识别特征是什么?

2.木兰属与含笑属的主要区别表现在哪些方面?

3.鹅掌楸属的树种分布有什么特点?

4.白玉兰、含笑、紫玉兰、荷花玉兰、鹅掌楸等树种在园林配置上应各自有哪些特点?

5.木兰科与八角科树种的异同点有哪些?

6.南五味子和华中五味子在园林用途上有何特色?

2.4

1.樟科树种的主要形态特征有哪些? 和木兰科有哪些异同点?

2.樟科的花序有几种类型? 花序和花的性别、雄蕊的开裂方式之间有何相关性?

3.如何区分樟属、润楠属、楠木属?

4.檫木、山胡椒、红果钓樟等树种在园林运用上有什么特色?

2.5

1.梅花品种是如何形成的? 如何分类?

2.近代月季如何分类?

3.观赏桃的分类(12 类)。

4.根据物候、花色、观赏功能等分辨出各类观赏植物。

(1)早春先花后叶的树种;　　　　　　　(2)夏天开红花的树种;

(3)适合丛植的观花树种(白花、红花、黄花);　(4)既可观花又可观果的树种;

(5)适合配置在岩石园的树种;　　　　　(6)适合制作盆景的树种;

(7)适合作绿篱的树种;　　　　　　　　(8)球冠类树种。

2.6

1.蜡梅科树种的花期在什么时间?

2.蜡梅有哪些常见变种?

2.9

1.含羞草科、苏木科和蝶形花科的本质特征是什么? 地理分布有何特点?

2.合欢属树种的花期在什么时间?

3.红豆树属树种的主要特征是什么?

4.苏木科哪些树种具刺?

5.蝶形花科有哪些藤本树种? 其园林运用特点如何?

2.10

1.山梅花属与疏溲属有哪些主要区别?

2.山梅花属与疏溇属的观赏价值表现在哪些方面？

2.11

1.绣球科的叶着生方式怎样？

2.绣球花有什么特色？

3.绣球科在园林上如何运用？

2.12

1.野茉莉科的主要特征有哪些？

2.秤锤树果实有何特点？园林上如何运用？

2.13

1.山茱萸科的主要特征是什么？花有什么特色？

2.山茱萸科有哪些树种可作耐阴树种使用？在园林运用中应如何搭配？

3.山茱萸属与四照花属之间如何区分？

2.15

1.如何区分紫树属和喜树属？紫树和喜树一般被运用在哪些方面？

2.珙桐科树种有什么独特的美学价值？

2.16

1.五加科树种的主要特征是什么？

2.五加科树种中具有掌状复叶的属有哪些？

3.五加科树种中适合做孤植树或庭荫树的有哪几种？

4.五加科树种中叶具观赏价值的有哪几种？

5.五加科树种中常用作垂直绿化的有哪几种？

2.17

1.如何识别忍冬科树种？

2.金银花与金银木有什么区别？在搭配运用上应注意些什么？

3.荚蒾属树种的果实为什么颜色？观赏价值如何？

4.木绣球和琼花的主要区别在哪里？在园林运用上如何运用最能体现其观赏价值？

2.18

1.金缕梅科树种的主要特征是什么？

2.金缕梅科树种中哪个种是著名的秋色叶树种？

3.金缕梅科树种中花具观赏价值的有哪几种？

4.金缕梅科树种中适于做行道树的有哪几种？

2.19

1.悬铃木的主要特征是什么？

2.悬铃木在园林上有何用途？

2.20

1.黄杨科树种有无落叶的种？

2.黄杨科树种的叶都是对生的吗？

3.黄杨科树种在园林上常用在什么地方？

2.21

1.杨柳科树种的主要特征是什么？

2.杨属和柳属有何区别？

3.适于平原地区水边栽植的杨柳科树种有哪些？

4.垂柳和龙爪柳有何观赏特性?

2.22

1.桦木科树种有何主要特征?

2.桤木的生态学特性是什么?

2.24

1.壳斗科树种的果实有何特点?

2.如何区别栎属与青冈栎属?

3.壳斗科树种在园林上有何用途?

2.25

1.胡桃科树种的主要特征是什么?

2.胡桃科树种中哪些属的髓心是片状分隔的?

3.枫杨的果实为翅果还是坚果?

4.胡桃科树种中适合做行道树的有哪些?

2.26

1.榆科树种有何主要特征?

2.如何区别榆属与朴属?

3.榆科树种中适于石灰岩山地造林的树种有哪些?

4.榆科树种中可为秋色叶树种的是哪些?

2.27

1.桑科树种的果实有何特点?

2.华南地区常见的桑科行道树及遮阴树有哪些?

2.28

1.柞木属与山桐子属有何异同?

2.山桐子有何观赏价值?

2.29

1.瑞香科树种的花有何特点?

2.瑞香科树种在园林中如何配置?

2.30

1.海桐科树种的主要特征是什么?

2.海桐在园林中如何应用?

2.31

1.椴树属树种的花序有何独特之处?

2.椴树属树种在园林中有何用途?

2.34

1.杜英科树种的识别特征有哪些主要方面?

2.锦葵科的主要特征有哪些?花有什么显著特点?园林运用中如何体现其特色?

2.35

1.大戟科的主要特征有哪些?

2.大戟科中有哪些色叶树种?

2.36

1.如何识别山茶属、木荷属、杨桐属、厚皮香属?(提示:属的主要特征)

2.山茶花品种如何分类?(提示:花型、花瓣、3类12型)

3. 种植山茶花应选择何种立地条件？（提示：土壤的 pH 等）

4. 如何建山茶专类园？

2.38

1. 如何区别杜鹃花属和马醉木属？

2. 栽培杜鹃花如何分类？ 各类栽培杜鹃的主要亲本是什么？ 主要特征是什么？

3. 杜鹃花、马醉木有何观赏价值？ 在园林中如何运用？

2.40

如何区别赤楠和小叶黄杨？（提示：叶片有否透明腺点）

2.41

石榴科树种的花期有什么特点？ 园林中运用范围如何？

2.42

1. 冬青科的主要特征是什么？

2. 冬青属的树种有何观赏价值？（提示：果实，常绿）

3. 如何通过营养体区别冬青科、山矾科和桑科？

4. 目前在园林中把许多冬季常绿的阔叶树均称作冬青，引起混乱，如大叶黄杨（卫矛科）、女贞（木樨科）等均称作冬青，如何区别？

2.43

1. 卫矛科树种主要特征是什么？

2. 卫矛科树种中既可观叶又可赏果的是哪几种？

3. 可用于垂直绿化的卫矛科树种有哪些？

4. 大叶黄杨栽培变种常见的有哪些？

2.44

1. 胡颓子科树种有何主要特征？

2. 胡颓子科树种有何园林用途？

2.45

1. 鼠李科树种的主要特征是什么？

2. 鼠李科树种中适合做行道树的有哪些？

3. 如何区别马甲子与铜钱树？

2.46

1. 葡萄科树种的主要特征是什么？

2. 葡萄科树种在园林上如何配置？

2.47

紫金牛科在园林上有何用途？

2.48

1. 柿树科树种的花萼有何特点？

2. 柿树科树种在园林上有何用途？

2.49

1. 芸香科树种的果实有哪几种类型？

2. 芸香科树种中常盆栽以观赏果实的有哪些？

2.52

1. 苦木科、楝科、无患子科树种的叶具有什么共同之处？ 相互间如何识别？

2. 无患子科中栾树属的运用价值表现在哪些方面？ 如何配置使用？

2.53

1. 如何区别黄连木、盐肤木、野漆树、南酸枣等树种？（提示：叶、果）

2. 黄连木、盐肤木、火炬树、木蜡树、野漆树、南酸枣等在园林上有何观赏价值？ 如何应用？〔提示：色叶类、果实的色彩（火炬树）、行道树等对环境的适应能力〕

2.54

1. 如何识别槭树属的树种？

2. 槭树属中哪些树种适合你所在地区栽培作园林观赏？ 试述其观赏功能。

2.55

如何识别七叶树科？ 其叶、花序和果实具有哪些显著特征？

2.57

1. 桂花品种可分成哪几大类群？ 主要特征是什么？（提示：4 个品种群，开花时间、花色等）

2. 列举木樨科适于丛植、开黄花的树种（开花时间与展叶的关系）。（提示：连翘属、茉莉属的一些种类）

3. 列举适合作绿篱的树种。

2.58

夹竹桃科哪些树种可作垂直绿化使用？

2.59

茜草科中有哪些树种为著名的香花树种？ 哪些树种可作地被和矮篱使用？

2.61

1. 紫薇属树种的花期有什么特点？ 园林用途如何？

2. 梓树属和凌霄属有哪些区别和共同之处？

3. 结合梓树属和凌霄属各自特点，在园林配置上有哪些差别？

2.62

马鞭草科树种的花有何特点？

2.63

1. 木通科树种的主要特征是什么？

2. 木通科树种在园林中如何配置？

2.65

1. 如何识别玄参科树种？

2. 泡桐在园林上有何用途？

2.67

1. 牡丹的识别特征是什么？

2. 牡丹的生物学特性和生态学特性是什么？（提示：生物学特性——寿命、开花。生态学特性——温度、湿度）

3. 影响牡丹开花时间的因素是什么？ 如何控制牡丹的花期？（提示：温度）

4. 试述牡丹的品种分类及品种识别。

5. 铁线莲属各种在园林造景中如何应用？

2.68

1. 凤尾兰和丝兰如何区别？ 有何观赏价值？ 在园林中如何运用？

2. 朱蕉有何观赏价值？ 如何运用？

2.69

1. 棕榈科有何特点？（提示：科的主要特征、观景特点）

2. 举例说明棕榈科树种的观赏价值，如何运用。

第3篇 实训

3 实训指导

　　风景园林树木学是风景园林类专业的基础课,是一门实践性很强的学科,实验和实习又是本课程重要的组成部分,实验所传授的感性知识是专业设计最基本的素材,而树木是景观最重要的组成因子,实验课中对树木习性的了解、生存环境的感受、树木生命韵律所展示的美的体验均是必不可少的专业体验。风景园林树木学旨在培养学生掌握识别树种和鉴定树种的基本技能并锻炼学生自己动手的能力,让学生了解树木资源的丰富多样;认识树木、熟悉树木的生命节律、生长习性、生态需求、观赏特性,以便在将来的专业实践中运用自如,为此,特编入本实训指导。

　　本教材实训包括蜡叶标本制作及保存方法、园林树木与古树名木调查、园林树木的物候观测、树木冬态的识别,此外还要借助植物鉴定的工具——常见园林树木枝叶检索表(见第1篇),可方便植物的鉴定和识别,长期使用该工具,亦可深入掌握树木识别中的关键特征。

　　实训后有作业,由学生利用课外时间完成。

　　在公园、植物园等野外实习场所中,要打破园林树木的科的界限,结合园林配置并以现场所见为讲解顺序,因而每次实验与现场教学内容可能会有所增减,同时室外教学受季节和天气影响很大,故教师要根据当时的具体情况做必要调整。由于我国南北方气候差异大,树种的分布也有很大的差异,对本教材实训中的内容各院校可根据具体情况对实训内容进行调整。

　　在每个实验和现场教学后面均附有思考题和适量作业,以帮助同学们复习巩固。

实训 1　蜡叶标本制作及保存方法

　　园林树木野外实习,采集标本、制作标本并保存标本是树木鉴定和命名的基础,是重要的实践环节,是课堂教学的必要补充,也是复习、巩固和验证理论知识,联系实际的重要一环,对学生实践能力的培养有着重要的作用。通过本实习,也可使学生更多地认识五彩斑斓的植物世界,更加热爱大自然,激发更大的学习兴趣和潜力。

1. 实习目的

　　通过实习使理论知识与实践结合,巩固所学的基本理论、基本概念,也使同学们得到一次比较全面的学习和训练。要求学生能够较为熟练地使用工具书,掌握 200 ~ 300 种树木的识别特征、分布特点和生态习性,了解生态系统中各树种间的生物关系,学会野外树木调查的方法及有关工序,为以后专业课的学习奠定基础。

2. 标本的采集和制作

　　蜡叶标本的制作要经过采集、压制、干燥、上台纸等几道工序。它是最古老也是当前应用最为广泛的一种方法。

1)采集前的准备工作

(1)收集有关采集地点的自然条件(如气候、地形、土壤、植被等)和社会经济状况等文献资料,并整理成文。特别要注意准备与采集地点有关的地方植物志或植物检索表。

(2)工具和仪器(图3.1)

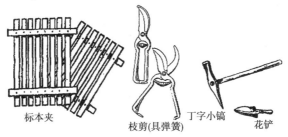

标本夹   枝剪(具弹簧) 丁字小镐   花铲

图3.1　常用园林树木学实习用具

标本夹:两块 45 cm×30 cm 的方格板,夹上附有背带或绳索。

吸水纸:用吸水性很强的草纸或旧报纸折叠成与标本夹同大或略小,3~5 张一叠。

采集袋:可用普通的塑料袋代替原来使用的采集箱。

枝剪:木本植物只能采集枝条。

花铲或丁字小镐:用于挖草本植物的根。

标签:用卡片纸或其他硬纸裁成 3 cm×2 cm 的纸片,一端打眼穿线。

记录本:日记本大小,通常每册 200 页,印好项目内容,供野外填写。野外采集时应记录树木的产地、生境(如林地、草地、山坡或路边等)。

其他:手持 GPS、海拔仪、手持罗盘、牛皮纸袋、瓦楞纸(有条件)、乳胶、卷尺、测绳、围尺、测高器、解剖镜(公用)、手持放大镜、照相机和防雨设备等。

2)采集

(1)采集时间　应在植物的花果期采集。在一年中应在花果最多的季节采集,一般春秋季节是采集的黄金季节。鉴于野外实习时的时间限制,可能看不到有些植物的开花和结实情况,而一份完整的植物标本应根、茎、叶、花、果实、种子各种器官齐全,如缺乏哪一部分,应选择适当的季节及时补采。就一天而言,采集的时间最好在上午露水消失以后。

(2)采集地点和路线　选择采集标本的路线应具代表性。宜选植物种类较丰富的路线和地点,并注意往返路线不要重复,以保证在同样时间下采集到最多的标本。由于不同环境中生长着不同的植物种类或相同的植物生长在不同的环境中,因而,对不同环境中的植物都应尽力予以采集。

(3)应选择生长正常、无病虫害,且有花或有果的植株作为采集对象。

(4)一般情况下,每种至少要采集3~5份标本,编为同一号,便于日后进行比较研究,或将来作为副号标本用于交换。

(5)如果是雌雄异株或杂性异株,则应分别从各类植株上采集。

(6)寄生植物要附有寄主标本。

(7)对于成年树,最好采集中上部的典型枝条。如果遇到同一植物的枝条(叶)外形有两种类型,如柘树有的没刺,有的有刺;又如银杏有长短枝之分,则两种类型都要采集。

(8)采下的标本要立即挂上标签,写上采集人和采集号(用铅笔写)。

（9）在标本编号后，同时要做好野外记录（用铅笔写），包括采集日期、地点、海拔、生境、性状等各项。采集地点要尽量详细，要让他人据此可以采到此种，对标本本身难以反映的植株高度、质地、花果色泽等，尤其需要填写清楚（此项工作也可在标本集中压制时记录，但诸如花色、分布海拔、伴生植物、分布频度等内容最好当时填写，以免过后忘记）。如果植物有脱落的果实或种子等器官，则应装入小纸袋中，并与枝叶标本编相同的号。

（10）必要时对植物拍照并编号。

（11）有些植物有毒，在采集时注意不要随便品尝，以免中毒或过敏。

（12）采集时要注意保护植物资源，不能恣意破坏，禁止掠夺性的采集，对珍稀濒危植物更要如此。对于木本植物的枝条，大小掌握在 40 cm、宽 25 cm 范围内。

（13）标本采集后，先作简单的修整，并放入塑料袋内，待合适的时间集中压制。

3）标本的压制

标本压制的目的，在于避免叶片的卷皱和幼嫩器官的过分收缩，力求在最短的时间内吸除新鲜标本所含的水分，使其形态和颜色尽快固定，不可采用晾晒和烘干的办法。

（1）标本个体的大小，以能放入标本纸内宜于压制为妥。较大的草本，要经过一或几次"之"字形折曲。若一个复叶太大，可留着顶端小叶剪掉总叶轴一侧的小叶片，叶轴也可折曲但不能剪短。有刺植物垫上厚纸轻压。

（2）标本应铺平展开，将枝叶理顺，再选 1~2 片翻压。如标本太小，可将几个同号的标本压在一张标本纸上。若枝叶过密可适当疏去一些，但要留下明显的痕迹。经过修整，使之不但形状好看，并能显出花果及其顺序排列的性状及方式。

（3）具球茎的草本，有的在标本夹中继续生长，可在开水中浸 10 min 或用 5% 酒精溶液浸泡 1~2 d 杀死再压。

（4）压制时以不压坏花冠、子房等幼嫩器官为宜，过松不易压平，也不易吸去水分。

（5）在采集标本的当天，应及时整理，注意梳理枝叶，换上干燥的标本纸压制。然后放在通风、透光、温暖的地方，在最初 2~3 d 要早晚两次换纸，以后每天可换纸一次。换下的湿纸要随即晾干或烤干。如有条件，以瓦楞纸压制标本，方法如下：标本夹底层先放一张瓦楞纸，在上面平铺一张吸水纸或报纸（大小不能超过瓦楞纸），将标本铺展其上，再在其上铺上一层吸水纸，再放上一张瓦楞纸，如此压制到一定厚度（小于 50 cm），将标本夹用绳捆实，置于一架子上，用吹风机或加热灯（电炉）烤干，用这种方法压制一个晚上就能压好植物标本（图 3.2）。标本烤干后，及时换压到普通标本夹上，保存好标本，等待鉴定和制作。注意：在放置标本夹时，注意加热灯与标本夹的距离，防止在烤干时引起标本纸着火，引起火灾！

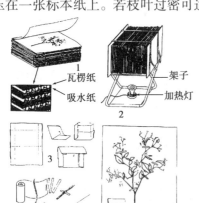

图 3.2　树木标本压制示意图
1.将树木铺展在两层吸水纸和两层瓦楞纸中；2.将捆紧的标本夹放在架子上，用 100 W 的加热灯加热烤干；3.放置易脱落种子、果实、叶片、花等的纸袋折叠过程；4.装订标本的用具；5.完整的植物蜡叶标本

（6）在整理新采的标本时，可将易干燥的和不易干燥的，体积较大的和枝叶平整的标本分别压制。

（7）对常绿带球果的裸子植物标本如油松可用较厚的吸水纸轻压，在球果突起处垫上厚纸。

（8）花部可用滤纸片衬托轻压，最好是液浸。

（9）拿出标本，如能挺直不弯时，表示已经压制成功，但应选留保住原色的为合格标本。

4）标本成装

上台纸：标本全干后，可以放在白台纸上：标准台纸长约40 cm、宽约29 cm。一般无定格，但过小了，做出的标本不美观。将已干燥的标本放到白色台纸上的适中位置，然后用纸条粘定，或用线固定，用较有韧性的纸条穿孔固定也可（图3.3）。之后，将野外记录贴在左上角，上面应有采集地点和环境、采集日期和采集者等信息。标本台纸的右下角则贴鉴定标签（图3.4），上面应有科名、拉丁学名和中文名称。

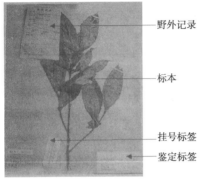

野外记录
标本
挂号标签
鉴定标签

图3.3　树木蜡叶标本样本

××××学院植物标本馆

植物鉴定标签

采集号＿＿＿＿＿＿＿＿　采集地点＿＿＿＿＿＿＿＿

中文名＿＿＿＿＿＿＿＿　别　名＿＿＿＿＿＿＿＿

拉丁学名＿＿＿＿＿＿＿＿＿＿＿＿＿＿＿＿

科　名＿＿＿＿＿＿＿＿＿＿＿＿＿＿＿＿

采集者＿＿＿＿＿＿＿＿　采集时间＿＿＿＿＿＿＿＿

鉴定人＿＿＿＿＿＿＿＿　鉴定时间＿＿＿＿＿＿＿＿

图3.4　植物鉴定标签

标本做好后，要进行消毒，以防病虫害。原先多用氯化汞消毒，方法是用消毒液浸一下，用毛刷子给标本刷上消毒液即可。目前用超低温冰箱做冷冻消毒，安全而方便。

蜡叶标本的保存：蜡叶标本应于干燥通风的专用标本室和密闭性能良好的标本橱中保存。标本橱内要分设多层多格，每层分放干燥剂与樟脑丸，适时更换，并定时用低温冰柜冷冻杀虫，保持室内干燥，以达防霉防虫的目的。标本橱的每格内存放的标本份数不宜太多，以免压坏。珍贵标本，还可在台纸上顶边粘贴与台纸等大的透明硫酸纸或塑料薄膜作盖纸，或将标本置于专门的透明袋内，以免磨损，以利更好地保存。

3. 标本鉴定

本教材中以《常见园林树木枝叶检索表》为工具书，工具书是植物鉴定的钥匙。学习和掌握工具书的使用，是风景园林树木学的基本要求之一。

对未知名称且无花无果的树种，可根据自己掌握的知识，判断该种所属的科，或根据地方植物志上的枝叶检索表查出其名称，再对照有关植物志或树木志上该种的描述及所附插图，判断名称是否正确。

对有花、果的未知树种，首先应解剖其花、果的结构，再使用植物志开始部分的分科检索表，查出该种所属的科名，最后定种名。

对已知中文名或拉丁名的树种，利用植物志或树木志后面所附的中文名或拉丁名索引，查出该种所在的页码，进而对照科、属、种的特征描述，判断该名称是否正确。

4. 实习中应注意的问题

（1）指导教师要向学生讲清楚实习目的，要求帮助学生端正学习态度。

（2）实习即为实地演习,强调学生的主观能动性,要求学生要多问、多看、多记、多动手、多思考问题。

（3）遵守纪律,遵守时间,时刻注意安全,不单独行动,保证实习的安全和效果,一切行动以大局为重,包括实习内容、作息时间的调整等。

（4）每天外出回来及时整理压制的标本,整理好采集记录。

（5）强调实习是一重要的学习环节,因此,每个同学都必须认真参与。实习回来后,要积极进行标本的归类整理。最后的实习报告,应当是 1 份小组集体劳动的成果。整理名录时,应与工具书核对好所属的科、属名称及拉丁学名。

5. 自身防护知识

（1）蝮蛇　生活于地面、岩石、草丛或灌木丛中,不上树。凶猛,混合毒。

①做好预防工作,建立良好的工作习惯,一步三看,野外工作一定要打绑腿;行走时用长棍敲打草丛;尽量不接触地面,休息时不随意坐到石头和树根等处。

②冷静处理突发事件,结扎（10～15 min 松一下）;处理伤口;服药和敷药;及时联系送医院。

（2）"失足"　注意脚下活动的石块,以防发生意外。工作只在山谷内,不随便爬山。

（3）雷击　雷雨天不打伞。

（4）毒虫　如毒蜂、毒蝎等。要备防虫药,遇到马蜂追时不要跑,就地卧倒,用衣服等盖住头部。

（5）迷路　尽量原路返回,岔路处做标记,沿着山沟往下走,找公路村庄,节能节水。

（6）野兽　如野猪、狼、豹、豹猫等。遇到时要冷静,不跑,可用光或火等。

实训 2　园林树木与古树名木调查

1. 目的意义

园林树木调查和古树名木调查,对于制订园林树种规划,发展园林苗圃及其产业化发展都有重要的意义。在摸清家底的基础上,总结出各种树种在生长、管理及绿化应用方面的成功经验和失败的教训。然后,根据本地各种不同类型园林绿地对树种的要求订出规划。最后苗圃按规划进行育苗、引种和培育各种规格的苗木,以促进园林绿化建设工作的顺利进行。

2. 园林树种的调查

这是通过具体的现状调查,对当地过去和现有树木的种类、生长状况与生境的关系、绿化效果功能的表现等各方面作综合的考察,是今后规划工作能否做好的基础,所以一定要以科学的实事求是精神来认真细致地对待。

1) 组织与培训

首先由当地园林主管部门挑选具有相当业务水平、工作认真的技术人员组成调查组。全组人员共同学习树种调查方法和具体要求,分析全市园林类型及生境条件,并各选一个标准点做调查记载的示范,对一些疑难问题进行讨论,统一认识。然后可根据人员数量分成小组分片包干实行调查。每小组内可分工做记录、测量工作,一般 3～5 人为 1 组,1 人记录,其他人测量数据。

2) 调查项目

为了提高效率,应根据需要事先印制调查记录卡片,在野外只填入测量数字及做记号即可完成记录。记录卡的项目及格式见表3.1。在测量记录前,应先由有经验者在该绿地中仔细地观察一遍,选出具有代表性的标准树若干株,然后对标准树进行调查记录。必要时可对标准树实行编号作为长期观测对象,但以一般普查为目的时则不需编号了。

表3.1　园林树种调查记录卡

_____年_____月_____日填

编号:_____树种名称:_____学名:_____科名:_____

类别:落叶树、常绿树、落叶针叶树、落叶灌木、丛木、藤本,常绿灌木、丛木、蘑本

栽植地点:_____来源:_____树龄:_____年生

冠形:椭圆、长椭圆、扁圆、球形、尖塔、开张、伞形、卵形、扇形

干形:通直、稍曲、弯曲。展叶期:_____花期:_____

果期:_____落叶期:_____生长势:上、中、下、秃顶、干空

其他重要性状:_____

调查株数:_____最大树高:_____m。最大胸围:_____cm

最大冠幅:东西南北_____m。平均树高_____m。平均胸围:_____cm

栽植方式:片林、丛植、列植、孤植、绿篱、绿墙、山石点景

繁殖方式:实生、扦插、嫁接、萌蘖

栽植要点:_____

园林用途:行道树、庭荫树、防护树、花木、观果木、色叶木、篱垣、垂直绿化、覆盖地面

生态环境:山麓或山脚、坡地或平地、高处或低处、挖方处或填方处、路旁或沟边、林间或林缘、房前或房后、荒地或熟地、坡坎或塘边、土壤肥厚或中等、瘠薄、林下受压木或部分受压、坡向朝南或朝北、风口或有屏障、精管或粗管、pH 为_____左右

适应性:耐寒力:强、中、弱　　　耐水力:强、中　　　　耐盐碱:强、中、弱

　　　　耐旱力:强、中、弱　　　耐高温力:强、中、弱　　耐风沙:强、中、弱

　　　　耐瘠薄力:强、中、弱　　耐阴性:喜光、半耐阴、耐阴

病虫危害程度:严重、较重、较轻、无

绿化功能:_____

抗有毒气体能力:SO_2:强、中、弱;Cl_2:强、中、弱;HF:强、中、弱;抗粉尘:强,中,弱;其他功能:_____

_____

评　价:_____

标本号:_____照片号:_____调查人:_____

3. 园林树木调查总结

在外业调查结束后,应将资料集中,进行分析总结。总结一般包括下述各项内容:

（1）前言　说明目的、意义、组织情况及参加工作人员、调查的方法步骤等内容。

（2）调查当地的自然环境情况　包括城市的自然地理位置、地形地貌、海拔、气象、水文、土壤、污染情况及植被情况等。

（3）城市性质及社会经济简况

①本市的自然环境情况:包括城市的自然地理位置、地形地貌、海拔、气象、水文、土壤、污染情况及植被情况等。

②城市性质及社会经济简况。

（4）本市园林绿化现况　可根据城乡建设环境保护部所规定的绿地类别进行叙述，附近有风景区时也应包括在内。

（5）树种调查统计表（表3.2）

表3.2　_____地区园林树种调查统计表（藤灌丛木部分）

年　　月　　日　　　　　　　　　　　　　类别:针叶、常绿、落叶

编　号	树　种	来　源	树　龄	调查株数	平均株高	平均基围	平均冠幅 WE/m×m NS/m×m	生长势			习　性	备　注
								强	中	弱		

注:（1）生长势为"强""中""弱"3级,即1,2,3。

（2）习性栏可分填耐阴、喜光、耐寒、耐旱、耐淹、耐高温、耐酸盐碱、耐瘠薄、耐风、抗病虫、抗污染等。

（3）对藤木、灌木、丛木应分别填表,勿混合填入一表。

①行道树表　包括树名(附拉丁学名)、配植方式、高度(m)、胸围(cm)、冠幅[东西(m)×南北(m)]、行株距(m)、栽植年代、生长状况(强、中、弱)、主要养护措施及存在的问题等栏目。

②公园中现有树种表　包括园林用途类别树名(附学名)、胸围或干基围(cm)、估计年龄、生长状况(强、中、弱)、存在的问题及评价等栏目。

③本地抗污染(烟、尘、有害气体)树种表　包括树名、高度、胸围、冠幅、估计年龄、生长状况、生境、备注(环保用途及存在的问题)等栏目。

④城市及近郊的古树名木资源表　包括树名(学名)、高度、胸围、冠幅、估算年龄及根据、生境及地址和备注等栏目。

⑤边缘(在生长分布上的边缘地区)树种表　包括树名、高度、胸围、冠幅、估计年龄、生长状况、生境、地址和备注(记主要养护措施、存在的问题及评价)等栏目。

⑥本地特色树种表　包括树名、高度、胸围、冠幅、年龄、生长状况、生境、备注(特点及存在的问题)等栏目。

⑦古树名木调查表　包括立地条件、树姿、树龄考证、相关传说、典故、轶事等栏目(表3.3)。

表3.3　古树名木调查表

照片编号_____标本编号_____时间_____

_____省_____市_____乡镇_____村(　　)

一、立地条件

1.环境:山坡(坡向、坡度____/____)山顶、山沟、平原;空旷地、庭院。

2.海拔_____m

3.土壤_____

4.光照_____

5.附近植被情况:位于校园内,周围没有其他植被。

6.综合评价:立地条件优、良好、一般、恶劣。

二、树姿

1. 树冠:球形、扁球形、卵圆形、卵形、倒卵形

2. 生长势:强、中、弱

3. 树皮(颜色、分裂情况等):暗灰色,浅分裂

4. 树高:_____ m;枝下高:_____ m;胸围:_____ cm;基围:_____ cm;

   最粗处:_____ cm;冠幅:南北:_____ m;东西:_____ m

5. 基部分枝情况及粗度、姿态:(1)_____ ;(2)_____ ;(3)_____ 。

6. 形态(花、叶)与品种名:_____

   常绿_____ 落叶_____ 花期_____ 果期_____ 花香浓_____ 。

7. 总体评价、当地俗称、保护措施:_____

三、树龄考证(询问、资料) _____

四、相关传说、典故、轶事 _____

实训 3　园林树木物候观测法

1.观测目的与意义

园林树木的物候观测,除具有生物气候学方面的一般意义外,主要有以下目的意义:

(1)掌握树木的季相变化,为园林树木种植设计,选配树种,形成四季景观提供依据。

(2)为园林树木栽培(包括繁殖、栽植、养护与育种)提供生物学依据。如确定繁殖时期,确定栽植季节与先后,树木周年养护管理(尤其是花木专类园),催延花期等,根据开花生物学进行亲本选择与处理,有利杂交育种,不同品种特性的比较试验等。

2.观测法

园林树木观测法,应在与中国物候观测法总则和乔灌木各发育时期观测特性相统一的前提下,增加特殊要求的细则项目。如为观赏春、秋叶色变化以便确定最佳观赏期;为芽接和嫩枝插进行粗生长和木质化程度的观测,为有利杂交授粉,选择先开优质花朵和散粉,柱头液分泌时间的观测,等等。

在较大区域内的物候观测,有众多人员参加时,首先应统一树木种类、主要项目(并立表格)、标准和记录方法。人员(最好包括后备人员)均经统一培训。

1)观测目标与地点的选定

在进行物候观测前,按照以下原则选定观测目标或观测点。

①按统一规定的树种名单,从露地栽培或野生(盆栽不宜选用)树木中,选生长发育正常并已开花结实 3 年以上的树木。在同地同种树有许多株时,宜选 3~5 株作为观测对象。

对属雌雄异株的树木最好同时选择雌株和雄株,并在记录中注明雌(♀)、雄 (♂)性别。

②观测植株选定后,应做好标记,并绘制平面位置图存档。

2)观测时间与方法

(1)应常年进行,可根据观测目的的要求和项目特点,在保证不失时机的前提下决定间隔时

间的长短。对那些变化快、要求细的项目宜每日观测或隔日观测。冬季深休眠期可停止观测。一天中一般宜在气温高的下午观测(但也应随季节、观测对象的物候表现情况灵活掌握)。

(2)应选向南面的枝条或上部枝(因物候表现较早)。高树顶部不易看清,宜用望远镜并用高枝剪剪下小枝观察,无条件时可观察下部的外围枝。

(3)应靠近植株观察各发育期,不可远站粗略估计进行判断。

3)观测记录

物候观测应随看随记,不应凭记忆,事后补记。

4)观测人员

物候观测须选责任心强的专人负责。人员要固定,不能轮流值班式观测。

专职观测者因故不能坚持时,应由经培训的后备人员接替,不可中断。

3. 园林树木物候观测项目与特征

(1)**树液流动开始期**　以从新伤口出现水滴状分泌液时为准。如核桃、葡萄(在覆土防寒地区一般不易观察到)等树种。

(2)**萌芽期**　树木由休眠转入生长的标志。

①芽膨大始期　具鳞芽者,当芽鳞开始分离,侧面显露出浅色的线形或角形时,为芽膨大始期(具裸芽者,如枫杨、山核桃等,不记芽膨大期)。不同树种芽膨大特征有所不同。

由于树种开花类别不同,芽萌动有先后,有些是花芽(包括混合芽),有些是叶芽,应分别记录其日期。为便于观察不错过记录,较大的芽可以预先在芽上薄薄涂上点红漆(尤其是不易分清几年生枝的常绿的柏类)。芽膨大后,漆膜分开露出其他颜色即可辨别。对于某些较小的芽或具绒毛状鳞片芽,应用放大镜观察。

②芽开放(绽)期或显蕾期(花蕾或花序出现期)　树木之鳞芽,当鳞片裂开,芽顶部出现新鲜颜色的幼叶或花蕾顶部时,为芽开放(绽)期。此期在园林中有些已有一定观赏价值,给人带来春天的气息。不同树种的具体特征有些不同。如榆树形成新苞片伸长时,枫杨锈色裸芽出现黄棕色线缝时,为其芽开放期。有些树种的芽膨大与芽开放不易分辨时,可只记芽开放期。具纯花芽早春开放的树木,如山桃、杏、李、玉兰等的外鳞层裂开,见到花蕾顶端时,为花芽开放期或显蕾期。具混合芽春季开花的树木,如海棠、苹果、梨等,由于先长枝叶后开花,故其物候可细分为芽开放(绽)和花序露出期。

(3)**展叶期**

①展叶开始期　从芽苞中伸出的卷曲或按叶脉折叠着的小叶,出现第一批有1~2片平展时,为展叶开始期。不同树种,具体特征有所不同。针叶树以幼针叶从叶鞘中开始出现时为准;具复叶的树木,以其中1~2片小叶平展时为准。

②展叶盛期　阔叶树以其半数枝条上的小叶完全平展时为准;针叶树类以新针叶长度达老针叶长度1/2时为准。

有些树种开始展叶后,就很快完全展开,可以不记展叶盛期。

③春色叶呈现始期　以春季所展之新叶整体上开始呈现有一定观赏价值的特有色彩时为准。

④春色叶变色期　以春叶特有色彩整体上消失时为准,如由鲜绿转暗绿,由各种红色转为绿色。

（4）开花期

①开花始期　在选定观测的同种数株树上，见到一半以上植株，有5%的（只有一株亦按此标准）花瓣完全展开时为开花始期。

针叶树类和其他以风媒传粉为主的树木，以轻摇树枝见散出花粉时为准。其中柳属在葇荑花序上，雄株以见到雄蕊，出现黄花时为准；雌株以见到柱头出现黄绿色为准。杨属始花不易见到散出花粉，以花序松散下垂时为准。

②开花盛期（或盛花期）　在观测树上见有一半以上的花蕾都展开花瓣或一半以上的葇荑花序松散下垂或散粉时，为开花盛期。针叶树可不记开花盛期。

③开花末期　在观测树上残留约5%的花时，为开花末期。针叶树类和其他风媒树木以散粉终止时或葇荑花序脱落时为准。

当以杂交育种和生产香花、果实为目的时，观察项目可根据需要增加，如观果树应增加落花期。

④多次开花期　有些一年一次于春季开花的树木，在有些年份于夏秋间或初冬再度开花。即使未选定为观测对象，也应另行记录，内容包括：

a. 树种名称、是个别植株或是多数植株及大约比例。

b. 再度开花日期、繁茂和花器完善程度、花期长短。

c. 原因调查记录与未再度开花的同种树比较树龄、树势情况、生态环境上有何不同；当年春温、干旱、秋冬温度情况；树体枝叶是否（因冰雹、病虫害等）损伤，养护管理情况。

d. 再度开花树能否再次结实，数量，能否成熟等。

另有一些树种，一年内能多次开花。其中有的有明显间隔期，有的几乎连续。但从盛花上可看出有几次高峰，应分别加以记录。

以上经连续几年观察，可以判断是属于偶见的再度开花，还是一年多次开花的变异类型。

（5）果实生长发育和落果期　自坐果至果实或种子成熟脱落止。

①幼果出现期　见子房开始膨大（苹果、梨果直径达0.8 cm左右）时，为幼果出现期。

②果实生长周期　选定幼果，每周测量其纵、横径或体积，直到采收或成熟脱落时止。

③生理落果期　坐果后，树下出现一定数量脱落之幼果。有多次落果的，应分别记载落果次数，每次落果数量、大小。

④果实或种子成熟期　当观测树上有一半的果实或种子变为成熟色时，为果实和种子成熟期。较细致的观测可再分为以下两期：

a. 初熟期　当树上有少量果实或种子变为成熟色时为果实和种子初熟期。

b. 全熟期　树上的果实或种子绝大部分变为成熟时的颜色并尚未脱落时，为果实或种子的全熟期。此期为树木主要采种期。不同类别的果实或种子成熟时有不同的颜色。

有些树木的果实或种子为跨年成熟的应记明。

⑤脱落期　又可细分以下两期：

a. 开始脱落期　成熟种子开始散布或连同果实脱落。如松属的种子散布，柏属果落，杨属、柳属飞絮，榆钱飘飞，栎属种脱，豆科有些荚果开裂等。

b. 脱落末期　成熟种子或连同果实基本脱完。但有些树木的果实和种子在当年终以前仍留树上不落，应在果实脱落末期栏中写"宿存"。应在第二年记录表中记下脱落日期，并在右上角加"·"号,于表下标注,说明为何年的果实。

观果树木应加记具有一定观赏效果的开始日期和最佳观赏期。

(6)新梢生长周期 由叶芽萌动开始,至枝条停止生长为止。新梢的生长分一次梢(习称春梢)、二次梢(习称夏梢或秋梢或副梢)、三次梢(习称秋梢)。

①新梢开始生长期 选定的主枝一年生延长枝(或增加中、短枝)上顶部营养芽(叶芽)开放为一次(春)梢开始生长期,一次梢顶部腋芽开放为二次梢开始生长期以及三次以上梢开始生长期,其余类推。

②枝条生长周期 对选定枝上顶部梢定期观测其长度和粗度,以便确定延长生长与粗生长的周期和生长快慢时期及特点。二次以上梢以同样方法观测。

③新梢停止生长期 以所观察的营养枝形成顶芽或梢端自枯不再生长为止。对二次以上梢可类推记录。

(7)叶秋季变色期 系指由于正常季节变化,树木出现变色叶,其颜色不再消失,并且新变色之叶在不断增多至全部变色的时期。不能与因夏季干旱或其他原因引起的叶变色混同。常绿树多无叶变色期,除少数外可不记录。

①秋叶开始变色期 当观测树木的全株叶片约有5%开始呈现为秋色叶时,为开始变色期。针叶树的叶子,秋季多逐渐变黄褐色,开始不易察觉,以能明显看出变色时为准。

②秋叶全部变色期 全株所有的叶片完全变色时,为秋叶全部变色期。

③可供观秋色叶期 以部分(30%~50%)叶片所呈现的秋色叶,有一定观赏效果的起止日期为准。具体标准因树种品种而异。

记录时应注明变色方位、部位、比例、颜色并以图示标出该树秋叶变色过程。例如:元宝枫,由绿变成黄、橙、红3色。

(8)落叶期 观测树木秋冬开始落叶,至树上叶子全部落尽时止。系指为树木秋冬的自然落叶,而不是因夏季干旱、暴风雨、水涝或发生病虫害引起的落叶。针叶树不易分辨落叶期,可不记。

①落叶始期 约有5%的叶子脱落时为落叶始期。

②落叶盛期 全株有30%~50%的叶片脱落时,为落叶盛期。

③落叶末期 树上的叶子几乎全部(90%~95%)脱落为落叶末期。当秋冬突然降温至摄氏零度或零度以下时,叶子还未脱落,有些冻枯于树上,应注明。

表 3.4 园林树木物候观测记录表

编号:____观测地点:____省(市)____市(县)____区　　北纬:　　东经:　　海拔:　　　m

生境:____地形:____土壤:____小气候:____同生植物:____养护情况:____

观测单位:_____观测者:_____

	树种名称					
树液开始流动期						
萌芽期	花芽膨大始期					
	花芽开放期					
	叶芽膨大始期					
	叶芽开放期					

续表

树液开始流动期	树种名称				
开花期	开花始期				
	开花盛期				
	开花末期				
	最佳观花起止期				
	再度开花期				
	二次开花期				
	三次开花期				
果实发育期	幼果出现期				
	生理落果期				
	果实成熟期				
	果实开始脱落期				
	果实脱落末期				
	可供观果起止日				
新梢生长期	春梢始长期				
	春梢停长期				
	二次梢始长期				
	二次梢停长期				
	三次梢始长期				
	三次梢停长期				
	四次梢始长期				
	四次梢停长期				
秋叶变色与脱落期	秋叶开始变色期				
	秋叶全部变色期				
	落叶开始期				
	落叶盛期				
	落叶末期				
	可供观赏秋色叶期				
	最佳观赏秋色叶期				
备　注					

　　有些落叶树种的叶子干枯至年终还未脱落,应注明"干枯未落"。有些至第二年春(多萌芽时)落叶,应记落叶的始、盛、末期年、月、日。可在右上角加"·"号,并于表下标注是哪年的叶子在何年脱落的日期。

　　热带地区树木的叶子多为换叶,如能鉴别其换叶期,应加以记录。

实训4　树木冬态识别

1.目的意义

树木的冬态是指树木入冬落叶后营养器官所保留的可以反映和鉴定某种树种的形态特征。在树种的识别和鉴定中,叶、花和果实是重要的形态。但是在我国大部分地区许多树种到冬天均要落叶,树皮、叶痕、叶迹等冬态特征成为主要的识别依据。本实验的主要目的是通过对一些树种的冬态观察,掌握树木的冬态特征和主要的冬态形态术语。

2.形态术语

1)树冠

树冠是由树木的主干与分枝部分组成的。树冠的形状取决于树种的分枝方式。树冠的主要形状和树种实例如下:

尖塔形:落羽杉、水杉　　　　　　圆锥形:华北落叶松

圆柱形:箭杆杨　　　　　　　　　窄卵形:毛白杨

卵　形:白玉兰　　　　　　　　　广卵形:槐树

圆球形:白榆　　　　　　　　　　扁球形:杏

杯　形:悬铃木(人工修剪)　　　　伞　形:龙爪槐

平顶形:合欢

2)树皮

光滑:梧桐　　　　　　　　　　　细纵裂:臭椿

浅纵裂:麻栎　　　　　　　　　　深纵裂:刺槐、板栗

条状浅裂:毛梾　　　　　　　　　不规则纵裂:黄檗

鳞片状剥裂:榔榆、青檀、白皮松　鳞块状开裂:油松

长条状剥裂:楸树、圆柏、侧柏　　纸状剥裂:白桦、红桦

环状剥裂:山桃、樱桃　　　　　　小方块状开裂:柿树、君迁子

3)枝条及变态

树木的主轴为树干,树干分出主枝,主枝分出枝条,最后的一级为一年生小枝。

二年生以上的枝条称为小枝。木质化的一年生枝条为一年生枝。生长不到一年,未完全木质化的着叶枝条为新梢或称当年生小枝。根据小枝着生的位置可分为:顶生枝条和侧生枝条。根据枝条节间的长短大小可分为长枝和短枝。长枝的节间长而明显,侧芽间距远,而短枝的节间较短。

叶痕:叶片脱落后,叶柄在枝条上留下的痕迹。不同树种叶痕的大小和形状不同。根据叶痕的着生状况可判断叶子是互生、对生还是轮生。

维管束痕:又称叶迹,是叶柄中的维管束在叶脱落后留下的痕迹。不同树种维管束痕的组数及其排列方式是鉴定树种的重要依据之一。

4)芽的类型及形态

芽是枝条和繁殖器官的原基,是茎、枝、叶和花的雏形。

（1）芽的类型按芽的性质分为：

①叶芽　发芽后发育形成枝和叶,也称枝芽或营养芽。

②花芽　发芽形成花序或花。

③混合芽　发芽后同时形成枝叶和花(花序)。

（2）芽的类型按芽的位置分为：

①顶芽　位于枝条顶端的芽。

②侧芽　位于叶腋内的芽,又称腋芽。

③隐芽　隐藏在枝条内不外露的芽。

④假顶芽　顶芽退化,由离顶芽位置最近的侧芽代替,该芽称为假顶芽。

⑤主芽和副芽　腋芽具有两枚以上时,最发达的芽称为主芽。位于主芽上部、下部或两侧的芽称为副芽。

⑥叠生芽　主芽和副芽上下叠生,如皂角、紫穗槐。

⑦并生芽　主副芽并列而生,如山桃。

⑧不定芽　芽产生的位置不固定,不生于叶腋内。

（3）芽的类型按有无芽鳞分为：

①鳞芽　具有芽鳞的芽。

②裸芽　芽体裸露,无芽鳞包被。

③花蕾　为裸露的越冬花芽,如核桃雄花序芽。

5）髓心

髓心位于枝条的中心。髓心按质地分为：

（1）实心髓　髓心充实。

（2）分隔髓　髓有空室的片状横隔,如杜仲、枫杨。

（3）空心髓　髓心部分为中空的髓腔,如毛泡桐。

（4）髓心的颜色　白色、黄褐色等。

6）刺、毛被和宿存物

3. 观察树种

1）裸子植物

（1）银杏 *Ginkgo biloba* L.　　　　　　　　　　　　　　　　银杏科 Ginkgoaceae

乔木。树冠宽卵形。树皮灰褐色,长块状纵裂。有长短枝之分。实心髓。一年生枝浅褐色。短枝矩形。叶痕螺旋状互生,无托叶痕。顶芽宽卵形,无毛,芽鳞 4~6 片。侧芽较顶芽小。

（2）华北落叶松 *Larix principisruprechtii* Mayer.　　　　　　　　松科 Pinaceae

乔木。树冠塔形。树皮灰褐色,不规则鳞甲状开裂;具长短枝。一年生小枝淡褐色或淡褐黄色。顶芽近球形。球果长卵形,种鳞 26~45 片,背面无毛,先端平截或微凹,苞鳞先端微露出。

（3）水杉 *Metasequoia glyptostroboides*　　　　　　　　　　　杉科 Taxodiaceae

乔木。树冠塔形。树皮灰褐色,长条片状剥裂,内皮红褐色。小枝对生。一年生枝淡褐色。叶痕小,近圆形。顶芽发达,纺锤形。具四棱,先端尖,芽鳞三角形,无毛。侧芽上部常具枝痕,粉白色,圆形。

2）被子植物

（1）杜仲 *Eucommia ulmoides* Oliv.　　　　　　　　　　　　　杜仲科 Eucommiaceae

乔木。树皮灰褐色，浅纵裂。树冠卵形。一年生枝棕色；髓心片状；叶痕半圆形；叶迹1；无顶芽，侧芽卵形，先端尖，芽鳞6～10，边缘具缘毛。树皮、枝条等具白色胶丝。

（2）白榆 *Ulmus pumila* L.　　　　　　　　　　　　　　　　　榆科 Ulmaceae

乔木。树冠球形。树皮灰黑色，深纵裂。二年生枝灰白色，二列排列，之字形曲折。髓心白色。叶痕二列互生，半圆形；具托叶痕；叶迹3。无顶芽，侧芽扁圆锥形或扁卵形，先端钝或突尖，芽鳞5～7，黑紫色，边缘有白色缘毛。花芽球形，黑紫色。

（3）桑 *Morus alba* L.　　　　　　　　　　　　　　　　　　　桑科 Moraceae

乔木。树皮灰黄色，不规则纵裂。一年生枝灰黄色，二年生枝灰白色，无毛或微被毛。叶痕半圆形或肾形。叶迹5。无顶芽；侧芽贴枝，近二列互生，扁球形或倒卵形，芽鳞4～5，具缘毛。

（4）构树 *Broussonetia papyrifera* Vent.　　　　　　　　　　　桑科 Moraceae

乔木。树皮深灰色，粗糙或平滑，具紫色斑块。一年生枝灰绿色，密生灰白色刚毛。髓心海绵状，白色。叶痕对生、近对生或二列互生，半圆形或圆形；叶迹5，排成环形。无顶芽。侧芽扁圆锥形或卵状圆锥形，芽鳞2～3，被疏毛，具缘毛。

（5）核桃 *Juglans regia* L.　　　　　　　　　　　　　　　　　胡桃科 Juglandaceae

乔木。树冠宽卵形。树皮灰色，浅纵裂。枝髓心片状。叶芽为鳞芽，芽鳞2枚，呈啮合状；雄花序芽为裸芽；叠生或单生。

（6）核桃楸 *Juglans mandshurica* Maxim.　　　　　　　　　　　胡桃科 Juglandaceae

乔木。树冠宽卵形。树皮幼时灰绿色，老时灰白色或深灰色，纵裂。一年生枝粗壮，被黄色绒毛或星状毛。髓心淡黄色，片状。叶痕盾形，或三角形；叶迹3。芽密被黄色绒毛，鳞芽或裸芽；顶芽三角状卵形，芽鳞2枚，侧芽卵形，芽鳞2～3枚，雄花序芽圆锥形。

（7）枫杨 *Pterocarya stenoptera* DC.　　　　　　　　　　　　　胡桃科 Juglandaceae

乔木。树皮灰褐色，幼时平滑，老时深纵裂。一年生枝黄棕色或黄绿色。二年生枝被淡褐色长圆形皮孔。有锈色腺鳞。髓心片状，褐色。叶痕三角形。裸芽，被锈褐色盾状腺鳞；侧芽单生或叠生，雄花序芽圆柱形，基部有苞片。

（8）洋槐 *Robinia pseudoacacia* L.　　　　　　　　　　　　　　蝶形花科 Fabaceae

乔木。树冠倒卵形。树皮灰褐色，不规则深纵裂。一年生枝灰绿至灰褐色，有纵棱，无毛，具托叶刺。髓心切面为四边形，白色。叶痕互生，叶迹3。无顶芽，侧芽为柄下芽，隐藏在离层下。

（9）国槐 *Sophora japonica* L.　　　　　　　　　　　　　　　　蝶形花科 Fabaceae

乔木。树冠宽卵形或近球形。树皮灰褐色，纵裂。无刺。一年生枝暗绿色，具淡黄色皮孔，初时被短毛。叶痕互生，V形或三角形有托叶痕。叶迹3。无顶芽，侧芽为柄下芽，半隐藏于叶痕内，极小，被褐色粗毛。荚果念珠状肉质，不开裂。

（10）紫藤 *Wisteria chinensis* Sweet.　　　　　　　　　　　　　蝶形花科 Fabaceae

木质大藤本，右旋缠绕。树皮灰褐色，光滑或浅裂。一年生枝灰绿色或褐色，被短毛。叶痕互生，隆起，半圆形，两侧有角状突起。无顶芽，侧芽卵形或卵状圆锥形，芽鳞2～3，褐色，具缘毛。

（11）紫荆 *Cercis chinensis* Bunge　　　　　　　　　　　　　　苏木科 Caesalpiniaceae

灌木或小乔木。树皮老时粗糙，浅纵裂。一年生枝淡褐色或褐色，无毛，密生锈色皮孔，二年生枝灰紫色。叶痕二列互生，新月形；无托叶痕；叶迹 3。无顶芽；叶芽扁三角状卵形，常 2 个叠生；花芽在老枝上簇生，球形或短圆柱形，灰紫色；芽鳞多数，背面有棱脊。

（12）毛白杨 *Populus tomentosa* Carr.　　　　　　　　　　　　　杨柳科 Salicaceae

乔木。树冠宽卵形。树皮灰绿色或灰白色，平滑，具菱形皮孔；老树树皮深纵裂。一年生小枝，灰绿色，幼时被白绒毛，或无毛；实心髓，切面五角形。叶痕互生，半圆形或圆形；叶迹 3；有托叶痕。芽无黄色黏液；顶芽卵状圆锥形，侧芽三角状卵形，贴枝或成 30°角张开，花芽宽卵形，芽鳞 5～7，密被灰白色绒毛。

（13）加杨 *Populus canadansis* Moench.　　　　　　　　　　　　杨柳科 Salicaceae

乔木。树冠卵圆形。树皮灰绿或灰褐色，纵裂。小枝淡褐色，无毛，具棱脊，皮孔明显。冬芽大，具黄色黏液；先端尖；顶芽长卵形；侧芽略小，先端常向外弯，芽鳞多数 6～8，紫红色，有光泽。

（14）旱柳 *Salix matsudana* Koidz.　　　　　　　　　　　　　　杨柳科 Salicaceae

乔木。树冠倒卵形，枝斜向上。树皮深灰色，纵裂。一年生小枝黄绿色或黄褐色；无毛。髓心切面呈圆形。叶痕互生，有托叶痕；叶迹 3。无顶芽，侧芽单生，芽鳞 1，帽状，黄褐色或带紫色；叶芽卵形，花芽长椭圆形。

（15）三球悬铃木 *Platanus orientalis* L.　　　　　　　　　　　　悬铃木科 Platanaceae

乔木。树皮薄片状或小块状剥裂。一年生枝之字形曲折，灰绿色或褐色；节部膨大。实心髓，淡绿色，切面多角形。叶痕互生，圆环形；具环状托叶痕；叶迹 5～6。无顶芽，侧芽单生，芽鳞 1，帽状；柄下芽。宿存果序球形。

（16）洋白蜡 *Fraxinus pennsylvanica* Marsh.　　　　　　　　　　木犀科 Oleaceae

乔木。树皮深灰色，纵裂。小枝粗壮。一年生枝灰色，无毛，散生皮孔。叶痕交互对生，半圆形；无托叶痕；叶迹 1，U 形。芽棕色，疏被毛；顶芽三角状宽卵形，侧芽卵形，芽鳞 1 对。

（17）连翘 *Forsythia suspensa* Lindl.　　　　　　　　　　　　　木犀科 Oleaceae

灌木。枝条黄褐色，弓形弯曲，具明显的皮孔。空心髓。叶痕交互对生，半圆形；两叶痕中有连线；无托叶痕；叶迹，线状新月形。芽黄棕色，芽鳞 4～5 对，具缘毛；顶芽纺锤形，先端尖；侧芽 2 个叠生或单生。

（18）紫丁香 *Syringa oblata* Lindl.　　　　　　　　　　　　　　木犀科 Oleaceae

小乔木。树皮暗灰色，浅纵裂。小枝粗壮。一年生枝灰色或灰棕色，略呈四棱，无毛；二年生枝皮孔明显。叶痕互生，无托叶痕，叶迹 1，C 形。无顶芽，侧芽单生，卵形，有明显的四棱，暗紫红色，无毛，芽鳞 3～4 对。

（19）山楂 *Crataegus pinnatifida* Bunge.　　　　　　　　　　　　蔷薇科 Rosaceae

乔木。树皮灰褐色，浅纵裂。具枝刺。常具短枝。一年生枝黄褐色，无毛。二年生枝灰绿色，髓切面圆形。叶痕互生，扁三角形或新月形；叶迹 3。顶芽近球形，红褐色，无毛；侧芽开展。

（20）山桃 *Prunus davidiana* Franch.　　　　　　　　　　　　　蔷薇科 Rosaceae

小乔木。树冠倒卵形。树皮暗紫色，平滑，横裂，具横列皮孔。一年生枝灰色，无毛。叶痕互生，半圆形或三角状半圆形；具托叶痕；叶迹 3。有顶芽。鳞芽，芽鳞 7～10。背面无毛，腹面密被白色柔毛，具长缘毛。顶芽卵状圆锥形，常与侧芽簇；侧芽单生或并生。

（21）黄刺玫 *Rosa xanthina* Lindl.   蔷薇科 Rosaceae

灌木。常具短枝，具皮刺。一年生枝紫红色或紫色，无毛，皮孔瘤状，皮刺直，紫红色，基部膨大为圆盘形。叶痕互生，细窄，C 形，叶迹 3；托叶痕与叶痕连成一体。具顶芽；芽卵形，芽鳞 3～4，无毛。

（22）元宝枫 *Acer truncatum* Bunge.   槭树科 Aceraceae

乔木。树冠宽卵形。树皮灰褐色，浅纵裂。一年生枝浅棕色，叶痕对生，C 形，叶痕间有连接线；无托叶痕；叶迹 3。具顶芽；芽卵形，芽鳞 2～3 对，棕色或淡褐色。

（23）枣树 *Ziziphus jujuba* Mill.   鼠李科 Rhamnaceae

乔木。树冠球形或卵形。树皮黑褐色，纵裂。有长短枝；短枝矩状；一年生枝紫红色，之字形曲折，无毛。长枝叶痕二列互生，半圆形；托叶成刺，长刺直，短枝钩形；叶迹 3。无顶芽；侧芽单生，扁宽卵形；芽鳞 2 至多数，被黄色短毛。

（24）花椒 *Xanthoxylum bungeanum* Maxim.   芸香科 Rutaceae

灌木。枝干具瘤状突起，枝具皮刺。一年生枝被灰色短柔毛，节处具两枚扁平的皮刺。叶痕互生，半圆形；无托叶痕；叶迹 3。无顶芽；侧芽半球形，单生，紫褐色，无毛。

（25）臭椿 *Ailanthus altissima* Swingle.   苦木科 Simaroubaceae

乔木。树冠宽卵形。树皮灰色，有时平滑，老时粗糙或浅纵裂。枝条粗壮。髓心海绵质，淡褐色。一年生枝淡褐色，无毛或被短柔毛，皮孔明显。叶痕盾形或肾形；无托叶痕；叶迹 7～13，常为 9，排成 V 形。无顶芽；侧芽球形，黄褐色或褐色，被黄色绒毛或无毛；芽鳞 2～4。

（26）白玉兰 *Magnolia denudata* Desr.   木兰科 Magnoliaceae

乔木。树冠卵形或宽卵形。树皮深灰色，浅纵裂或粗糙。一年生枝紫褐色，无毛，皮孔明显，圆点形。叶痕二列互生，V 形或新月形；托叶痕环状；叶迹多而散生。顶芽发达；花芽大，长卵形，密被灰黄色长绒毛；顶生叶芽纺锤形；托叶芽鳞 2。

实训 5　裸子植物树种识别

1. 目的意义

（1）通过实习学会正确使用园林植物营养体检索表。学会自己编制检索表。

（2）通过实习掌握苏铁科 Cycadaceae、银杏科 Ginkgoaceae、松科 Pinaceae、杉科 Taxodiaceae、柏科 Cupressaceae、罗汉松科 Podocarpaceae、三尖杉科 Cephalotaxaceae、红豆杉科 Taxaceae 等裸子植物的形态特点和识别要点及其园林应用等。

2. 树种识别

苏铁、银杏、日本冷杉、雪松、油杉、黄枝油杉、湿地松、马尾松、日本五针松、火炬松、金钱松等。

3. 观察提示（请参照园林树木枝叶检索表）

（1）脱落性小枝：叶互生，对生。

（2）叶：叶形、气孔线（带）；松属鳞叶、下延或不下延，叶鞘脱落或宿存，针叶数目等。柏科叶：鳞形，刺形，是否下延生长。生鳞叶小枝扁平或圆。

（3）球果：是否形成球果；种鳞扁平或盾状；球果成熟后开裂或呈浆果状。

实训 6　梅花品种分类和早春开花树种识别

1. 目的意义

掌握梅花与早春开花树种的识别方法,调查当地早春开花的树种,为指导园林绿化设计提供第一手资料。

2. 树种识别

梅花、杏梅、照水梅类、绿萼梅类、洒金梅类、白梅(江梅)、玉蝶梅类、红梅类、朱砂梅类、闹羊花、马银花、夏鹃、东鹃、毛鹃、映山红、满山红、金钟花、连翘、云南黄索馨、迎春、结香、紫茎瑞香、阔叶十大功劳、十大功劳、山茱萸等。

3. 观察提示

(1)梅花品种的枝型、枝条颜色、花萼颜色、花瓣色彩、单瓣或半重瓣、重瓣和花期等。
(2)早春开花植物的生长习性、花色及园林配置。

实训 7　单子叶树种识别

1. 目的意义

通过对单子叶树种进行观察,掌握单子叶树种各器官形态术语,掌握单子叶植物分类的依据。

2. 树种识别

龙舌兰科、龙舌兰、朱焦、丝兰、凤尾兰、棕榈科、棕榈、鱼尾葵、禾本科(竹亚科)等。

3. 观察提示

(1)地下茎类型与地上表现。
(2)竹秆与分枝
①分枝　箬竹属,矢竹属。
②分枝　刚竹属所特有。
③分枝　短穗竹属,唐竹属,青篱竹属(大部分)。
④多分枝　刺竹属。
(3)秆箨(识别竹种的重要依据)　脱落或宿存,有无斑点,箨耳,继毛,以及箨叶的形态。

实训 8　秋季观叶和观果树种识别

1. 目的意义

通过对秋季观叶和观果树种的观察,掌握分类的依据。

2. 树种识别

以秋季观叶和观果树种为对象,进行仔细观察。

复习思考题

实训 1

每人采集 10 份标本,并按要求做好。

实训 2

1. 对你所在的当地某一公园栽培植物做调查及造景分析。

2. 对校园局部植物做调查及造景分析,并做出总结。

实训 3

观测你所在院校或周边地区园林树木的物候期,并填写园林树木物候观测记录表。

实训 4

1. 编写 10 种常见落叶树种检索表。

2. 详细描述枫杨、白玉兰、刺槐、榆树和连翘的冬态特征。

3. 绘加杨枝条冬态特征图。

4. 将观察树种的冬态特征填入表 3.5。

表 3.5 树种生物学特性表

树种特征		银杏	毛白杨	旱柳	核桃	元宝枫	加杨	紫丁香	杜仲	黄刺玫	枣树	臭椿
习 性												
树皮特征												
枝条	有无短枝											
	刺类型											
	叶痕特征及着生方式											
	叶迹数目											
	髓心											
	托叶痕											
	有无顶芽											
冬芽	芽类型											
	着生方式											
	芽鳞数目											
	毛被											
	有无树脂等											
	其他											

实训 5

1. 编制已识别树种的分种检索表。

2. 描述园林用途及观赏特性。

3. 复习松、杉、柏3科的形态特征；比较3科的异同点。

实训6

园林树木品种园建设在植物配置上应注意哪些问题？

实训7

1. 你所在地区的主要观赏竹种有哪些？

2. 竹类在园林配置时应注意哪些问题？

3. 地下茎是合轴型的竹种,其地面的竹秆一定丛生吗？为什么？

实训8

1. 秋色叶为红色、黄色的树种分别有哪些？

2. 你所观察的观果植物的果色分为哪几类？

3. 熟记秋季观叶和观果树种的学名。

参考文献

[1] 祁承经,汤庚国.树木学(南方本)[M].3版.北京:中国林业出版社,2015.

[2] 中国科学院植物研究所.中国高等植物科属检索表[M].北京:科学出版社,1979.

[3] 陈有民.园林树木学[M].2版.北京:中国林业出版社,2011.

[4] 南京林业学院.园林树木学[M].北京:中国林业出版社,1995.

[5] 熊济华.观赏树木学[M].北京:中国农业出版社,1998.

[6] 高润清.园林树木学[M].北京:气象出版社,2001.

[7] 蒋永明,翁智林.园林绿化树种手册[M].上海:上海科学技术出版社,2002.

[8] 中国科学院植物研究所.中国高等植物图鉴:1—5 册[M].北京:科学出版社,1972,
    1974,1982,1983.

[9] 郑万钧.中国树木志:1—4 卷[M].北京:中国林业出版社,1983—2004.

[10] 胡嘉琪,梁师文.黄山植物[M].上海:复旦大学出版社,1996.

[11] 华北树木志编写组.华北树木志[M].北京:中国林业出版社,1984.

[12] 孙立元,任宪威.河北树木志[M].北京:中国林业出版社,1997.

[13] 贺士元,等.北京植物志:上、下册[M].北京:北京出版社,1984.

[14] 关雪莲,王丽.植物学实验指导[M].北京:中国农业大学出版社,2002.

[15] 陈守良,刘守炉.江苏维管植物检索表[M].南京:江苏科学技术出版社,1986.

[16] 中国农业百科全书编辑部.中国农业百科全书观赏园艺卷[M].北京:农业出版
    社,1996.

[17] 任宪威,等.中国落叶树木冬态[M].北京:中国林业出版社,1990.

[18] 火树华.树木学[M].2版.北京:中国林业出版社,1992.

[19] 任宪威,等.树木学(北方本)[M].北京:中国林业出版社,1997.

[20] 曹慧娟.植物学[M].2版.北京:中国林业出版社,1992.

[21] 贺士元,等.北京植物检索表[M].北京:北京出版社,1978.

[22] 申晓辉.园林树木学[M].重庆:重庆大学出版社,2013.

[23] P. Trehane. International Code of Nomenclature For Cultivated Plants,1995,向其柏,藏
    德奎,孙卫邦,译.国际栽培植物命名法规[M].7 版.北京:中国林业出版社,2006.

[24] 赵九洲.园林树木[M].4 版.重庆:重庆大学出版社,2018.

[25] 中国科学院植物研究所.中国高等植物图鉴(1—7 册)[M].北京:科学出版社,1994.

[26] 陈俊愉,陈瑞丹.中国梅花品种群分类新方案并论种间杂交起源品种群之发展优势
    [J].园艺学报,2009,36(5):693-700.

[27] 中国科学院《中国植物志》编辑委员会.中国植物志(7—80 卷)[M].北京:科学出版
    社,2013.

[28] 向其柏,刘玉莲.中国桂花品种图志[M].杭州:浙江科学技术出版社,2008.

[29] 冯宋明.拉汉英种子植物名称[M].北京:科学出版社,1983.

[30] FRPS《中国植物志》全文电子版网站.